普通高等教育"十四五"规划教材

冶金工业出版社

矿山机械与运输

Mining Machinery and Transportation

张遵毅　聂兴信　主编

扫一扫
查看本书数字资源

北　京
冶金工业出版社
2024

内 容 提 要

　　本书在介绍金属非金属矿山凿岩、装载、提升运输、压气、排水等主要机械设备结构及工作原理的基础上，系统地讲述了相应生产环节工艺设计及设备选型计算等。全书共分12章，主要内容包括凿岩和装载机械、提升机械、压气和排水机械、井下有轨运输、井底车场、井下卡车运输、露天矿运输、矿山供电以及矿山智能装备等。本书注重知识的系统性、科学性以及先进性，对智能凿岩机械、智能装药车、智能铲运机、井下有轨电机车无人驾驶系统、井下无人卡车运输系统以及提升、排水、变配电、带式输送机等无人值守系统等矿山主要智能装备也做了较为详细的介绍。

　　本书可作为高等学校金属非金属采矿工程专业的本科生教材，也可供相关采矿工程技术人员和管理人员参考。

图书在版编目（CIP）数据

　　矿山机械与运输/张遵毅，聂兴信主编. —北京：冶金工业出版社，2023.2（2024.8重印）

　　普通高等教育"十四五"规划教材

　　ISBN 978-7-5024-9403-2

　　Ⅰ.①矿… Ⅱ.①张… ②聂… Ⅲ.①矿山机械—高等学校—教材 ②矿山运输—高等学校—教材 Ⅳ.①TD4 ②TD5

　　中国国家版本馆 CIP 数据核字（2023）第 027165 号

矿山机械与运输

出版发行	冶金工业出版社	电　话	(010)64027926
地　址	北京市东城区嵩祝院北巷 39 号	邮　编	100009
网　址	www.mip1953.com	电子信箱	service@ mip1953.com

责任编辑　高　娜　美术编辑　彭子赫　版式设计　郑小利
责任校对　郑　娟　责任印制　窦　唯
北京虎彩文化传播有限公司印刷
2023 年 2 月第 1 版，2024 年 8 月第 2 次印刷
787mm×1092mm　1/16；20.75 印张；501 千字；317 页
定价 60.00 元

投稿电话　(010)64027932　投稿信箱　tougao@cnmip.com.cn
营销中心电话　(010)64044283
冶金工业出版社天猫旗舰店　yjgycbs.tmall.com
（本书如有印装质量问题，本社营销中心负责退换）

前　言

"矿山机械"是高等院校采矿工程专业的一门专业核心课程，国内出版的矿山机械类教材总体上可分为煤矿和金属非金属矿山两大类，教材内容上侧重点各异。本书既注重于矿山机械设备的结构和工作原理，同时也侧重于相应生产环节工艺设计及设备选型计算内容，对两者进行了有机融合。随着矿业领域新技术的发展，智能采矿、智能装备已经得到越来越广泛的应用，采矿机械设备的自动化、智能化是矿山机械发展的趋势。书中及时增加了矿山智能装备内容，可以将矿业学科前沿知识及相关行业新技术尽快融入到本科教学，有助于"矿山机械"课程教学内容升级和知识更新。

本书的架构以矿山采掘和提升运输等主要生产工艺为主线，同时也兼顾了压气、排水及供配电等辅助生产系统。本书内容以地下开采机械设备为主，但也涵盖了露天矿山运输机械等方面内容，体系较为完善。本书的编写结合了西安建筑科技大学采矿工程专业"矿山机械"课程的多年教学经验，内容上能够较好地满足采矿工程专业本科生对矿山机械方面知识和能力培养的需要，其中矿山智能装备所涉及的自动化以及信息网络等关键技术也在一定程度上体现了新工科教材建设的需要。

本书由西安建筑科技大学张遵毅、聂兴信等合作编写。全书共分12章，其中，第1章由张遵毅、聂兴信、郭进平编写；第2章由张遵毅、汪朝编写；第3章由张遵毅、洪勇编写；第4章由张遵毅、石广斌编写；第5章由张遵毅、孙锋刚、石广斌编写；第6章由张遵毅、李俊平编写；第7章由张遵毅、李俊平编写；第8章由张遵毅、薛涛、张雯编写；第9章由聂兴信、张遵毅、程平编写；第10章由聂兴信、张遵毅、洪勇、吴赛赛编写；第11章由张遵毅、郭进平编写；第12章由聂兴信、张遵毅编写。全书由张遵毅、聂兴信审核统稿。

　　本书在编写过程中，得到西安建筑科技大学资源工程学院采矿工程系和安全工程系老师们的热心帮助，尤其是在本书的框架、目录拟定及内容组织等方面，杨振宏教授给出了非常宝贵的意见和修改建议，在此表示衷心的感谢。书中引用和参考了有关文献资料，在此向文献的作者表示诚挚谢意。特别感谢西安建筑科技大学资源工程学院为本书出版提供了经费支持。

　　由于编者水平所限，书中难免有不妥之处，敬请广大读者批评指正。

编　者

2022 年 4 月

目　　录

1 凿 岩 机 械

1.1 概　述

1.1.1　机械破碎岩石钻孔机理

按照破岩原理，机械破碎岩石钻孔可分为冲击转动式破岩、旋转式破岩、旋转-冲击联合式破岩，亦称为冲击破岩、切削破岩和碾压破岩。

1.1.1.1　冲击转动式破碎岩石

A　破岩过程

在中等硬度以上岩石表面钻孔时，冲击载荷破碎岩石是一种有效方法。冲击转动式破岩钻孔过程如图 1.1 所示，主要包括冲击和转动两个动作。冲击机构冲击钎杆尾部，产生的压缩应力波在钎杆内传播，并通过钎头作用于待凿入区岩石表面。若冲击载荷超过岩石抗压强度，岩石破坏形成沟槽 I—I。钎杆转动一定角度，二次冲击破碎形成沟槽 II—II。重复冲击和转动过程，排出岩屑，形成圆形炮孔。

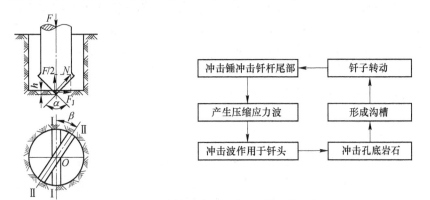

图 1.1　冲击转动破岩的成孔示意图及过程

B　破岩机理

冲击式凿岩的实质是向钻头施加一个垂直于岩石表面的冲击力，在冲击力的作用下，使钻头压入并破碎岩石，冲击一次旋转一次，以形成圆形炮孔。作用在钻头上的冲击力 F（作用在每个钻刃上的轴向冲击力）必须大于一定值时，才能实现钻进。

$$F > \sigma_{JY} A \tag{1.1}$$

式中，σ_{JY} 为岩石抗压强度极限；A 为钻刃接触岩石的面积。

I—II 之间扇形面积岩石的破碎主要取决于正压力 N 的水平分力 F_J，即

$$F_J > \tau_J A_J \tag{1.2}$$

式中，τ_J 为岩石抗剪强度极限；A_J 为岩石受剪切面积。

由图 1.1 可知

$$F_\text{J} = \frac{F}{2} \tan\left(90° - \frac{\alpha}{2}\right) \tag{1.3}$$

式中，α 为钻刃的刃角，(°)。

可见，有足够的冲击力 F 才能保证足够的剪切力 F_J，对两次冲击之间的受剪切岩石形成破坏。为了实现冲击转动式破岩，充分破碎孔底岩石，凿岩机冲击力与转速之间应具备一定关系。

C　能量传递

冲击破岩过程中，冲击能量传递遵循波动理论，即冲击后能量是以应力波的形式在钎杆内传递，钎杆中应力波属于纵波。钎尾受冲击后，入射波以压应力波的方式从钎尾向钎头传播，到达钎头后，应力波传播规律取决于钎头与岩石表面的接触状态。若钎头与岩石表面接触良好，则大部分能量以压应力波的形式进入岩石，迅速提高凿入区的应力状态，完成凿入岩石的过程，仅有小部分能量以拉应力波的形式反射。若钎头和岩石表面没有接触，压应力波将全部在钎头端面发生反射，能量以拉应力波的形式向钎尾传播。当其返回至钎尾时，又反射形成第二次入射的压应力波，若孔底界面条件不变，这种压缩—拉伸将持续进行，直至在钎杆波阻抗作用下消耗完能量。自由端反射现象既不利于能量的有效传递，也会导致钎杆在重复荷载下的疲劳破坏。

岩石破碎是应力波传递的能量实现的，因此入射波的波形影响凿入效果。入射波形随着活塞形状和撞击面接触条件不同而变化。一般来说，细长活塞入射波幅低而作用时间长，短粗活塞入射波幅高而作业时间短。根据理论和试验研究结果，缓和的入射波形比陡峭的入射波形有较高的凿入效率，因此细长活塞比短粗活塞的凿入效率高。液压凿岩机的凿岩效率高于同量级气动凿岩机的理论依据也在于此。除了调整活塞形状和尺寸以外，还可以通过改变撞击面的接触条件来实现入射波形的变化，如调整钎尾端面的圆弧半径和硬度等。

D　轴向推力

冲击破岩要取得良好的凿入效率，必须在凿岩过程中使钎头和待凿入区岩石表面保持良好接触。活塞前冲时使机体产生的后坐现象，会减少活塞行程，降低冲击能，影响凿岩速度。因此对凿岩机施加足够的轴向推力，既可保持钎头与岩石表面接触，也能同时克服活塞前冲的后坐力。轴向推力过大，回转阻力增大，钎头磨损加剧。轴推力过小，影响能量传递，降低凿入效率，无法有效克服后坐力，降低活塞行程，使冲击能降低，影响凿岩速度。最小轴向推力应使得活塞在冲程时，钎头始终与待凿入区岩石表面接触，可利用动量定理确定其数值。最优轴向推力应考虑凿岩过程中炮孔岩石的摩擦力以及凿岩机重力在轴向方向的分力，一般采用现场试验确定。

1.1.1.2　旋转式破碎岩石

旋转式钻孔破岩适用于磨蚀性小及中等硬度以下岩石，主要通过旋转式多刃钻头切割岩石钻孔。钻头在一定轴向压力 P 的作用下，连续旋转切割岩石，使钻刃以螺旋线推进，将岩粉排出孔外，形成圆形炮孔，如图 1.2 所示。旋转式钻孔可分为炮孔全断面切割岩石钻孔和取岩芯式圆环切割岩石钻孔。

旋转式钻机是基于切削破岩原理的凿岩机械。其中，回转钻只有回转机构，包括煤钻、岩石钻、岩心钻等。岩石钻适用于软岩钻孔，金属矿山凿岩作业一般不使用旋转式凿岩机械。

1.1.1.3　旋转-冲击式破碎岩石

钻机通过钻杆加压使钻头与岩石接触，同时钻杆的旋转动作使钻头上带齿（球齿或凿齿）的牙轮滚动，通过滚齿传递冲击和压入力，使岩石破碎，将岩屑不断排出孔外，形成炮孔，如图 1.3 所示。这种破岩方式结合了冲击压碎作用和剪切碾碎作用，亦称为碾压破岩或滚压破岩。

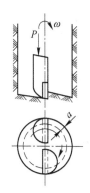

图 1.2　旋转式钻孔示意图

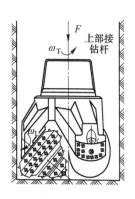

图 1.3　旋转-冲击式钻孔示意图

对于脆性坚硬岩石，牙轮只滚动不滑动，以冲击破岩为主。对于中等硬度以下的塑脆性岩石，牙轮兼有滚动和滑动作用，这种钻头除具有纯滚动牙轮冲击破岩特点外，还具有切削型钻头切削岩石的特点。对于塑性岩石，牙轮的滑动作用更大些，主要是牙轮的切削作用。

利用碾压破岩的凿岩机械包括牙轮钻机和掘进机，这类设备在国内地下矿山使用不多。

1.1.2　岩石可凿性与磨蚀性

1.1.2.1　岩石可凿性与磨蚀性基本概念

岩石可凿性是指岩石抵抗钻凿破碎的阻力，是反映凿岩难易程度的岩石坚固性指标。岩石磨蚀性是指固体材料与岩石接触并做相对运动时，岩石对材料磨损的强弱程度。在凿岩过程中，钎（钻）头与岩石连续或间断地接触与摩擦，岩石的磨蚀性导致钎（钻）头磨损。

岩石可凿性与磨蚀性直接影响凿岩作业。可凿性差的岩石凿岩困难，对凿岩机械要求较高。磨蚀性强的岩石对钎（钻）头磨损剧烈，凿岩成本高。不同类型岩石的可凿性和磨蚀性相差很大，对凿岩机械性能要求差异较大。硬岩要求凿岩设备应有足够的冲击能量，软岩要求凿岩时有相对的旋转剪切破坏。冲击式凿岩方式能够适应不同磨蚀性的岩石，磨蚀性高的岩石不适用于旋转剪切式破岩。

1.1.2.2　岩石可凿性与磨蚀性分级

岩石可凿性取决于凿岩过程中岩石颗粒保持其完整性的能力，影响因素包括凿岩方式、岩性以及地质特征。岩石的抗压强度、点载荷强度、岩石的侵入硬度、普氏硬度系数等均可以用来作为岩石可凿性的指标，另外，凿碎比功、钻进速率指数（DRI）等亦可作为可凿性指标。凿岩速率指数可用来评价岩石的可凿性以及岩石的凿岩速度，也称为可钻性指数。凿碎比功是指凿碎单位体积岩石所需要的功，表示岩石抵抗钎（钻）头破碎的能力，简称比功。比功可用来对岩石可凿性进行分级，如表 1.1 所示。凿碎比功的计算式如下：

$$\alpha = \frac{NA}{\frac{1}{4}\pi d^2 \frac{H}{10}} \tag{1.4}$$

式中，α 为比功，J/cm^3；N 为冲击次数，取 480；A 单次冲击功，取 39.2J；d 为凿孔直径，cm，取 4.1cm；H 为净凿入深度，mm。普氏硬度系数与凿碎比功有以下关系：

$$f \approx \alpha/40 \tag{1.5}$$

凿岩设备每钻凿 1m 所需要的时间 t，与凿碎比功呈线性关系。如 7655 气腿式凿岩机，钎头直径 40mm，工作气压 0.5MPa 的条件下，凿碎比功与钻凿 1m 所需时间 t 有以下关系：

$$\alpha = t/0.0102 \tag{1.6}$$

岩石可凿性对于选用凿岩机械及钎（钻）具、凿岩参数以及编制凿岩工作量定额十分重要，而且可以用来预测凿岩速度。

表 1.1　岩石可凿性分级

级别	凿岩比功 α/J·cm^{-3}	可凿性	代表性岩石
Ⅰ	≤190	极易	页岩、凝灰岩、煤
Ⅱ	191~290	易	石灰岩、砂页岩、橄榄岩、绿泥角闪岩、云母石英片岩、白云岩
Ⅲ	291~390	中等	花岗岩、石灰岩、橄榄片岩、铝土矿石、混合岩、角闪岩
Ⅳ	391~480	较难	花岗岩、硅质灰岩、辉长岩、玢岩、黄铁矿石、铝土矿石、磁铁石英岩、片麻岩、矽卡岩、大理岩
Ⅴ	481~580	难	假象赤铁矿石、磁铁石英岩、仓山片麻岩、矽卡岩、中细粒花岗岩、暗绿角闪岩
Ⅵ	581~680	很难	假象赤铁矿石、磁铁石英岩、煌斑岩、致密矽卡岩
Ⅶ	>680	极难	假象赤铁矿石、磁铁石英岩

岩石磨蚀性可以用来估计钻具或钎具的消耗量。岩石磨蚀性用钎刃两端向中心 4mm 处的磨钝宽度 b(mm) 来表示。磨蚀性分级见表 1.2。

表 1.2　岩石磨蚀性分级

类别	磨钝宽度 b/mm	磨蚀性	代表性岩石
1	≤0.2	弱	页岩、凝灰岩、煤、石灰岩、大理岩、角闪岩、橄榄岩、辉长岩、白云岩、铝土矿石、千枚岩、矽卡岩
2	0.3~0.6	中	花岗岩、闪长岩、辉长岩、砂岩、砂页岩、硅质灰岩、硅质大理岩、混合岩、变粒岩、片麻岩、矽卡岩
3	≥0.7	强	黄铁矿、假象赤铁矿、磁铁石英岩、石英岩、硬质片麻岩

1.1.3 凿岩机械

凿岩机械（rock drilling machine）是用来完成凿岩作业的一种机械化工具，用来破碎岩石、钻凿岩孔。根据《凿岩机械与便携式动力工具 术语 第一部分：凿岩机械、气动工具、气动机械》（GB/T 6247.1—2013），凿岩机械可以分为凿岩机、凿岩钻车、钻机。

凿岩机是指具有冲击和回转机构用于钻凿岩孔的机器。根据所采用动力的不同，可将凿岩机分为气动凿岩机、液压凿岩机、内燃凿岩机、电动凿岩机以及水压凿岩机五种类型。气动凿岩机的特点是压缩空气驱动活塞冲击钻杆，在矿山应用最广泛，是以压缩空气或气体为动力。液压凿岩机的特点是依靠液压驱动活塞冲击钢钎，其发展速度很快，应用越来越普遍，属于以液压油为动力介质的凿岩机。内燃凿岩机是利用内燃机原理，通过汽油的燃爆力驱使活塞冲击钢钎，一般应用在无电源、无气源的施工场地，是以燃油燃烧为动力的凿岩机。电动凿岩机是通过电动机驱动曲柄连杆机构带动锤头冲击钢钎，达到破岩目的，是以电力为动力的凿岩机。水压凿岩机是以水或乳化液为动力介质的凿岩机。

钻车是指供凿岩机钻凿岩孔的车，钻车与凿岩机配套使用。由计算机控制作业过程的钻车称为凿岩机器人。钻机是指主要靠回转机构进行岩孔钻进的机器。

按照排岩粉方式，凿岩机械可以分成干式凿岩和湿式凿岩，分别指用压缩空气排岩粉的作业和用压力水排岩粉的作业。

1.1.4 冲击凿岩机械的基本功能与设备组成

地下矿山主要凿岩机械包括凿岩机、钻车及潜孔钻机等，从凿岩原理看，均属于冲击式凿岩。根据冲击凿岩原理，冲击凿岩机械所需的基本功能有冲击、回转、推进、冲洗和变幅、移位，以满足凿岩作业中炮孔布置、孔深以及角度等凿岩工艺的需要。

冲击功能的作用是破碎钻孔底部岩石，由冲击机构完成，亦称冲击器。冲击能和冲击频率是其主要技术参数指标。回转功能的作用是确保凿岩机每次冲击后回转到新位置，以免重复破碎钻孔底部岩石。在回转的过程中，也可剥落已发生裂纹的孔底岩石。该功能由回转机构完成，转钎扭矩、转钎速度是其主要参数指标。冲洗功能的作用是将钻孔内岩屑清除，避免发生重复凿磨。重复凿磨不仅使凿岩速度降低，而且加速钻头磨损，甚至发生卡钻现象，从而增加凿岩成本、影响凿岩效率。冲洗介质多采用压力水和压气，压力水排岩粉有中心给水和旁侧给水两种方式。压缩空气排岩粉时必须配套有岩粉收集器等除尘装置或气水合用。推进功能一是推动钎具压向孔底岩石表面，二是从炮孔中退出钎具。完成推进和支撑功能的主要有手持、支腿、导轨（推进装置、推进器）。推进装置安装在台架、柱架或钻车上，通过变幅和移位功能，可以完成工作面上不同位置、不同角度炮孔钻凿工艺的要求。

1.2 气动凿岩机

1.2.1 气动凿岩机类型、主要机构

1.2.1.1 气动凿岩机的类型

气动凿岩机（pneumatic rock drill）是以压缩空气为动力，以冲击凿岩方式破碎岩石，

间歇回转或连续回转的凿岩机械，又称为风动凿岩机或风钻。间歇回转称为内回转式凿岩机，冲击、回转不可单独动作，连续回转称为外回转凿岩机，由于其具有单独的回转机构，也称为独立回转凿岩机。气动凿岩机结构简单、坚固，操作方便，环境适应性强，属于浅孔、小直径凿岩设备。在地下金属矿山凿岩作业中广泛使用。气动凿岩机的类型很多，根据其重量大小、支撑及推进方式的不同，一般分为以下几种。

(1) 手持式凿岩机（hand-held rock drill）。机重较轻（20~25kg 以下），属于用手握持、靠凿岩机自重或操作者施加推力进行凿岩的凿岩机。具有集尘结构时称为手持式集尘凿岩机，具有整机潜入水下凿岩功能时称为手持式水下凿岩机。手持式凿岩机一般只钻凿向下的孔和近水平方向的孔，劳动强度大，冲击能和扭矩较小，凿岩速度慢，地下矿山很少采用。

(2) 气腿式凿岩机（air-leg rock drill）。带有气腿，用气腿支撑、推进的凿岩机。在矿山广泛使用，如 7655（YT23）、YT24、YT28 及 YTP26 等型号凿岩机。机重通常为 23~30kg，一般用于钻凿深度 2~5m、直径 34~42mm 的水平或带有一定倾角的炮孔。既可用手持又可安装气腿使用时称为手持气腿两用凿岩机，具有集尘结构则称为气腿式集尘凿岩机。

(3) 向上式（伸缩式）凿岩机（stoper）。具有轴向伸缩机构，用于向上凿岩的凿岩机。其气腿与主机在同一纵向轴线上固结成一体，专门钻凿 60°~90° 的向上倾斜炮眼。YSP45 凿岩机即属于此类，机重一般在 40kg 左右，用于采矿、天井掘进以及钻凿拱顶的竖向锚杆孔等凿岩作业。伸缩机构与缸体中心不在同一轴向时，称为向上式侧向凿岩机（offset stoper）。

(4) 导轨式凿岩机（drifter）。一般在 30~100kg，需安装在柱架或凿岩台车的导轨上，借助推进器推进来工作。导轨式推进器改善了作业条件，减轻劳动强度和提高凿岩效率。可打水平和各种方向的较深炮孔（一般 5~10m，最深可达 20m），孔径 40~80mm。这类凿岩机有 YGP28、YGP35、YG40、YG80 及 YGZ90 等型号。导轨式独立回转凿岩机属于冲击机构和转钎机构分别驱动的凿岩机，冲击、回转机构互不影响，可以更好地适应矿岩性质的变化和提高凿岩速度。

此外，风动凿岩机还有其他分类方法。按照冲击频率可分为低频凿岩机（冲击频率在 42Hz 以下，也有将其按 31Hz 再分为低频和中频的）和高频凿岩机（冲击频率 42Hz 以上）。采用高频凿岩机，可以使凿岩速度显著提高，如手持式高频凿岩机、气腿式高频凿岩机、上向式高频凿岩机和导轨式高频凿岩机。凿岩机按照配气方式特点，可分为有阀式凿岩机和无阀式凿岩机。有阀式凿岩机具有配气阀，无阀式凿岩机没有配气阀。

1.2.1.2 气动凿岩机主要机构

按照冲击转动式凿岩的动作原理，凿岩机动作包含冲击、转钎和排粉三个基本环节。凿岩机必须具备的机构和装置，应能完成凿岩机主要动作和辅助动作。这些机构包括：冲击配气机构、转钎机构、推进机构、排粉机构、润滑机构和操纵机构。压缩空气通过配气阀，交替作用于活塞两端，形成压差，使活塞在缸体内做往复运动。在冲击行程时活塞撞击钎杆尾部，冲击能量通过钎杆由钎头作用于岩石。回转机构间歇性或连续性转动，使钎杆旋转。尽管气动凿岩机类型很多，但结构组成基本相同。各种类型气动凿岩机之间的主要区别在于冲击配气机构和转钎机构。

（1）冲击配气机构。冲击配气机构是气动凿岩机的主要机构，主要由配气机构、气缸、活塞以及气路组成。该机构实质上包括配气机构和冲击机构两部分。配气机构亦称配气阀组，其作用是分配压缩空气控制主传动机构运动。冲击机构的作用是在配气机构控制下，使活塞做往复运动。活塞的往复运动及其对钎尾的冲击是凿岩机的主要功能，该功能是通过配气机构实现的。配气机构将节气阀输入的压气依次输送到气缸的前后腔，推动活塞做往复运动，从而获得活塞对钎尾的连续冲击动作。配气机构的性能结构，直接影响活塞冲击能、冲击频率、转矩和耗气量等技术指标。配气机构按照动作原理和结构可以分成从动阀（活阀）配气机构、控制阀配气机构及无阀配气机构。从动阀配气机构是通过活塞压缩的余气压力与自由空间的压力差实现配气阀换向，结构简单、工作可靠，但是灵活性差。控制阀配气机构是通过专用孔道引入压缩空气推动配气阀换向，动作灵活、工作平稳、压气利用率高，缺点是形状复杂，加工精度高。无阀配气机构没有配气阀（没有独立的配气机构），是依靠活塞位置的变换来实现配气的，工作平稳、换向灵活，不足之处在于制造工艺性差。

YSP45、YT23 等属于从动阀配气机构；YT24、YT28、YG40、YG80 等属于控制阀配气机构；YTP26、YGZ90 等属于无阀配气机构。

（2）转钎（回转）机构。转钎机构分为内回转机构和外回转机构。内回转机构是一种从动性机构，当活塞做往复运动时，借助棘轮棘爪机构使钎杆做间歇转动。内回转的转钎机构有内棘轮转钎机构和外棘轮转钎机构，前者用于手持式、气腿式、上向式以及 YG40 凿岩机，后者用于 YG80 凿岩机等。外回转机构是由独立的气动（风动）马达带动钎杆做连续回转，以独立回转的转钎机构代替了依从式棘轮棘爪内回转机构，应用在 YGZ90 型凿岩机上。

内回转凿岩机的冲击与回转相互依从，并有固定的参数比，无法在较软岩石中提供较小的冲击力和较高的回转速度，或者在硬岩中给出较大的冲击力和较小的回转速度，凿岩适应性较差，且在节理发育的岩石中容易卡钻。外回转机构增大了回转力矩，可施加更大的轴推力，提高凿岩速度。转钎、冲击机构相互独立，转速可调，可适用于各种矿岩条件下作业，取消了依从式转钎机构中最易损耗的棘轮、棘爪等零件，延长凿岩机寿命。

（3）排粉机构。凿岩产生的岩粉需要用水冲洗炮孔排出孔外，必须采用湿式凿岩。凿岩机具有轴向供水的风水联动机构，以压缩空气控制凿岩机注水。凿岩工作时，利用压缩空气推动注水阀打开水路，压力水经柄体的给水接头及水道，进入水针。水针插在钎尾的中心孔内，压力水经由钎杆的中心孔，由钎头水孔注入孔底。压力水与凿岩的粉渣混合成岩粉浆，从钎杆与炮孔之间的环形间隙排出孔外。当凿岩机停止工作时，柄体的气室内没有压缩空气，注水阀在弹簧的作用下关闭，停止向水针供水，排粉结束。当孔深较大或向下凿岩时，孔底的岩粉聚集，可能会堵塞钎头的水孔或钎杆与孔壁间隙，这时需扳动手柄开启强力吹洗炮孔，停止凿岩和供水。强力吹洗炮孔时压缩空气直接由缸体上的气道与机头壳体上的气孔进入钎杆中心孔，到达孔底强力将岩粉吹出孔外。

（4）润滑系统。凿岩机的注油器采用自动润滑，分为悬挂式、固定式和落地式。悬挂式为轻型凿岩机采用，储油量较小。凿岩机一般在进气管处安装有专用注油器，压缩空气进入其中，使润滑油雾化，随压缩空气进入凿岩机内，对凿岩机运动部件及气腿等进行润滑。用调节阀来控制供油量，一般每立方米自由空气需混入 0.8~1.5mL 润滑油。

（5）操纵机构。一般指操纵阀，气腿式凿岩机还包括气腿调压阀和换向阀，由操纵手柄控制。气动凿岩机一般均设有集中控制、气水联动、自动注油以及气腿自动回缩等装置。

1.2.1.3　风动凿岩机的应用范围

各类型风动凿岩机的结构和技术特征不同，应用范围亦有区别。在选择凿岩机的类型时，一般应考虑以下几点：（1）井下采掘作业场所。主要包括平巷、天井、竖井、斜井等井巷掘进场所以及采场凿岩作业；（2）炮孔的方向、孔径和深度；（3）矿岩的坚硬程度等。

表1.3和表1.4分别列出了各类型风动凿岩机的应用范围和技术特征，供选用时参考。

表1.3　风动凿岩机的应用范围

项目	风动凿岩机类型			
	手持式	气腿式	上向式	导轨式
最大钻孔直径/mm	40	45	50	75
最大钻孔深度/m	3	5	6	30
钻孔方向	水平、倾斜及垂直向下	水平，向上及向下倾斜	向上（60°～90°）	不限
矿岩硬度	煤层、软岩、中硬岩	中硬、坚硬及以上	中硬、坚硬及以上	坚硬及以上

表1.4　风动凿岩机技术特征

项目	风动凿岩机类型									
	手持式	气腿式				上向式	导轨式			
	Y19A	7655（YT23）	YT24	YT28	YTP26	YSP45	YG40	YG80	YGZ90	YGZ100
质量/kg	19	23	24	26	26.5	44	36	69	95	100
全长/mm	600	628	678	661	680	1420	680	900	876	890
工作气压/MPa	0.4～0.63	0.5	0.63	0.5～0.63	0.5～0.63	0.5～0.63	0.63	0.63	0.5～0.63	0.63
冲击频率/Hz	≥35	≥36	≥30	≥37	≥45	≥47	≥27	≥29	≥34	≥29
冲击能/J	40	≥60	≥60	≥80	≥73	≥70	≥100	180	≥225	
转矩/N·m		≥15	≥13	≥15	≥18	≥18	≥38	100	≥100	≥245
气缸直径/mm	65	76	70	80	95	95	85	120	125	125
活塞行程/mm	54	60	70	60	50	47	80	70	98	102
耗气量/L·s⁻¹	≤43	≤54	≤67	≤81	≤70	≤83	≤117	≤160	≤225	108+83①
压气管内径/mm	19	25	25	25	25	25	25	38	38/25②	38/25②
工作水压/MPa	0.2～0.3	0.2～0.3	0.2～0.3	0.2～0.3	0.3～0.5	0.2～0.3	0.3～0.5	0.3～0.5	0.4～0.6	0.3～0.5
水管直径/mm	13	13	13	13	13	13	13	19	19	19
钎尾尺寸/mm×mm	H22×108	H22×108	H22×108	H22×108	H22×108	H22×108	D32×97	D32×97	D32×97 D38×97	D32×97 D38×97

续表 1.4

项目	风动凿岩机类型									
	手持式	气腿式				上向式	导轨式			
	Y19A	7655（YT23）	YT24	YT28	YTP26	YSP45	YG40	YG80	YGZ90	YGZ100
气腿型号	手持或FT100型	FT160A/B/C型	FT140B/BD型	FT160BC/BD型	FT170	轴向气腿	FJY25A型钻架	FJY25A型钻架	专用推进器	FJY27钻架
注油器型号		FY200A	FY200B	FY200B	FY-700落地式	FY-500A落地式	FY-500落地式	专用	专用	专用
钻孔直径/mm	34~40	34~42	34~42	34~42	36~45	35~46	40~55	50~75	50~80	50~80
最大钻深/m	3	5	5	5	5	6	15	20	30	25
制造厂家	I	I	II	II	III	I	II	II	IV	II

注：I—阿特拉斯（沈阳）矿山设备有限公司；II—天水风动机械股份有限公司；III—湘潭风动机械厂；IV—南京风动凿岩机械制造公司。

① 加号前后分别为冲击耗气量、回转耗气量。

② 斜线前后分别为冲击部分和回转部分。

1.2.2 气腿式凿岩机

在各类气动凿岩机中，气腿式凿岩机应用最广，结构组成较为复杂且具有代表性。气腿凿岩机可分解成柄体、气缸和机头三大部分，用两根连接螺栓连成一体。柄体包括把手、操纵手柄、操纵阀、调压阀、注水阀等，缸体包括活塞、配气装置、转钎机构、水气管接头、消声罩等，机头包括转动套、钎套筒以及钎卡等。

凿岩时将钎杆安装在机头的钎尾套中，借助钎卡支承。开动凿岩机凿岩的同时，风水联动机构控制压力水沿着水针进入炮孔冲洗岩粉，并冷却钎头。

气腿是一个可伸缩金属套筒的气缸，与凿岩机用销轴铰接，两者可以分开。改变气腿角度或气压便可以控制支撑凿岩机重量的力和轴推力大小。YT23型（7655）凿岩机配用 FT-160型气腿，最大轴向推力 1600N，最大推进行程 1362mm。图 1.4 为气腿式凿岩机钻凿水平炮孔时的工作状态。气腿轴心线与地平面成一定角度。当气缸 5 上腔进压气时，活塞杆 6 伸出，抵住地面，气缸 5 带动凿岩机上行，把凿岩机支撑在适当的钻孔位置。顶叉 7 抵住底板后，气缸上腔继续进压气，则对凿岩机产生一作用力 R。R 的水平分力 R_H 用以平衡凿岩机后坐力及提供凿

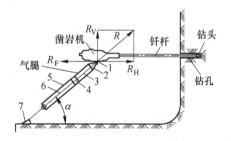

图 1.4 气腿式凿岩机的推进及支撑原理
1—连接轴；2—架体；3—气针；4—活塞；
5—气缸；6—活塞杆；7—顶叉

岩机合适的轴向推力，以获得最优的钻凿速度，垂直分力 R_V 平衡凿岩机和钎杆重量。随着炮孔加深，可通过调节气腿活塞进气量获得最优的推进速度和轴推力。如果气腿活塞已完全伸出，则需移动顶叉到合适位置后，重新开始凿岩工作。气腿式凿岩机由手持式凿岩机演变而来，凿岩效率高于手持式。

1.2.3　上向式凿岩机

上向式凿岩机以 YSP45 型应用最广，整机由机头、缸体、柄体以及气腿组成。气腿用螺纹拧接在柄体上，柄体、缸体、机头用两根长螺栓连接成整体。在缸体的手把上装有放气阀，在柄体上有操纵手柄、气管接头和水管接头。YSP45 型凿岩机冲击配气机构和转钎机构与 7655 型凿岩机类似，亦属于从动阀式配气结构，棘轮棘爪机构完成转钎动作。气腿结构简单，操纵阀和调压阀的工作原理与 7655 型凿岩机类似。该机型配有 FY500A 型注油器，润滑油供油量以 1~5mL/min 为宜。

1.2.4　导轨式凿岩机

导轨式凿岩机主要用来钻凿中深孔，作业时必须接杆凿岩，即随着钻孔的加深，要用螺纹连接套逐根接长钻杆，炮孔凿完后再逐根使钎杆与连接套分离，从炮孔中取出钎杆，因此要求转钎机构必须能够双向回转，即能带动钎杆正传和反转（装卸钎杆时）。同时，导轨式凿岩机质量较大，必须装在推进器的导轨上进行凿岩，因此称之为导轨式凿岩机。导轨式凿岩机与钻架（支柱）或钻车配套使用。导轨式凿岩机按照转钎机构回转特点可分成内回转和外回转两类凿岩机。

（1）内回转导轨式凿岩机。YGZ80 是典型的内回转导轨式凿岩机，具有双向的内回转机构。配气机构为控制阀式配气类型。

（2）外回转导轨式凿岩机。YGZ90 是典型的外回转导轨式凿岩机。YGZ90 凿岩机由气动马达、减速器、机头、缸体和柄体五部分组成。机头、柄体和缸体用两根长螺栓连成一体，气动马达和减速器用螺栓固定在机头上，钎尾由气动马达经减速器驱动，实现钎杆回转动作。由于转钎动作来源于气动马达，与活塞冲击机构独立，因此称为外回转。

导轨式凿岩机的附属装置包括推进器及气动支柱等。

推进器用于安装导轨式凿岩机，完成导轨式岩凿机作业过程中推进和后退。常见的推进器类型有气动马达推进器、气缸钢丝绳（链条）推进器以及液压推进器。液压推进器主要用于凿岩钻车（台车）。气动马达推进器分为螺杆式和链条式两种。螺杆式推进器在导轨内装有螺杆，气动马达经减速器带动螺杆做正反转运动，通过螺母带动托盘及其上的凿岩机一起前进或后退。链条式推进器由气动马达通过蜗轮蜗杆减速器带动链轮及链条，使得链条上的托座及凿岩机前进或后退。气缸钢绳（链条）推进器是由气缸通过滑轮直接带动钢绳或链条，使其上的托座和凿岩机前进或后退。导轨架下端设有底座，可以安装在支柱上。导轨架的最前端装有夹钎器或开孔器，夹钎器在接杆凿岩时用于夹住连接套（接杆套），便于拆卸钎杆。

气动支柱由立柱和横臂组成，用于在工作面架设推进器及其上的导轨式凿岩机，能够使导轨式凿岩机钻凿任意位置和方向的炮孔。通常在立柱下部装有小绞车，上部装有滑轮，通过钢丝绳上下移动横臂和左右移动推进器。在采场钻凿扇形中深孔，可采用圆盘导轨架，使用导轨式凿岩机进行凿岩。

1.2.5　凿岩机型号标记

根据《凿岩机械与气动工具产品型号编制方法》（JB/T 1590—2010），凿岩机械产品型号依次由类别、组别、型别、主参数、改进设计状态和制造企业等产品信息代码组成，企业标识码为可选要素，其余为必选要素，如图1.5所示。矿山常用凿岩机械产品信息代码见表1.5。

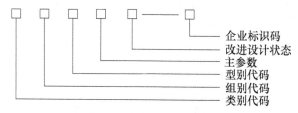

图 1.5　凿岩机械产品型号

表 1.5　凿岩机械产品型号信息代码

类别	组别	型别	特性代码	产品名称及特征代码	主参数 名称	主参数 单位
凿岩机：Y	气动	手持式	—	手持式凿岩机：Y	机重	kg
		气腿式：T	—	气腿式凿岩机：YT		
			高频：P	气腿式高频凿岩机：YTP		
		向上式：S	—	向上式凿岩机：YS		
			侧向	上向式侧向凿岩机：YSC		
			高频：P	向上式高频凿岩机：YSP		
		导轨式：G	—	导轨式凿岩机：YG		
			高频：P	导轨式高频凿岩机：YGP		
			独立回转：Z	导轨式独立回转凿岩机：YGZ		
	液压：Y	手持式	—	手持式液压凿岩机：YY		
		支腿式：T	—	支腿式液压凿岩机：YYT		
		导轨式：G	采矿：C	导轨式采矿液压凿岩机：YYGC		
			掘进：J	导轨式掘进液压凿岩机：YYGJ		
钻车：C	露天	气动、半液压 履带式：L	—	履带式露天钻车：CL	钻孔直径 凿岩机台数	mm 台
			潜孔 Q	履带式露天潜孔钻车：CLQ		
			中气压：Z	履带式露天中压潜孔钻车：CLQZ		
			高气压：G	履带式露天高压潜孔钻车：CLQG		
		轮胎式：T	—	轮胎式露天钻车：CT		
		轨轮式：G	—	轨轮式露天钻车：CG		
		液压：Y 履带式：L	—	履带式露天液压钻车：CYL		
			潜孔：Q	履带式露天液压潜孔钻车：CYLQ		
		轮胎式：T	—	轮胎式露天液压钻车：CYT		
		轨轮式：G	—	轨轮式露天液压钻车：CYG		
	井下	气动、半液压 履带式：L	采矿：C	履带式采矿钻车：CLC	钻孔直径	mm
			掘进：J	履带式掘进钻车：CLJ		

类别	组别	型别	特性代码	产品名称及特征代码	主参数	
					名称	单位
钻车：C	井下	气动、半液压	履带式：L	锚杆：M	履带式锚杆钻车：CLM	钻孔直径凿岩机台数	mm台
			轮胎式：T	采矿：C	轮胎式采矿钻车：CTC		
				掘进：J	轮胎式掘进钻车：CTJ		
				锚杆：M	轮胎式锚杆钻车：CTM		
			轨轮式：G	采矿：C	轮轨式采矿钻车：CGC		
				掘进：J	轮轨式掘进钻车：CGJ		
				锚杆：M	轮轨式锚杆钻车：CGM		
		全液压：Y	履带式：L	采矿：C	履带式采矿钻车：CYLC		
				掘进：J	履带式掘进钻车：CYLJ		
				锚杆：M	履带式锚杆钻车：CYLM		
			轮胎式：T	采矿：C	履带式采矿钻车：CYTC		
				掘进：J	履带式掘进钻车：CYTJ		
				锚杆：M	履带式锚杆钻车：CYTM		
			轨轮式：G	采矿：C	履带式采矿钻车：CYGC		
				掘进：J	履带式掘进钻车：CYGJ		
				锚杆：M	履带式锚杆钻车：CYGM		
钻机：K	潜孔钻机：Q	气动、半液压	履带式：L	低气压	轮胎式潜孔钻机 KQL	钻孔直径	mm
				中气压：Z	轮胎式中压潜孔钻机 KQLZ		
				高气压：G	轮胎式高压潜孔钻机 KQLG		
			轮胎式：T	低气压	轮胎式潜孔钻机 KQT		
				中气压：Z	轮胎式中压潜孔钻机 KQTZ		
				高气压：G	轮胎式高压潜孔钻机 KQTG		
			柱架式：J	低气压	柱架式潜孔钻机 KQJ		
				中气压：Z	柱架式中压潜孔钻机 KQJZ		
				高气压：G	柱架式高压潜孔钻机 KQJG		
		液压：Y	履带式：L	—	履带式液压潜孔钻 KQYL		
			轮胎式：T	—	轮胎式液压潜孔钻 KQYT		
		电动：D			电动潜孔钻机 KQD		

1.2.6　气动凿岩机主要性能参数

气动凿岩机主要性能参数有冲击能（冲击功）、冲击频率、冲击功率、回转扭矩、回转速度（转速）、耗风量和耗水量等。图 1.6 为风动凿岩机性能参数计算示意图。

1.2.6.1　冲击能

冲击能（blow energy）亦称为冲击功，是指在规定的条件下，活塞单次冲击所具有的能量。规定的条件包括岩石抗压强度，压缩空气压力，大气压力、环境温度、相对湿度以及负荷情况等。冲击能在某种程度上可以表明凿岩机工作的能力。

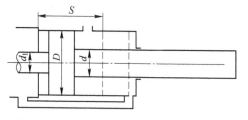

图 1.6 风动凿岩机性能参数计算示意图
D—活塞直径；d—活塞杆直径；
d_1—螺旋棒直径；S—活塞设计行程

工作行程时，作用在活塞左端面的力 F_1 为：

$$F_1 = A_1 p_1 = \frac{\pi}{4}(D^2 - d_1^2)\, c_1 p_0 \qquad (1.7)$$

式中，p_0、p_1 分别为压气管路压力、冲程时后腔中压气的平均指示压力，Pa；A_1 为工作行程时活塞有效受压面积；D、d、d_1 分别为活塞直径、活塞杆直径和螺旋棒直径（螺旋棒用于转钎机构，对于外回转凿岩机，螺旋棒直径 d_1 为零）；c_1 为冲程时的构造系数，与配气方式有关，从动阀配气取 0.52，控制阀配气取 0.62。

在工作行程接近终了时，活塞所具有的能量，即为冲击能 E：

$$E = \lambda F_1 S = \lambda \cdot \frac{\pi}{4}(D^2 - d_1^2)\, c_1 p_0 \cdot S \qquad (1.8)$$

式中，E 为冲击能，J；S 为活塞设计行程，m；λ 为冲击功修正系数或活塞行程系数，考虑气缸内压力变化、前腔反压力以及活塞行程和机械损伤等影响，一般取 0.85~0.90。

可见，在供气压力一定的情况下，冲击能与活塞冲程时的有效面积、活塞行程、供气压力成正比。当增大活塞直径和行程时，冲击能增大。但机器尺寸增大，重量增加。如果要进一步提高压气压力，则会受到已有空气压缩设备能力的限制。另外，凿岩机使用压气压力太高，还会带来压气管路损耗增加等问题。

同理，回程时作用在活塞右端面上的力 F_2 为：

$$F_2 = p_2 A_2 = \frac{\pi}{4}(D^2 - d^2)\, c_2 p_0 \qquad (1.9)$$

式中，p_2 为回程时，前腔中的平均指示压力，Pa；A_2 为回程时活塞前腔的有效受压面积，m^2；p_0 为管网压力，Pa；d 为活塞杆直径，对于潜孔冲击器，$d=0$，m；c_2 为回程时的构造系数，与配气方式有关，从动阀配气取 0.26，控制阀配气取 0.40。

1.2.6.2 冲击频率

冲击频率（blow frequency）是指在规定条件下，活塞每秒钟对钎杆尾部的平均打击次数。每分钟的平均打击次数称为冲击次数。在其他各项性能参数一定的情况下，凿岩效率与冲击频率成正比。因此冲击频率是表明凿岩机工作能力的重要性能参数之一。

假定活塞在压气作用下，初速度为零，并以等加速度运动。设活塞质量为 m，在工作行程时力 F_1 作用下，则活塞加速度 $a = F_1/m$，活塞工作行程时间（即冲程时间）$t_1 = \sqrt{2\lambda S/a}$，活塞返回行程时间 $t_2 = K_1 t_1$，其中，K_1 为回程时间与冲程时间的比例系数，与气动凿岩机配气方式有关，从动阀配气取 1.15，控制阀配气取 1.0。在活塞回程与冲程之间的短暂停滞时间 $t_3 = K_2 t_1$，活塞整个工作循环时间 $T = t_1 + t_2 + t_3 = (1 + K_1 + K_2) \sqrt{2\lambda S/a}$。

令 $K_f = 1/(1 + K_1 + K_2)$ ，则冲击频率 f 为：

$$f = \frac{1}{T} = K_f \sqrt{\frac{\pi(D^2 - d_1^2)c_1 p_0}{8\lambda Sm}} \tag{1.10}$$

每分钟冲击次数 f' 为：

$$f' = 60 K_f \sqrt{\frac{\pi(D^2 - d_1^2)c_1 p_0}{8\lambda Sm}} \tag{1.11}$$

式中，$K_f = 0.32 \sim 0.42$，从动阀配气取低值，控制阀配气取大值，一般取 0.37。

1.2.6.3　凿岩机功率

凿岩机功率（power）是指冲击功率，即在规定条件下，单位时间所做的功。

$$N = Ef \tag{1.12}$$

1.2.6.4　回转扭矩

凿岩机扭矩（torque）用来克服凿岩过程中作用在钎头和钎杆上的岩石阻力矩，以保证钎杆转动，连续作业。内回转凿岩机扭矩大小与回程时的气缸压力及内部结构有关，外回转凿岩机，其扭矩由单独的风马达提供，与凿岩机内部结构无关。

$$M_n = (F_2 d_1/2)\cot(\alpha + \rho) \tag{1.13}$$

式中，M_n 为凿岩机转矩，N·m；α 为螺旋棒的导角，(°)；F_2 为回程时作用于活塞右端面的压力，N；d_1 为螺旋棒直径，m；ρ 为摩擦角，(°)，$\tan\rho = \mu$；μ 为摩擦系数，取 0.15。

$$M_n' = M_n \eta \tag{1.14}$$

式中，M_n' 为钎杆得到的转矩，N·m；η 为转钎机构传动效率，取 0.5~0.6。

转矩关系到凿岩机运转的持续性和稳定性。转矩过小，易引起卡钻现象，在节理发育岩体中尤为明显。转矩过大，会增大机重及结构尺寸。浅孔凿岩时，孔径 40mm 左右的气腿式凿岩机，设计转矩一般为 12~20N·m；中深孔接杆凿岩的导轨式凿岩机，转矩应大于 35N·m。

1.2.6.5　钎子转角和转速

内回转凿岩机钎杆的转动是只在活塞回程时进行的间歇性转动。钎杆转速（rotational frequency）可以通过回程时钎杆转角 β 计算。β 等于回程时螺旋棒转角或回程时活塞转角。

$$\beta = \frac{360}{\pi d_1}\lambda S\tan\alpha \tag{1.15}$$

式中，λ 为行程系数；α 为螺旋棒导角，一般为 4°左右；d_1 为螺旋棒直径，m；S 为活塞行程，m；β 为钎杆转角，(°)。

当两次冲击之间钎头的转角所形成的两相邻凿痕间的岩石恰能被破碎时，此转角即为钎头的最优转角。转角小于此值，岩石重复破碎，能量得不到充分利用，凿岩速度低；反之，转角过大，两条凿痕间的岩石不能被剪碎，需要反复进行冲击，因此凿岩速度也不会高。

钎子转速，即每分钟的回转数 n(r/min) 与冲击频率 f 和钎子转角 β 的关系为 $n = 60f\beta/360$，即：

$$n = \frac{60f\lambda S}{\pi d_1}\tan\alpha \qquad (1.16)$$

1.2.6.6 耗风量

耗风量（air consumption）是在规定条件下，气动凿岩机在单位时间内所消耗的标准状态下自由空气的体积量，亦称耗气量。耗风量是衡量风动凿岩机使用经济性的基本指标之一。在已知凿岩机功率的情况下，耗风量愈小，凿岩机的使用费用愈低，可用耗气量与输出功率之比，即耗气率（Specific air consumption）表示这一指标，也称为单位功率耗气量。耗风量包括冲击、回转和吹孔所消耗的空气量。

$$Q = 60(A_1 + A_2)\lambda S K_Q f\left(\frac{p_0 + 10^5}{p_a}\right) \qquad (1.17)$$

式中，Q 为耗气量，m^3/min；A_1、A_2 分别为冲程和回程的有效受压面积，m^2；λS 为活塞实际行程，m；p_0 管网压力，Pa；p_a 为排气压力，一般取 $1.2 \times 10^5 Pa$；f 为凿岩机冲击频率，Hz；k_Q 为耗气量修正系数，可取 $0.6 \sim 0.85$。

若考虑强吹炮孔以及气腿的耗气量，应在上式计算结果的基础上增加 15%。

1.2.6.7 耗水量

在凿岩机作业时，用于炮孔冲洗的压力水应有一定的压力和水量，并要求去除水中杂质。凿岩机耗水量（Water consumption）可按式（1.18）计算。

$$Q_s = K_s A_k v \times 10^{-3} \qquad (1.18)$$

式中，Q_s 为凿岩机耗水量，L/min；K_s 为水与粉尘的体积比，一般取 $12 \sim 18$；A_k 为炮孔底面积，cm^2；v 为凿岩速度，cm/min。

手持式、气腿式凿岩机耗水量一般为 $3 \sim 5L/min$；向上式和导轨式凿岩机耗水量为 $5 \sim 15L/min$；内回转凿岩机多采用中心供水给水方式，实行"气水联动"，其水压力应低于气压，一般在 0.3MPa 左右。

1.2.6.8 其他参数

凿孔深度指凿岩机的最大凿岩孔深度，对钻机来说，称为钻孔深度，即钻机的最大钻岩孔深度。凿孔直径是指凿岩机允许的凿孔直径，对于钻机来说，则称为钻孔直径。凿孔速度是指在规定条件下，凿岩机在单位时间内凿孔的深度，钻机则称为钻孔速度。推进力是指施加在凿岩机械上，指向工作物的轴向力。提升力是指提升钻杆和潜孔冲击器的力。推进长度是指推进机构能推进的最大长度。

1.2.6.9 凿岩速度及其影响因素

凿岩速度与劳动生产率、施工进度及经济性等关系密切。影响凿岩速度的因素：一是凿岩机主要性能参数，如冲击功、冲击频率、转矩、转速（角）等；二是凿岩工作条件，包括岩石可凿性、磨蚀性、钻孔深度、气压及轴推力等；三是凿岩钎（钻）具，主要包括钎头类型、直径、结构、形状及钎杆长度等。

（1）工作气压。工作气压是指凿岩机械工作时进气口处压缩空气的压力。根据相关试验研究，凿岩速度与工作气压呈线性关系：工作气压越高，凿岩速度越快；导轨式凿岩机在高气压条件下凿岩性能更佳；在相同的性能规格与工作条件下，独立回转与内回转凿岩机相比，有较高的凿岩速度；在工作压力低于 0.5MPa 气压条件下，输出功率降低、凿岩速度较低。花岗岩中凿岩速度与工作气压的线性回归关系如式（1.19）所示。

$$v = k\Delta p + v_0 \tag{1.19}$$

式中，k 为凿岩机类型系数，独立回转取 21，一般导轨式凿岩机取 11，手持式和气腿式取 5~7；v_0 为原始凿岩速度（工作气压为 0.4MPa 时的凿速），cm/min，独立回转凿岩机取 25~45，一般导轨式凿岩机取 20~25，手持式和气腿式取 15~20；Δp 为工作压力增加值（相对于原始工作气压 0.4MPa 的增加值），MPa。

（2）轴推力。对凿岩机施加轴向推力是为了保持钎头与钻孔底部岩石的接触以及克服活塞前冲时凿岩机体产生的后坐力。为使得活塞在冲程时，钎头始终与岩石接触，所需的轴推力称为最小轴推力 F。

$$F = K_R f\sqrt{2Em} \tag{1.20}$$

式中，m 为活塞质量，kg；f 为冲击频率，Hz；E 为冲击能，J；K_R 为轴向推力修正系数，与岩石性质、凿岩机结构参数、活塞形状、钎头结构等有关，气动凿岩机可取 1.5~2.3，液压凿岩机可由现场试验确定。

最优轴推力 F_{op} 除了包含最小轴推力以外，还包括摩擦力 F_f 和凿岩机自重 G 的轴向分力。

$$F_{op} = F + F_f \pm G\sin\beta_1$$

式中，β_1 为炮孔倾角，向上倾斜取正值，向下倾斜取负值。

轴推力与凿岩速度之间的关系可以用轴推力和凿岩速度曲线表示，如图 1.7 所示，F-v 曲线可通过实验得到。不同类型凿岩机，轴推力大小不同，每种凿岩机都有各自的 F-v 曲线，且存在凿岩速度相对较高的合理轴推力区间。合理轴推力区间过小，凿岩机不易控制；F-v 曲线高峰处越平缓，凿岩机适用性越好。凿岩机 F-v 曲线随着工作气压变化，合理轴推力随着气压增高而增大；独立回转凿岩机转速可调、转矩较大，因此轴推力较大，凿速较高。

（3）细长比。细长比是指气缸内径与活塞行程之比。浅孔凿岩时，大直径、短行程的凿岩机有较高的凿岩速度。细长比越大，冲击频率越高，凿速也越快。

（4）凿岩深度。凿岩深度增加，排粉阻力以及消耗在钎杆和连接套接头上的冲击能量增加，导致凿岩速度下降。不同类型凿岩机凿岩速度受凿岩深度的影响程度不同。手持式、气腿式凿岩机由于冲击功率和转矩较小，凿岩深度一般不超过 5m，超过最大凿岩深度后凿岩速度明显下降。导轨式内回转凿岩机凿岩速度也随孔深增加而降低，但呈缓降特征。外回转凿岩

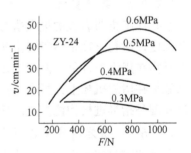

图 1.7　凿岩机轴推力与凿岩
速度实验曲线

机由于轴推力和转矩可根据实际工况进行调整，一般在深度 20m 以内凿岩速度不会有明显的变化。这也是手持式、气腿式、内回转和外回转凿岩机最大钻深依次增加的原因。

（5）岩石强度。凿岩机凿岩速度随着岩石强度增大呈非线性下降关系，且开始时陡降，达到一定强度时，凿岩速度下降幅度变缓。岩石强度较低时，破岩机理综合了冲击和剪切两种作用，而强度较高时，仅有单一冲击破碎作用，因而导致凿岩速度随强度变化。

1.3 液压凿岩机

1.3.1 液压凿岩机特点及分类

液压凿岩机（hydraulic rock drill）由气动凿岩机发展而来，是以循环高压油为动力，推动活塞在缸体内往复运动冲击钎杆，驱动钎杆、钎头，以冲击回转的方式在岩体中凿岩的机械。区别于气动凿岩机主要应用于非导轨式凿岩机，液压凿岩机在导轨式凿岩机领域占有主导地位。与气动凿岩机相比较，液压凿岩机具有能量消耗少、凿岩速度快、效率高、噪声小、易于控制操作、钻具寿命长等优势，但其零件加工精度和维护使用技术要求高。

（1）能量利用率高，动力消耗小。液压凿岩机的工作压力 14~20MPa，是气动凿岩机的 10~20 倍，能量利用率为 30%~40%，气动凿岩机仅为 10%。

（2）冲击能量、扭矩和推进力大，钎杆回转速度高，凿岩速度为气动凿岩机的 2.5~3 倍。

（3）作业条件好。气动凿岩机械噪声较大，手持式凿岩机噪声声功率级要求不超过 114~124dB（A），气腿式为 125~127dB（A），向上式为 128~132dB（A），导轨式为 132dB（A）。液压凿岩机噪声比气动凿岩机低 10~15dB（A）。液压凿岩机没有油雾造成的污染。运动件部在油液中工作，润滑条件好。

（4）调速方便，对不同的岩石具有良好的性能，尤其是坚硬及极坚硬岩石，由于轴推力、扭矩等参数可调，凿岩效率较高，相较气动凿岩机提高 1 倍以上。

液压凿岩机按工作支承方式分为手持式、支腿式及导轨式。由于使用操作方面的要求及条件限制，液压手持式和支腿式使用不多，以导轨式液压凿岩机的应用最为普遍。导轨式液压凿岩机安装在凿岩台车的液压钻臂上进行工作，通过推进器推进凿岩机进行凿岩，可以钻凿任意方位的钻孔，钻孔直径 30~65mm。在矿山使用时，主要与液压掘进凿岩台车、液压锚杆台车和液压采矿台车配合，完成不同工艺环节的凿岩施工作业。按照液压凿岩机机重，50kg 以下为轻型，50~100kg 为中型，100kg 以上为重型。轻型、中型一般用于小直径浅孔作业，重型用于大直径深孔。按照配油结构特点，液压凿岩机可分为有阀型和无阀型两种。有阀型按照配油阀的结构，可分为套阀式和芯阀式。无阀式冲击机构由活塞和缸体组成，通过活塞运动位置变化来实现配油。按照回油方式，液压凿岩机可分成单面回油和双面回油两种，单面回油分成前腔回油和后腔回油两种，见表 1.6。后腔回油与双面回油结构在实践中应用最多。

表 1.6 液压凿岩机分类

类型	有 阀 式				无阀式
回油方式	单面回油			双面回油	双面回油
	后腔回油		前腔回油		
活塞运动	三通阀控差动		三通阀控差动	四通阀控两腔交替回油	活塞自配油两腔交替回油
阀的结构	套阀	芯阀	套阀	芯阀	芯阀	无

前腔回油缺点明显，后腔回油是单面回油的主要方式，阀的结构包括套阀和芯阀。双面回油有阀型，其阀的结构为芯阀。芯阀式又称外阀式。无阀型回油方式为双面回油，有少量机型，国内推广不多。

1.3.2 液压凿岩机基本结构

液压凿岩机主要机构包括冲击机构，转钎机构（回转机构），蓄能机构，排粉机构、供水机构以及防尘机构等。凿岩作业是冲击、回转、推进以及岩孔冲洗等功能的综合作用。

1.3.2.1 冲击机构

冲击机构包括缸体、活塞、配流阀及蓄能器等。有阀式冲击机构的特点是液压油通过配油阀和活塞相互作用不断改变活塞两端压力状态，使缸体内活塞往复运动并冲击钎尾做功。

（1）配油阀。液压阀是用来控制液压系统中液压油的流动方向或用来调节其流量和压力的，方向控制阀作为液压阀的一种，利用流道的更换控制着液压油的流动方向。配油阀属于方向控制阀，用来控制冲击机构中活塞的往复运动。配油阀包括套阀和芯阀两大类，芯阀按形状分成柱状阀和筒状阀，有单独的阀体，阀芯在阀体内运动配油，油路比较复杂。套阀结构简单，只有一个零件（套阀），套在活塞上与活塞做同轴运动配油。套阀受到活塞制约只能做成三通阀。冲击机构配流阀结构如图1.8所示。芯阀包含多个零件，结构较为复杂，可制成三通或四通阀。三通阀适用于单面回油，双面回油必须采用四通阀。有阀式冲击机构按照配油阀与冲击活塞的相对位置，可分成单腔回油套阀式冲击机构和单腔回油柱阀式冲击机构。液压凿岩机多采用单腔回油套阀式、单腔回油柱阀式、双腔回油柱阀式。

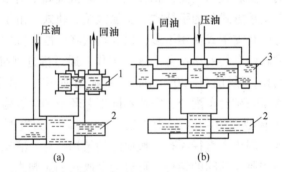

图1.8   冲击机构配油阀结构
（a）三通滑阀型；（b）四通滑阀型
1—三通滑阀；2—活塞；3—四通滑阀

（2）缸体。结构复杂、加工精度高。有整体式和分段式，轻型凿岩机大多采用前者。

（3）活塞。活塞形状对凿岩效果有比较大的影响。由应力波的传播规律可知，活塞直径与钎尾直径越接近越好，且在总长度上直径变化越小越好。在这两个方面，液压式凿岩机比气动凿岩机要优越，决定了液压凿岩输出功率的提高。当液压凿岩机活塞质量是气动凿岩机活塞质量的1.19倍时，液压凿岩机输出功率提高一倍以上，钎杆中应力峰值减小20%。双面回油型液压凿岩机活塞断面变化最小，且细长，接近钎尾断面面积，是理想的活塞形状。

（4）蓄能器。蓄能器的作用是蓄能和稳压。1）蓄能作用。冲击机构的活塞只在冲程时才对钎尾做功，回程时不对外做功。为了充分利用回程能量，需配备高压蓄能器储存回程能量，并利用蓄能器提供冲程时所需的峰值流量，以减小液压泵的排量。也就是说，冲击行程时活塞的速度很高，需要的瞬时流量往往是平均流量的数倍，因此需要在冲击机构高压侧装设蓄能器，将回程时多余的流量以液压能（静压能）的形式储存于蓄能器，待冲程时释放。2）稳压作用。蓄能器可以吸收液压系统的脉冲和振动，由于阀芯高频换向引起压力冲击和流量脉动，也需要配置高压蓄能器，以保证机器工作的可靠性，提高各部件的寿命。蓄能器有隔膜式和活塞式，因液压凿岩机的冲击频率高，故采用隔膜式蓄能器，反应灵敏，动作快。

（5）活塞行程调节装置。通过调节和改变活塞行程，能够得到不同的冲击能和冲击频率，进而改变性能参数，使液压凿岩机适应多种岩性，提高液压凿岩机的适用范围。

1.3.2.2 回转机构

回转机构用于转动钎具和接卸钎杆。内回转机构利用冲击活塞回程能量，通过螺旋棒和棘轮机构，使钎杆每冲击一次转动一定角度，为间歇性回转。内回转机构输出转矩小，多使用于轻型支腿式液压凿岩机。外回转机构一般采用单独的液压回路驱动液压马达，经过齿轮减速带动钎杆转动，为连续回转，可无极调速并可反向旋转。外回转机构输出扭矩大，多用于导轨式液压凿岩机。液压马达主要有齿轮马达、叶片马达以及摆线马达等类型，外回转机构普遍采用体积小、扭矩大、效率高的摆线液压马达。

1.3.2.3 缓冲装置

在冲击凿岩过程中，为防止钎尾反弹力对凿岩机结构的损坏，影响使用寿命，液压凿岩机设有反弹能量吸收装置。缓冲装置多采用液压缓冲机构，钎尾反弹能量吸收装置如图1.9所示。钎尾1装在反冲套筒（回转卡盘轴套）2中，反冲套筒后面接有反冲活塞3，在反冲活塞的锥面与缸体4间充满高压油，锥面承受高压油。当钎杆反弹力经过反冲套筒2传递给反冲活塞3后，反冲活塞向后运动，将反弹力传递给高压油路中的高压蓄能器5，蓄能器将反冲能量吸收。为提高缓冲效果，蓄能器应尽量靠近缓冲器的高压油室。

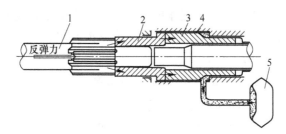

图 1.9　钎尾反弹能量吸收装置
1—钎尾；2—回转卡盘套筒；3—缓冲弹簧；4—缸体；5—高压蓄能器

1.3.2.4 供水、排粉机构

液压凿岩机大多采用压力水作为冲洗介质来排除钻孔内的岩粉，有中心供水和旁侧式供水两种类型。地下液压凿岩机一般均采用压力水作为冲洗介质，露天大型液压凿岩机多采用压气作为冲洗介质（带捕尘装置）。

中心供水方式冲洗水压 0.3~0.4MPa，多用于轻型液压凿岩机。压力水从凿岩机后部的注水孔通过水针从活塞中间孔进入前部钎尾冲洗钻孔，特点是结构紧凑，机头体积小，但是密封困难。液压凿岩机广泛采用旁侧式供水，冲洗水通过凿岩机前部的供水套进入钎尾进水孔、钎杆和钎头，冲洗钻孔。旁侧式供水方式水路短，密封性可靠，即使由于密封不严发生漏水也不会影响机器内部正常润滑，缺点是机头长度增加。旁侧式供水水压1.0~1.2MPa，冲洗效果好，多用于导轨式液压凿岩机。

1.3.2.5　润滑与防尘系统

冲击机构需要液压油作为其运动副的润滑，转钎机构和机头部分需要防止灰尘和岩粉进入机器内部。润滑和防尘系统完成此功能。

1.3.2.6　液压系统及自动控制

液压凿岩机液压能源来源于液压泵和液压系统。根据供油液压泵的数量，可以将其液压系统分成三泵、双泵以及单泵液压系统。三泵液压系统使用较多，由三台油泵分别向凿岩机冲击器、回转液压马达以及推进油缸供油。三油泵系统的特点是冲击、回转、推进三个回路流量压力相互独立，系统效率高，但结构不紧凑。双油泵系统是两个油泵给冲击、回转和推进三个回路供油，单泵系统凿岩机的冲击、回转、推进三个油路共用一台油泵。液压系统除了提供液压能源以外，还应满足液压凿岩机的一些特殊要求，如推进、回转油路的油压较冲击油路油压低，完成接卸钎杆功能等。

液压凿岩机自动控制是指对液压凿岩机的工作参数进行控制，使钻进速度最快，亦称自寻优控制。自寻优控制工作原理一般是利用流量计检测冲击、回转及推进油路流量的变化，并反馈给微机，在冲击功率保持定值的条件下调整冲击速度、冲击频率等，使得钻进速度最快，凿岩效率最高。自寻优控制不包括凿岩台车钻臂自动定位等智能控制内容。

钻凿深孔时，可能发生钎杆卡在钻孔内拔不出来的情况，某些重型液压凿岩机上设置有液压反冲机构，可施加拔钎力，从钻孔中顺利退出钎杆。

1.3.3　液压凿岩机的冲击工作原理

液压凿岩机以液压流体作为传递能量的介质，其冲击工作原理主要取决于冲击机构配油方式，配油是通过配流阀来完成的。配流阀实质是换向阀的作用，完成活塞往复运动过程中的冲程换向和回程换向。

1.3.3.1　单面回油型液压凿岩机冲击工作原理

A　后腔回油前腔常压油型液压凿岩机

该凿岩机通过改变后腔的供油和回油来实现活塞的往复运动。以套阀式液压凿岩机为例，其配流阀为与活塞做同轴运动的套阀结构。当套阀处于右端位置时，缸体后腔与回油O相通，活塞2在缸体前腔压力油P的作用下向右做回程运动，如图1.10（a）所示。当活塞2向右运动越过信号孔位A时，使套阀4右端推阀面5与压力油相通，套阀右端推阀面面积大于阀左端面的面积，因此阀4向左运动，进行回程换向，压力油通过机体内孔道与活塞后腔相通，活塞处于向右做减速运动，后腔的油一部分进入蓄能器3，一部分从机体内部通道流入前腔，直至回程终点，如图1.10（b）所示。因活塞后端面面积大于前端面面积，因此活塞后端面作用力远大于前端面作用力，活塞向左做冲程运动，如图1.10

（c）所示。当活塞向左越过冲程信号孔位 B 时，套阀右端推阀面 5 与回油相通，套阀 4 进行冲程换向，为活塞回程做好准备，与此同时活塞冲击钎尾做功，如图 1.10（d）所示。至此完成一个循环。

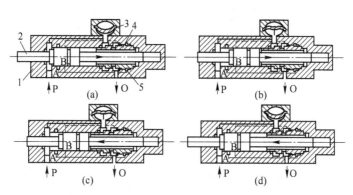

图 1.10 后腔回油套阀式液压凿岩机冲击工作原理

（a）回程；（b）回程换向；（c）冲程；（d）冲程换向
A—回程换向信号孔位；B—冲程换向信号孔位；P—压力油；O—回油
1—缸体；2—活塞；3—蓄能器；4—套阀；5—右端推阀面

后腔回油芯阀式液压凿岩机冲击工作原理与上述相同，只是阀不套在活塞上，而是独立于活塞之外，称为外阀式。冲击过程不再赘述。

B 前腔回油后腔常压型液压凿岩机

该凿岩机通过改变前腔的供油和回油实现活塞往复运动。按照配流阀结构，分为套阀和芯阀两种。因活塞冲程最大速度远大于活塞回程最大速度，故瞬时回油量远大于后腔回油的瞬时流量，造成回油阻力及压力波动过大，缺点显著，已淘汰。

1.3.3.2 双面回油型液压凿岩机

该型凿岩机的配流阀为四通芯阀结构。活塞两端直径相同，由配油阀控制，前、后腔交替进行进油和回油，实现活塞往复冲击运动。双面回油型液压凿岩机冲击工作原理如图 1.11 所示。

在冲程开始阶段（见图 1.11（a）），芯阀 B 与活塞 A 均位于右端，高压油 P 经高压油路 1 到后腔通道 3 进入缸体后腔，推动活塞 A 向左（前）做加速运动。活塞 A 向前至预定位置，打开右推阀通道口（信号孔），高压油经后推阀通道 5，作用在芯阀 B 的右端面，推动芯阀 B 换向（见图 1.11（b））。阀左端腔室中的油经过前推阀通道 4、信号孔通道 7 及回油通道 6 返回油箱，为回程做好准备。与此同时，活塞 A 冲击钎尾 C，接着进入回程阶段，如图 1.11（c）所示。高压油从油路 1 到前腔通道 2 进入缸体前腔，推动活塞 A 向后（右）运动；活塞 A 向后运动打开前推阀通道（图中缸体上有三个通道口称为信号孔，为调换活塞行程之用），阀右端腔室中的油经过后推阀通道 5 和回油通道 6 返回油箱，芯阀 B 移到右侧，为下一个循环做好准备。

1.3.3.3 无阀型液压凿岩机冲击工作原理

无阀式液压凿岩机没有专门配置的配流阀，而是利用活塞位置变化自行配油的无阀结构。其特点是利用油的微量可压缩性，以较大容积的工作腔（活塞的前腔和后腔）和压

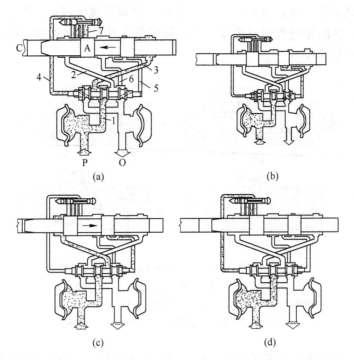

图 1.11　双面回油型液压凿岩机冲击工作原理

（a）冲程；（b）冲程换向；（c）回程；（d）回程换向

A—活塞；B—芯阀；C—钎尾；1—高压进油路；2—前腔通道；3—后腔通道；
4—前推阀通道；5—后推阀通道；6—回油通道；7—信号孔通道

油腔形成液体弹簧作用，在活塞往复运动时产生压缩储能和膨胀做功。工作原理如图 1.12 所示。

在回程开始阶段，活塞前腔（左）与高压油相通，后腔（右）与回油相通，活塞向右做回程加速运动，如图 1.12（a）所示。当活塞回程运动到图 1.12（b）的位置时，活塞前、后腔均处于密封状态，形成液体弹簧。由于活塞惯性以及前腔高压油的膨胀，使得活塞继续做回程运动，这时活塞后腔的油液被压缩储能，压力逐渐升高，直到回程使活塞前腔与回油相通，后腔与高压油相通，即活塞到达图 1.12（c）的位置，活塞开始向左做冲程运动。活塞运动到一定位置，其前、后腔又处于封闭状态，形成液体弹簧，活塞冲击钎尾做功。同时活塞的前腔与高压油相通、后腔与回油相通，为下一个回程运动做好准备。如此不断往复循环。

无阀型液压凿岩机结构简单，只有一个运动件。活塞冲击和回程利用了油液的微量可压缩性，因此工作腔和压油腔的容积较大，设备尺寸较大。为了限制设备尺寸和减少工作腔容积，冲击排量将减少，使得活塞行程降低，冲击能减小。为达到一定的输出功率，只有提高冲击频率，但冲击频率过高，对凿岩作业来说未必有利（在一定范围内，破岩比能随着冲击能的增大而减小）。

1.3.4　主要性能参数及选型

（1）性能参数。主要性能参数包括冲击能、冲击频率、冲击功率、回转速度和最大

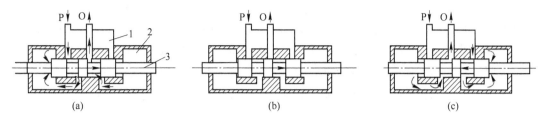

图 1.12　无阀型液压凿岩机冲击工作原理
（a）回程；（b）前腔膨胀，后腔压缩储能；（c）冲程
P—压力油；O—回油；1—压油腔；2—工作腔（前腔和后腔）；3—活塞

转钎扭矩。冲击能计算见式（1.21），其他性能参数与气动凿岩机类似。

$$E = \frac{1}{2}mv^2 \tag{1.21}$$

式中，E 为冲击能，即活塞单次冲击能，J；m 为活塞质量，kg；v 为活塞冲程最大速度，等于活塞冲击末速度，m/s。v 与活塞行程等结构参数有关。

活塞行程以及活塞前腔、后腔受压面积等是液压凿岩机的主要结构参数。液压凿岩机的输入压力基本上与输入流量的平方成正比，与活塞行程及活塞质量成正比。输入压力与前腔、后腔受压面积之间的关系随着凿岩机冲击工作原理的不同而有所差异。

（2）选型。首先应确定是双面回油型凿岩机还是前腔常压油后腔回油型凿岩机。前者结构复杂、破岩效果好，后者结构简单、制造成本低。然后根据凿岩作业要求以及凿岩机主要性能参数进行设备选型。根据岩石条件、钻孔深度、钻孔直径确定使用轻型、中型或重型液压凿岩机；也可针对具体矿山，进行岩样试验，以实验结果作为选型依据。选择合适的液压凿岩机和配套的液压台车，是使用好导轨式液压凿岩机的先决条件。

根据岩石条件，对凿岩机工作参数进行调整，对于提高液压凿岩机凿岩速度和效率至关重要。在硬岩条件下，冲击压力、推进力均应提高，回转扭矩不应过高。在岩石相对较软的情况下，工作参数的调整则相反。一般而言，软岩适宜于低冲击能、高频率的机型，硬岩适用于高冲击能、低频率的机型。

1.4　凿岩台车

凿岩台车（drill jumbo）是支承、推进和驱动一台或多台凿岩机实施钻孔作业，并具有整机行走功能的凿岩设备，主要用于矿山井巷掘进、采矿以及锚杆钻孔施工。凿岩台车可提高掘进速度和采矿效率，减轻劳动强度，改善劳动条件。凿岩台车与支腿相比，既能钻凿一定孔位和角度的钻孔，也能钻凿孔深和直径较大的中深孔，凿岩时可以提供较优的轴推力。

1.4.1　凿岩台车分类

按使用场所和用途，凿岩台车分为掘进台车、采矿台车、锚杆台车、通用钻车、联合钻车。通用钻车既能用于采矿又能用于掘进以及其他作业，锚杆钻车主要供钻凿锚杆孔及安装锚杆，联合钻车可用于凿岩、装岩、运输联合作业。

按行走机构分为轨轮式钻车、轮胎式钻车和履带式钻车。按照装设凿岩机的台数（支臂数）分为单机、双机、三机及多机凿岩台车。若钻车装有潜孔冲击器，则称为潜孔钻车，如履带式露天潜孔钻车是具有履带式行走机构，适于露天作业的一种潜孔钻车。

按照凿岩台车配套使用的凿岩机的动力分类，凿岩台车可以分成气动凿岩台车和液压凿岩台车。由于气动凿岩台车的调幅、定位等机构也是液压控制，故后者亦称全液压凿岩台车。

1.4.2　凿岩作业对钻车的要求

无论是平巷掘进或采矿工作面凿岩，钻车必须按照炮孔设计的要求钻凿炮孔，确保炮孔的布置规范，孔网参数符合设计要求。为了形成一定尺寸的巷道，凿岩机不仅应在巷道边帮、顶、底部进行凿岩，而且在打周边孔时，应尽量靠近岩壁，并向外成一小的倾角，这样才能打出周边平整的巷道。如果要求平巷掘进台车能打锚杆孔，过长的推进器就成为障碍，所以必须设计一种可折叠的（或可伸缩）推进器，而且要加大支臂及推进器变幅机构摆角的范围。凿岩台车应满足：（1）配高效能的中、重型和外回转凿岩机，提高凿岩效率；（2）工作稳定、可靠，减少卡钎事故；（3）高度机械化，实行集中控制，以提高自动化水平；（4）凿岩机能在全断面进行作业，即按炮孔布置的要求确定孔位；（5）凿岩机沿炮孔轴线前进或后退，即凿岩机的推进运动；（6）有较长的推进器行程，以便加大循环进尺；（7）推进器与工作面成任意角度以便钻凿一定角度的炮孔。

要完成上述要求及运动，凿岩台车组成部分应包括凿岩机推进器，支臂及其变幅机构，平行机构，车架及行走机构，供风、供水及液压操纵系统等。

1.4.3　掘进凿岩台车

掘进凿岩台车（tunneling drill jumbo）主要用于地下矿山巷道、铁路与公路隧道、水工涵洞等地下掘进工程，也可用于钻凿锚杆孔、充填法或房柱法采矿的炮孔，适用于断面面积 3.2~150m² 的作业场合。

1.4.3.1　掘进钻车的组成及特点

掘进凿岩台车基本组成部件主要包括推进器、钻臂、操作台、动力系统（压气、液压、电、水）和行走部分。

A　推进器

推进器是导轨式凿岩机的附属装置，与钻车组成导轨式凿岩机的工作平台。推进器有气动和液压两种形式，工作原理类似。钻车常用液压推进器，一般采用油缸-钢绳式推进器。由于钻孔深度增加，推进器行程较大，钻车上使用的推进器与支架上使用的推进器相比，推进器长度有所增加。有些钻车的推进器具有伸缩功能，称为伸缩式推进器。

B　钻臂

钻臂是钻车的主要构件，功能是支撑和移动推进器，使推进器上的凿岩机能钻凿工作面上所有不同位置和角度的炮孔。钻臂由转柱、主支臂、托架以及油缸组成，可实现钻臂的水平摆动、起落、伸缩，主支臂的自转，推进器的水平摆动、翻转和补偿推进等动作。按照运动功能（定位方式）将钻臂分为直角坐标式、极坐标式、复合坐标式以及直接定位式四种。

直角坐标式钻臂属于传统型钻臂,分类符号 XY,如图 1.13 所示。在凿岩作业中可完成钻臂升降 A、钻臂水平摆动 B、托架俯仰角 C、托架水平摆角 D、推进器补偿运动 E 等五种基本动作。结构简单,定位直观,操作方便,适合钻凿直线和各种形式的倾斜掏槽孔,以及不同排列方式并带有各种角度的钻孔,能满足凿岩爆破的工艺要求。主要缺点是使用油缸较多,操作程序复杂。对于单钻臂钻车来说,存在较大的凿岩盲区(在钻臂的各种范围内,存在一定的无法凿岩的区域称为凿岩盲区)。早期应用较广。

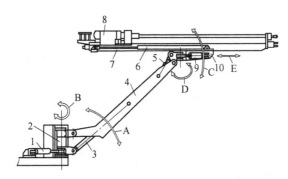

图 1.13　直角坐标钻臂

1—摆臂油缸（回转油缸）；2—转柱；3—支臂油缸；4—主支臂；5—俯仰角油缸；
6—补偿油缸；7—推进器；8—凿岩机；9—摆角油缸；10—托架

极坐标钻臂具有极坐标运动功能,以齿轮齿条代替了直角坐标式钻臂的转柱式回转机构,如图 1.14 所示。极坐标钻臂减少了油缸数量,简化了操作程序,钻臂分类符号 R。在调定孔位时,只需完成钻臂升降 A,钻臂回转 B,托架俯仰角 C,推进器补偿运动 D。钻臂可升降并且可回转 360°,构成极坐标运动原理。对顶板、底板以及侧壁的炮孔,钻臂可使凿岩机贴近岩壁,减少超挖。钻臂的弯曲形状有利于减小凿岩盲区。这种钻臂的缺点是不能适应楔形、锥形的掏槽孔;操作调位直观性差;对于布置在回转中心线以下的

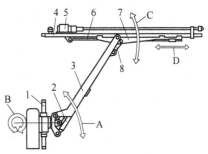

图 1.14　极坐标钻臂

1—齿轮齿条回转机构；2—支臂油缸；
3—主支臂；4—推进器；5—凿岩机；
6—补偿油缸；7—托架；8—俯仰角油缸

炮孔,需要将推进器翻转,使钎杆在下面凿岩,导致不易及时发现卡钎故障;存在一定的凿岩盲区。

复合坐标钻臂综合了直角坐标式和极坐标式的特点,优点是既能钻凿正面炮孔,也可以钻凿两侧任意方向的炮孔、垂直向上的锚杆孔和采矿孔,可以克服凿岩盲区。钻臂由主支臂和副臂组成,主副臂的油缸布置与直角坐标钻臂相同,采用的齿轮齿条式回转机构与极坐标钻臂类似,如图 1.15 所示。复合钻臂和伸缩式推进器结构复杂,适用于大型钻车。分类符号 R-XY 或 XY-R。

直接定位式钻臂分类符号为 A-V 或 A-R。由一对支臂缸 1 和一对俯仰角缸 3 组成钻臂的变幅机构和平移机构,如图 1.16 所示。支臂缸和俯仰角缸协调动作,可使钻臂做垂直

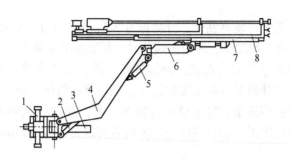

图 1.15　复合坐标钻臂

1—齿轮齿条式回转机构；2—支臂缸；3—摆臂缸；4—主支臂；5—俯仰角油缸；6—副臂；7—托架；8—伸缩式推进器

面内的升降、水平面内的摆臂，以及钻臂倾斜方向运动。推进器可单独做俯仰角和水平摆角运动。钻臂前方装有推进器翻转机构和托架回转机构。这种钻臂具有万能性质，不但可以正面钻凿平行孔和倾斜孔，也可以钻凿垂直侧壁、垂直向上以及呈各种倾斜角度的炮孔。该钻臂调位简单、动作迅速、具有空间平移性能、操作运转平稳、定位准确可靠、凿岩无盲区，但结构和控制系统复杂。

复合坐标式中的 XY-R 类别，适用范围广。极坐标式缺点较多，应用很少。大型巷道采用直接定位式 A-V 钻臂，操作直观，节省炮孔移位时间。既能用于前方凿岩，又能用于顶板和侧向凿岩的钻臂可做到一机多

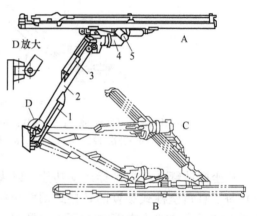

图 1.16　直接定位式钻臂

A—上部钻孔位置；B—下部钻孔位置；C—垂直侧面
钻孔位置；1—支臂缸；2—主支臂；3—俯仰角油缸；
4—推进器翻转机构；5—托架回转机构

用（掘进炮孔、锚杆钻孔等）。每种钻臂均有自身的特点，适用于一定的条件，见表 1.7，因此需要根据具体使用情况选择合适的钻臂。

表 1.7　不同钻臂适用性比较

钻臂类型		单臂钻车适应性	可钻范围利用率	转动惯量	掏槽孔型式	操作性
直角坐标式	XY	否	高	最小	任意	好
极坐标式	R	是	低	最大	直线、锥形、部分垂直楔形	较差
复合坐标式	XY-R	是	高	稍大	任意	较好
	R-XY	是	低	最大	任意	较好
直接定位式	A-V	是	低	最小	任意	最好
	A-R	是	低	稍大	任意	好

C　回转机构

回转机构是指安装和支撑主支臂、并使主支臂沿着水平轴或垂直轴旋转的机构。通过回转机构，可使钻臂和推进器的动作范围达到巷道掘进所需的钻孔工作区要求。常见的回

转机构主要有转柱式结构、螺旋副式回转（翻转）机构、齿轮齿条式回转机构。

转柱式回转机构是一种常见的直角坐标式回转机构，由转柱套、转柱轴和摆臂缸组成。摆臂缸伸缩时带动转柱套绕着转柱轴回转，转柱套与支臂一起回转，回转角度由摆臂缸行程确定。结构简单、工作可靠，应用较广。

螺旋副式回转机构由螺旋棒、活塞、缸体以及螺旋母组成。将活塞的直线运动转换成螺旋棒的回转运动（活塞上螺旋母迫使与其齿合的螺旋棒转动），带动支臂做回转运动。

齿轮齿条式回转机构由齿轮、齿条活塞杆、油缸、空心轴等组成。油缸工作时，两条齿条活塞杆做相反方向的直线运动，使齿轮回转，通过空心轴实现钻臂的回转。可使钻臂回转360°，便于贴近岩壁钻孔，实现光面爆破。结构较复杂、重量较大，但工作可靠。

D 平移机构

平移机构是指当钻臂移动时，能使托架和推进器随机保持平行移位的一种机构。主要有机械式平移机构和液压平移机构两种类型。为满足爆破工艺要求，提高平行炮孔钻凿精度，应设置自动平移机构。推进器平移机构的选择应考虑凿岩盲区的大小。就矿山而言，钻臂一旦具有强大的平移功能，无论钻臂采用何种定位方式，在使用上并不会出现较大的差异。

E 翻转机构

翻转机构是使推进器翻转的机构。螺旋副式运动机构不仅可实现支臂回转动作，其应用最多的还是在凿岩钻车上实现推进器的翻转运动，使凿岩机更贴近凿岩侧壁以及底板钻凿周边眼，减少超挖。其原理与螺旋副式回转原理相似，但动作相反，即油缸外壳固定不动，活塞转动，带动推进器做翻转运动。

F 行走机构

按照工作条件不同分为轨轮式、履带式以及轮胎式。轨轮式适用于有轨矿山小断面巷道，有拖行式和自行式两种。履带式多用于露天，在井下使用较少。轮胎式按照轮胎底盘结构分成整体式底盘和铰接式底盘，铰接式转弯半径小，机动灵活，应用广泛。

G 动力系统

压气、水、电系统比较简单。掘进凿岩台车的液压系统可分为气动钻车液压系统和全液压钻车液压系统两类。气动钻车液压系统仅用来控制钻车的行走、稳车以及钻臂和推进器的调幅和定位动作；全液压钻车的液压系统除了以上功能以外，还具有运转和控制液压凿岩机的功能。

液压系统在凿岩过程中一般应实现半自动控制，即在完成一个炮孔的钻进过程中除了少量人工扳动手柄参与外，其余全部实现自动控制，在钻孔完毕时自动停钻和自动退回。

1.4.3.2 掘进钻车工作原理

掘进凿岩台车凿岩时应能够准确定位定向，拥有平行机构，钻凿平行炮孔。凿岩台车可与装载机械、运输设备，组成掘进机械化作业线。钻孔直径一般在30~65mm，深度2~5m。普遍配套采用导轨式液压凿岩机，气动导轨式凿岩机早期使用较多。

为完成平巷掘进，台车必须具备三个运动：一是行走运动，以便台车进入或退出工作面；二是推进器变位和钻臂变幅运动，以实现在断面任意位置、以任意角度钻凿炮孔；三是推进运动，提供轴向推进力以使凿岩机沿着炮孔轴线前进和后退。

（1）推进运动。如前所述，推进器一般为
液压缸-钢丝绳式，主要由导轨、托盘、液压
缸、钢丝绳和绳轮等组成。在推进器作用下，
凿岩机沿着导轨进退。推进器原理如图1.17
所示。

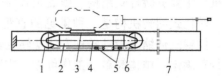

图1.17　推进器原理图
1—导向绳轮；2—推进液压缸；3—托盘；
4—活塞杆；5—调节装置；6—钢丝绳；7—导轨

（2）推进器变位。在摆臂液压缸的作用
下，实现推进器的水平摆动；通过俯仰液压缸，
实现推进器的俯仰运动，以钻凿不同方向的炮
孔；在补偿油缸的作用下，推进器的补偿运动使得导轨前端的顶尖始终顶紧在岩壁上，以
增加钻臂的工作稳定性，并在钻臂因位置变化引起导轨顶尖脱离岩壁时起到距离补偿
作用。

（3）钻臂变幅。钻臂用来支承凿岩机和推进器，为钻凿不同位置的炮孔，钻臂应实
现升降、摆动和旋转等动作。如图1.18所示摆臂液压缸1使钻臂摆动，钻臂液压缸4实
现钻臂升降，液压马达-棘轮组成的旋转机构5可以使钻臂绕自身轴线旋转360°，使其能
用很小的角度钻凿巷道顶、底及侧帮部位的周边孔。

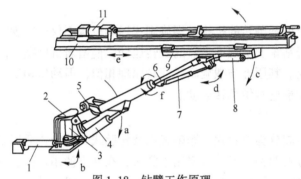

图1.18　钻臂工作原理
1, 8—摆角液压缸；2—钻臂座；3—转轴；4—钻臂液压缸；5—钻臂旋转机构；6—钻臂；7—俯仰液压缸；
9—托盘；10—推进器；11—凿岩机；a—钻臂起落；b—钻臂摆动；c—推进器俯仰；
d—推进器水平摆动；e—推进器补偿；f—钻臂旋转

通过工作机构可实现推进器的摆动、俯仰、补偿及钻臂的升降、摆动和旋转等六个动
作。凿岩机可在掘进工作面的任意位置钻孔。

1.4.3.3　掘进钻车的选择

选用钻车时，应综合考虑设备的技术、经济指标合理性以及先进性。经济指标主要包
括投资、能耗、维修管理、设备折旧等，通常将所有费用换算成钻凿1m炮孔所需的费
用。技术指标主要指设备的先进性以及对爆破工艺要求的适应性，先进性包括凿岩速度、
工作稳定可靠性、操作及维修便利性等，适应性需满足凿岩工艺对孔网参数以及炮孔深
度、精度的要求，满足巷道断面尺寸以及运输方式等要求。

（1）凿岩台车的生产率。凿岩台车的生产率一般指班生产率，用每班凿孔长度表示。

$$L = KvTn$$

(1.22)

式中，n 为同时工作凿岩机台数，等于支臂数量；T 为每班纯作业时间，min；v 为技术钻

进速度，cm/min；K 为凿岩机的时间利用系数，%。时间利用系数 K 是凿岩机纯作业时间与每个掘进循环中凿岩工序所占时间的比值。其与钻臂结构、推进器行程、岩石物理力学性质以及操作技术熟练程度有关。如推进器行程越大，时间利用系数越大。如使用气动凿岩机、液压调幅钻臂、岩石硬度系数 f = 10 ~ 14，凿岩速度 20cm/min，当推进器行程分别为 1000mm、1500mm、2000mm、2500mm 时，时间利用系数分别取 0.5、0.6、0.7、0.8。

（2）凿岩机类型及台数。凿岩台车的结构性能主要取决于配套的凿岩机类型。凿岩机类型确定后，即可确定钻臂数和推进器类型。凿岩台车一般均有配套使用的凿岩机。凿岩机安装台数 n（钻车钻臂数），可根据工作面尺寸和所需的钻孔总深度确定。

$$n = 100L/(KvT) = 100Zh/(KvT) \tag{1.23}$$

式中，L 为钻孔总深度，m；Z 为钻孔数；h 为每班的钻孔平均深度，m。

1.4.4 采矿凿岩台车

采矿钻车（mining drill wagon for underground）是为了回采落矿而设计制造的钻凿炮孔设备，因此必须适应不同采矿方法的凿岩工艺要求，包括孔深、孔径、炮孔方向等凿岩要求。

1.4.4.1 采矿钻车的分类与组成结构

A 分类

按照凿岩方式分成顶锤式钻车（top hammer）和潜孔钻车（down the hole），按钻孔深度分为浅孔和中深孔钻车，按照凿岩机数量分为单臂和双臂，按照动力源可分为气动采矿钻车、液压采矿钻车。如果钻车的全部动作，包括钻臂的变位变幅、推进、凿岩等，均由液压传动来完成，称为全液压采矿钻车。如果全部动作由气压来完成，则称为气动采矿钻车。如果凿岩动作由气动凿岩机来完成，其他动作由液压完成，则称为气动液压钻车或半液压钻车。按照炮孔排列方式可分为环形孔钻车和扇形孔钻，如图 1.19 和图 1.20 所示。

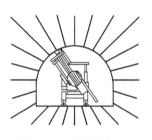　　　　　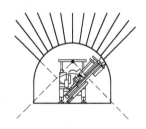

图 1.19　环形孔钻车　　　　　图 1.20　扇形孔钻车

环形孔钻车用于钻凿放射状孔。环形孔分为垂直面、倾斜面以及圆锥面环形孔，如图 1.21 所示。回转轴处于水平位置，推进器垂直于回转轴时形成垂直面环形孔。回转轴处于非水平位置，推进器垂直于回转轴时形成倾斜面环形孔。推进器不垂直于回转轴时形成圆锥面环形孔。

扇形孔一般是向上的扇形孔，用于分段崩落采矿方法的凿岩，分为垂直面扇形孔和倾斜面扇形。无平移机构的钻车不能钻凿平行孔，如图 1.19 和图 1.20 所示，用途有限。有平移机构的钻车可在一定距离内钻凿平行孔，可用于平行掘槽、垂直崩落法以及窄矿脉

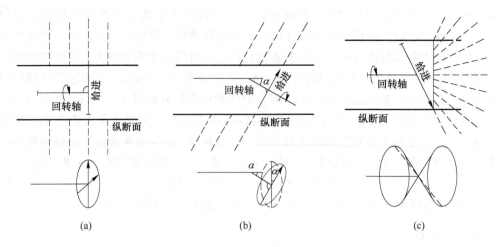

图 1.21　环形孔类型
（a）垂直面环形孔；（b）倾斜面环形孔；（c）圆锥面环形孔

的分段崩落法，如图 1.22 所示。

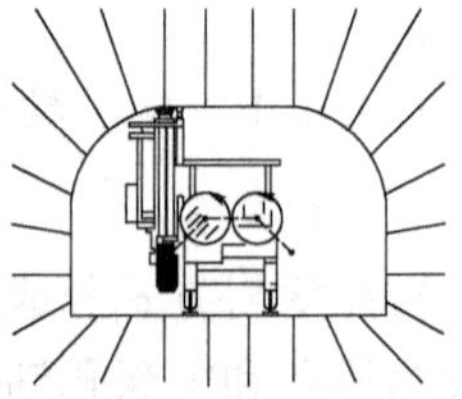

B　组成结构及工作原理

钻车结构与其应完成的动作种类和特点密切相关。地下顶锤式采矿钻车动作包括炮孔定位、炮孔定向、推进器补偿、凿岩机推进、凿岩钻孔以及行走六个主要动作。钻车行走一般由液压马达或气动马达提供动力完成，实现自行移动。炮孔定位

图 1.22　有平移机构的钻车

和定向的目的是按照凿岩工艺要求的炮孔位置以及方向进行钻孔作业，定位和定向的动作由钻臂变幅机构和推进器平移机构完成。变幅和平移机构的动作特点取决于钻臂形式，钻臂有摆式、叠式和环式三种形式；推进器的补偿运动是指推进器的前后移动，由推进器补偿油缸完成。凿岩机推进是由推进器来完成，在凿岩过程中，施加轴向力提高应力传递效果和克服后坐力，以保持有效凿岩，提高钻进速度，推进器结构与掘进钻车类似。凿岩系统完成凿岩动作。稳车、接卸钻杆、夹持钻杆、集尘等辅助作业由相应机构完成。

钻车结构包括工作机构、凿岩机与钻具、底盘、动力与传动、操纵装置。工作机构主要完成炮孔定位、定向、推进、补偿以及成孔作业，由定位系统、推进系统及凿岩机和钻具完成。动力装置有柴油机、电动机和气动机三类；传动装置有液压传动、机械传动以及气压传动。操纵装置分为人工操纵、电脑程序操纵。人工操纵可采用直接操纵和先导控制，大中型钻车操纵力较大，采用电控、液控以及气控等先导控制。电脑程序控制称为凿岩机器人。

1.4.4.2　采矿凿岩台车应用

采矿钻车是回采落矿的凿岩设备，采矿方法及回采工艺不同，需要钻凿炮孔的方向、孔深以及孔径等凿岩工艺参数也不尽相同。根据不同的采矿方法，设计与选用与之相适应的采矿凿岩台车，可加快回采速度，促进采矿工艺发展。采矿钻车配套重型、中型导轨式凿岩机，钻孔直径一般不超过 115mm，孔深超过 20m 时，冲击能量损失大，接杆凿岩效

率显著降低。

CTC-700 型采矿台车主要用于厚矿体、无底柱分段崩落法。钻车以压气为动力,采用液压传动和接杆凿岩。可以向上、向左、向右打扇形深孔及向上打平行深孔,孔深可达25 米或更大,台班生产能力可达 150~250m。CTC-700 型台车属单机叠式、风动轮胎行走的中深孔凿岩台车。总体布置如图 1.23 所示,由推进机构、叠形架、行走机构、稳车千斤顶、风水系统、液压系统及操纵台等组成。台车工作时,首先利用前后液压千斤顶找平,并支承其重量,操纵叠形架对准孔位开动补偿油缸,使顶尖抵住工作面即可开动凿岩机及推进器,进行钻孔。CTC-700 型采矿台车推进器结构如图 1.24 所示,推进动力为叶片风马达。

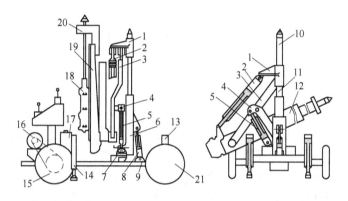

图 1.23　CTC-700 采矿凿岩台车

1—上轴架;2—扇形摆动油缸;3—中间拐臂;4—摆臂;5—侧摆油缸;6—下轴架;7—下轴架支座;
8—起落油缸;9—起落油缸支座;10—定向千斤顶;11—钢套管;12—托架;13—前千斤顶;14—后千斤顶;
15—后轮;16—行走风马达;17—注油器;18—凿岩机;19—导轨;20—夹钎器;21—前轮

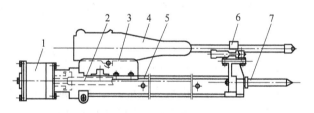

图 1.24　推进器结构

1—叶片风马达;2—推进丝杠;3—托盘;4—凿岩机;5—推进器导轨;6—夹钎器;7—顶尖

国产气动轮胎式采矿钻车还包括 CTC14、CTC14.2 等。适用于无底逐分段崩落法,前者为单臂钻车、后者为双臂钻车。适用的凿岩巷道断面分别为 (2.8m×2.8m)~(3.0m×3.0m),(3.0m×3.0m)~(4.0m×5.5m)。CTC14.2 可钻凿上向平行孔和扇形孔。

1.4.5　凿岩钻车选型

影响凿岩钻车设备选型的因素较多,应考虑设备用途、性能以及使用条件确定。如掘进台车主要应考虑巷道规格以及凿岩速度、孔径、孔深等,采矿钻车要依据回采落矿工艺、回采速度等因素综合分析确定。凿岩台车选型时应考虑的主要因素如下:

凿岩台车生产率应满足生产需要；支臂数量应根据断面大小进行选择，也可根据每班所需钻孔总深度确定；推进器行程应不小于炮孔深度或接杆长度，一般应增加 50~100mm；行走机构方面，大断面巷道一般采用轮胎式，中等断面一般采用履带式，小断面以及采用有轨运输的巷道可采用轨轮式行走机构；钻车外形尺寸受巷道断面尺寸的限制，主要取决于运输状态时的最小工作空间尺寸限制。尤其是单轨运输巷道，必须确保钻车与巷道侧壁之间有一定的安全距离；钻车允许通过的曲率半径应小于巷道的最小转弯半径。钻车运行高度应低于架线高度。采矿钻车应重点考虑采矿方法特点、回采工艺、生产能力、凿岩工艺参数选择钻车。采用无底柱分段崩落法采矿，在进路掘进、拉切割槽、回采巷道凿岩可考虑采用同型号凿岩钻车。全液压凿岩钻车优点突出，条件允许时应优先选用。

1.5 井下深孔钻机

1.5.1 潜孔钻机

潜孔钻机（down-the-hole drill）利用潜入孔底的冲击器与钻头对岩石进行冲击破碎。根据使用地点不同，分为井下潜孔钻和露天潜孔钻。井下潜孔钻机有 KQJ-80 及 KQJ-100 等规格（K 为穿孔类的"孔"字头，Q 为潜孔钻机的"潜"字头，J 为井下的"井"字头，数字表示孔径，mm）。露天潜孔钻机有 KQ-100、KQ-150、KQ-200 及 KQ-250 等规格。根据孔径的不同，潜孔钻机又可分为轻型潜孔钻机（孔径 80~100mm，机重为数百公斤到 2~3t），中型潜孔钻机（孔径 150mm，机重为 10~15t），重型潜孔钻机（孔径 200mm，机重为 25~35t），特重潜孔钻机（孔径 250mm，机重为 40~45t）。20 世纪 90 年代出现了水压潜孔钻机，其工作压力可达 20MPa，凿岩速度可达 0.6~1.0m/min，凿岩速度高，钻凿深孔时方位精度高。另外，液压潜孔钻机也有使用。气动潜孔钻机简称为潜孔钻机，工作压力不超过 0.7MPa 时，称为低气压型潜孔钻机，高气压型潜孔钻机工作压力一般在 1~2.5MPa。

地下矿山大量崩矿的采矿工艺要求钻孔设备能打出 4~40m 甚至更深的炮孔。重型导轨式接杆凿岩机，虽然能打出较深的炮孔，但随着炮孔的延伸，必须使钎杆长度不断随炮孔的延伸而增加，效率低。地下潜孔钻机是为适应井下大量崩落的采矿方法对钻孔质量的要求而发展起来的一种深孔钻机。地下潜孔钻机因其冲击器深入孔内作业，克服了凿岩机接杆钻进时能量损失随钎杆的加长而增大的缺点，钻进速度不随炮孔的延伸而减小。

1.5.1.1 工作原理及工作机构

地下潜孔钻机由于受到空间限制，一般结构紧凑，体积小、拆卸方便，用钻架支撑，称为支架式潜孔钻机，属非自行式潜孔钻机。中型和重型地下潜孔钻机带有自行机构（轮胎式、履带式），为钻车式潜孔钻机。地下潜孔钻机穿孔直径为 80~200mm，以 100mm 左右为主。

潜孔钻机凿岩原理和外回转凿岩机类似，具有独立的回转机构和冲击机构，同属回转冲击式凿岩，是一种间歇式冲击岩石，连续回转的凿岩机械。潜孔钻机特点是把气动或液压冲击器连同钻头装在钻杆前端的一种钻孔机械，钻孔时，冲击器随着钻孔的延伸潜入孔底破碎岩石。尽管同属回转冲击式凿岩，潜孔钻机与冲击式凿岩机和凿岩台车相比，有以下区别：潜孔钻机属于钻机范畴，不属于凿岩机范畴；冲击力直接作用于钻头，冲击能量不会因为在钎杆中传递而损失，钻孔速度受孔深影响很小；用高压气体排除孔底岩渣，很少有重复破碎现象；孔壁光滑，孔径上下相等，一般不会出现孔底偏斜；工作面噪声低。

潜孔钻机由冲击机构（冲击器）2、钻头1、回转供风机构4、推进调压机构6、升降和调幅机构7、操纵机构5以及支承机构组成，如图1.25所示。钻机由冲击机构中的活塞完成冲击钻头的冲击动作，并由回转机构实现回转动作，由推进调压机构完成推进力大小的调节，升降与调幅由升降调幅机构完成，以上各种动作由操纵机构进行控制。岩粉经由钻杆与孔壁间的压气或水排至孔外。冲击器在孔内作业，钻孔精度高，采掘（剥）工作面噪声降低。

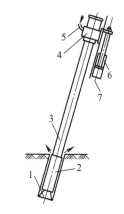

图1.25 潜孔钻作业示意图
1—钻头；2—冲击器；3—钻杆；
4—回转机构；5—风接头与操纵机构；
6—调压机构（加减压气缸）；
7—钻架（支撑、调幅与升降机构）

1.5.1.2 潜孔钻机工作参数

潜孔钻机主要工作参数包括钻具轴推（压）力、回转速度、扭矩和排渣风量等。工作参数的合理性对钻孔效率、钻具使用寿命等影响很大。钻头直径、岩石坚固性、压气压力、冲击频率以及钻头结构形式等因素均对工作参数有一定影响。

（1）轴推力。潜孔钻机凿岩过程中轴推力过大，容易产生剧烈振动，加速硬质合金钻头磨损，降低其寿命；反之，轴推力过小，钻头在凿岩过程中不能贴近孔底岩石，影响冲击能量传递及冲击器工作效率。低气压型潜孔钻机的合理轴推力计算如式（1.24）所示，也可按表1.8选取。

$$P_H = (3 \sim 3.5)Df \tag{1.24}$$

式中，P_H 为合理轴推力，N；D 为钻孔直径，mm；f 为岩石普氏硬度系数。

表1.8　潜孔钻机的合理轴推力、回转转速及回转力矩

钻头名义直径 D/mm	合理轴推力 P_H/kN	回转转速 n_1/r·min⁻¹	回转力矩 M/N·m
100	4~6	30~40	500~1000
150	6~10	15~25	1500~3000
200	10~14	10~20	3500~5500
250	14~18	8~15	6000~9000

作业过程中由于钻进部分自重（钻具、回转供风机构等）作用于孔底，钻杆与孔壁之间存在的摩擦力，会影响轴推力大小。调压机构的调节推力可按（1.25）式计算。

$$P_T = P_H \pm mg\sin\beta + \mu mg\cos\beta + R \tag{1.25}$$

式中，P_T 为作用于钻具上的调节推力，N；P_H 为计算的合理轴推力，N；m 为钻进部分质量，kg；β 为孔向与水平面夹角，（°）；μ 为摩擦系数，一般取0.25；R 为冲击器钻头的反弹力，其值为活塞在每一个工作循环中使气缸返回到初始位置所需的最小轴推力，N；g 为重力加速度，m/s²。式中第二项，向下钻孔时取负号，向上钻孔时取正号。

当调节推力为正值时，表示钻进部分自重施于孔底的轴推力小于需要的合理轴推力，需加压钻进；当其为负值时，表示钻进部分自重施于孔底的轴推力大于需要的合理轴推力，需

减压钻进。当调节轴推力为 0 时，表明钻进部分自重即可提供合理的轴推力，无须调压。

（2）回转速度。最优回转速度应当保证钻头两次冲击之间不留岩瘤，又不产生重复破碎。转速过高形成的岩瘤会使回转阻力增大，钻具振动加剧，磨损钻具，降低钻进速度，造成卡钻事故；转速过低则产生重复破碎现象，因没有充分利用钻头的冲击功，钻进速度也会降低。合理的转速与钻头直径、岩石性质、冲击能量、冲击频率、轴推力、钻头结构以及硬质合金片（柱）的磨损程度等诸多因素有关，通常按经验数据和实验确定。

$$n_1 = (6500/D)^{0.78 \sim 0.95} \tag{1.26}$$

式中，n_1 为合理转速，r/min；D 为钻孔直径，mm。钻头的合理转速也可按照表 1.8 选取。

（3）钻具的回转扭矩。回转扭矩用来克服钻头与孔底岩石的摩擦阻力矩与剪切阻力矩、钻具与孔壁的摩擦阻力矩，以及裂隙等导致的卡钻阻力矩等。回转力矩大小与孔径、岩石性质、钻头形状、轴推力和回转速度等因素有关，其值可按经验公式（1.27）计算，也可查表 1.8 确定。

$$M = K_M D^2/8.5 \tag{1.27}$$

式中，M 为回转扭矩，N·m；D 为钻孔直径，mm；K_M 为力矩系数，$K_M = 0.8 \sim 1.2$，一般取 1。

（4）排渣风量。排渣风量大小对钻孔速度、钻头寿命均有较大影响。加大排渣风量可以更好地清除孔底岩粉，避免重复破碎，降低冲击能量消耗，提高钻进速度；也可有效冷却钻头，减少钻头磨损，延长钻头寿命；风量过大，会增加空压机排气量和能耗，排渣风速增大，会加速钻杆磨损。合理排渣风量取决于钻杆与孔壁之间的环形空间。

$$Q = 60\pi k(D^2 - d^2)v/4 \tag{1.28}$$

式中，Q 为合理的排渣风量，m^3/min；D 为钻孔直径，m；d 为钻杆外径，m；k 为漏风系数，$k = 1.1 \sim 1.5$；v 为回风速度，m/s。

回风速度应大于岩渣最大颗粒在孔内的悬浮速度（临界沉降速度）。根据经验数据，常用的回风速度约为 25.4m/s，最低不能小于 15.3m/s，对于潮湿且密度大的铁矿，回风速度可达 45.72m/s。回风速度可用式（1.29）进行计算。

$$v = 4.7\sqrt{b\rho/1000} \tag{1.29}$$

式中，b 为岩粉颗粒的最大粒度，mm；ρ 为岩石密度，kg/m^3。

1.5.1.3　井下非自行潜孔钻机基本参数

井下非自行潜孔钻机基本参数见表 1.9。

表 1.9　井下非自行潜孔钻机基本技术参数

基本参数	KQJ-80	KQJ-100	KQJ-120
钻孔直径 mm	80	100	120
钻孔深度/m	向下 30，向上 60	向下 30，向上 60	向下 30，向上 60
钻孔方向	垂直平面和水平面的圆射向		
提升力/N	6000	6000	8000
钻机作业最小尺寸（宽×高）/m	2.8×2.8	2.8×2.8	2.8×2.8
机重/kg	800	800	800

注：引自 JB/T 9023.2—1999。

1.5.1.4 井下自行式潜孔钻机工作参数

井下自行式潜孔钻机外形如图 1.26 所示，主要技术参数见表 1.10。

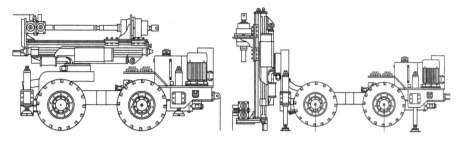

图 1.26 井下自行式（轮胎式）潜孔钻机外形

表 1.10 CS100H 地下潜孔钻机主要技术参数

序号	名 称		参数	备注
1	钻孔参数	钻孔直径/mm	$\phi100\sim\phi165$	
		钻孔深度/m	60	
		钻孔俯仰角度/(°)	$-5\sim70$	以垂直面为基准
		钻杆直径/mm	$\phi89-\phi114$	
		钻杆长度/m	1.5	
		钻臂环形回转角度/(°)	360	
2	推进参数	推进行程/mm	1650	
		推进力/kg	$0\sim8700$	连续可调
		提升力/kg	$0\sim8700$	连续可调
		最大推进速度/m·min^{-1}	12	
		补偿行程/mm	775	
3	行走参数	行走方式	轮胎式、液压驱动	
		转弯半径/mm	外侧≤2000	
		行走速度/km·h^{-1}	$0\sim1.5$	
		爬坡能力/(°)	25	
4	工作气压	输出压力/MPa	$0.6\sim2.1$	
5	回转参数	回转速度/r·min^{-1}	33	
		正转扭矩/N·m	$0\sim4700$	
		反转扭矩/N·m	$0\sim4700$	
6	整机参数	电机功率/kW	11X2	
		外形尺寸/mm	3364×1200×1825	拖架除外
		最小离地间隙/mm	245	
		整机质量/kg	4000	
7	控制方式	行走	远程无线遥控	
		凿岩	远程无线遥控	

注：资料引自 http://www.hn12jx.com/product/28.html。

1.5.2　牙轮钻机

国外主要生产牙轮钻的国家包括美国、俄罗斯和日本等，以美国牙轮钻机技术水平较高，性能较好。国内主要牙轮钻型号 YZ 系列和 KY 系列。YZ35、YZ55 是指轴压数字，分别为 35t、55t；KY250、KY310，K 指穿孔设备中的"孔"字首字母，Y 指牙轮的"牙"字首字母，数字指孔径为 250mm、310mm。

1.5.2.1　牙轮钻机工作原理及结构类型

A　牙轮钻机工作原理

牙轮钻机主要是通过回转、加压机构使钻具回转，并经钻头施加轴向压力，由动压和静压产生的应力，使岩石破碎的同时，用压缩空气将岩渣排出，形成炮孔，如图 1.27 所示。这种使岩石破碎的作用过程包括了剪碎和压碎作用，是冲击旋转式机械破岩成孔的典型应用。

B　结构类型

按工作场地不同可分为露天矿用牙轮钻机和地下矿用牙轮钻机。按回转和加压方式，可以分为底部回转间断加压式、底部回转连续加压式、顶部回转连续加压式牙轮钻机（如图 1.28 所示）。底部回转间断加压式又称为卡盘式，属于早期的一种结构形式，由石油、勘探行业移植到采矿行业。特点是通过液压卡盘通过油缸将钻杆卡住，然后一起旋转，并向下运动实现钻进动作。其加压能力小，间断运动，效率低，使用较少。底部回转连续加压式将回转机构设在钻架底部，回转机构通过六方或带有花键的主钻杆带动钻具旋转，加压则是通过链条链轮组或钢绳滑轮组来实现。钻杆结构复杂，加工比较困难，应用较少。顶部回转连续加压式使用广泛。

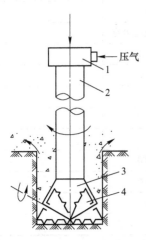

图 1.27　牙轮钻机钻孔作业原理
1—加压回转机构；2—钻杆；
3—钻头；4—牙轮

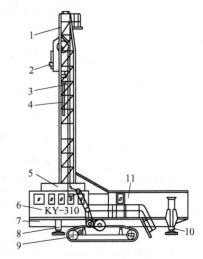

图 1.28　顶部回转连续加压式牙轮钻机组成结构
1—钻架；2—回转机构；3—加压提升系统；
4—钻具；5—机械室空气增压净化装置；6—司机室；
7—平台；8—前千斤顶；9—履带行走装置；
10—后千斤顶；11—机械室

（1）工作装置。包括钻架装置、回转机构、加压提升系统、钻具、压气排渣系统等。

1）钻具。钻具由钻头和钻杆组成。钻头由牙爪（钻头体）、牙轮和轴承组成。牙轮是冲击、切削元件，牙轮安装在轴承上，绕着轴承芯轴转动，轴承芯轴则与牙爪（钻头体）连成一体，牙爪合并在一起焊接成整体，在端部做出螺纹与钻杆连接。牙爪是一个形体复杂的异形体，主要作用是与牙轮形成配合，牙轮安装在牙爪上，牙轮自身能绕牙轮轴线旋转。牙轮是一个不完整的复合圆锥体，在其外表面上钻有若干排齿孔，用冷压方式将硬质合金柱压入齿孔内，每一排柱齿构成一个齿圈。

牙轮钻头按牙轮数目分成单牙轮、双牙轮、三牙轮和多牙轮（4~6个牙轮）。按材质分成钢齿牙轮钻头、硬质合金柱齿牙轮钻头。三牙轮钻头使用最多，三个牙轮锥体按120°夹角对称分布。按照牙轮锥体相对于钻头中心轴线以及孔底工作面的相对位置分成转轴式、扭轴式和移轴式，如图1.29所示。移轴式是指三个牙轮的轴线不相交于钻头中心轴线，而是三个牙轮交成三角形，三角形的内切圆半径称为移轴距，移轴距越大，钻头的滑动剪切作用越大。扭轴式是指牙轮的锥顶超过钻头中心轴线的情况，超过的距离称为超顶距，超顶距越大，钻头的滑动剪切作用越大。金属矿山岩石坚硬，以冲击压碎破岩为主，故采用转轴式，特点是牙轮锥体的锥顶点落在钻头的中心轴线上。牙轮钻头还可分为滚动轴承牙轮钻头和滑动轴承牙轮钻头。

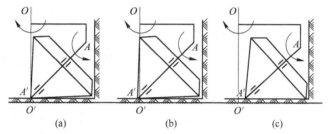

图1.29 牙轮体与钻头中心轴线的相对位置
（a）转轴式；（b）扭轴式；（c）移轴式

钻杆有主杆和副杆之分，钻杆上接回转装置，下接稳杆器。其作用是把压缩空气经由其中心孔道通到孔底，吹洗炮孔并冷却轴承。

钻头在孔底的破岩原理如下。在轴向压力的作用下，牙轮钻头绕钻头轴线的旋转，带动牙轮的运动。牙轮的运动包括牙轮绕钻头轴线公转，牙轮绕轴承芯轴的自传，牙轮的纵向振动（沿着钻头轴线方向）、在孔底岩石面的剪切滑动。因此牙轮在钻压作用下的破岩作用包含两个方面：一是冲击载荷与静载荷作用下的冲击压碎破岩；二是牙轮牙齿的滑动剪切作用。牙轮钻头在孔底工作时，钻头纵向振动所产生的凿齿对岩石的冲击压碎作用是牙轮钻头破岩的主要方式，钻头旋转时，牙齿以一定的速度冲击压入岩石，其对岩石的冲击压碎需要足够的比压和接触时间。牙轮对岩石的冲击破碎载荷越大，冲击次数越多，钻头的破岩效率越高。但是转速过快会导致破岩接触时间缩短，应保证接触时间大于岩石破碎所需的时间，才能有效破岩。牙轮在孔底工作时，由于摩擦阻力的影响，会使得牙轮在孔底岩石面上产生滑动，而且转速越快，滑动量越大，对岩石的剪切破碎作用越大。此外，凿齿在轴向压力作用下凿入岩石，也会产生剪切破碎。牙轮钻孔时，着地齿在轴压力作用下，牙齿会凿入岩石某一深度，减小了牙轮纵向振幅。试验表明，对于硬岩，牙齿凿入深度较浅，纵向振幅较大，冲击破碎岩石的效果较好。对于中硬岩石和软岩，凿入深度较深，纵向振幅较小，冲击破碎效果较差。

为了提高钻孔效率，对于硬岩及以上坚硬岩石，常采用牙轮做纯滚动运动的不超顶不移距的钻头，能够充分利用凿齿着地时的冲击力破碎岩石。对于中硬以下岩石，除牙轮的滚动以外，一般应使得牙轮具有一定程度的滑动，以便借助牙齿的刮削作用剪切破碎一部分岩石，故多采用移轴布置或复锥牙轮钻头。此外，破岩效果的好坏，不仅与岩性和牙轮运动状态有关，还与牙轮齿形等因素有关。试验表明，在硬岩且具有研磨性的脆性岩石中，宜采用球形齿和锥球齿，在软岩中，宜采用楔形齿或铣齿。

2）回转机构。回转机构是牙轮钻机工作装置的重要组成部分，也是其主要工作机构。回转装置的作用是驱动钻具回转，并通过减速器将电动机的扭矩和转速变成钻具钻头所需的扭矩和转速；配合钻杆架进行钻头、钻杆的安装和拆卸，向钻具输送压气。回转机构有顶部回转和底部回转两种类型，构成包括电动机、减速器、钻杆连接器、回转小车和进风接头等部件。原动机主要有交流电动机、直流电动机以及液压马达，其中交流电动机拖动系统早期采用，液压马达拖动系统可以实现无级调速、承载能力大。回转减速器有两种：一种是圆柱齿轮减速器，其中二级圆柱齿轮减速器使用较多；一种是行星齿轮减速器，主要用于中小型钻机。钻杆连接器用来连接钻杆和回转减速器的输出轴，并能减少钻具传来的冲击振动，起到弹性联轴器的作用，主要有普通型、浮动型和减振型。回转小车由大链轮、导向轮和滚轮导向装置组成，可以使得回转小车随着提升加压装置沿着钻孔方向运动。

3）提升加压机构。提升加压系统的组成主要包括变速器、加压液压马达、提升-行走电动机、加压提升主动链轮、制动轮、链条、离合器等。作用是给钻具施加轴向压力以及提升或下放钻具。加压液压马达产生动力，经过变速器、离合器，最后通过封闭链（链轮链条）-齿条（齿条齿轮）传动系统，完成钻具提升及加压任务。

牙轮钻孔时，就是依靠加压机构和回转机构给钻头施加的轴压力和回转力矩，使得岩石在轴压静载荷和纵向振动动载荷以及滑动剪切力的联合作用下，被牙轮上的牙齿压碎、凿碎和剪碎，最终形成钻孔。

（2）底盘。使钻机行走并支承钻机重量的装置，包括履带行走机构、千斤顶和平台。

（3）动力装置。给钻机各组成部件提供动力的装置，包括直流发电机组、变压器、高压开关柜、电气控制柜。

（4）操纵装置。用于控制钻机各部件，包括控制台、控制手柄等。

（5）辅助装置。包括司机室、空气增压净化装置、机械间、湿式除尘系统或干式除尘系统、液压系统、压气控制系统、自动润滑系统等。

1.5.2.2 主要技术参数

牙轮钻的主要工作参数包括轴压力、钻具转速、回转功率、钻孔速度、钻具转矩以及排渣风量。工作参数选择与工作制度相关。牙轮钻机有两种工作制度，分别是高轴压、低转速的工作制度和低轴压、高转速的工作制度。前者轴压在 300~600kN，转速一般小于 150r/min；后者轴压在 150~300kN 之间，转速为 250~350r/min。

A 轴压力

根据牙轮钻头破岩原理，岩石是在轴压的静载荷和牙轮滚动时的冲击动载荷联合作用下破碎的。因此，钻具上施加的轴压越大，破碎岩石的体积越大，钻进速度越快。轴压增大到一定程度时，钻进速度增加的速率变缓，如图 1.30 所示。这是由于轴压过高，牙齿凿入岩石越深，从而使牙轮的纵向振幅减少，削弱了冲击破岩的效果。同时，轴压过高会影响孔底排渣，降低钻速，加速钻头轴承磨损，折断牙齿，降低钻头寿命。因此针对一定的岩性，应选择合理的轴压力。

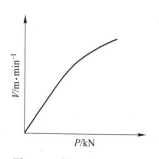

图 1.30 轴压力 P 与钻进
速度 V 的关系

$$P = fkD/D_0 \qquad (1.30)$$

式中，P 为轴压力，kN；f 为岩石普氏硬度系数；D 为使用的钻头直径，mm；D_0 为试验用钻头的直径，$D_0 = 214$mm；k 为经验系数，1.3~1.5。

对于露天矿用牙轮钻机，可以用以下经验公式计算：

$$P = (0.06 - 0.07)fD \qquad (1.31)$$

经验公式均未考虑钻头结构及岩石结构等因素的影响。牙轮牙齿越钝，所需轴压越大。当遇到岩石裂隙，钻机振动加剧，可适当减少轴压。

B 钻具转速

钻进速度不仅与轴压力有关，也与钻具的转速有关。实践表明，在一定转速范围内，钻进速度随钻具转速的增加而增加。但是，转速过高，钻进速度反而下降，并且会引起回转机构振动加剧，造成机件损坏。

牙轮大端齿圈的圆周速度 $V_L = \pi D n_T \cdot \lambda/60$，牙轮大端齿圈的齿间弧长 $L = \pi d/Z$，牙轮大端齿圈上牙齿与岩石的接触时间 $t = L/V_L = \pi d/(V_L Z)$，则钻具转速为：

$$n_T = 60d/(0.95tDZ) \qquad (1.32)$$

式中，D 为钻头直径，mm；V_L 为牙轮大端齿圈的圆周速度，mm/s；n_T 为钻杆转速，r/min；t 为牙轮大端齿圈上牙齿与岩石的接触时间，s；d 为牙轮大端齿圈直径，mm；Z 为牙轮大端齿圈上的牙齿数；L 为牙轮大端齿圈的齿间弧长，mm；λ 为考虑到速度损失的系数，取 0.95。

因此，当 $t = 0.02$~0.03s 时：

$$n_T = (2100 \sim 3160) \frac{d}{DZ} \qquad (1.33)$$

国内外牙轮钻机的转速一般不超过 150r/min，高转速用于小孔径或软岩，低转速用于大孔径、硬岩和接卸钻杆作业。关于最优转速问题，国内外均进行了相关试验，有不同的解释和看法，可参阅相关文献资料。

C 回转功率

回转机构的输出功率主要消耗在以下几个方面：使牙轮滚动和滑动破岩所需的功率；牙轮滑动时，克服牙齿和孔底的摩擦力所需的功率；克服钻杆、钻头与岩壁的摩擦力所需的功率；克服钻头轴承的摩擦力所需的功率等。因此，回转功率与岩石物理力学性质、钻孔直径、轴压力、回转速度、钻头结构型式以及排渣等因素有关。

$$N = 0.096 Kn_T D (P/10)^{1.5} \tag{1.34}$$

式（1.34）为美国休斯公司经验公式。式中，N 为回转功率，kW；K 为岩石硬度特性系数，为表征岩石特性的常数，见表 1.11。D 为钻头直径，mm；n_T 为钻头转速，r/min；P 为轴压力，kN。

表 1.11　岩石硬度特性系数 K

岩石类型	最软岩	软岩	中软岩	中硬岩	硬岩	最硬岩
抗压强度/MPa	—	—	17.5	56	210	475
K	14×10^{-5}	12×10^{-5}	10×10^{-5}	8×10^{-5}	6×10^{-5}	4×10^{-5}

以上公式未考虑排渣、钻头构造、钻头磨损对功率的影响，结果小于实际使用值。牙轮钻机实际使用过程中，由于负荷波动较大，特别是发生卡钻事故或卸钻杆时，回转扭矩达到正常作业的 3 倍以上。因此，回转机构原动机的功率较大，正常钻孔时仅使用一部分（约三分之二）额定功率，在处理卡钻等非正常工况时，利用原动机的过负荷能力。

D　钻进速度

钻进速度是表征钻机性能的主要指标。一般采用经验公式计算，可以反映钻进速度与工作参数之间的经验关系。以下经验公式反映了钻进速度与轴压力、转速、钻头直径以及岩石硬度系数之间的关系，计算结果比较接近实际。

$$V = 3.75 \frac{P \, n_T}{D f} \tag{1.35}$$

式中，V 为钻进速度，cm/min；P 为轴压力，kN；n_T 为钻具转速，r/min；D 为钻头直径，mm；f 为普氏硬度系数。

实际上，还应考虑排渣用介质、风量、钻头型式、磨损程度以及岩石可钻性等影响。

E　钻具的转矩

根据休斯公司的实验分析，钻具的转矩可按下式计算：

$$M = 936 KD (P/10)^{1.5} \quad \text{或} \quad M = 29.6 KD P^{1.5} \tag{1.36}$$

式中，M 为转矩，N·m；P 为轴压力，kN；D 为钻头直径，mm；K 为岩石硬度特性系数。

F　排渣风量

压缩空气将孔底岩渣沿着炮孔和钻杆之间的环形空间排出孔外，并冷却钻头。如果排渣风量不足，岩渣在孔底重复破碎，降低钻进速度和钻头寿命；排渣风量过大，从孔底吹起的岩渣对钻头的磨损加大。足够且合适的排渣风量可以提高轴压力和钻头转速，可按照炮孔吹洗情况指标确定排渣风量。

$$q = Q/(W_{max} n_{T,max}) \approx 2 \times 10^5$$
$$Q = q \, W_{max} n_{T,max} \tag{1.37}$$

式中，q 为炮孔吹洗情况指标；Q 为排渣风量，m³/min；W_{max} 为钻头单位直径上的轴压力，N/cm；$n_{T,max}$ 为钻头转速，r/min。

可见，排渣风量不变时，增大单位轴压力和钻头速度，吹洗情况指数下降，吹洗不佳，钻进速度受影响。因此，在提高轴压力和钻头速度时，应增加排渣风量，才能保证吹洗质量。

牙轮钻机所需排渣风量的分析和计算与潜孔钻机相同，可按式（1.28）、式（1.29）确定合理的排渣风量。

冷却钻头轴承的风量，一般占到总风量的 20%～35%，考虑到冷却风量可用于排渣，选择风量时，一般仅考虑排渣风量。排渣风压不应低于 0.2MPa，压气机工作压力一般不小于 0.28MPa。目前国内外牙轮钻机多采用低压（0.35～0.4MPa）、大风量的压气排渣。当风量、风压不足时，可以增加钻杆直径提高排渣回风速度。钻杆与孔壁之间的环形空间径向间隙一般应保持在 51～76mm 范围内。排渣压气系统主要采用螺杆式压缩机。

除尘装置主要有干式除尘和湿式除尘两种方式。干式除尘一般采用脉冲袋式除尘，不足在于孔口堆积的岩渣会随着爆破、大风等形成二次尘源。湿式除尘主要是风水混合除尘，不足之处在于恶化孔底排渣条件，影响钻进速度以及钻头寿命。

地下牙轮钻机与露天牙轮钻机比较，特点是：外形尺寸小，钻机工作高度不高于3.5m，运输高度不高于 2.5m，钻杆长度 1.2～1.5m，以适应地下小空间钻孔作业；液压和电气动力机组设在单独拖车上，由电缆低压供电，管路供给压气和压力水；设有顶板液压支撑，确保钻机固定在凿岩硐室内，并施加大于机重的轴压力；液压缸直接传动回转器加压和升降；气水混合物或压力水吹洗后从孔内排出，孔口捕尘。结构类似于天井钻机。

G 选型

根据生产规模、岩性、转运设备等因素选择牙轮钻机穿孔直径，确定牙轮钻机型号。在满足矿山钻孔量的同时，要保证钻孔直径、孔深、倾角以及其他参数。

根据钻进速度、每班工作时间、时间利用系数等计算台班生产能力。根据年工作日数、日工作班数以及年工作利用系数等计算台年生产能力（年穿孔效率）。设备数量与生产规模、年穿孔效率以及每米炮孔爆破量等参数有关。

1.5.3 井下深孔钻机的应用

VCR（vertical crater retreat）爆破法是垂直深孔、球状药包、后退式落矿采矿方法的简称，这种方法于 1975 年首先在加拿大列瓦克镍矿的矿柱回采爆破中获得成功，我国广东凡口铅锌矿、甘肃金川镍矿、安徽安庆铜矿、大冶铜录山铜矿、狮子山铜矿等矿山也成功使用了这种方法，其具有良好的技术经济指标及安全性。该方法突出的特点是大直径深孔爆破，利用井下潜孔钻、牙轮钻凿大直径向下深孔。在凿岩巷道或硐室内进行凿岩作业，可钻凿垂直炮孔（适用于倾角较陡的厚大矿体）、倾斜炮孔（倾斜中厚矿体）或扇形炮孔（形态变化较大的矿体），孔径多在 115～165mm（大多为 165mm），孔深为阶段高度，一般在 20～50m，也有 70m 孔深，炮孔偏斜率控制在 1% 左右。国内多采用高风压潜孔钻机，孔深一般小于 70m；国外多采用地下牙轮钻机，孔深为 120m。

潜孔钻机也可用于天溜井施工中的穿孔作业，以钻凿大直径炮孔的钻机代替钻凿小直径炮孔的凿岩机，也有一定的应用。

牙轮钻机用于大直径钻孔，与潜孔钻机相比，具有以下优点：直接使用电力驱动，无能量转换损失，节省能耗，噪声低；便于实现自动化控制，可根据岩性自动调节钻压和转速，达到最优钻进效果；更适合磨蚀性较强的岩石中钻进。

牙轮钻机适用于中等以上至坚硬岩石的大孔径钻孔，要求轴压大，小于170mm的小直径牙轮钻头受制造工艺限制，在硬岩中使用寿命短，钻孔成本高于潜孔钻机，因此地下应用自行式牙轮钻机没有高气压潜孔钻机普遍。

1.6　凿岩钎（钻）具及凿岩辅助设备

1.6.1　凿岩钎（钻）具

通常把凿岩机使用的凿岩工具称为钎具，把潜孔钻机等用来钻凿大孔径的工具称为钻具。钎（钻）具对凿岩速度有很大影响，只有正确选择才能充分发挥凿岩机械效率。钎（钻）具既要与凿岩机械适应，也应该满足钻孔直径和深度的要求。

1.6.1.1　钎具

钎具由钎头、钎杆和钎尾组成。钎尾插入凿岩机转动套筒内，将冲击能量、回转扭矩和冲洗介质传递给钎杆和钎头，钎尾的型式、尺寸应与凿岩机匹配。钎杆将钎尾传来的冲击能量、回转扭矩和冲洗介质传给钎头，钎杆的型式和尺寸应与凿岩机参数相适应，有较高的强度、刚度及吸振效果。钎头承受钎杆传来的冲击能量、回转扭矩和冲洗介质，在孔底直接破碎岩石，并回转变换凿岩位置，排除岩屑，钎头的型式、尺寸应与凿岩机类型、凿岩参数、钎杆型式和尺寸，以及岩石性质等相适应。在凿岩作业中，钎具，特别是钎头的消耗量很大。钎具结构、材料、制造工艺以及使用技术等对其使用寿命影响很大。

钎具按结构分成整体钎和非整体钎（分体钎）。整体钎的钎杆、钎尾和钎头不可拆卸，如图 1.31 所示。非整体钎可分为分体整体钎（活头钎和活钎尾钎）和接杆钎。整体钎、活头钎以及活钎尾钎的共同特点是只有一根钎杆，不能延长，仅用于浅孔小直径凿岩。中深孔凿岩使用一根钎杆不能满足孔深要求，必须用接杆套（连接套）将多根钎杆连接起来，这种钎具称为接杆钎，如图 1.32 所示。

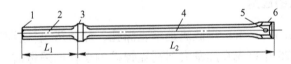

图 1.31　整体钎

1—钎尾端面；2—钎尾；3—钎肩；4—钎杆；5—冲洗孔；6—钎头

图 1.32　接杆钎

1—钎尾、2—连接套；3—钎杆；4—钎头

A　钎头和钎杆的连接

采用螺纹连接和锥体连接。锥体连接坚固耐用，加工简单，在小直径钎头广泛使用。锥体连接锥角越小，连接性越好，使用中不易脱落，但是可拆卸性越差。钎头钎杆的连接

性和可拆卸性还与岩石坚固性以及凿岩机冲击能量等有关。

B　钎头

钎头直接破碎孔底岩石，因此在钎头上镶嵌硬质合金。按照硬质合金的形状不同，可以分成刃片钎头、球齿钎头、复合片齿钎头。刃片钎头整体性坚固性好，可以钻凿任何种类岩石，主要缺点是钻头直径受限（一字型、三刃型不大于45mm，十字形不大于64mm，X型不大于89mm），钎刃受力与磨损不均匀，钎头修磨频繁、劳动强度大、钻进效率低等。球齿钎头是伴随着液压凿岩机的出现而发展起来的，一般按照齿数来进行区分，齿数有4、7、14齿等。与单片体积较大、刃锋锐利的刃片钎头相比，球齿钎头单个球齿的体积较小、齿冠较钝。但由于球齿钎头与液压凿岩机配套使用，液压凿岩机提供的强大而平稳的冲击能量，能使球齿钎头有效的凿破岩石，尤其是在单轴抗压强度为80~250MPa的脆硬岩石中。这是由于分散的多个球齿可以合理负担孔底破岩面积，减少岩石的重复破碎，高压水流及时排出岩屑，其凿速比同直径的刃片钎头提高15%~25%。球齿钎头的优点包括齿冠钝化缓慢，且具备修磨条件（修磨间隔时间为刃片钎头的3~5倍），钎头最大直径不受限制（可以很方便的生产大于ϕ89mm的钎头），主要缺点是不适用于抗压强度大于350MPa的极坚硬矿岩，容易出现边齿碎脱现象。复合钎头既有前两者的优点，同时又克服了两者的缺点。从使用寿命看，复合钎头使用寿命最长，刃片钎头次之，球齿钎头寿命最短，约为复合钎头的1/2~1/3，刃片钎头寿命的2/3。

在实际使用中，除了极坚韧矿岩选用刃片钎头外，其他场合刃片钎头和球齿钎头均可采用。岩石脆硬程度合适时，液压凿岩台车应优先选用球齿钎头，以加快钻进速度。对于中深孔或深孔凿岩，选择钎头时还应考虑修磨条件，应以钎头的磨次进尺超过孔深的整数倍数为原则，换一次钎头钻进的炮孔越多越好。

钎头的材质主要包括三个方面：一是钎头体用钢材；二是凿岩硬质合金（合金片和球齿材料）；三是钎焊材料。对钎头的材质均有一定的特殊要求。

C　钎杆

中深孔凿岩采用接杆钎，浅孔凿岩采用整体钎、分体钎。钎杆截面形状有带中心孔的正六角形钎杆和带中心孔的圆形钎杆，前者为小直径钎杆，后者为大直径钎杆。钎杆材料是由专用中空钎钢制造。钎杆使用环境恶劣，除了承受拉、压、弯、扭、冲击外，还承受矿岩磨蚀作用，常以应力腐蚀疲劳断裂的方式失效。

D　钎尾

钎尾可以分成连杆钎尾和接杆钎尾。接杆钎尾仅用于接杆钎，也叫活钎尾。连杆钎尾与钎杆为一整体，不可拆卸，浅孔凿岩采用此类结构。钎尾规格尺寸应能使钎尾顺利插入凿岩机转钎套筒内，为确保两者之间无大的间隙和偏斜，国内外标准中均规定了钎尾直径与钎套的配合公差。钎尾长度、钎尾端面平整度、钎尾端面与钎尾轴线的垂直度等对于凿岩机活塞与钎尾之间的能量传递有较大影响，因此是主要的钎尾参数。

E　连接套

连接套的作用是将接杆钎尾、接杆、钎头连接起来，以便钻凿较深的钻孔。连接套为带有阴螺纹的套管。凿岩过程应确保连接部位紧密接触，减少能量传递损失。

1.6.1.2　钻具

地下潜孔凿岩钻具由钻头、潜孔冲击器以及钻杆组成，也有资料认为包括两部分，即潜孔冲击器和钻杆，潜孔冲击器包含钻头。

A　潜孔冲击器

潜孔冲击器的结构型式很多，分类方法各异。按照配气类型可分为有阀型和无阀型，按照吹粉排渣方式可以分为中心排气吹粉和旁侧排气吹粉，按活塞结构可分为同径活塞、异径活塞和串联活塞，按照动力可分为气动驱动和水压驱动。水压驱动均为高压型，气压驱动可分成低压（0.5~0.7MPa）和高压（≥1.05MPa）。无阀型冲击器利用活塞和气缸壁实现配气，能够克服有阀型冲击器存在的耗气量大、阀片易损坏、不能适应压力大幅度变化等缺点。中心排气是指冲击器废气及一部分压气从活塞和钻头的中空孔道直接进入孔底，旁侧排气是指废气与一部分压气从冲击器缸体上的专用孔道排至孔壁内，再进入孔底。

潜孔冲击器主要由活塞、配气阀（有阀型冲击器）、缸体、钻头的连接与串挂装置、潜孔冲击器的减振装置、停冲强吹装置组成。活塞是潜孔冲击器的主要运动零件，细长活塞具有较好的破岩效果。缸体是冲击器活塞运动的导向装置，与活塞配合形成缸体的前后腔，同时也是整个冲击器的机架。钻头的连接与串挂装置功能包括：容纳钻头的尾部，控制钻头的伸缩位置，回转冲击钻孔时传递扭矩，带动钻头转动；钻头尾部受活塞冲击时，可在一定范围内轴向移动；在潜孔冲击器被提离孔底与悬吊时，吊挂钻头尾部，使钻头不致从冲击器中滑出。减振装置利用减振套、减振胶圈等吸收设备振动，达到减振降噪作用。潜孔冲击器工作过程中，有时需要停止工作（冲击）排除岩粉，故冲击器设有停冲强吹机构。

冲击器主要工作参数包括工作气体压力、冲击能量、冲击频率和耗气量。选择与确定正确的工作气体压力，既要考虑适用场所条件和操作方式，又要考虑设备的制造与供应情况。潜孔冲击器由于孔径不同，冲击能量波动范围较大，一般在100~1500J，也有高达2500J以上。冲击能量与压气压力级别、孔径、岩性、钻头结构等有关，可先按照经验公式进行预选，再结合岩石可钻性以及钻头结构型式确定额定冲击能量。冲击频率的选取受到冲击能量的限制。若冲击能量不变时，增大冲击频率，可以提高冲击器的输出功率。若冲击能量减少到某一限值时，无论如何提高冲击频率也无良好的破岩效果。冲击器额定压力越高，频率越大。耗气量包括两部分，一部分推动活塞产生冲击能量，另一部分用来吹排岩粉。

B　钻头

按照结构型式，潜孔冲击器用钻头可分为整体和分体两种。按照钻刃形状不同，又可分为刃片型、柱齿型和片柱混装型三种。刃片型钻头由于刃片承受载荷不均、需反复修磨等突出缺点，已逐渐被柱齿型钻头替代。与刃片型钻头不同，柱齿型钻头以合金柱齿替代了合金刃片，合金柱齿可根据受力状态合理布置，而且在钻进过程中，柱齿可以自行修磨，使得钻进速度趋于稳定，即使柱齿损坏20%亦可继续进行凿岩作业。另外，柱齿嵌装工艺简单，一般冷压法嵌装即可，而合金片嵌焊工艺复杂。片柱混装型钻头，一般在钻头四周嵌焊刃片、中心凹陷处嵌装柱齿，以便适应钻头中心破碎岩石体积小、四周破碎岩石体积大的特点，此外还可解决钻头径向磨损严重的问题。片柱混装型钻头的主要问题是制造工艺复杂，使用维修困难。

分体式钻头相较于整体钻头，能够更换易损耗的合金刃片或合金柱齿，经济上优势明显。整体钻头合金刃片或柱齿磨损到不能使用时，钻头整体报废。

C　钻杆

钻杆将冲击器和钻头送至孔底，传递扭矩和轴推力，并通过中心孔向冲击器输送压气。井下潜孔冲击器的钻杆较短，一般在 0.8~1.3m，钻完一个深孔需要几十根钻杆。自动化接送杆作业对提高钻孔效率十分重要，相关内容见本教材智能装备章节。钻杆工作载荷复杂，作业环境恶劣，要求具有足够的强度、刚度和冲击韧性，一般采用厚壁无缝钢管、两端焊接而成。钻杆直径大小应满足排渣要求。

1.6.2　凿岩辅助设备

钻凿岩孔时的其他设备称为凿岩辅助设备。支腿是支承和推进凿岩机的凿岩辅助设备，是气腿、水腿、油腿以及手摇支腿的统称，分别以压缩空气、压力水、压力油以及手摇为支腿动力。钻架是提供凿岩机钻凿岩孔的支架，有单柱式、双柱式、圆盘式、伞形、环形钻架之分，其中圆盘式的特点是带有圆盘便于导轨定位，伞形和环形以其形状似伞、环而命名，用于竖井掘进。辅助设备还包括注油器、磨钎机、集尘器以及气动马达等。

复习思考题

1-1　从结构和用途上说明采矿凿岩台车与掘进凿岩台车有何区别。
1-2　简述气腿式凿岩机工作原理及使用场合。
1-3　简述上向式凿岩机工作原理及使用场合。
1-4　简述风动凿岩机械设备的主要技术参数，并予以解释。
1-5　简述回转冲击式凿岩设备的工作原理。
1-6　简述旋转切削式凿岩设备工作原理。
1-7　凿岩机的型号标注中，Y、YT、YSP、YG、YGZ 各代表什么含义？
1-8　气动凿岩机钎杆的转角（转速）和冲击频率对凿岩效率有何影响？
1-9　简述井下风动凿岩机的四种类型及其使用特点。
1-10　论述液压凿岩机的冲击工作原理。
1-11　论述潜孔钻机工作原理、应用及主要技术参数。
1-12　论述牙轮钻机工作原理、应用及主要技术参数。
1-13　分析钎具与钻具的区别。结合破岩特点说明钎头、潜孔钻头、牙轮钻头的区别。

2 矿山装载机械设备

扫一扫
看视频

2.1 矿山装载机械分类及特点

按照《矿山机械术语 装载机械设备》（GBT 7679.2），矿山装载机械设备可分成矿用单斗挖掘机、轮斗挖掘机、装岩机、耙斗装岩机、装运机、铲运机、铲斗式装载机、连续式装载机、抓岩机等类型，可归纳为挖掘机、装岩机、装运机、铲运机、装载机、抓岩机等六类，见表2-1。

表 2.1 矿山装载机械分类

序号	类型		特点及适用范围
1	挖掘机	矿用单斗挖掘机 机械正铲挖掘机	电铲。铲斗和斗杆向机器前上方运动进行挖掘的单斗挖掘机。主要用于露天采矿和剥离作业。应用非常广泛。电动机驱动，通过机械传动实现回转，并控制动臂、斗杆及铲斗动作。标准斗容不小于4m³。
		步行式拉铲	一种大型的步行式挖掘机，用于煤矿、金属非金属露天矿山的剥离作业，主要用途是将剥离岩石搬运至采空区或采场边缘。由于动臂较长，可将剥离物搬运较远距离。
		矿用液压挖掘机	适合于露天矿山作业，柴油机动力，通过液压传动实现回转，并控制动臂、斗杆及铲斗动作。有正铲、反铲之分。标准斗容不小于4m³。
		轮斗挖掘机	斗轮挖掘机，靠臂架前端的斗轮转动，由斗轮周边的铲斗轮流挖取剥离物或矿产品的一种连续式多斗挖掘机。是露天煤矿连续开采工艺中完成采掘工作的重要设备。
2	装岩机	前装后卸式装岩机	简称装岩机。主要用于平巷和倾角小于8°的倾斜巷道掘进装岩或回采工作面装矿。按动力分为气动和电动两大类，按行走底盘型式分为轨轮式、履带式和轮胎式，轨轮式应用最广，很少用轮胎式。斗容一般不超过0.6m³。
		侧卸装岩机	铲斗向侧面卸载，驱动方式有电动机驱动、电液驱动、气动和内燃机驱动。行走机构一般为履带式。
		耙斗装岩机	简称耙装机，耙斗机。主要用于煤矿、冶金矿山、隧道等工程巷道掘进中配以矿车或箕斗进行装载作业，提高掘进速度，实现掘进机械化的一种主要设备。
3	装运机	气动装运机	可实现装载、运输和卸载的装载机械。与装岩机相比，可实现短距离运输，曾在我国的金属地下矿开采中获得广泛应用。仅在小型矿山及部分充填采矿法中有局部使用。
		内燃装运机	

序号	类型		特点及适用范围
4	铲运机	内燃铲运机	柴油机为动力,可实现装载、运输和卸载的装载机械。地下开采无轨化工艺的主要设备。
		电动铲运机	电动机为动力,可实现装载、运输和卸载的装载机械。地下开采无轨化工艺的主要设备。
		智能化铲运机	智能化铲运机可分为 LOS 视距遥控、ELOS 超视距遥控、全过程遥控。铲运机动作可以遥控方式完成,操作人员远离作业危险区、处于安全环境(甚至离矿区数百公里)操作机器。自动化程度高,安全性好。
5	装载机	铲斗式装载机	通过铲斗的提升、翻转动作,直接铲取矿岩,并将矿岩倒入运输槽,再通过运输机构将矿岩卸入转载机或其他车辆。
		连续式装载机 · 蟹爪装载机	由一对蟹爪形耙爪交替扒取矿岩连续转运到后续运输设备上的装载机。主要用于地下矿山巷道、隧道的掘进和连续采矿。按动力分电动和电动液压两种。煤矿、金属矿均有使用。
		连续式装载机 · 立爪装载机	上取式半连续作业的装载机,依靠两只立爪模仿人的手臂动作来耙装的。在煤矿和金属矿山巷道中,可用以将崩落的半煤岩和岩石装入矿车、梭车或其他运输设备。与凿岩台车及运输设备组成机械化作业线。
		连续式装载机 · 蟹立爪装载机	耙爪在铲板平面、立爪在竖直平面交替耙取矿岩,通过机器本身的运输机构将矿岩卸入转载机或其他车辆的装载机。综合了蟹爪和立爪特点。
		连续式装载机 · 挖掘装载机	通过反铲式挖掘工作机构的连续动作挖掘矿岩,矿岩进入运输机构,卸入转载机或者运输设备。
6	抓岩机	靠壁式抓岩机	用于竖井凿井出渣作业。将抓岩机机架靠近井壁布置,通过变幅、回转完成抓岩作业。
		中心回转式抓岩机	用于竖井凿井出渣作业。抓岩机布置在井筒中心处,机架可绕中心回转。通过变幅、回转完成抓岩作业。
		环形轨道式抓岩机	用于竖井凿井出渣作业。吊盘上布置有环形轨道,实现抓斗回转和变幅,完成抓岩作业。

2.1.1 矿用单斗挖掘机

矿用单斗式挖掘机包括机械正铲挖掘机、步行式拉铲、矿用液压挖掘机等类型。

(1)机械正铲挖掘机。机械正铲挖掘机适合于露天矿山作业,铲斗标准斗容不小于 $4m^3$,由电动机驱动,通过机械传动使转台在 360°范围内任意旋转,由正铲工作装置实现铲挖、提升、回转和卸料的周期式作业,在作业循环中无需移动机体,履带式行走机构实现移位。工作机构为正铲装置,直接完成铲装作业,由铲斗、斗杆、推压机构、动臂等组成,如图 2.1 所示。

(2)步行式拉铲。步行式拉铲通过机械传动使转台在 360°范围内旋转,由牵引钢丝绳和提升钢丝绳配合拉动铲斗实现物料挖掘装载和卸料的周期性作业,作业循环无需移动机体,迈步式行走机构实现机体移动,如图 2.2 所示。工作装置为拉铲装置,由铲斗、动臂、牵引钢丝绳、提升钢丝绳等组成，利用钢丝绳牵引和提升配合，实现挖掘装载和卸载，如图 2.3 所示。

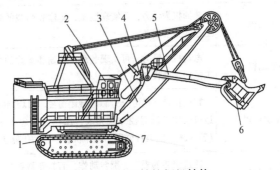

图 2.1　机械正铲挖掘机结构

1—行走机构；2—司机室；3—动臂；4—推压机构；5—斗杆；6—铲斗；7—转台

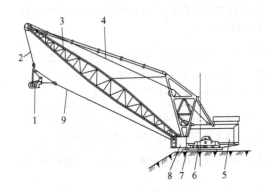

图 2.2　步行式拉铲结构

1—拉铲；2—提升钢丝绳；3—动臂；4—绷绳；
5—转台及机棚；6—步行机构；7—底盘；
8—司机室；9—牵引钢丝绳

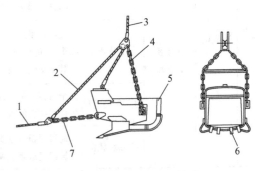

图 2.3　拉铲铲斗结构

1—牵引钢丝绳；2—平衡绳；3—提升钢丝绳；
4—吊挂链；5—斗体；6—斗齿；7—牵引链

（3）矿用液压挖掘机。矿用液压挖掘机适用于露天矿山作业，铲斗标准斗容不小于 $4m^3$，通过液压传动使转台在 360°范围内旋转，并由液压传动使动臂、斗杆及铲斗动作，实现挖掘、提升、回转和卸料的周期性作业，作业循环无需移动机体，履带式行走机构实现移位。其工作装置由动臂、斗杆、铲斗组成，有正铲和反铲两种结构，如图 2.4 所示。

矿用单斗挖掘机工作参数包括最大挖掘半径、最大挖掘高度、最大卸载高度、最大卸载半径、最大挖掘深度等。单斗挖掘机为露天矿装载机械，其中机械正铲挖掘机、液压挖掘机应用广泛。挖掘、提升、回转和卸料的周期性是单斗挖掘机作业的特点。

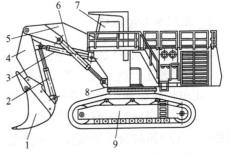

图 2.4　液压挖掘机及铲斗结构

1—铲斗；2—转斗液压缸；3—斗杆液压缸；
4—斗杆；5—动臂；6—动臂液压缸；
7—司机室；8—转台；9—行走机构

2.1.2 轮斗挖掘机

轮斗挖掘机是由轮斗切削矿物、经转载机和输送机将矿物运至指定地点的连续式挖掘装载设备，如图2.5所示。轮斗挖掘机和单斗挖掘机均属于挖掘机，挖掘机特点是作业循环过程中无需移动机体。

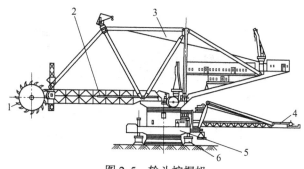

图2.5 轮斗挖掘机

1—轮斗；2—受料输送机；3—变幅机构；4—卸料输送机；5—转台及回转机构；6—行走机构

2.1.3 装岩机

装岩机是指对矿岩等松散物料只能完成铲装和卸载作业的设备，有正装后卸轨轮式装岩机、侧卸装岩机、耙斗装岩机。

（1）正装后卸轨轮式装岩机。正装后卸轨轮式装岩机也称为铲斗式装岩机（bucket loader），这种装岩机是靠机器的行走动力使铲斗插入料堆，装满矿岩后铲斗向后翻转，将矿岩卸到装岩机后面的矿车中。由工作机构（铲斗和斗柄）、提升机构（扬斗机构）、行走机构、回转机构（回转座）和电气系统等机构组成，所有机构和装置都安装在回转座上，结构如图2.6所示。铲斗装岩机属于轻型装载设备，主要用于各种地下水平巷道的掘进和回采时装载矿岩，其铲斗容量最大为0.5m³。基本参数包括铲斗容积、装载宽度（轨轮式）、卸载高度、卸载距离、最大工作高度以及运输状态外形尺寸等。

（2）侧卸装岩机。靠机器的行走动力使得铲斗插入料堆，装满矿岩后铲斗向侧面倾翻，将矿岩卸到装岩机侧面的矿车，履带式行走，如图2.7所示。

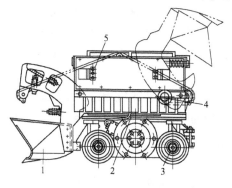

图2.6 铲斗式装岩机

1—工作机构；2—回转机构；3—行走机构；
4—提升机构；5—操纵机构

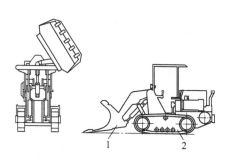

图2.7 侧卸装岩机

1—工作机构；2—行走机构

（3）耙斗装岩机。通过绞车和钢丝绳牵引耙斗，把矿岩耙入卸料槽并卸入矿车的机器，又叫耙装机。只能完成铲装和卸载作业，可分为行星传动耙斗装岩机、液压操纵耙斗装岩机（如图2.8所示）。前者是行星离合传动装置，后者是液压操纵内胀式离合传动装置，其他结构类同。

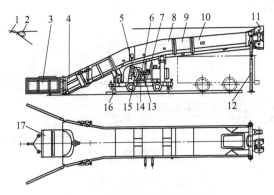

图2.8　液压操纵耙斗装岩机

1—固定楔；2—尾轮；3—挡板；4—进料槽；5—电气设备；6—台车；7—液压操纵装置；8—中间槽；
9—中间接槽；10—卸料槽；11—头轮；12—撑杆；13—减速器；14—辅助制动器；15—绞车；16—卡轨器；17—耙斗

耙斗式装岩机主要由耙斗、尾轮、固定楔、绞车、台车、料槽、导向轮、托轮、操纵机构和电气部分组成。绞车两个滚筒分别牵引主绳，尾绳使耙斗做往复运动把岩石扒进进料槽，至卸料槽的卸料口卸入矿车或箕斗内，从而实现装岩作业。

挖掘机和装岩机的共性是没有运输功能，只能完成装载、卸载功能。两者又有区别，挖掘机工作循环包括挖掘、提升、回转、卸载，在该过程中不需要整机行走。露天矿山和地下矿山作业环境存在差异，对装载机械设备的性能要求也不相同。挖掘机属于露天矿山装载机械，装岩机属于地下矿山装载机械。

2.1.4　装运机

装运机是带有储矿仓，能够独立完成铲装、运输和卸载作业的一机多能联合设备，属于井下装载机械。装运机与挖掘机、装岩机的区别在于其具有短距离运输功能，可分为气动和内燃两种，气动装运机如图2.9所示。装运机装载方式的特点均为多次推进装载，即铲斗需要多次将铲装的物料装入储矿仓。其主要工作参数包括最大工作高度、最大卸载高度等。

气动装运机由于其储矿仓配置在行走部分上，与其他类型的装运机相比，工作时所需的巷道高度较大。压气动力限制了运输距离（60～120m）和装载能力（最大斗容量0.5m³，最大储矿仓容积2.2m³），行走速度不大于5km/h。当运距一定时，内燃装运机生产能力高于气动装运机，但存在严重的尾气污染问题。

与装岩机相比，装运机具有装运能力强、机动性能好、行走速度快、机动灵活、效率高等优点，曾在地下金属矿山获得广泛应用。主要适用于无底柱分段崩落法、分层崩落法、上向水平分层充填法、下向水平分层充填法、房柱法、全面法等采矿方法的回采出矿；适应的采场生产能力为中等以下；矿岩稳固性中等以上；装矿块度不超过500mm。

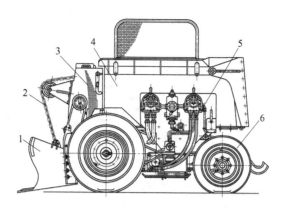

图 2.9 气动装运机结构

1—工作机构；2—提升机构；3—缓冲机构；4—储矿仓；5—操纵机构；6—行走机构

由于铲运机的发展和使用，装运机逐渐为铲运机所替代，仅在小型矿山及部分充填采矿法中有局部使用。

2.1.5 铲运机

铲运机（load-haul-dump）是不带储矿仓，由铲斗兼做储矿仓，能够独立完成铲装、运输、卸载的一机多能联合设备。内燃（diesel L. H. D）铲运机、电动铲运机（electric L. H. D）结构如图 2.10 和图 2.11 所示，其工作机构简图如图 2.12 所示。

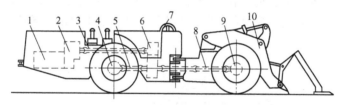

图 2.10 内燃铲运机

1—柴油机；2—液力变矩器；3—主传动轴；4—后驱动桥；5—后传动轴；
6—变速箱；7—转向机构；8—前传动轴；9—前驱动桥；10—工作机构

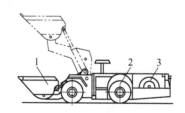

图 2.11 电动铲运机

1—工作机构；2—行走底盘；3—卷缆系统

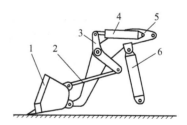

图 2.12 工作机构简图

1—铲斗；2—连杆；3—摇臂；
4—转斗油缸；5—动臂；6—动臂油缸

2.1.6 铲斗式装载机

铲斗式装载机机器前进使铲斗插入料堆，通过铲斗的提升、翻转动作，将矿岩倒入运输槽，再通过运输机构将矿岩卸入转载机或其他车辆。结构组成如图 2.13 所示。

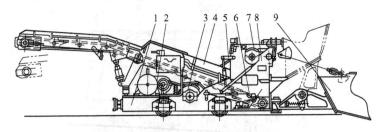

图 2.13　铲斗式装载机结构简图

1—机架；2—主减速器；3—行走机构；4—运输机构；5—铲斗提升操纵装置；
6—行走操纵装置；7—提升机构；8—前部支架；9—铲装机构

2.1.7　连续式装载机

连续式装载机是工作机构不间断地耙取矿岩，运输机连续运转，能实现连续卸载的机器，包括蟹爪装载机、立爪装载机、蟹立爪装载机、挖掘装载机。

（1）蟹爪装载机。蟹爪式装岩机集装载、运输、行走于一体，是一种液压传动的装载机械化装备，主要由装载机构、行走机构、运输机构、液压系统、电气系统组成，如图 2.14 所示。机头铲板局部插入岩堆，沿铲板平面布置的双臂式耙爪交替地耙取矿岩，通过机器本身的运输机构将矿岩卸入转载机或其他车辆的设备。蟹爪装岩机的主要优点是：连续装载，生产率较高，工作高度很低，适合在较矮的巷道中使用；适用于半岩巷掘进装运，可与矿车、刮板运输机、带式输送机等配套使用。现代蟹爪装载机也可以装载较硬的岩石。

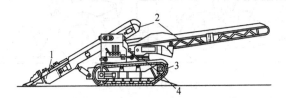

图 2.14　蟹爪装载机

1—耙装机构；2—运输机构；3—行走机构；4—回转台

（2）立爪装载机。立爪装载机由电动机驱动，液压传动与操纵，立爪在竖直平面连续动作扒取矿岩，并通过机器本身的运输机构（刮板运输机构）将矿岩卸入转载机或其他车辆，属于正装后卸连续式装载设备，如图 2.15 所示。按照行走方式有轨轮式、履带式和轮胎式。

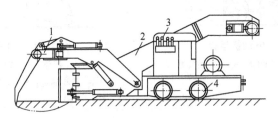

图 2.15　立爪装载机结构简图

1—耙取机构；2—运输机构；3—液压操纵机构；4—行走机构

（3）蟹立爪装载机。蟹立爪装载机由蟹爪在铲板平面、立爪在竖直平面交替耙取矿岩，并通过机器本身的运输机构将矿岩卸入转载机或其他车辆，如图 2.16 所示。

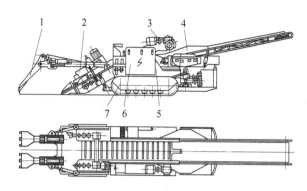

图 2.16　蟹立爪装载机

1—立爪耙取机构；2—蟹爪耙取机构；3—链带运输机构；4—皮带运输机构；
5—液压机构；6—电气机构；7—行走机构

（4）挖掘装载机。挖掘装载机由电动机或电动机与柴油机双动力驱动，液压传动与操纵，反铲式挖掘工作机构连续动作挖掘矿岩，并通过机器本身的运输机构（刮板输送机构）将矿岩卸入转载机或其他车辆，是具有隔爆型或非隔爆型的正装后卸连续式装载机械，如图 2.17 所示。按照行走方式分为轨轮式和履带式或轮胎式。

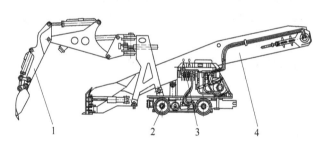

图 2.17　挖掘装载机结构简图

1—挖掘工作机构；2—行走机构；3—液压机构；4—运输机构

2.1.8　抓岩机

抓岩机用抓斗抓取爆破后的矿岩或松散物料，是凿井出渣装载机械，分为靠壁式、中心回转式、环形轨道式。靠壁式是由地面凿岩绞车单独悬吊，机架靠井壁布置的抓岩机，由抓斗、提升机构、气动机构、撑紧固定装置、回转变幅机构、液压系统以及悬吊装置组成。中心回转式是固定在吊盘上，位置靠近井筒中心，机架可绕中心回转的抓岩机，由抓斗、提升机构、回转机构、变幅机构、支撑装置组成。环形轨道式由支撑装置将吊盘撑紧在井壁上，环形小车沿吊盘上的环形轨道运动，带动工作机构回转，由抓斗、提升机构、径向行走机构、回转机构、环形小车、环形轨道、吊盘、支撑装置等组成。

2.2　地下铲运机

　　早期地下铲运机均为内燃铲运机，柴油机废气、烟雾、热辐射以及噪声对地下作业环境造成严重影响。通风稀释尾气以及采用低污染柴油机并设置尾气净化装置，是解决地下尾气污染的有效手段。20世纪70年代出现的电动铲运机不存在尾气污染问题，同时产生的热量是同级别内燃铲运机的30%，地下环境温度可降低3℃，噪声水平可降低3dB（A），不需增加通风成本。电动铲运机作业和维修成本低，设备利用率高，生产率较高，综合经济性能较好，缺陷在于拖曳电缆限制了其机动性能，特别是在矿点分散、运距较远，以及频繁调动的情况下，其技术性能和使用效果远低于内燃铲运机。蓄电池式电动铲运机的机动性得到较大改善。为适用无底柱分段崩落法、VCR法、房柱法矿柱回采等采场条件下的危险环境，从20世纪70年代开始铲运机视距遥控，操作人员位于作业区危险范围以外，直接观察并用遥控设备控制铲运机。到20世纪90年代，开始出现具有导航功能的遥控铲运机，利用地下通信、定位、信息处理、检测和控制系统实现地面远程遥控操作。铲运机智能化、自动化是铲运机未来发展的趋势，相关内容参见本教材第12章。

2.2.1　地下铲运机分类

　　内燃（电动）铲运机是以柴油机（电动机）为原动机，液力或液压-机械传动、铰接式机架、轮胎行走、前装前卸式或前装侧卸式的装载、运输和卸载设备。

　　按照额定斗容 V_H 或额定载质量 Q_H，铲运机可以分为：微型（ $V_H \leqslant 0.4m^3$ 或 $Q_H <$ 1t ），小型（ $V_H = 0.75 \sim 1.5m^3$ 或 $Q_H = 1 \sim 3t$ ），中型（ $V_H = 2 \sim 5m^3$ 或 $Q_H = 4 \sim 10t$ ），大型（ $V_H \geqslant 5m^3$ 或 $Q_H > 10t$ ）。

　　按照矿山机械产品型号编制方法（GB/T 25706—2010），铲运机型号标记如图2.18所示。

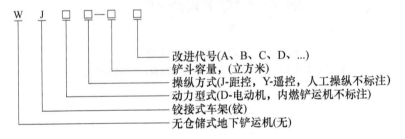

图2.18　地下铲运机型号标识

2.2.2　地下铲运机工作原理及结构特征

2.2.2.1　结构及组成

　　地下铲运机总体结构由前车体和后车体组成，前后车体之间通过中央垂直销轴相铰接，如图2.19所示。工作装置和前驱动桥布置在前车体（工作车体），动力及传动系统布置在后车体（动力/牵引车体）。前后车体的布局可平衡铲斗所受外载荷，增加整机的

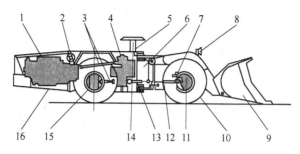

图 2.19 地下铲运机基本结构

1—原动机（柴油机或电动机）；2—变矩器；3—传动轴；4—变速箱；5—液压系统；
6—前车架；7—停车制动器；8—电气系统；9—工作机构；10—轮胎；11—前驱动桥；
12—传动轴；13—中心铰销；14—驾驶室；15—后驱动桥；16—后车架

稳定性。

铲运机主要系统包括动力系统、传动系统、制动系统、工作装置、液压系统、转向系统、行走系统、电气系统、卷缆系统以及柴油铲运机尾气净化装置。

A 动力系统

动力系统主要是柴油机或电动机及辅助设备，也有混合动力。为了改善地下矿山的空气污染状况，柴油机应采用低污染机型并装有机外尾气净化装置。柴油机附属装置主要指燃油箱、空气滤清器和尾气净化装置等。

电动铲运机的动力源主要有三种：一是电网直供交流电，驱动交流电动机；二是电网交流电经机身整流装置变流后驱动直流电动机；三是蓄电池驱动直流电动机。可见，电动铲运机电源类型可以分成（蓄电池）直流电供电和交流电供电，供电方式有拖曳电缆供电、架线供电和蓄电池供电。拖曳电缆供电电压等级有 380V、500V 或者 660V、1000V，前者适用于小型铲运机，后者适用于大中型铲运机。此处的架线供电属于无轨交流架线系统，主要适用于巷道运输，采场铲运机架线供电应用不多。蓄电池供电方式提高了电动铲运机的机动性能，其工作机动性与内燃铲运机无差别，煤矿中使用较多。随着大容量高能蓄电池技术的发展和应用，蓄电池供电将是金属地下矿山电动铲运机最理想的供电方式。电动铲运机目前主要采用拖曳电缆供电、交流电机驱动为特征的动力系统。

B 传动系统

传动系统把动力系统的动力传递给车轮，推动铲运机整机运动，主要由变矩器、变速箱、前后驱动桥、传动轴或油泵、油马达、分动箱组成。传动方式主要有液力-机械传动、液压-机械传动、全液压传动等三种方式。液力-机械传动方式在地下内燃铲运机上应用广泛，后两种传动方式在小型的（尤其是电动）铲运机上应用。液力传动也称为动液压传动，通常所说的液压传动称为静液压传动。一般情况下，斗容 $1m^3$ 以上的地下铲运机都采用液力机械传动系统，斗容 $0.76m^3$ 及其以下的地下铲运机都采用液压传动系统，$0.76m^3$ 至 $1m^3$ 的地下铲运机大多采用液压传动系统，也有采用液力机械传动系统。

以液力机械传动来说，动力机（内燃机或电动机）通过液力变矩器、变速箱、传动轴和前后驱动桥将动力传递给前后车轮。另外，从动力机传来的动力，通过液力变矩器泵轮上的齿轮装置直接驱动装在变矩器输出端盖上的工作油泵、转向油泵、制动油泵和变速泵（补油泵），供给工作装置、液压转向、动力换挡、制动系统制动、变矩器补油等用的液压油。通过以上动力传递过程，铲运机就可以实现行走、转向、铲取、卸载等作业，完成铲运卸功能。液力机械传动的电动铲运机和内燃铲运机，传动系统相似，部件间有一定的互换性。液力机械传动系统典型传动路线如图2.20所示。

图2.20　液力机械传动系统典型传动路线

液力机械传动系统能充分利用动力机的功率，并在一定范围内自动适应外界阻力的变化。在外界阻力突然增大时，可避免动力机过载及机件损坏。其主要缺点是传动效率低。

柴油铲运机可以通过控制油门调速，调速易解决。电动铲运机调速问题复杂，其传动系统需要调速装置解决调速问题，这也是两种类型铲运机传动系统的主要区别。电动铲运机调速装置主要有电气调速、可调变矩器调速、可调离合器变速箱、液压传动等方式。

液压传动系统即是所谓的静液压传动系统。液压传动系统以高压油泵为动力，有高速和低速两种方案。高速方案采用高速液压马达和机械传动，因此严格来说，（静）液压传动应称为液压-机械传动；低速方案是在四个车轮分别安装轮边低速大扭矩液压马达传动，即所谓的全液压传动。低速方案很少采用，主要原因是低速大扭矩液压马达价格昂贵，维修困难。液压传动方案如图2.21所示，主要采用高速方案中的第一种方式。液压传动布置简单、方便，启动、运转平稳，可自动防止过载，主要缺点是高压油泵、液压马达维修困难。这种传动方式特别适用小型铲运机，分动箱将液压马达动力分别传递给前、后传动轴。由于全液压传动很少采用，因此传动方式也可归为液力-机械传动、液压-机械传动。

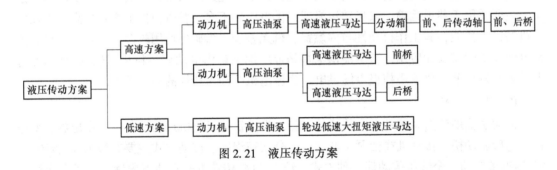

图2.21　液压传动方案

液力变矩器所具有的特点使其应用广泛，主要包括：能适应行驶阻力变化，自动、无级变更其输出端扭矩和转速；吸收并减少来自发动机和外载荷的振动和冲击，实现过载保护，提高车辆使用寿命，使用液力变矩器可使发动机寿命提高近50%，变速器寿命提高400%；起步平稳，能以稳定牵引力和任意小的速度行驶。液力变矩器本身是一个无级自动变速器，能减少变速器挡数，可实现动力换挡。在主传动系统中，液力变矩器位于动力机和变速箱之间，起到保护和改善机器性能的目的。液力变矩器能够根据外载荷大小自动调节涡轮输出的转速和转矩以适应外载荷的需要，保持稳定的工作状态。

液力变矩器由泵轮、涡轮、导轮以及罩轮等部件组成，除罩轮是轮壳外，其他均带有叶片。泵轮接收发动机传来的机械能，并将机械能传递给液体，转化为液体的动能；涡轮则将液体的动能转化为机械能而输出。液力变矩器的各工作轮（泵轮、涡轮、导轮）的流体流道相衔接，构成一个封闭的环形空间，液体在其中做环流流动，当原动机通过主动轴（输入轴）带动泵轮转动时，泵轮叶片与工作液体相互作用使工作液体获得能量（动能），工作液体高速冲入涡轮，迫使涡轮转动，从而带动输出轴（从动轴）输出机械能。工作液体从涡轮流出后，经过导轮，又进入到泵轮，这种循环流动，使得输出轴连续转动并克服负载而做功。

液力变矩器输出功率 N_T 与输入功率 N_B 之比称为液力变矩器效率 η，液力变矩器涡轮力矩 M_T 与泵轮力矩 M_B 之比称为变矩系数 K，涡轮转速 n_T 与泵轮 n_B 转速之比，称为传动比 i，变矩器的效率在数值上等于变矩系数 K 和传动比 i 的乘积。与一般的机械传动相比，液力变矩器成本高且效率较低。

C 工作装置

工作装置能够实现铲、装、卸工作过程，由铲斗、动臂、摇臂、连杆、举升油缸、转斗油缸及相关轴销组成。

地下铲运机对工作装置有以下特殊要求：（1）铲斗不同位置对应的角度要求。卸料角在38°~50°时，达到要求的卸载高度和卸载距离，主要是考虑快速干净的卸料；铲斗的最低工作点应低于停车和行车面，主要原因是便于完成平整作业和低位卸载（溜井卸矿）；铲斗在运输位置时，后倾角为45°；铲斗放平时，斗底与地面的角度为3°~5°；（2）结构要求。简单紧凑，承载原件数量尽量小。（3）运动要求。工作装置的速度、加速度变化合理，运动平稳；举升和转斗油缸活塞行程最佳；铲装物料过程中满斗效果好。（4）动力性要求：主要针对工作装置的连杆机构而言。要求铲斗有较大的插入力和铲取力；卸料时间短；运输过程中不撒料。

D 制动系统

制动系统由制动器和制动驱动系统组成，前者直接施加阻力给机器，后者是将制动驱动力传递给制动器的装置，完成减速或停车功能。制动器按照制动原理可分为机械摩擦式制动器、液力式制动器以及发动机制动。制动器按照功能可分为主制动器、停车制动器、紧急制动器，分别用于行驶减速、（坡道）停车制动、应急制动或故障情况。

地下铲运机大多采用封闭式、湿式、全盘式制动器。制动系统由操纵系统、传动系统以及工作制动器、停车制动器以及紧急制动器组成，分别完成行车制动、停车制动和应急制动（辅助制动）功能。行车制动系统（service brake system）是使铲运机停止和保持不动的主要制动系统；辅助制动系统（secondary brake system）是当行车制动系统失效时，地下铲运机停车的系统；停车制动系统（parking brake system）使停止的铲运机保持不动。停车制动系统不能采用液压或气压制动，只能采用机械制动方式。

工作制动器主要性能参数是制动距离，其实际制动距离不应超过式（2.1）计算值：

$$L = vt + v^2/(2a) \tag{2.1}$$

式中，L 为制动距离，m；v 为制动初速度，m/s；t 为制动反应时间，是指驾驶员操作制动器开始到制动器起作用的滞后时间，液压制动器 $t=0.35\text{s}$，弹簧制动器 $t=0.6\text{s}$，辅助制

动器 $t = 0.5s$；a 为地下铲运机制动最低加速度，行车制动器 $a = 4m/s^2$，辅助制动器 $a = 2.5m/s^2$。

应急制动（辅助制动）系统应能独立达到行车制动器所规定的制动性能。

重载铲运机在 15% 坡道上或者空载铲运机在 20% 坡道上，停车制动器施加停车制动，铲运机应能保证稳定的静止状态。

E　液压系统

地下铲运机在作业过程中，动臂举升、转动铲斗、整机转向、制动以及电动铲运机的电缆收放排等动作需要协调配合、转换频繁，操纵强度大，故均采用液压系统来实现。地下铲运机性能的优劣主要取决于液压系统性能，液压系统应满足重量轻、体积小、结构简单、使用方便、高效、可靠性高的要求。液压系统可分为工作液压系统、转向液压系统、制动液压系统、变速液压系统、冷却系统、电缆卷收放液压系统等。工作液压系统控制工作机构铲、装、卸动作。

F　转向系统

轮式机械转向系统按照转向方式可分为偏转车轮转向与铰接转向。偏转车轮转向常用于整体式车架的工程车辆，铰接转向应用于铰接式车架，铰接式车架由前后两个车架组成，中间用垂直铰销连接，因此称为铰接车体。铰接转向是通过转向油缸推动前后车体绕中间铰销转动一定角度达到，因此称为铰接转向或折腰转向。折腰转向的优点包括转弯半径小，结构简单，车辆机动性好，缺点是车体刚性差，遇道路冲击时直线行驶能力差。

地下铲运机大多采用铰接式液压动力转向，其前后车架既可在水平面相对转动（即转向），也可在垂直面内做相对转动，前者实现整机转向，后者可以使车轮随时与地面保持良好接触。转向系统主要包括前车架、后车架、铰销、转向油缸及相应的操作系统，主要完成前后车架绕中心铰接销轴折腰转向。对地下铲运机来说，其转向液压系统主要是全液压转向系统，液压助力式转向系统很少采用。

G　电动铲运机卷缆系统

卷缆系统属于电动铲运机专用部件，用于供电电缆的收放，将外部电源引入电控箱，由卷筒、传动装置、排缆装置、导辊以及液压系统等组成。卷缆装置应能可靠地收放电缆，收放速度与铲运机行走速度同步；卷筒应有较大的容缆量，以保证电动铲运机有较大的运距；卷筒缠绕直径应尽量大，可以减少供电电缆的弯曲应力，提高电缆寿命。

按照卷筒形状和布置不同，卷缆装置可以分成横向布置的窄卷筒式卷缆装置、横向布置的宽卷筒式卷缆装置、水平布置的卧式卷筒卷缆装置。第一种方式用于小型、中型电动铲运机，卷筒宽度大概是电缆直径的 6 倍，一般不需要采用排缆装置；第二种方式主要用于大、中型铲运机，采用排缆装置带动电缆顺序排列在卷筒上。排缆装置的往复直线运动与卷筒旋转同步，以保证电缆在卷筒上的有序排列。第三种方式应用不多。

H　行走系统

地下铲运机行走系统均为轮胎式走行系统。轮胎选择时应考虑矿山设备类型、规格、使用条件、负荷大小、作业速度、场地条件等。

I　电气系统

电动铲运机的电气系统包括主回路、低压照明、控制回路及保护回路，可完成电气控制与照明等功能。主回路采用三相交流拖曳电缆供电，鼠笼式电机牵引。低压照明回路一般采用交流 12V 或 24V 电压。控制回路主要用于主回路及电动铲运机上各运转装置的监测和控制。漏电保护回路可以降低触电风险。

采区供电箱经拖曳电缆向铲运机供电，电源被引入到电缆卷筒内部集电滑环上，再引入铲运机电控箱，接入主回路和控制回路。

J　柴油发动机与尾气净化装置

柴油燃烧做功转化为机械能的过程中会释放大量的多余热量，散发在柴油机周围空气中。除尾气带走的热量外，剩余热量需要冷却系统来进行冷却。风冷是直接冷却方式，即气缸内多余热量通过壁面直接与冷却介质空气进行热交换。水冷为间接冷却方式，以水（或其他液体）作为中间介质吸收气缸壁面的传热，再通过水箱散热器散发到空气中。环境温度较高时，水冷散热能力远低于风冷方式，空气消耗量高出 30% 左右，且水冷机的重量大，在高海拔和寒冷地区故障多。风冷机更适合井下通风量受限的环境，地下铲运机采用风冷方式进行散热。

尾气含有 CO、HC、NO_x、SO_2 等有害气体及固体颗粒，可以通过机内净化措施、工况匹配技术、机外净化措施有效降低尾气中有害成分排放量。机内净化措施与柴油机燃烧室结构有关，工况匹配方面既要关注柴油机动力经济性能和排放性能之间的适配性，也要考虑动力传动系统与柴油机转速、负荷方面的匹配。机外净化措施主要包括氧化催化反应器、水洗净化器、烟尘过滤器、烟雾稀释器等。提高柴油和机油质量等级也可有效降低尾气排放。

2.2.2.2　工作装置

A　工作装置组成

工作装置是铲装、卸载物料的装置，直接影响生产效率、工作负荷、动力与运动特性、挖掘效果、工作循环时间（铲取、举升、卸料和铲斗返回原位）、外形尺寸和功率等。工作装置由铲斗、动臂升降机构和转斗机构组成，通过液压系统的控制实现铲装和卸载。连杆机构一般按照工作机构构件数进行分类，有三杆、四杆、五杆、六杆连杆机构，按输入和输出杆的转向可分为正转和反转连杆机构。不同类型的工作装置其结构组成各异。图 2.22（a）所示工作装置为其中的一种，称为 Z 型反转六杆机构，主要由铲斗、动臂、连杆、摇臂、转斗油缸、举升油缸组成，图 2.22（b）所示为转斗油缸后置式反转六杆机构简图。

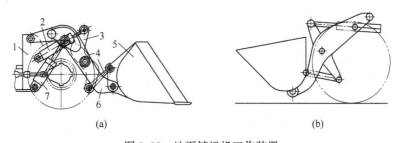

(a)　　　　　　　　　　　　　　(b)

图 2.22　地下铲运机工作装置

(a) Z 型反转六杆机构；(b) 转斗油缸后置式反转六杆机构简图

1—前车架；2—转斗油缸；3—摇臂；4—连杆；5—铲斗；6—动臂；7—举升油缸（两个）

工作装置以铰接的形式固定在前车架上。铲斗通过连杆 4、摇臂 3 与转斗油缸 2 铰接，用以装卸物料；动臂 6 与车架 1、动臂举升油缸 7 铰接，用以升降铲斗。可见铲斗的翻转与动臂的升降是工作装置的主要动作特征，铲斗翻转动作和动臂升降动作均采用液压操纵。工作装置液压系统应确保工作机构在作业过程做到：工作装置油缸（转斗油缸和举升油缸）闭锁，将铲斗插入料堆，操纵转斗油缸使铲斗向后翻转到最大后倾角停止，再操纵动臂油缸使动臂举升到运输位置，保持转斗油缸和举升油缸的位置，将物料运输到卸载点。再操纵举升油缸和转斗油缸，举升动臂保证铲斗到卸载位置卸净物料，然后使工作装置回到运输位置，铲运机驶回到装载点，完成一次循环。

运输位置（状态）（haulage state）指动臂处于最低位置，铲斗处于最大后倾角时的状态。

B　铲斗

铲斗由斗底、侧壁、斗刃以及后壁等组成，斗刃可分为不带齿和带齿两种，如图 2.23 所示。带齿斗刃铲斗易于撬起大块或插入密集料堆，地下铲运机主要采用 V 型不带齿斗刃铲斗。

按卸载特征分为整体向前倾翻式、带推卸板的前卸式、底卸式、侧卸式等类型铲斗。整体向前倾翻式铲斗结构简单，有效容积大，可靠性高，地下铲运机主要采用，缺点是需要有较大的卸载角才能将物料卸净。

C　铲斗形状及结构参数

铲斗断面形状如图 2.24 所示，结构参数包括圆弧半径 r、底壁长 l、后壁高 h'，张开角 γ。

圆弧半径 r 越大，矿岩进出铲斗的流动性越好，能减小矿岩进入铲斗的阻力，卸料快且干净。半径过大，不易装满，且铲斗外形较高，影响观察斗刃的工作情况。后壁高度 h' 是指铲斗上缘至后壁与圆弧切点之间的距离。底壁长度 l 是指底壁的直线段长度。l 越小，铲掘力越大，铲入阻力小，但铲斗铲入料堆的深度小，铲斗不易装满。地下铲运机铲装矿岩，因此 l 应取小些。张开角 γ 为铲斗后壁与底壁之间的夹角，一般取 $45° \sim 52°$。适当减小张开角并使斗底壁对地面有一定斜度，可减小插入力，提高铲斗装满程度。铲斗的回转半径 R 是指铲斗与动臂的铰接点至切削刃之间的距离。铲斗宽度应保证两侧宽出轮胎 $50 \sim 100\text{mm}$，以便铲运物料时扫清铲运机前方道路，避免地面碎石损伤轮胎。

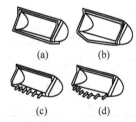

(a)　(b)

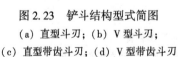

(c)　(d)

图 2.23　铲斗结构型式简图
(a) 直型斗刃；(b) V 型斗刃；
(c) 直型带齿斗刃；(d) V 型带齿斗刃

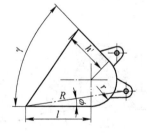

图 2.24　铲斗断面形状

下铰接点是铲斗与动臂的连接铰点，上铰接点是铲斗与拉杆（或连杆）的连接铰点。

下铰接点距离斗底取（0.06~0.12）R。铲斗在铲掘位置时，下铰接点应靠近切削刃与地面，靠近切削刃，转斗力臂小，有利于增加作用在斗刃上的铲掘力，靠近地面，可减少铲入阻力。上铰接点与下铰接点的距离称为斗铰连线，该距离不宜过大，否则会给结构布置带来困难。

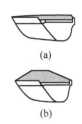

图 2.25　铲斗容积
(a) 几何斗容；(b) 额定斗容

D　铲斗容积计算

铲斗形状及尺寸参数对铲斗插入、铲取、转斗以及生产率有很大影响。铲斗可用两种容量标记：一是平装斗容，是物料装平时的铲斗容积，也称几何斗容；二是物料装满堆高后的容积，称为堆装斗容。铭牌标注的斗容为堆装斗容，也称为额定斗容，如图 2.25 所示。

几何斗容（平装斗容）的计算分为装挡板和不装挡板两种情况。平装斗容也可理解为铲斗切削刃与挡板（无挡板则为后壁）最上部的连线沿斗宽方向刮平后留在斗中的物料。

$$V_p = S B_0 - \frac{2}{3} a^2 b \tag{2.2}$$

式中，V_p 为装挡板铲斗容量，m^3；S 为铲斗横截面积，m^2；B_0 为铲斗内壁宽度，m；a 为挡板宽度，m；b 为斗刃刃口与挡板最上部之间的距离，m。

$$V'_p = S' B_0 \tag{2.3}$$

式中，V'_p 为不装挡板铲斗容量，m^3；S' 为不装挡板的铲斗横截面面积，m^2。

额定斗容（堆装斗容）的计算，同样分为装挡板和不装挡板两种情况。

$$V_H = V_p + \frac{b^2 B_0}{8} - \frac{b^2}{6}(a + c) \tag{2.4}$$

式中，V_H 为装挡板铲斗容量，m^3；c 为物料堆积高度，m，如图 2.26 所示，铲斗内堆积物料的坡度均为 1：2，由料堆尖端 M 点做直线 CD 的垂线，交于 N，延长 MN 与斗刃刃口和挡板最下端之间的连线交于 F 点，MF 即为物料堆积高度。

$$V'_H = V'_p + \frac{b^2 B_0}{8} - \frac{b^3}{24} \tag{2.5}$$

式中，V'_H 为不装挡板铲斗容积，m^3；其余符号意义同前。

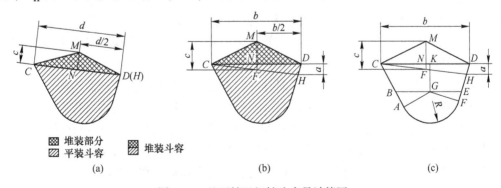

图 2.26　地下铲运机铲斗容量计算图
(a) 不装挡板铲斗横断面；(b) 装挡板铲斗横断面；(c) 铲斗横断面面积计算图
M—堆装物料顶点；c—堆装高度；a—挡板宽度；G—铲斗圆弧圆心；A，F—铲斗圆弧端点；R—铲斗圆弧半径

横截面积 S 由梯形 $CDEB$、三角形 BGA 和 GFE、扇形 GFA 组成。G 点为铲斗底部内圆弧的圆心，过 G 点做 BE 线与 CD 线平行，A、F 点为圆弧过渡到直线的临界点。

2.2.2.3　地下铲运机的工作过程

铲运机要完成装、运、卸的整个作业过程，需具备五种典型工况顺序，如图 2.27 所示。

（1）插入工况。开动行走机构，下放动臂，铲斗放置于巷道底板，斗尖触地，铲斗底板与巷道底板呈 3°～5°倾角，开动铲运机，铲斗借助机器牵引力插入矿（岩）爆堆或矿（岩）料堆。（2）铲装工况。铲斗插入料堆，转动铲斗并装满矿岩，之后铲斗翻转至近水平。（3）重载运行工况。将铲斗回转到运输位置（斗底距离底板不小于设备最小允许离地间隙），开动行走机构驶向卸载点。（4）卸载工况。在卸载点操作举升臂使得铲斗至卸载位置时转斗，铲斗向前翻转卸载，可完成高位或低位卸载（矿车或溜井）。矿岩卸载完成后，将铲斗下放到运输位置。（5）空载运行工况。卸载结束后返回装载点，进行第二次铲运卸循环。

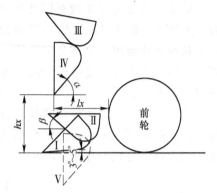

图 2.27　铲运机典型工况示意图
I—插入工况；II—铲装工况；III—最高位置工况；IV—高位卸载工况；V—低位卸载工况

2.2.2.4　工作阻力

铲运机工作过程中受到的阻力称为工作阻力，包括插入阻力、铲取阻力以及转斗阻力矩。插入阻力是铲运机铲斗插入料堆时，料堆对铲斗的反作用力。插入阻力的大小与物料种类、料堆高度、铲斗插入料堆的深度、铲斗结构形状等有关。一般采取经验公式计算。铲取阻力是指铲斗插入料堆一定深度后，举升动臂时物料对铲斗的反作用力。铲取阻力主要是剪切力，最大铲取力通常发生在铲斗开始举升的时刻，铲斗中物料与料堆之间的剪切面最大，随着动臂的举升，阻力逐渐减小。铲取阻力与物料种类、块度、松散程度、重度以及物料之间、物料与铲斗之间的摩擦力有关，可采取经验公式计算。转斗阻力矩是指当铲斗插入料堆一定深度后，用转斗油缸使铲斗向后翻转时，料堆对铲斗的反作用力矩。当铲斗翻转铲取物料时，在铲斗充分插入料堆转斗的最初时刻，转斗静阻力矩具有最大值，铲斗转角为 0°，随着铲斗翻转角度的增大，转斗静阻力矩逐渐减小，当铲斗离开料堆坡面线，只剩下物料重力产生的阻力矩。在转斗阻力矩计算时，开始转斗时的阻力矩最大，包括转斗静阻力矩、铲斗自重及铲斗中物料产生的阻力矩。

三种工作阻力并不是任何工况都同时存在，而是随着铲掘方法不同而不同，可能同时存在一种、两种或三种阻力。铲掘方法为一次铲掘时，在铲斗铲入料堆过程中，只有插入阻力，当插入工况停止后铲斗由转斗油缸翻转时，只存在转斗阻力。对联合铲掘法来说，即铲斗插入料堆的同时进行举升动臂，则在工作过程中同时存在插入阻力和铲取阻力。如果铲斗插入料堆的同时，又配合铲斗翻转和动臂的举升运动，则三种阻力同时存在。当铲掘方法为一次铲掘时，铲斗插入料堆的深度较大，总阻力要大于后两种工况。

2.2.3　地下铲运机主要技术参数

2.2.3.1　额定载质量

额定载质量（rated capacity）是保证地下铲运机作业时必要的稳定性所规定的载质量，是指铲运机静态倾覆载荷的50%和举升能力的100%两者中的较小值。额定载质量必须符合国家产品系列标准。

静态倾翻载荷（static tipping load）是指铲运机停在硬的水平地面上，铰接车架处于最大转向角（正负两个方向），动臂最大平伸、铲斗最大后倾，在铲斗堆装容积的几何重心处加载，使铲运机任一后轮离开地面（10~20mm）而绕前轮接地点向前倾翻时的最小载荷 P_{max}。

举升能力是指铲运机在操作质量，铲斗后翻，载荷作用线经过铲斗堆装容量的形心处，动臂将装有重块的铲斗从地面连续提升到最高位置，举升过程中，使后轮离地 10~20mm 或者使动臂在某个位置上停止（安全阀打开）时的载荷值。

静态倾覆载荷及举升能力示意图如图 2.28 所示。

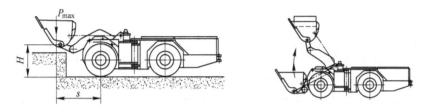

图 2.28　静态倾覆载荷及举升能力示意图

2.2.3.2　卸载高度

卸载高度（dump height）是指当动臂处于最高位置，铲斗卸载角（铲斗斗底与水平面的夹角）为45°时，从地面到斗刃最低点之间的垂直距离（卸载角小于45°时注明卸载角）。卸载高度是指最大卸载高度，即为动臂举升至最高位置时的卸载高度。

2.2.3.3　卸载距离

卸载距离（reach fully raised）指当动臂处于最高位置，铲斗卸载角为45°时，从铲运机本体最前一点（前轮胎）到斗刃之间的水平距离（卸载角小于45°时注明卸载角）。由定义可知，卸载距离是指最小卸载距离，即为动臂举升至最高位置时的卸载距离，也可理解为相应卸载高度下的卸载距离。

2.2.3.4　工作装置动作时间

铲斗带额定载质量，充分后翻，动臂将铲斗从最低位置举升到最大高度所需的时间为动臂举升时间；在最高举升位置卸载额定载质量时，启动转斗油缸，使铲斗从最大的后翻位置旋转到最大的卸载位置时所需的时间为铲斗倾卸时间；铲斗空斗，充分后翻，动臂将铲斗从最高位置下降到最低位置时所需要的下降时间为动臂下降时间。

动臂举升时间、铲斗卸载时间及动臂下降时间的长短，直接影响铲运机作业效率，从提高生产率的角度来看，工作装置动作时间越短越好。但动臂举升时间缩短，不仅需要大功率油泵，而且举升动载荷增大。铲斗卸载速度和动臂下降过快，会产生很大的冲击并容易造成油缸上腔真空。因此，动臂举升时间取 4~8s，铲斗卸载时间取 3~6s，动臂下降时间取 3~5s。

动臂举升时间、铲斗倾卸时间、动臂下降时间的合计值为工作装置动作时间（working device action time），不同规格地下铲运机的工作装置动作时间不同，额定载质量越大，工作装置动作时间越长。工作装置动作时间有些文献也称为工作机构运行时间。

2.2.3.5 铲斗容量

未注明情况下，铲斗容量均指堆装斗容（额定斗容），在铲运机技术规格表中的铲斗容积参数是指堆装斗容，且装载物料的松散密度规定为 2t/m³。铲斗容量与矿岩松散密度 ρ 有关。为适应不同松散密度的矿岩，充分发挥铲运机技术性能，提高装载效率，按照松散密度大小可将铲斗分成三种铲斗，即基本型（$\rho = 2t/m^3$）铲斗、轻型斗（$\rho < 2t/m^3$）和重型斗（$\rho > 2t/m^3$）。

2.2.3.6 发动机功率

发动机功率指发动机额定功率，是在标准大气压下，环境温度 20℃，相对湿度 60% 条件下，发动机额定转速时测得的功率。

2.2.3.7 机重

铲运机自重可以分为结构重量和操作重量（工作质量）。结构重量仅指装配重量，操作重量除包含结构重量外，还包含按标准注满的燃油、润滑油、冷却水、液压油、驾驶员（按 75kg 计算）以及随机携带的附件工具重量，机重（operating weight/work weight）一般指操作重量。采用全轮驱动，机重即为其附着重量。机重应使行走驱动轮产生足够的附着力，以便满足铲斗插入料堆的要求。

2.2.3.8 最大牵引力

最大牵引力是指铲运机保持标准操作重量，在平坦水泥路面上进行牵引试验测得的牵引力最大值，即液力变矩器失速或驱动轮打滑时的牵引力。最大牵引力大小受铲运机附着重量限制。

2.2.3.9 插入力

插入力指铲运机铲掘物料时，在铲斗斗刃上所产生的插入料堆的作用力。对于靠行走来使铲斗插入料堆进行铲掘的铲运机，其插入力取决于牵引力，即牵引力越大插入力越大。当铲运机在平坦地面以作业速度匀速行驶且不考虑空气阻力时，其插入力等于牵引力。

铲斗插入料堆时，单位长度斗刃上产生的作用力，称为单位斗刃插入力（比切力）。该参数是表示铲运机铲斗插入料堆能力的指标，比切力越大，表明铲斗插入料堆的能力越强。

2.2.3.10 铲取力

铲取力是指具有标准操作重量的铲运机停在平坦硬路面上，动臂位于最低位置，铲斗斗刃的底板平放在地面（偏差不超过 ±25mm），利用举升油缸或转斗油缸，使铲运机后部离开地面时，作用在斗刃后 100mm 处的最大垂直向上的力，如图 2.29 所示。

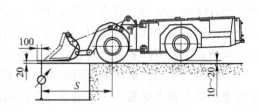

图 2.29 铲取力示意图

2.2.3.11 铲斗后倾角（或称收斗角）和卸载角

动臂在最低位置，铲斗最大后倾时，斗底与水平面的夹角称为铲斗后倾角（或称收斗角）。地下铲运机的铲斗后倾角一般取 50°~60°，地面装载机一般为 42°~46°。地下铲运机铲斗一般为深底型，后倾角较大可使铲斗在铲取终了时更好的利用惯性把堆聚在前部的矿岩尽量向后移动，使矿岩在铲斗内分布均匀，不至于形成"前堆后空"现象，避免运输中撒矿。地下铲运机铲斗举升高度远小于地面装载机，其后倾角在举升过程中变化较小，撒矿可能性较小。

卸矿时铲斗斗底与水平线的夹角称为卸载角。考虑到矿岩易于卸净、整机高度以及最大卸载高度的要求，地下铲运机卸载角一般取 40°~45°，小于地面装载机（不小于 45°）。

2.2.3.12 其他

铲挖深度是指铲斗前倾 10°时的铲挖深度。最小转弯半径包括外侧转弯半径 $R_外$ 和内侧转弯半径 $R_内$，是指按回转中心至铲运机轮廓最外和最内一点水平投影距离。

轴距、轮距、外廓尺寸、卸载高度、卸载距离、额定载质量重心与前桥中心线水平距离、空载时重心至前桥的水平距离、离去角等为几何参数，见图 2.30 和表 2.2。额定载质量、机重、最大铲取力、最大牵引力、最大插入力等为质量及载荷参数，其他参数有铲斗容积、运行时间等。

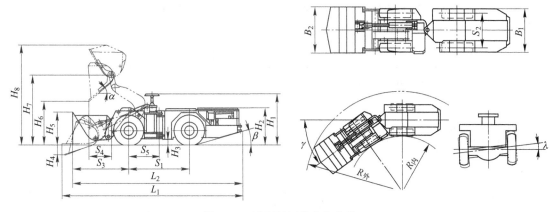

图 2.30 地下铲运机几何参数

表 2.2 铲运机几何参数符号的意义

序号	项 目			单位
1	外形尺寸	长	铲斗平放地面时的长度 L_1	mm
			铲斗位于运输状态时的长度 L_2	
		宽	铲斗宽度 B_2	
			车体宽度 B_1	
		高	至驾驶室顶棚或司机头顶高度 H_1	
			尾部高度 H_2	
2	铲斗位于运输位置时的高度 H_5			
3	轴距 S_1			

续表2.2

序号	项 目	单位
4	轮距 S_2	mm
5	车架铰接点至前桥的距离 S_5	
6	车体转角 γ（左右，±）	(°)
7	前悬长度 S_3	mm
8	离去角 β	(°)
9	后桥摆动角 λ（左右，±）	
10	最小离地间隙 H_3	
11	最大举升时的铰销高度 H_7	
12	最大举升时的举升高度 H_8	
13	卸载高度 H_6	mm
14	卸载距离 S_4	
15	铲挖深度 H_4	
16	卸载角（最大卸载高度时 α_1，最大卸载距离时 α_2）	(°)
17	转弯半径 R（内、外）	mm

按照《地下铲运机》（JB/T 5500—2015）的要求，地下铲运机的基本参数应符合表2.3规定。

表2.3 地下铲运机基本参数

基本参数	WJD/WJ-0.4	WJD/WJ-0.6	WJD/WJ-0.75	WJD/WJ-1	WJD/WJ-1.5	WJD/WJ-2	WJD/WJ-3	WJD/WJ-4	WJD/WJ-6
铲斗容量/m³	0.4	0.6	0.75	1	1.5	2	3	4	6
额定载质量/t	≥0.8	≥1.2	≥1.5	≥2	≥3	≥4	≥6	≥8	≥12
发动机功率/kW	≥30	≥42	≥42	≥42	≥52	≥63	≥130	≥168	≥204
电动机功率/kW	≥22	≥30	≥37	≥42	≥55	≥77	≥90	≥110	≥160
铲取力/kN	≥16	≥32	≥38	≥42	≥70	≥80	≥100	≥180	≥220
牵引力/kN	≥18	≥35	≥42	≥50	≥85	≥100	≥120	≥200	≥240
卸载高度/mm	≥630	≥690	≥850	≥1000	≥1200	≥1400	≥1500	≥1500	≥1700
卸载距离/mm	≥700	≥800	≥840			≥880		≥1100	
工作装置动作时间/s	<10	<12	<14		<18		<25		
爬坡能力/(°)	≥12（重载）								
离地间隙/mm	≥150	≥165		≥190	≥220	≥250	≥280	≥300	
转弯半径（外侧）/m	≤3.5	≤4.2	≤4.5	≤5.0		≤6.5		≤7	≤7.5
摆动角/(°)	±6～±8						±7～±10		

续表 2.3

基本参数		WJD/WJ -0.4	WJD/WJ -0.6	WJD/WJ -0.75	WJD/WJ -1	WJD/WJ -1.5	WJD/WJ -2	WJD/WJ -3	WJD/WJ -4	WJD/WJ -6
运输状态 外形尺寸 /m	长	≤4.50	≤5	≤6.00	≤6.20	≤7.20	≤8.70	≤9.20	≤9.80	≤11.00
	宽	≤0.95	≤1.15	≤1.26	≤1.35	≤1.65	≤2.20	≤2.30	≤2.50	≤3.10
	高	≤1.95	≤2.00	≤2.00	≤2.10	≤2.20	≤2.30	≤2.40	≤2.50	≤2.75
整机质量/t		≤3.5	≤5	≤6.5	≤6.8	≤11.5	≤14	≤17	≤26	≤31

注：铲斗容量指基本型堆装容量。基本型铲斗容量是指装载松散密度为 2t/m³ 作业物料时的铲斗容量；表中卸载高度、卸载距离、整机质量、运输状态外形尺寸的规定值为基本型数据；铲斗容量（基本型，堆装）的极限偏差应为 -10%。

2.2.4 地下铲运机的稳定性

铲运机稳定性是指在行驶和作业中抗倾翻的性能，铲运机稳定性可以分为纵向稳定性和横向稳定性。通常采用稳定比和稳定度指标进行评价。

2.2.4.1 稳定比和稳定度

稳定比是指铲运机在外力或外载荷的作用下，所产生的使铲运机有倾翻趋势的力矩 M_F 与稳定力矩 M_W 之比。

$$K = M_F / M_W \tag{2.6}$$

如图 2.31 所示，水平面上的满载铲运机，动臂水平伸出时，其稳定比为：

$$K = \frac{Q_H l}{G_s\, l_1} = \frac{Q_H l}{G_2 L} \tag{2.7}$$

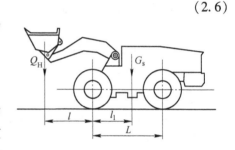

式中，Q_H 为铲运机额定载质量；l 为额定载质量的重心与前桥中心线的水平距离；G_s 为铲运机操作质量；G_2 为空载铲运机动臂伸出时后桥负荷；l_1 铲运机空载时重心距前桥的水平距离；L 为轴距。

图 2.31 铲运机稳定比计算图

当 $K = 1$ 时，倾翻力矩等于稳定力矩，铲运机为临界状态；$K < 1$ 时，处于稳定状态；$K > 1$ 时，铲运机倾翻。为保证铲运机在作业过程中有足够的稳定性，铲运机满载、站立在水平面、动臂水平伸出时，规定稳定比取 $K \leq 0.5$。

稳定度是评价铲运机在坡道上稳定性的指标。图 2.32 为铲运机稳定度计算图，图中 G_z 为铲运机整机重量，即铲运机总质量，其值等于操作质量 G_s 和额定载质量 Q_H 之和。铲运机停在或行驶在坡道上时，过重心 O 的重力作用线恰好通过车轮的接地点时（图 2.32 中 E、F 点），则铲运机处于临界倾翻状态；如果重力作用线超过车轮接地点 E、F，则铲运机发生倾覆。此时的坡面角度，称之为失稳角，失稳角以坡度表示，称为稳定度（以百分比表示）。不考虑轮胎变形，纵向稳定度和横向稳定度可分别表示为以下公式：

$$i = \tan\alpha = EA/OA = l_2/h \tag{2.8}$$

$$i_1 = \tan\beta = Fb/Ob = S/h \tag{2.9}$$

由此可知，铲运机在小于稳定度的坡道上，不会发生倾翻。反之，则发生倾翻。稳定

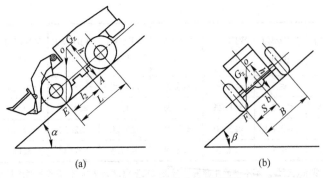

图 2.32　铲运机稳定度计算图
(a) 纵向稳定度；(b) 横向稳定度

度只是评价铲运机技术性能的一个指标，铲运机并不一定能够真正行驶或停在与稳定度相同的坡道上，这是因为要保证铲运机在坡道上滑转或滑移先于倾翻，即

$$l_2/h > \varphi \quad 或 \quad B/(2h) > \varphi \tag{2.10}$$

式 (2.8)~式 (2.10) 中，l_2 为整机重心 O 与前桥的距离；φ 为附着系数；B 为铲运机轮距；S 为轮距一半；h 为重心高度，铲运机轮距较小且附着系数较高，为满足抗滑条件，应尽量降低铲运机重心高度 h。

铲运机稳定性与铲运机重心位置相关。铲斗位置不同，其重心位置也各不相同。一般测量出铲运机空载和满载运输状态的重心以及满载动臂最大伸出和最高举升时的重心位置即可。

2.2.4.2　纵向和横向稳定性

A　纵向稳定性

纵向稳定性用纵向稳定度 i 表示。以下三种工况最易发生纵向倾翻。

(1) 纵坡满载且动臂最大伸出时的工况。这时铲运机绕（两个）前轮接地点连线向前倾翻的纵向稳定性，是评价该工况纵向稳定性的指标。当处于倾翻临界状态时，铲运机总重 G_z 完全由前轮承担，后轮负荷为零，变形消除，由于前、后轮胎的变形，铲运机在临界倾翻之前就倾斜了一个角度，使得纵向稳定度减小，因此这种工况稳定度计算时必须考虑轮胎变形引起的稳定性降低影响。这种工况是铲运机纵向稳定性最差的情况，如图 2.33 (a) 所示。

考虑前后轮胎变形变化时的纵向稳定度可用下式进行计算：

$$i = \frac{l_1'}{h'} - \frac{\delta_1 + \delta_2}{L} \tag{2.11}$$

式中，l_1' 为满载铲运机动臂最大伸出时整机重心到前桥的距离；h' 为整机重心高度；δ_1 表示两前轮负荷是铲运机总重时的前轮胎变形与铲运机处于水平位置时的前轮胎变形量之差；δ_2 铲运机水平停放时后轮胎的变形；L 为轴距。

(2) 铲运机满载下坡运输工况。绕前轮接地点连线向前倾翻的纵向稳定性，是评价满载下坡运输时的稳定性指标。满载下坡的稳定度一般是足够的，即使一旦绕前轮发生向前倾翻时，可以用铲斗支撑，也不会发生倾翻。另外，利用倒车下坡也可防止纵坡倾翻，如图 2.33 (b) 所示。

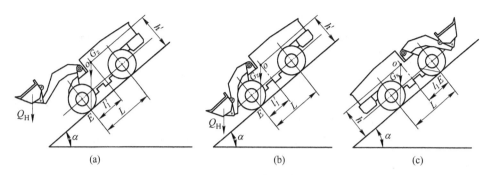

图 2.33　纵向稳定度计算图

（a）满载且动臂最大伸出时的工况；（b）满载下坡运输工况；（c）空载上坡运行工况

（3）空载上坡运行工况。绕后轮接地点连线向后倾翻的纵向稳定性，是评价空载上坡时的稳定性指标。如果稳定度不够，则可采用铲斗中加载的方法来提高其纵向稳定性，如图 2.33（c）所示。

B　横向稳定性

横向稳定性是指铲运机在横坡上失去稳定性时，沿着低侧前、后轮接地点连线为轴倾翻的情况，空载运行状态的横向稳定度是评价铲运机横向稳定性的指标。满载铲运机在最大卸载高度时横向稳定性最低。

2.2.4.3　转向稳定性

铲运机由于转向时其重心位置会向偏转的一侧偏移，因此其稳定性比直线行驶时要差，并且随着转角的增大而降低。可见转向稳定性是指铲运机在最大转角时的稳定性。转向稳定性分为纵向稳定性和横向稳定性。纵向稳定性要计算三种工况，即满载运输、满载动臂最大伸出、满载动臂最大举升，后两者稳定度最小值用来评价最大转角时动臂举升过程中的纵向稳定性指标。横向稳定性应对满载运输、满载动臂最大伸出、满载动臂最高举升三种工况进行计算，后两者稳定度最小值用来评价最大转角时动臂举升过程中的稳定性。

2.2.5　适用范围与技术要求

2.2.5.1　适用范围

（1）简化了作业工序，既可以向低位的溜井卸矿，又能向较高的矿车或运输车辆卸矿，用于出矿和出渣作业，运送辅助材料。以柴油为动力的铲运机，摆脱了轨道、风管或电缆的束缚，提高了机器机动性，便于多机分散出矿，简化生产管理。

（2）适用于规模大，开采强度大的矿山。铲运机生产能力大，效率高。采用无轨采矿设备后，地下矿生产率可提高 8%～12%，生产成本降低 15% 左右。

（3）应设置主斜坡道供铲运机上、下通行，通过地表坑口直接进出矿井，即适用于明斜坡道开拓或平硐-斜坡道开拓的矿井。不设置主斜坡道开拓的矿山，可通过井上拆解、井下组装的方式，或者专用设备井下放来解决设备下井问题。

（4）在铲运机适用范围方面，既要重视转弯半径小、爬坡能力大带来的机动灵活，也不能轻视轮胎磨损、尾气污染净化以及维修要求方面的限制。

2.2.5.2 地下铲运机的技术要求

（1）一般要求。地下铲运机整体上应符合《地下铲运机》（JB/T 5500—2015）的要求。地下铲运机的设计制造、零部件选用和装配、液压系统和元件、传动系统、轮胎、柴油机或电动机、液力变矩器、变速器、驱动桥等应符合相应标准规范要求。

（2）环境的适用性。巷道环境相对湿度不超过90%（温度25℃），温度5～40℃的条件下应能正常工作。当矿山海拔导致作业环境超过柴油机生产厂商允许的要求时，必须采取相应措施。电动铲运机对电缆接线端电压极限偏差的适用范围为±5%，对交流频率极限偏差的适用范围为±1%。

（3）安全与卫生要求。牵引装置、液压系统、电气设备、报警装置、制动系统、控制系统（急停、控制装置、信息与显示器、转向系统等）、灭火系统、驾驶室、职业卫生、照明、安全防护装置、轮胎与轮辋等应符合《地下铲运机 安全要求》（GB 25518）的相关要求。柴油地下铲运机应关注尾气排放、燃油系统、燃油质量等方面的安全卫生内容。电动铲运机应关注电动机、电缆卷筒、剩余电流保护以及主电路和电气设备保护等内容。地下铲运机应取得矿用产品安全标志。

（4）性能要求。操作系统、转向机构、制动系统及传动系统操作可靠、运行平稳，无卡滞、过热等现象。液压系统应满足耐压试验要求以及额定载质量条件下，动臂举升液压缸和转斗液压缸的沉降量静态测试要求（铲运机在额定载质量情况下静态测试3h，举升油缸和转斗油缸的沉降量分别不应超过50mm/h、20mm/h）。操纵装置的操纵力不应超过规定值。电动铲运机卷缆装置的电缆卷收放与地下铲运机运行同步。应有电器过载电流保护装置和液压系统过载压力保护装置。

（5）可靠性和寿命要求。地下铲运机从投入使用到首次大修时间不小于4800h（工作小时）。地下铲运机可用度 A（usage availability）不低于60%。可用度 A 是指使用期内地下铲运机处于有工作能力状态下的总工作时间与地下铲运机的总使用时间之间的比率。

$$A = T_0 / (T_0 + T_1 + T_2) \times 100\% \tag{2.12}$$

式中，T_0 为总工作时间，h；T_1 为技术保养与维修时间，h；T_2 故障停机时间，h。

（6）对遥控地下铲运机的控制要求。遥控地下铲运机一般应设计成两种控制方式，即人工控制方式和遥控方式。两种控制方式应具备互锁功能，以防止执行未经选择的模式所发出的控制命令。遥控地下铲运机与遥控装置均应具有代表其身份的信号代码广播及信号代码识别功能，以防止多台设备在同一矿区产生干扰。单台遥控装置只能控制单台地下铲运机。

2.3 地下铲运机设备选型

2.3.1 选型方案及原则

2.3.1.1 方案比选

A 设备总投资

总投资包括直接费用和间接费用。直接投资费主要是设备购置费用，电动铲运机增加了电动机、供电电缆、卷缆系统、电控系统等，柴油铲运机则需要柴油机及其相关附件。间接费用方面，对电动铲运机来说，主要是供电系统间接投资费，一般来说可利用现有井下供电系统，不需支付间接投资费，但当供电系统电压与电动铲运机工作电压不符或现有供电系统容量不足时，应考虑另外设置辅助变电设施及供电电缆的费用。内燃铲运机通风系统增加的费用（指为了满足稀释风量的要求而增加的矿井通风系统建设费用，如开凿专用通风井巷、购置大功率风机、增加风机台数、增设通风构筑物等调节设施）、加油及维修设施费用是间接投资费的主要部分。综合考虑，两种类型铲运机设备总投资基本上近似。

B　生产费用

直接生产费用主要包括能源费、修理费（包括材料和人工费用，约占直接生产费用的15%）以及司机工资。据有关资料统计，电动铲运机能源费较内燃铲运机约降低50%，柴油铲运机修理维护费用较大，电动铲运机维修量小，主要是电缆系统的维修更换费用。电动铲运机直接费用低于内燃铲运机，有资料显示前者比后者低30%。间接费用方面，主要是考虑电网的间接费用。使用柴油铲运机的矿山，要求每千瓦功率每分钟的需风量不小于4m³/（kW·min），若采用电动铲运机取代，通风量可降低50%以上，通风系统风机功率与风量的三次方成正比，由此而增加的电费是使用电动铲运机矿山的8倍。电动铲运机矿山不需要增加通风费用，电网间接费用很低。

C　设备能力和生产率

电动铲运机的设备能力和生产率较高。主要原因是电动机的过载能力强，三相鼠笼电动机的过载负荷可达到其额定扭矩的2倍，有利于铲运机加速、铲取和卸载，电动铲运机比功率比内燃铲运机比功率高。因此，电动铲运机比同级别的内燃铲运机生产率高。电动铲运机维修时间短，且无添加燃油时间，其时间利用率高于内燃铲运机，理论作业时间约提高10%。

D　作业环境

作业环境包括尾气排放、热量释放、噪声等方面。电动铲运机无尾气排放，内燃铲运机尾气排放导致的作业环境恶化是设备选型时必须考虑的问题。由于电动机的热效率较高，电动机产生释放的热量不到同级别内燃铲运机的30%。电动铲运机噪声较低。

E　机动性

与内燃铲运机相比，拖曳电缆式电动铲运机机动性受到限制，合理运距不及内燃铲运机。但是，在适宜铲运机作业的场景中，可以通过合理安排供电点、运行路线、作业程序等措施，从一定程度上减少对拖曳电缆电动铲运机的机动性限制。

可见除机动性受限外，拖曳电缆式电动铲运机在其他方面均优于内燃铲运机和蓄电池铲运机，因此采场内或采区内短距离装运可优先考虑拖曳电缆式电动铲运机。

2.3.1.2　选型原则

地下铲运机兼有铲装、运输以及卸载功能，无轨运输设备选型应符合以下原则：

（1）无轨运输设备的选型应根据矿体赋存条件、运输任务和运输线路布置，以及装卸条件、设备技术性能、运输成本等因素综合比较后确定。

（2）类型。符合以下条件之一，可以选用柴油铲运机：运距小于300m；用于采场出矿，优于其他装运方式时；用于多点分散或标高不一的平底结构；在平巷或斜坡道掘进中可以配合其他设备，加快掘进速度。内燃地下铲运机，应使用低污染的柴油发动机，每台设备应有尾气净化装置。净化后的废气中有害物质浓度应符合国家现行有关工业设计卫生标准和工作场所有害因素职业接触限值（OEL）的规定；未进入尾气净化装置净化前的尾气中，CO、NO$_x$ 的允许浓度不应超过 0.15%、0.1%。

符合下列条件，可考虑采用电动铲运机：转弯少的采场出矿；小型铲运机运距应小于 100m；大型铲运机运距应小于 250m。

（3）规格。出矿（出渣）量决定了铲运机规格大小。矿山巷道掘进每循环进尺爆破量有限，一次出渣量少，不宜采用大中型设备，也有采用侧卸式铲斗方便与运输设备配合。采场出矿铲运机规格应与矿山生产能力匹配。条件许可时，基建期设备选型应与生产期统筹考虑。作业场地空间大小也是影响铲运机规格的因素，但不是决定性因素。

（4）使用条件。

1）设备下井方法。①设备拆解，一般从车体铰接处拆解。装入专用平板车，利用副井罐笼下放，至井下重新组装。适用于斗容 2m³ 以内的小型铲运机。②利用副井罐笼底部或采用专用提升井，直接将大部件或整车下放至工作中段。③利用主斜坡道、辅助斜坡道直接开至工作面，适用于斜坡道开拓的矿山，铲运机可直接开回地表检修、加油。

2）井巷布置要求。运行地下铲运机的井巷，其宽度、高度以及设备与井巷的安全间隙应符合相关规范和标准的要求。设备顶部至巷道顶板的距离不小于 0.6m；斜坡道每 400m 应设置一段坡度不大于 3%、长度不小于 20m 的缓坡段；错车道应设置在缓坡段；溜井卸矿口应设置格筛、防坠梁、车挡等防坠设施。车挡的高度不小于运输设备车轮轮胎直径的 1/3。

3）道路及路面条件。斜坡道路面应平整；主要斜坡道应有良好的混凝土、沥青或级配均匀的碎石路面。井下维修硐室、车库、油库或油料运输车辆等辅助设施方面，应有足够照明、防火防爆防静电以及通风等安全措施。

2.3.2　选型计算

地下铲运机的选型涉及铲运机铲斗容量、额定载质量、生产能力等内容。生产能力（生产率）表示在单位时间内所能装运物料的质量或体积，根据装载设备时间利用系数的不同，可分为技术生产能力和实际生产能力。

2.3.2.1　生产能力

（1）技术生产能力。技术生产率是指在一定的生产条件下，正确地选择生产过程和掌握先进的操作方法时，每小时所完成的最大可能生产量。

$$Q_j = V_H K_j (3600/t) \tag{2.13}$$

式中，Q_j 为技术生产率，m³/h；K_j 为技术条件系数，即铲斗装满系数，与矿岩块度、容重、铲斗形状、操作条件有关，取 0.7~0.9；V_H 为额定斗容，即堆装斗容，m³；t 为铲斗装卸一次的循环时间，$t = t_1 + t_2 + t_3 + t_4$，s；$t_1$ 为装满铲斗时间，包括铲斗插入、转斗和举升到运输位置的时间；t_2 为铲斗重载运行时间；t_3 为铲斗卸载时间；t_4 为铲斗空载运行时间。t_2 和 t_4 取决于铲运机的运行距离 L 和行驶速度（包括重载运行速度 v_1、空载运行速度 v_0）。

（2）实际生产能力。实际生产率是指在具体的生产条件下，考虑铲运机在实际生产中必须停顿的时间时，铲运机在单位时间内实际达到的生产量。

$$Q_s = K_c T_b Q_j = K_c T_b V_H K_j (3600/t) \tag{2.14}$$

式中，Q_s 为实际生产率，m³/班；T_b 为每班工作时间，h；K_c 为铲运机每班时间利用系数，可取 0.75~0.85。

在实际工程设计中，铲运机装载、卸载、掉头时间宜取 2~3min，定点装载宜取小值，非定点装载宜取大值；铲斗满斗系数宜取 0.8；年工作班数宜为 500~600 班；每班纯作业时间宜按 3~5h 选取，供矿和卸矿条件好的情况下取大值；运行速度根据路面条件取值，未铺设路面 6km/h，碎石路面 8km/h，混凝土路面 12km/h。

2.3.2.2　铲斗容量

在确定地下铲运机类型后，即选择内燃或电动型式后，应确定地下铲运机的规格。对地下铲运机来说，其选型规格主要参数为铲斗容量。

根据矿山设计生产能力、采矿方法工艺等条件确定铲斗容量。具体可根据铲运机所需完成的每班实际生产能力确定斗容。

$$V_H = Q_s t / (3600 K_j K_c T_b) \qquad (2.15)$$

式中，V_H 为完成每班实际生产能力的铲运机额定斗容，m³；Q_s 为铲运机每班实际生产能力，由设计确定；t 为装卸一次的循环时间，s；K_j 为技术条件系数；T_b 为每班工作时间，h。

额定斗容与平装斗容之间有如下近似关系：$V_p = V_H / 1.2$。

2.3.2.3　额定载质量

$$Q_H = V_H \rho \qquad (2.16)$$

式中，ρ 为矿岩松散密度，t/m³。在地下铲运机规范中，额定斗容与额定载质量之间的关系是以基础型计算的，即 $\rho = 2t/m^3$。此处取设计矿山的实际值。

额定载质量选择还应考虑以下因素：（1）地下采场和巷道尺寸；（2）应与额定斗容相适应；（3）整机的纵向稳定性，额定载质量不应超过铲运机静态倾覆载荷的 50% 以及举升能力的 100%（两者取其中较小者）；（4）额定载质量、额定斗容必须符合国家产品系列要求。

如果铲运机为高位卸载，即向运矿卡车装载，应考虑车、铲的匹配，为保证生产率的发挥，一般情况下 3~5 斗装满一车为宜。

2.3.3　铲运机采场出矿结构

铲运机直接进入采场落矿位置进行铲装作业是铲运机采场出矿的先决条件。根据铲运机出矿所在的作业地点不同，可以分成以下出矿方式和出矿结构特点。

（1）在采场底部结构中，铲运机长时间固定在一条或几条装运巷道中出矿。这种出矿结构由集矿堑沟、出矿巷道、装矿进路、运输平巷、出矿溜井等构成。集矿堑沟连接装矿进路与上部采场，为受矿结构，根据采场宽度有双堑沟和单堑沟之分，堑沟斜面倾角一般为 45°~55°；出矿巷道通过装矿进路与集矿堑沟相连，两者平行；装矿进路连接集矿堑沟与出矿巷道，装矿进路长度一般不小于设备长度与矿堆占用长度之和，以利于铲运机直线行驶铲装发挥效率，装矿进路的布置与采场结构尺寸、铲运机规格尺寸、矿岩稳固性等有关；运输巷道与出矿巷道相连，运输平巷一般沿矿体走向于下盘、上盘或矿体内布置，为沿脉巷道，当采场沿矿体走向布置时，运输平巷与出矿平巷合二为一；出矿溜井可沿运输平巷或者沿出矿巷道布置，前者多个采场可使用一个溜井，后者一个采场一个溜井。溜井间距由铲运机合理运距确定。若沿采场全宽拉底，即为平底结构出矿，可使用遥控铲运机进行装矿。平底结构铲运机出矿既可减少矿石损失率，也可确保作业安全。

该出矿结构适用于铲运机出矿的留矿法、分段法、阶段矿房法、有底柱分段崩落法、阶段崩落法等采矿方法。

（2）铲运机在采场进路中出矿。这种出矿结构由回采进路、分段（分层）平巷、出矿溜井等构成，且位于各分段（分层）的底部水平，为分段（分层）出矿结构。分段（分层）巷道连接回采进路；回采进路通过分段（分层）巷道与溜井连接，1~2 个采场布置一个溜井。

无底柱分段崩落法、分层崩落法、进路式上向水平分层充填法、下向水平分层充填法等采矿方法使用铲运机出矿时，可采用该出矿结构。

（3）铲运机在采场中多点出矿。

1）全面法和房柱法的出矿结构。铲运机可以自由出入采场，完成铲装、运输、卸载整个循环，出矿结构包括出矿斜巷或者平巷、运输平巷和出矿溜井。出矿斜巷（平巷）位于矿体内，矿体倾角缓倾斜时，出矿斜巷可与矿体倾向一致，倾角较大时应斜交布置成直斜巷或折返斜巷。全面法、房柱法等使用铲运机出矿时，采用该出矿结构。

2）上向水平分层充填法的出矿结构。出矿结构主要包括斜巷、分段平巷、出矿进路（采场联络道）和出矿溜井等结构。斜巷一般位于矿体下盘，下盘稳定性差时，可布置在上盘或矿体中，是人员、设备、材料的运输通道。分段平巷布置与采场方位有关，仅当采场垂直矿体走向布置时，设置分段平巷，视围岩稳固性，在下盘、上盘或矿体内沿矿体走向布置，且应与斜巷相连。分层高度 3~5m，分段高度为 2~3 个分层。采场联络道布置与采场方位有关，当采场沿矿体走向布置时，每个分层自斜巷布置联络道通向采场，采场垂直矿体走向布置时，自分段平巷布置联络道通向采场。充填体内部布置溜井（一个采场至少需要一对溜井），运距短，但支护工作复杂且效率低，一般在矿体下盘分段平巷中布置溜井，可服务于多个采场。

复习思考题

2-1　铲运机的斗容分为几种形式，两者之间有什么区别？

2-2　简述铲运机与装载机的区别，并结合所学专业课程，给出铲运机在地下矿山的三种主要应用。

2-3　论述地下铲运机的主要技术参数。

2-4　技术生产率和实际生产率有何区别，各受哪些因素影响？

2-5　说出两种主要的井下装载设备，并简述两者的区别。

2-6　论述矿山装载机械设备如何分类。

2-7　挖掘机、装岩机、装载机有哪些类型，各自动作特点是什么？

2-8　铲斗式装载机和连续装载机有什么区别，立爪装载机和挖掘装载机有什么区别？

2-9　地下铲运机如何分类，地下铲运机有哪些优缺点？

2-10　选择地下铲运机应注意哪些原则？说明选型步骤。

2-11　地下装运机如何分类，有哪些优缺点，适用于什么场合？

3 矿山提升设备

3.1 概　　述

矿井提升设备是地下矿井运输中的重要设备之一，是沟通矿井上下运输的枢纽，主要由提升容器、提升钢丝绳、提升机、井架和天轮以及装卸载附属装置等组成。

3.1.1 组成及提升动作过程

3.1.1.1 竖井单绳提升系统

如图 3.1 所示，在井底车场用人工或机械将重矿车推入罐笼 5 中，而另一罐笼正在井口车场装入卸载后的空矿车。两根提升钢丝绳 2，一端分别与井口和井底罐笼相连；另一端则分别绕过天轮 3 引入提升机房，固定并以相反的方向缠绕在提升机 1 的卷筒上。启动提升机，可将位于井底装有重矿车的罐笼提至地面，同时将位于井口装有空矿车的罐笼下放至井底，罐笼在井筒中如此往复进行提升工作。

3.1.1.2 竖井多绳提升系统

如图 3.2 所示，多绳摩擦轮 1（多绳摩擦式提升机）安装在井塔 3 上，提升钢丝绳 5（首绳）搭放在多绳摩擦轮上，首绳两端通过连接装置分别与位于井底和井口的两个罐笼 4 相连，罐笼底部通过尾绳环与尾绳 6 连接。摩擦轮转动时，依靠钢丝绳与摩擦轮衬垫之间的摩擦力进行传动，使得空、重罐笼一下一上，空罐笼到井底装载的同时，重罐笼在井口卸载。

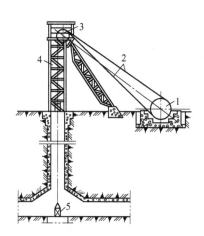

图 3.1 竖井单绳罐笼提升设备示意图
1—提升机；2—提升钢丝绳；3—天轮
4—井架；5—罐笼

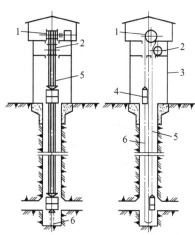

图 3.2 竖井多绳罐笼提升设备示意图
1—多绳摩擦式提升机；2—导向轮；3—井塔
4—罐笼；5—首绳；6—尾绳

上述内容均以罐笼提升系统为例，竖井箕斗提升系统与之类似。不同之处在于箕斗提升系统需在井底和井口分别设置箕斗装载和卸载设施。

3.1.1.3　斜井提升系统

斜井倾角大于 25°，串车提升易洒矿，应采用箕斗提升。斜井箕斗多采用后卸式，在井底由装载设备经前口把矿石装入，在井口通过设在井架上安装的卸载曲轨打开后部闸门，矿石由后部卸出，因此斜井箕斗也需要装卸载设备。

3.1.2　矿井提升设备的分类

（1）按用途可分为主井提升设备和副井提升设备。

（2）按提升机类型可分为单绳缠绕式和多绳摩擦式提升设备；

（3）按拖动装置可分为交流感应电动机拖动的提升设备和直流电动机拖动的提升设备。

（4）按提升容器可分为（单层、多层）罐笼提升和（竖井、斜井）箕斗提升。

3.1.3　提升机简介

3.1.3.1　单绳缠绕式矿井提升机

单绳缠绕式矿井提升机有单卷筒与双卷筒两种。单卷筒提升机可作单钩提升也可作双钩提升，双卷筒提升机一般都用作双钩提升。单绳缠绕式提升机为 JK 型矿井提升机，主要由主轴装置、减速器、联轴器、盘形制动器、液压站、调绳装置，深度指示器、操纵台、测速发电机装置、拖动装置主电动机及控制设备等组成。

主轴装置由主轴、卷筒和主轴承组成。双卷筒提升机主轴装置，其一侧为固定卷筒，另一侧为活动卷筒。活动卷筒设有油压控制的齿轮调绳装置——齿轮离合器。JK 型矿井提升机减速器为二级圆弧齿轮减速器，减速比有 10.0、11.2、20.0、31.5 等。减速器的低速轴用齿轮联轴器与主轴相连，减速器高速轴用弹性联轴节与电动机轴相连。

3.1.3.2　多绳摩擦提升机

多绳摩擦式提升机最早于 1947 年应用于原西德，有效提升载荷 5t，提升高度 900m，提升速度 16m/s。该四绳摩擦式提升机的应用，标志着多绳摩擦式提升机技术的成熟。

A　工作原理

如图 3.3 所示，提升钢丝绳 2 不是缠绕在主导轮 1 上，而且套在主导轮 1 的摩擦衬垫上。提升容器（或平衡锤）4 悬挂在提升钢丝绳 2 的两端，其底部还悬挂有平衡钢丝绳即尾绳 3。提升机工作时，拉紧的钢丝绳必然以一定的压力紧压在主导轮的摩擦衬垫上。当主导轮向某一方向转动时，借助提升钢丝绳和摩擦衬垫之间的摩擦，带动钢丝绳随主导轮一起运动，使提升容器提升和下放。

B　类型

多绳摩擦提升机按布置方式可分为塔式与落地式两大类，如图 3.3 所示。塔式布置紧凑省地，省去天轮，全部载荷垂直向下，井架稳定性好，可获得较大包角，钢丝绳不致因无保护地裸露在雨雪中，而影响摩擦系数及使用寿命。但塔式比落地式的设备费用要昂贵得多，因提升塔较普通井架更为庞大且复杂需要更多的钢材。落地式可以

同时施工安装井架和提升机，且井架高度低
有利于施工建设。

塔式多绳摩擦提升机分为无导向轮系统和
有导向轮系统。无导向轮系统结构简单。有导
向轮系统可使提升容器在井筒中的中心距不受
摩擦轮直径的限制，在减少井筒断面同时可以
加大钢丝绳在摩擦轮上的包角。缺点是钢丝绳
产生反向弯曲，影响提升钢丝绳寿命。

C　特点

与单绳缠绕提升相比，多绳摩擦式提升机
优点包括：（1）适用于深井及中等深度矿井提
升。由于钢丝绳不是缠绕在卷筒上，所以提升
高度不受卷筒容绳量的限制，即相较单绳缠绕
式提升机来说，更适用于井深较深的矿井。多
绳摩擦式提升机在中等深度的矿井中同样得到

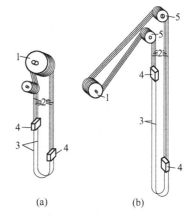

图 3.3　多绳摩擦式提升机系统原理图
（a）塔式（有导向轮）；（b）落地式
1—摩擦轮（主导轮）；2—提升钢丝绳；
3—尾绳；4—提升容器或平衡锤；5—天轮

广泛应用，一般认为适用的矿井深度为 $300 \sim 1400 \mathrm{m}$。对于深井及超深井，采用多绳缠绕
式提升机（也称布雷尔式 Blair 提升机）。布雷尔式提升机最早应用于南非，适用于超深
井多水平提升，其兼有卷筒缠绕和多绳摩擦的特点。（2）提升载荷由数根钢丝绳承担，
故提升钢绳直径比相同载荷的单绳提升要小，主导轮直径小，一般为缠绕式提升机卷筒直
径的 $1/4 \sim 1/5$。在同样提升载荷下，多绳提升机体积小、重量轻，节省材料、制造容易，
安装方便。（3）多绳提升机运动质量轻，故拖动电动机容量与耗电量均相应减小。
（4）在卡罐和过卷的情况下，有打滑的可能性，避免了断绳事故。（5）绳数多，钢丝绳
同时被拉断的可能性极小，因此提高了提升设备的安全性，可以不设断绳防坠器。（6）
当采用相同数量的左捻和右捻钢丝绳时，可消除由于钢丝绳松捻而形成容器罐耳作用于罐
道上的压力。

多绳摩擦提升机不足之处：（1）钢丝绳的悬挂、更换、调整、维护检修工作复杂。
（2）当有一根钢丝绳损坏而需要更换时，为了保持各钢丝绳具有相同的工作条件，则需
要更换所有的钢丝绳。（3）因不能调节绳长，故双钩提升不能同时用于几个中段提升，
也不适用于凿井提升。（4）当矿井很深（例如超过 $1200 \sim 1500 \mathrm{m}$）时，钢丝绳故障较多，
故不适用于特别深的矿井提升。（5）由于提升钢丝绳和主导轮上的衬垫间有蠕动现象，
影响深度指示器的准确性。（6）摩擦式提升机钢丝绳不能在使用期间进行钢丝绳检测试
验，这点与缠绕式提升机不同。因此，设计规范及相关规程对其使用年限有规定，一般规
定提升钢丝绳使用期限不超过 2 年，平衡用钢丝绳一般不超过 4 年。（7）钢丝绳外部涂
油太多会影响摩擦提升力，应使用特殊润滑油。

3.1.4　提升机类型选择

提升高度小于 $300 \mathrm{m}$，宜采用单绳缠绕式提升机双钩提升；提升高度大于 $300 \mathrm{m}$，宜采
用多绳摩擦式提升机；提升高度大于 $1400 \mathrm{m}$ 时，应采用布雷尔式提升机。

3.2　提升容器及其辅助装置

提升容器是供装运货载、人员、材料和设备之用，竖井提升容器有箕斗、罐笼以及罐笼-箕斗的组合型式。斜井提升常采用串车和斜井箕斗。竖井开凿和延深时使用吊桶提升，按照结构可以分成座钩式、挂钩式与底卸式，用于建井期间升降人员和物料提升。

罐笼-箕斗是一种带有防坠器的罐笼和箕斗双功能竖井提升容器，由于自重大、结构复杂，自动化程度低等缺陷，很少采用。

3.2.1　箕斗

对于中型以上矿山一般采用两套提升设备，即主井箕斗提升，副井罐笼提升。箕斗的生产率高、节能、井筒断面小，并且自动化程度高，按结构分为底卸式和翻转式。因为自重不平衡现象的存在，翻转箕斗适用于单绳缠绕式提升设备，底卸式箕斗多用于多绳摩擦提升。

3.2.1.1　底卸式箕斗

用于金属矿山的底卸式箕斗有活动直轨式卸载和固定曲轨卸载两种。小规格的底卸式箕斗这两种形式均存在，而大型底卸式箕斗只采用活动直轨式。

活动直轨底卸式箕斗的结构原理如图 3.4 所示。在上端斗箱 4 通过铰接 3 悬吊在框架 5 上，斗箱的活动斗底 7 用铰链连接在斗箱上，并通过托轮 8 坐落在框架的底横梁上。由导轮挂钩 6 控制活斗底的开关和自锁。在装载和提升过程中，导轮挂钩钩住框架内侧以保证斗箱位置的稳定并自锁，以免漏矿。当箕斗进入卸载点附近时，首先在上部由楔形罐道，在下部由导轨槽和局部刚性罐道将框架进行横向限位，与此同时导轮挂钩 6 的导轮 14 进入铰接于井架上的活动卸载直轨 15 内，并由 14 使 6 旋转一个角度解除自锁，然后由行程开关控制气缸拉动斗箱转动打开箕斗底进行卸载，箕斗底的倾角应大于其自然安息角，通常为 50°。

3.2.1.2　翻转式箕斗

如图 3.5 所示，翻转箕斗结构特点是框架 1 的上部通过连接装置与提升钢丝绳连接，在其上装有与罐道相耦合的导向装置，以及在卸载时横向固定框架的导轨槽。斗箱 2 在下部通过铰链 4 与框架 1 相连，并坐落在 1 的下底座上。卸载滚轮 5 安装在斗箱上部靠卸载侧。卸载时框架被设在井架上的局部刚性罐道进行横向定位，卸载滚轮 5 进入卸载曲轨 7 内，框架继续提升时，在卸载曲轨 7 作用下斗箱翻转 135° 而卸载，下放时斗箱在自重作用下复位。

3.2.1.3　箕斗标记

（1）底卸式箕斗标记。

1）不带平衡锤。以 DJS（D）1/2-3.2（7）为例：D—底卸式；J—箕斗；S（D）—双箕斗（单箕斗）；1/2—（一个托轮，两个尾绳）；3.2—几何容积（m³）；7—最大载重量（t）。

2）带平衡锤。以 DJP2（10）为例：D—底卸式；J—箕斗；P—平衡锤；2—两条尾绳；10—自重（t）。

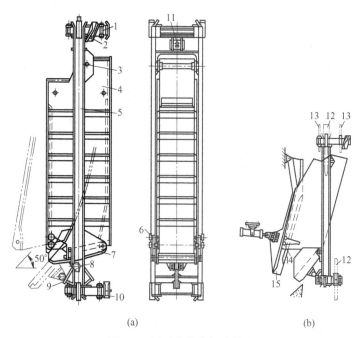

图3.4 活动直轨底卸式箕斗

（a）箕斗结构；（b）卸载示意图

1—罐耳；2—行程开关曲轨；3—斗箱旋转轴；4—斗箱；5—框架；6—导轮挂钩；7—箕斗底；8—托轮；
9—托轮曲轨；10—导轨槽；11—悬吊轴；12—楔形罐道及导轨；13—钢绳罐道；14—导轮；15—卸载直轨

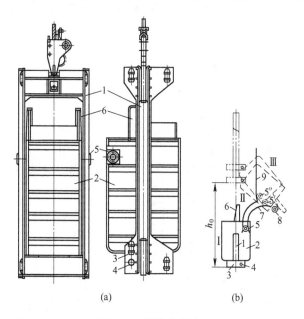

图3.5 翻转式箕斗

（a）翻转式箕斗结构；（b）卸载过程示意图

Ⅰ—箕斗卸载前位置；Ⅱ—卸载位置；Ⅲ—过卷位置；1—框架；2—斗箱；3—底座；
4—旋转轴；5—卸载滚轮；6—角板；7—卸载曲轨；8—托轮；9—过卷曲轨

（2）翻转式箕斗标记。FJD1.2（2.5）为例：F—翻转式；J—箕斗；D—单箕斗；1.2—几何容积；2.5—最大载重量。

3.2.1.4　箕斗规格

箕斗主要参数及规格包括斗容积、断面、卸载方式、自重以及载重量等，见表3.1。

表3.1　常用箕斗规格

型号	容积/m³	断面/mm×mm	卸载方式	自重/t	载重/t
DJD1/2-3.2	3.2	1346×1214	底卸式	7.65	7
DJS1/2-5	5	1646×1204	底卸式	10.3	11
DJS2/3-9 Ⅰ	9	1800×1388	底卸式	15.08	19
DJS2/3-11 Ⅱ	11	1620×1808	底卸式	17.75	23.5
FJD2（4）	2	1100×1000	翻卸式		4
FJD4（8.5）	4	1400×1100	翻卸式		8.5

3.2.2　罐笼

罐笼用以提升矿物、废石、人员、材料及设备，既可作主提升也可用于副井提升。与箕斗相比，是一种多用途的容器。经常采用单层和双层罐笼，材质主要是钢罐笼，也有采用铝合金罐笼。对于小型矿山，常采用一套罐笼同时完成主、副提升的任务。

3.2.2.1　单绳罐笼

单绳罐笼主要由罐体、悬挂装置、导向装置和防坠器组成，如图3.6所示。

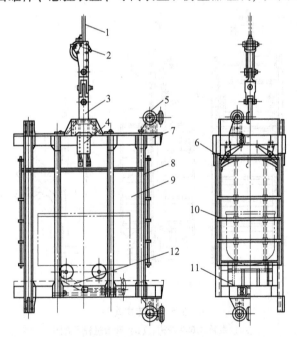

图3.6　单绳单层罐笼

1—提升钢丝绳；2—楔形绳环；3—主拉杆；4—防坠器；5—罐耳；6—淋水棚；7—横梁
8—立柱；9—钢板；10—罐笼门；11—轨道；12—阻车器

（1）罐体。用型钢焊接而成，其两侧焊有带孔的钢板，两边装有箱门，罐底铺设钢轨。为避免矿车在罐内移动，罐底装设阻车器。罐顶顶盖门便于运送长材料时打开。

（2）悬挂装置。作用是把钢绳与罐笼连接起来，因此其安全性至关重要。由桃形环、主拉杆和保险链组成。

（3）导向装置。导向装置（罐耳）沿着罐道运行，以保证容器横向稳定性。罐耳有滑动和滚动两种，滚动罐耳运行平稳、阻力小、罐道磨损小。滚轮一般采用橡胶或铸铁制成。

（4）防坠器。防坠器构造较复杂，如图 3.7 所示。在正常提升过程中由钢绳拉力和罐笼重力作用使弹簧 1 处于拉伸状态，发生断绳时，主拉杆因为失去钢绳拉力而放松，拨杆 6 在弹簧 1 的拉力作用下，带动滑楔 2 抱向制动钢绳，在滑楔与制动绳接触后，开始产生摩擦力而制动罐笼，产生摩擦力的压力首先来自弹簧 1，然后来自罐笼的自重，罐笼越重摩擦力越大，从而保证了安全性。图 3.8 为防坠器安装系统示意图。

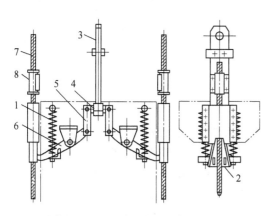

图 3.7 BF-152 型防坠器抓捕机构

1—弹簧；2—滑楔；3—主拉杆；4—横梁；
5—连板；6—拨杆；7—制动绳；8—导向套

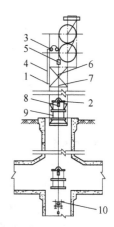

图 3.8 BF 型防坠器系统

1—锥形杯；2—导向套；3—圆木；4—缓冲绳；
5—缓冲器；6—连接器；7—制动绳；
8—抓捕器；9—罐笼；10—拉紧装置

提升人员或人货两用的罐笼必须安设防坠器。新装或大修后的防坠器必须进行脱钩试验，使用中的防坠器必须每半年进行一次不脱钩试验，每一年进行一次脱钩试验。

（5）单绳罐笼标记。以 YJGS-1.3-1 为例：Y—冶金；J—单绳（M—多绳）；G—罐笼；S—钢绳罐道（G—刚性罐道）；1.3—罐笼长度；1—罐笼层数。

3.2.2.2 多绳罐笼

多绳罐笼的罐体和导向装置的结构与单绳罐笼相同，悬挂装置因绳数增加而增加了数目，同时因绳数增加在提人时也不必加防坠器。其最大的不同是增加了一套钢绳拉力调节装置。

单绳罐笼一般用于不超过 400m 的矿井；多绳罐笼一般用于超过 350m 的矿井。

3.2.2.3 罐笼规格

常用冶金类单绳罐笼、多绳罐笼规格见表 3.2 和表 3.3。

表 3.2　常用冶金类单绳罐笼规格

罐笼型号	层数	断面尺寸/mm×mm	适用矿车型号
1 号	1 层或 2 层	1300×980	YGC0.5/YFC0.5
2 号	1 层或 2 层	1800×1150	YGC0.5/YGC0.7/YFC0.5
3 号	1 层或 2 层	2200×1350	YGC1.2/YCC1.2/YFC0.5/YFC0.7
4 号	1 层或 2 层	3300×1450	YGC2/YCC2/YFC0.5×2/YFC0.5×4
5 号	1 层或 2 层	4000×1450	YFC0.7×2

表 3.3　常用冶金类多绳罐笼规格

罐笼型号	层数	断面尺寸/mm×mm	适用矿车型号
1 号	1 层或 2 层	1300×980	YGC0.5/YFC0.5
2 号	1 层或 2 层	1800×1150	YGC0.5/YGC0.7/YFC0.5
3 号	1 层或 2 层	2200×1350	YGC1.2/YCC1.2/YFC0.5/YFC0.7
4 号	1 层或 2 层	3300×1450	YGC2/YCC2/YFC0.5×2/YFC0.5×4
5 号	1 层或 2 层	4000×1450	YFC0.7×2/YGC1.2×2

3.2.3　承接装置及稳罐设备

3.2.3.1　承接装置

由于罐笼在各个水平需要进出矿车，因此必须通过承接装置将罐笼内的轨道和各水平车场的固定轨道连接起来。提升钢丝绳在运行过程中因为载荷发生不同程度的伸长，使得罐笼无法对正进、出车位置。若为双罐笼，空、重罐笼则无法同时对准井底、进口车场的进出车位置。罐笼承接装置可以调节、补偿提升钢丝绳长度的变化，满足停罐要求。因此，为了便于矿车进出罐笼需要采用罐笼承接装置。常用的罐笼承接装置有罐座和摇台等类型。

A　罐座

罐座利用托爪将罐笼托住，其进出由人工控制，使用这种装置，罐笼停车位置准确，推入矿车时的冲击力由托爪承担，但提升机的操作稍稍复杂一些。当提升罐笼时必须先把罐笼稍稍提起，托爪靠配重可自动恢复原位。此外在罐笼座在托爪上时提升钢丝绳容易松弛，从而引起钢绳的冲击。操作不当也会产生墩罐事故。罐座的优点是罐笼停车位置准确，矿车进出罐笼时产生的附加载荷由罐座承担，钢丝绳不受力。罐座的缺点非常明显。

下放位于井口罐座上的罐笼时，必须先稍稍上提井口罐笼，罐座才可收回，因而提升机操作复杂，效率低，易出现过卷现象，不利自动化操作；当稍向上提起罐笼时，位于井底承接装置上的另一个罐笼的钢丝绳松弛，在提升时井底罐笼钢丝绳便受到冲击载荷，容易造成钢丝绳断丝事故；操作不当发生过卷时，另一罐笼会发生踏罐事故发生。罐座安全性差，一般要求必须设置闭锁装置，且不允许使用在中间水平。为了安全考虑，罐座已经为摇台替代。

B　摇台

摇台容易与提升机信号系统实现联锁，可适用于井口、井底及中间水平，尤其是多绳摩擦式提升机提升系统必须采用摇台作为承接装置。井口、井底和中间水平在设置摇台时，应与罐笼停车位置、阻车器以及提升机信号联锁。罐笼未到位，放不下摇台，打不开阻车器；摇台未抬起，阻车器未关闭，发不出提升信号。

摇台由能绕轴旋转的两个钢臂构成，安装在矿车的进出口处，如图3.9所示。当罐笼停在装卸位置时，钢臂靠自重搭在罐笼底板上，并与其内的轨道相接。摇台应实现连锁自动控制，当系统故障时也可手动控制。摇台的应用范围广，井口、井底及中间水平都可以使用。由于摇台的调节受钢臂长度的限制，因此对停罐的准确性要求较高。箕斗提升不需要承接装置。

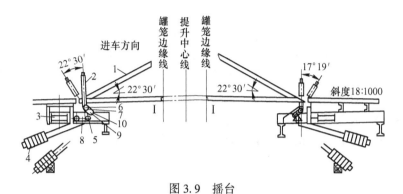

图 3.9 摇台

1—钢臂；2—手把；3—动力缸；4—配重；5—轴；6—摆杆；7—销子；8—滑车；9—摆杆套；10—滚子

C 支罐机

支罐机由液压缸1带动支托装置2，支托装置承接罐笼的活动底盘使其上升和下降，以补偿提升钢丝绳长度变化及停罐误差，如图3.10所示。支罐机调节距离可达1000mm。其优点是能够准确地使罐笼内轨道与车场轨道对接，矿车进出和人员出入方便。由于活动底盘支托在支罐机上，矿车进出平稳。提升钢丝绳不承受矿车进出产生的附加载荷，钢丝绳寿命得以延长。缺点是罐笼底部的活动底盘结构复杂，同时增加了供支罐机适用的液压动力装置。

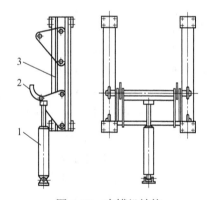

图 3.10 支罐机结构

1—液压缸；2—支托装置；3—固定导轨

D 自适应补偿托罐摇台

自适应补偿托罐摇台主要用来解决竖井井底罐笼安全承接问题，具有托罐、稳罐以及防蹾罐缓冲功能，可替代支罐机、长臂摇台，解决长臂摇台的调罐、矿车掉道、卸载困难等问题。其工作原理是利用强力弹簧蓄能器作为缓冲器，吸收罐笼落罐时的冲击动能。当罐笼以正常爬行速度落罐时，该装置可以一定的初始托罐力拖住罐笼，当罐笼高速下落时，罐笼可以使托爪向下翻转，避免蹾罐事故发生，解决了摇台由于钢丝绳伸长而需要反复调罐来装载矿车的缺点，提高了装载提升效率。

3.2.3.2 稳罐设备

在使用钢丝绳罐道，罐笼提升采用摇台作为承接装置时，一般在井底、井口设置刚性罐道，利用罐笼上的罐耳进行稳罐，来稳定进出车冲击造成的罐笼横向摆动问题。在中间水平，由于不能设置刚性罐道，可采用气动或液压动力的专门稳罐装置。当罐笼停于中间水平时，稳罐装置可自动伸出凸块稳定罐笼。箕斗提升在卸载阶段也需对框架进行横向定位。

承接装置和稳罐装置主要是从纵向和横向两个方向对提升容器进行限制，以达到安全进出矿车、确保提升安全的目的。

3.2.4　平衡锤

平衡锤用于单罐笼或单箕斗提升系统中，其作用是平衡提升载荷，减少卷筒上钢丝绳的静张力差，从而减少电机容量。单容器平衡锤提升的优点是：井筒断面小，井底和井口设备简单，便于多中段提升。缺点是：提升效率低，要达到与双容器相同的提升能力，必须加大提升量，因此钢丝绳直径和提升机尺寸也相应增大。

由于单容器平衡锤提升工作灵活，适合于多中段提升，故辅助提升多采用此方式。多绳摩擦轮提升采用平衡锤，能减小钢丝绳滑动、扩大其应用范围。

3.2.5　提升方式选择

箕斗优点：（1）自重小，电耗小；（2）井筒断面小；（3）不增加井筒断面也可在井下使用大容量矿车；（4）装卸自动化且所需时间少，因而生产能力大。箕斗缺点：（1）矿井上下均需设置矿仓；（2）不能运送人员及材料，因此必须设有副井提升设备。

罐笼优点：（1）不需设置井口及井下矿仓；（2）既可用于主提升也可用于副提升，也可以同时担负主、副井提升任务；（3）井架高度小。罐笼缺点：自重大、电耗大、提升效率低。

提升方式选择即确定提升容器的类型，影响因素包括矿井提升量，矿井深度，提升矿物的品种数，矿物含水含泥情况，对矿物粉碎程度的要求，地表生产系统的布置以及开采年限等。矿石提升量小于 700t/d，井深小于 300m，宜采用一套罐笼提升；矿石提升量大于 1000t/d，井深超过 300m，宜采用箕斗提升矿石，罐笼做副提升；矿石提升量为 700~1000t/d，应进行技术经济方案比较后确定。若矿石含泥水较多、矿石黏性较大不宜采用高溜井放矿时，宜采用罐笼提升；废石提升量大于 500t/d，井深超过 300m 时，宜采用箕斗提升废石；多阶段同时作业时，宜采用单容器平衡锤提升。垂直深度超过 50m 的竖井用作人员出入口，应设置罐笼或电梯升降人员。

3.2.6　提升容器规格的选择

3.2.6.1　小时提升量

$$A_{\mathrm{s}} = \frac{CA_{\mathrm{n}}}{t_{\mathrm{r}}t_{\mathrm{s}}} \tag{3.1}$$

式中，A_{n} 为年产量，t/a；A_{s} 为小时提升量，t/h；C 为生产不均衡系数，箕斗取 1.15，罐笼专提矿石取 1.2，兼作副井提升时取 1.25；t_{r} 为年工作日数，非连续工作制取 300 天，连续工作制取 320 天；t_{s} 为日工作小时数，取值见表 3.4。

表 3.4　提升时间 （h/d）

箕斗提升		罐笼提升		箕斗罐笼混合提升						
				有保护隔离设施			无保护隔离设施			
一种物料	两种物料	主提升	兼作主副提升	箕斗		罐笼	箕斗（含罐笼提人）		罐笼
				一种物料	两种物料		一种物料	两种物料	
19.5	18	18	16.5	19.5	18	16.5	18	16.5	16.5

注：此表中的提升时间是指规定的计算提升作业时间，而非实际作业时间。按照《金属非金属矿山安全规程》（GB 16423—2020）规定的"无隔离设施的混合井升降人员时，箕斗提升系统应停止运行"，无保护隔离设施的混合井箕斗提升时间是指箕斗提物时间与罐笼提人时间之和，罐笼提升时间包括提人和提物时间。

3.2.6.2　箕斗规格的选择

箕斗的规格根据箕斗的一次提升量 Q 来选取，按照容器数可按式（3.2）计算。双容器提升：

$$Q = \frac{A_s}{3600}(K_1\sqrt{H} + \mu + \theta) \tag{3.2a}$$

单容器提升：

$$Q = \frac{A_s}{1800}(K_1\sqrt{H} + \mu + \theta) \tag{3.2b}$$

式中，H 为提升高度，m；μ 为箕斗在卸载曲轨上低速爬行附加时间，翻转式箕斗取 $10 \sim 15s$，底卸式取 0；K_1 为系数，取 $3.7 \sim 2.7$，当 $H < 200m$ 时取上限，$H > 600m$ 时取下限；θ 为箕斗装载停歇时间，也称箕斗装载休止时间，见表 3.5。

表 3.5　箕斗装载停歇时间

箕斗容积/m³	<3.1		3.1~5	5~8	>8
漏斗类型	计量	不计量	计量	计量	计量
停歇时间/s	8	18	10	15	20①

① 当箕斗容积大于 8m³ 时，装载停歇时间应按照有关设备部件环节联动时间确定。

斗箱容积：

$$V = \frac{Q}{\rho C_m} \tag{3.3}$$

式中，ρ 为矿石松散密度，t/m³；C_m 为箕斗装满系数，取 $0.85 \sim 0.9$。

根据斗箱容积 V 选择标准箕斗，然后按标准斗容计算实际的一次提升量。

3.2.6.3　罐笼规格的选择

当罐笼作为主提升时，应根据所提矿车的规格选择罐笼，一般优先选用单层罐笼，当产量很大时考虑用双层罐笼。提升能力可按公式 3.2（a）或公式 3.2（b）进行校核，对罐笼来说 $\mu = 0$。装卸矿车的停歇时间见表 3.6。

对于副井提升罐笼，应根据年提升量（指主井提升量）、开采工艺和井下机械化水平等条件，列出罐笼的所有工作量（人员、材料、设备及废石等），并排成提升平衡时间表，据此选择罐笼规格。

表 3.6　装卸矿车的停歇时间

罐笼		推车方式			
		人工推车	推车机		
		矿车容积/m³			
层数	每层装车数量/辆	≤0.75	≤0.75	1.2~1.6	2~2.5
		进出车休止时间/s			
		单面	双面	双面	双面	双面
单层	1	30	15	15	18	20
双层	1	65	35	35	40	45

注：每层装车数为2辆，采用推车机推车时，休止时间增加5~10s。

　　计算罐笼升降人员次数时，应遵守以下规定：提升井下最大班人员的时间不应超过45min；最大班人员应包括最大班生产人员数和技术人员等其他人员数。最大班生产人员应按每班井下生产人数的1.5倍计算，每班升降技术人员等其他人员数应按井下生产人员数的20%计算，且每班提升次数不得少于5次。每班提升设备次数不应少于2次。其他非固定任务的提升次数，每班不应少于4次。每班提升材料的次数应根据计算确定。升降人员的停歇时间：双面车场的情况下，单层罐笼取 $(n+10)$s，双层取 $(n+25)$s，双层同时进人时取 $(n+15)$s；当车场形式为单面车场且无人行绕道时，停歇时间应增加50%。当双层罐笼同时进人时，休止时间大于单层罐笼，但小于双层罐笼逐层进人的方式。罐笼升降人员休止时间按表3.7选取。

表 3.7　罐笼升降人员休止时间

罐笼	单面车场无人行绕道	双面车场
单层	$(n+10)\times1.5$	$n+10$
双层（逐层进人）	$(n+25)\times1.5$	$n+25$
双层（同时进人）	$(n+15)\times1.5$	$n+15$

注：n 为一次乘罐人数。

3.3　提升钢丝绳

　　钢丝绳被广泛地用于矿山提升、运输、电铲、架空索道等机械，矿井提升用钢丝绳应符合《重要用途钢丝绳》（GB 8918）要求。

3.3.1　钢丝绳的结构、种类和应用范围

3.3.1.1　结构

　　钢丝绳（ropes）一般由钢丝（wires）捻成股（strand），再由若干股绕一绳芯捻成绳。钢丝是由圆钢条冷拔而成，抗拉强度为1400~2000MPa，钢丝抗拉强度大，在承受相同载荷时绳径小，但其弯曲疲劳性能差一些。国内提升钢丝绳使用的抗拉强度一般在1500~1700MPa之间，通常为1570、1670、1770、1870、1960MPa等级别。用钢丝抗拉强

度下限值表示钢丝抗拉强度级（R），用钢丝抗拉强度级可以确定钢丝绳的计算最小破断拉力总和。钢丝表面状态有光面（无镀层）、镀锌层、锌合金镀层或其他保护镀层等，镀层级别根据镀层质量确定，重要用途钢丝绳镀锌层级别可分为 U（光面）、B 级镀锌、AB级镀锌、A 级镀锌等。钢丝截面形状如图 3.11 所示。

| 圆形 | 全封闭(Z) | 半封闭(H) | 梯形(T) | 三角形(V) | 矩形(R) | 椭圆形(Q) |

图 3.11　钢丝截面形状

　　股是钢丝绳组件之一，由一定形状和尺寸的钢丝绕一中心沿相同方向捻制而成的螺旋状结构，可以是一层或多层钢丝，有圆股（无标记）、三角股（V）、椭圆股（Q）等形状，如图 3.12 所示。

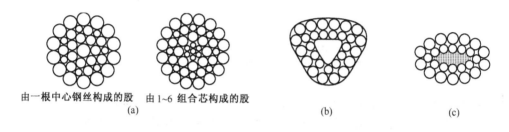

由一根中心钢丝构成的股　　由1~6 组合芯构成的股　　　　　　　（b）　　　　　　　　（c）
　　　　（a）

图 3.12　股的截面形状
（a）圆股；（b）三角股；（c）椭圆股

　　钢丝绳的绳芯（core，标记为 C）是钢丝绳中心组件，钢丝绳的股围绕该中心组件螺旋捻制，如图 3.13 所示。有纤维芯（fibre core，标记为 FC）、钢芯（steel core，标记为 WC）、固态聚合物芯（solid polymer core，标记为 SPC）三类。纤维芯由具有较大抗拉强度的有机纤维捻制而成，可以分为天然纤维芯（NFC）、合成纤维芯（SFC）以及天然纤维和合成纤维混合芯（CFC）三类。钢芯包括钢丝股芯（即钢丝股作为绳芯，标记为 WSC）和独立钢丝绳芯（即用一根独立钢丝绳作为绳芯，标记为 IWRC）。钢丝绳

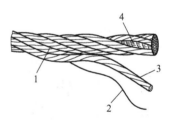

图 3.13　多股钢丝绳结构
1—钢丝绳；2—钢丝；3—股；4—芯

芯的作用是储存绳油、防锈和减少内部钢丝的磨损，而且可以起衬垫作用，同时可以增加钢丝绳的柔软性，在一定程度上能吸收钢丝绳工作时产生的振动和冲击。

3.3.1.2　分类

　　钢丝绳的结构和性能特点各不相同，根据不同特点有不同的分类方法，实质上是从不同的角度来说明钢丝绳的结构特点。按照《钢丝绳术语、标记和分类》（GB/T 8706）定义，钢丝绳是指至少两层钢丝围绕一个中心钢丝或者多个股围绕一个绳芯捻制而成的螺旋状结构。

A　按钢丝绳股数分类

按钢丝绳股数分类即按照钢丝绳结构分类，分为多股钢丝绳和单捻钢丝绳两类。

(1) 单捻钢丝绳（spiral rope）。由若干层（至少两层）钢丝绕一中心圆钢丝（或绳芯）螺旋捻制而成的钢丝绳，至少有一层钢丝沿相反方向捻制，即至少有一层钢丝与外层反向捻制，可以分为单股钢丝绳（spiral strand rope）、半封闭钢丝绳（half-locked coil rope）、全封闭钢丝绳（full-locked coil rope），如图3.14所示。单股钢丝绳特点是仅为圆钢丝捻制而成；半封闭钢丝绳是指外层由半封闭钢丝（如H型）和圆钢丝相间捻制而成；全封闭钢丝绳是指外层由全封闭钢丝（Z型）捻制而成的单捻钢丝绳。

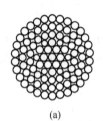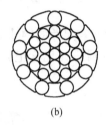

(a)　　　　　　　　　　(b)　　　　　　　　　　(c)

图3.14　单捻钢丝绳示例

(a) 单股钢丝绳；(b) 半密闭钢丝绳；(c) 全密闭钢丝绳

(2) 多股钢丝绳（stranded rope）。是指多个股围绕一个绳芯（单层股钢丝绳）或者一个中心（阻旋转或平行捻密实钢丝绳）螺旋捻制而成的单层或多层钢丝绳。从结构上看，多股钢丝绳有单层股钢丝绳（single-layer rope）和多层股钢丝绳（multi-stand rope）之分。单层多股钢丝绳如图3.15所示。若多层股钢丝绳中各层股捻向相反，能减小钢丝绳承受载荷时发生旋转，因此也称为不旋转钢丝绳（non-rotating rope）或阻旋转钢丝绳（rotating-resistant rope），阻旋转钢丝绳是一种当承受载荷时，能产生减小扭矩或旋转程度的多股钢丝绳，如图3.16所示。按照旋转特性可将此类钢丝绳分成三个类别。

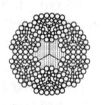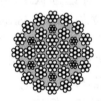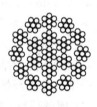

图3.15　单层多股钢丝绳示例　　　　图3.16　阻旋转钢丝绳示例

类别1：旋转圈数不超过 $1r/1000d$，即在承受提升载荷为20%的钢丝绳最小破断拉力时，旋转圈数不超过 $1r/1000d$，说明旋转趋势很小。$r=360°$，d 为钢丝绳公称直径，mm。

类别2：旋转圈数大于 $1r/1000d$，不超过 $2.5r/1000d$。

类别3：旋转圈数大于 $2.5r/1000d$，不超过 $4r/1000d$。

在多层股钢丝绳中，若钢丝绳是一次平行捻制（所有股沿着同一方向一次捻制而成）而成的钢丝绳，则称为平行捻密实钢丝绳。它与阻扭转钢丝绳的区别在于捻制方式不同，阻扭转钢丝绳内外层股的捻向相反，而平行捻密实钢丝绳的特点是内外层股的捻向相同。

B 按股在绳中的捻向分类

捻向是指股的最外层钢丝沿股轴线捻制的方向，或者外层绳股沿钢丝绳轴线捻制的方向，分别称为股捻向和绳捻向。左捻绳是指绳股捻成钢丝绳时是由左向右捻转（左螺旋，S），右捻绳是指绳股捻成钢丝绳时是由右向左捻转（右螺旋，Z）。

C 按钢丝在股中和股在绳中捻向的关系分类

同向捻（顺捻）是指绳中股的捻制方向与股中丝的捻制方向相同，有右同向捻（zZ）和左同向捻（sS）两种。交互捻（逆捻）是指绳中股的捻制方向与股中丝的捻制方向相反，有右交互捻（sZ）和左交互捻（zS）两种。第一个字母表示股的捻向，第二个字母表示钢丝绳的捻向。右同向捻、右交互捻均属于右捻钢丝绳，左同向捻、左交互捻钢丝绳均属于左捻钢丝绳，如图 3.17 所示。

右交互捻(sZ)　　左交互捻(zS)　　右同向捻(zZ)　　左同向捻(sS)

图 3.17　钢丝绳的捻向

D 按钢丝在股中的接触情况分类（钢丝捻制成股的捻股方式）

（1）点接触钢丝绳。是指以等直径的钢丝来捻制绳股，相邻层钢丝间相互交叉呈点接触状态，点接触标记为 M。点接触钢丝绳中股的捻制方式称为交叉捻股或点接触捻股。

（2）线接触钢丝绳。一般以不等直径的钢丝来制造，钢丝间呈线接触状态，包括西鲁式（外粗式，标记为 S）、瓦林吞式（粗细式，W 型）及填充式（F 型）。其中，西鲁式的特点是两层具有相同钢丝数的股结构；瓦林吞式的外层包含粗细两种交替排列的钢丝，外层钢丝是内层钢丝数的两倍；填充式的外层钢丝是内层钢丝的两倍，两层钢丝间的间隙有填充钢丝。股的结构如图 3.18 所示。西鲁式、瓦林吞式、填充式三种典型结构的捻股方式均属于平行捻股。平行捻股是指股中至少包含两层钢丝，所有钢丝沿着同一方向一次捻制而成的股，这种捻制方法的特点是所有钢丝具有相同的捻距，而且相邻层钢丝之间平行呈线接触状态。组合平行捻股是指由典型的瓦林吞、西鲁、填充式三种捻股方式进行组合而成，至少含有三层钢丝。

西鲁式　　　　　瓦林吞式　　　　　填充式

图 3.18　股的结构

（3）面接触钢丝绳。一般以异型钢丝捻制而成，形成钢丝间呈面接触状态，然后再捻成绳。

E 按绳股断面形状分类

按绳股断面形状分类可分为圆股钢丝绳和异形股钢丝绳。

F 按钢丝直径分类

按钢丝直径分类可分为等直径钢丝绳和不等直径钢丝绳，是按照钢丝绳中钢丝的直径是否相等来进行分类的。等直径钢丝绳钢丝与钢丝之间的接触状态为点接触，内外层钢丝之间有不同的捻距。不等直径钢丝绳一般为线接触钢丝绳，内外层钢丝捻距相同。

G 其他钢绳

除上述各种钢绳之外，常用的还有半密闭钢丝绳和密封钢绳，属于单捻钢丝绳，如图3.14所示。密闭钢丝绳外层由Z形断面钢丝捻成，外表全封闭，故称封闭钢绳。其特点是表面光滑，接触面积大，耐磨，故多用于罐道绳和索道的轨道绳。

H 钢丝绳标记

钢丝绳标记包括钢丝绳尺寸、钢丝绳结构、芯结构、钢丝绳级别、钢丝表面状态、捻制类型及方向等。标记示例如图3.19所示。

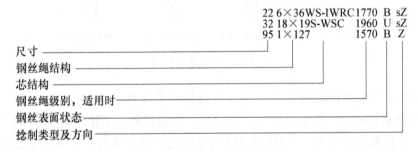

图3.19 钢丝绳标记示例

（1）尺寸。表示圆钢丝绳公称直径，mm。

（2）钢丝绳结构。钢丝绳结构应包含外层股数、乘号、每个外层股中的钢丝数及相应股的标记。当股的层数超过2层时，内层股的捻制类型应标记。

6×36WS 表示外层股数为6股，每股36根钢丝（含中心钢丝），WS表示瓦林吞和西鲁式的组合，由最少三层钢丝捻制而成的股（典型的瓦林吞式股结构W、西鲁式股结构S、填充式股结构F均为两层钢丝围绕一中心钢丝捻制而成）。该钢丝绳为单层股钢丝绳，如图3.20所示，6个圆股（相同的圆股），每个圆股除中心钢丝外捻制三层钢丝，钢丝等捻距，属于组合平行捻股，股结构为（1+7+7/7+14），即一个中心钢丝，第一层等直径钢丝数为7，第二层钢丝数7粗7细，第三层14根等直径钢丝。这种典型结构的钢丝绳直径范围为18~60mm。

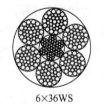

6×36WS

18×19S

图3.20 钢丝绳结构图示例

18×19S 表示钢丝绳中共有18个圆股（不包含中心组件，即中心股），每个圆股有19根钢丝（含中心钢丝），结构如图3.20所示。该钢丝绳为阻扭转钢丝绳，18个圆股为相同圆股，每股外层钢丝为9根，内层钢丝数也为9根，为西鲁式捻股结构，标记为S，股结构为（1+9+9），即中心丝数为1，内、外层钢丝数均为9。这种典型结构的钢丝绳直径范围为28~60mm。

1×127表示单捻钢丝绳结构，1表示单捻钢丝绳，127表示钢丝绳钢丝总数。

钢丝绳的结构标记与钢丝绳类型有关，如前所述，钢丝绳可分为单捻钢丝绳和多股钢丝绳两大类，多股钢丝绳又可分为单层股钢丝绳、多层股钢丝绳，多层股钢丝绳又可分为阻扭转钢丝绳、平行捻密实钢丝绳。

单层股钢丝绳标记如图3.19所示，平行捻密实钢丝绳结构标记与其类似，顺序标记为外层股数、乘号、每个外层股中钢丝数量及相应股的标记、连接号短划线（-）等。

当阻旋转钢丝绳中外层股数小于10个时，其钢丝绳标记与单层股钢丝绳以及平行捻密实钢丝绳类似，区别在于连接号由短划线变成冒号（:），表示反向捻芯。

当阻旋转钢丝绳中外层股数大于等于10个，顺序标记为：钢丝绳中股的总数（当中心组件与外层股相同时，中心组件包含在内；中心组件与外层股不同时，为不包含中心组件的钢丝绳总股数）、内层股的捻制类型（股的层数超过两层时，需要在括号中标记出内层股捻制类型）、乘号、每个外层股中钢丝数量及相应股的标记、连接号短划线（-）。如图3.19中的18×19S标记。

（3）芯结构。IWRC表示绳芯为独立钢丝绳芯，WSC表示钢丝股芯。

（4）钢丝绳级别。指钢丝绳破断拉力级别，如1770MPa，1960MPa，1570MPa，1670MPa。

（5）钢丝表面状态。B表示B级镀锌；U表示光面，不镀锌。

（6）捻制类型及方向。对于多股钢丝绳，第一个字母表示股的捻向，为小写字母，第二个大写字母为绳的捻向。如sZ表示右交互捻；对单捻钢丝绳，只有一个字母表示捻向，Z表示右捻，S表示左捻。如示例中Z表示右捻钢丝绳。

3.3.1.3 特点及应用范围

各类钢丝绳的主要特点及应用范围可参考表3.8。

表3.8 各类钢丝绳的主要特征及应用范围

钢丝绳种类		特 点	应用范围
按钢丝绳的股数	单股绳	挠性差，刚性最大，不能承受横向压力	提升等矿山机械不用
		密封式钢丝绳是专门制造的一种特殊结构的单股绳，表面光滑，接触面大，耐磨，钢丝密度大，横向承载能力强，但刚性较大	用作索道的承载索、绳罐道、较深矿井多绳提升的首绳
	多股绳	挠性受绳芯材料影响很大，比单股绳挠性好	工业中广泛使用
	多层股不扭转	钢丝绳受载荷后旋转较小。在卷筒上支撑表面比较大，且有较大的抗挤压强度，使用时不宜变形。总破断拉力大于普通钢丝绳	用于凿井提升，多绳摩擦提升的首绳和尾绳
按钢丝绳的捻制方向	同向捻（顺捻）	钢丝之间接触较好，表面比较平滑，挠性好，磨损小，使用寿命较长，但容易松散和扭转	竖井提升、架空索道牵引索、钢丝绳牵引胶带输送机
	交互捻（逆股）	不容易松散和扭转，但刚性较大，使用寿命较低	用作尾绳、斜井串车提升

续表 3.8

钢丝绳种类		特　　点	应用范围
按钢丝绳中丝与丝的接触状态	点接触	丝间接触力很高，使用寿命低	一般应用
	线接触	消除了点接触的二次弯曲应力，能降低工作时总的弯曲应力，耐疲劳性能好，结构紧密，金属断面利用系数高。使用寿命长	广泛应用
	面接触	表面光滑，抗蚀性和耐磨性均好，承载力大	特殊场合
按绳股的断面形状	圆股	结构简单，易于制造，价格低	广泛使用
	异型股	支撑表面比圆股钢丝绳大 3~4 倍。在卷筒上支撑点增加 3~4 倍。耐磨性好，不易产生断丝。钢丝绳结构密度大，在相同绳径和强度条件下，总破断拉力大于圆股钢丝绳。使用寿命比普通圆股钢丝绳约高 3 倍，但制造复杂	三角股已被竖井提升广泛应用，也可用于斜井、电梯、挖掘机（电铲）

《重要用途钢丝绳》推荐了立井提升钢丝绳、立井提升平衡绳（尾绳）、斜井提升、立井罐道用钢丝绳类型和结构，见表 3.9。

表 3.9　钢丝绳主要用途推荐表

用途	钢丝绳名称	钢丝绳结构	备注
立井提升	三角股钢丝绳	6V×37, 6V×37S, 6V×34, 6V×30, 6V×43, 6V×21	
	线接触钢丝绳	6×19S, 6×19W, 6×25Fi, 6×29Fi, 6×26WS, 6×31WS, 6×36WS, 6×41WS	推荐捻制方向采用同向捻
	多层股钢丝绳	18×7, 17×7, 35W×7, 24 W×7	用于钢丝绳罐道的立井提升
		6Q×19+6V×21, 6Q×33+6V×21	
开凿立井提升（建井用）	多层股钢丝绳及异型股钢丝绳	6Q×33+6V×21, 17×7, 18×7, 34×7, 36×7, 6Q×19+6V×21, 4V×39S, 4V×48S, 35W×7, 24W×7	
立井平衡绳	钢丝绳	6×37S, 6×36WS, 6V×39S, 6V×48S	仅适用于交互捻
	多层股钢丝绳	17×7, 18×7, 34×7, 36×7, 35W×7, 24W×7	仅适用于交互捻
斜井提升	三角股钢丝绳	6V×18, 6V×19	
	钢丝绳	6×7, 6×9W	推荐同向捻
立井罐道	三角股钢丝绳	6V×18, 6V×19	
	多层股钢丝绳	17×7, 18×7	推荐同向捻

注：表中仅列出了钢丝绳结构，钢丝绳规格可查阅《重要用途钢丝绳》。

3.3.2　矿井提升钢丝绳选型应注意的问题

（1）应选用重要用途钢丝绳，符合现行国家标准《重要用途钢丝绳》（GB 8918）的有关规定，钢丝公称抗拉强度级不得小于 1570MPa，钢丝绳的公称抗拉强度具体见表 3.10。钢丝的最小反复折弯次数、钢丝的最小扭转次数也应符合相关规定。

表 3.10 钢丝表面状态与公称抗拉强度

表面状态	公称抗拉强度/MPa				
光面和 B 级镀锌	1570	1670	1770	1870	1960
AB 级镀锌	1570	1670	1770	1870	—
A 级镀锌	1570	1670	1770	1870	—

注：表中数值是抗拉强度的下限，上限等于下限加上规定的允差。允差与钢丝公称直径 d 有关，$0.6\text{mm} \leqslant d < 1\text{mm}$ 时，允差为 350MPa；$1\text{mm} \leqslant d < 1.5\text{mm}$，允差为 320MPa；$1.5\text{mm} \leqslant d < 2\text{mm}$，允差为 290MPa；$d \geqslant 2\text{mm}$，允差为 260MPa。

单绳缠绕式提升机采用刚性罐道单绳提升时，应选用线接触钢丝绳、三角股钢丝绳、多层股钢丝绳。采用钢丝绳罐道的单绳提升应采用阻旋转提升钢丝绳；钢丝绳捻向与其在卷筒上的缠绕方向一致。多绳摩擦提升机采用扭转钢丝绳作为首绳时，应按左右捻相间的顺序悬挂且应选用线接触钢丝绳、三角股钢丝绳、多层股钢丝绳。

（2）其他影响因素。腐蚀严重的环境选用镀锌钢丝绳；磨损为主要损坏原因（斜井提升）应选外层钢丝较粗的钢丝绳；弯曲疲劳为主要损坏原因（竖井提升）应选用线接触式；高温和有明火环境下应考虑金属绳芯钢丝绳。

3.3.3 钢丝绳选型计算

钢丝绳选型应考虑钢丝绳自重影响，采用钢丝绳最大静拉力按照安全系数法进行计算。根据设计规范及相关安全规程规定，提升钢丝绳悬挂时的安全系数不应小于表 3.11 规定。

表 3.11 提升钢丝绳悬挂时的安全系数

提升类型	使用场合		安全系数
单绳缠绕式提升	专用于升降人员		9
	升降人员和物料	升降人员	9
		升降物料	7.5
	专用于升降物料		6.5
多绳摩擦式提升	专用于升降人员		8
	升降人员和物料	升降人员	8
		升降物料	7.5
	专用于升降物料		7

注：1. 单绳缠绕式提升用于应急提升人员时，安全系数不小于 7.5；摩擦式提升机平衡尾绳安全系数不小于 7.0；罐道钢丝绳、防撞钢丝绳安全系数不小于 6.0；制动钢丝绳安全系数不小于 3.0。

2. 凿井用钢丝绳安全系数规定：悬挂吊盘、水泵、排水管的，不小于 6.0；悬挂风筒、压缩空气管道、混凝土输送管、电缆及拉紧装置用的，不小于 5.0。

3. 连接装置安全系数规定：升降人员不小于 13；专用升降物料不小于 10；悬挂吊盘、安全梯、水泵、抓岩机不小于 10；悬挂风管、水管、风筒、注浆管，不小于 8；吊桶提梁和连接装置，不小于 13。

钢丝绳在工作中受力较为复杂，有静拉力、动拉力、捻制应力以及缠入卷筒时的附加弯曲应力等。计算时按静拉力计算，钢绳中最大静拉力 $F_{\max}$ 发生在 A 点，如图 3.21 所示。

$$F_{\max} = (Q + Q_r + pH_0)g \qquad (3.4)$$

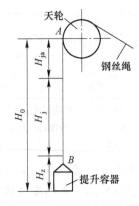

图 3.21　钢丝绳计算示意图

式中，Q 为一次提升量，kg；Q_r 为提升容器质量，包括容器上所有附属装置在内，罐笼提升时应包含矿车质量；p 为提升钢丝绳每米质量，kg/m；H_0 为提升钢丝绳最大悬垂长度，指由提升容器位于井底最低装载位置时提升钢丝绳悬垂长度。最大悬垂长度可按下式计算：

$$H_0 = h_z + H_j + h_{ja}$$

式中，h_z 为装载高度，指井底装载位置到井底车场的距离，箕斗 h_z 一般取 20~30m，罐笼 h_z 取 0；H_j 为矿井深度，即井口到井底车场距离，m；h_{ja} 井架高度，箕斗井架高度包括卸载高度，罐笼井架高度一般情况下没有卸载高度，因此箕斗井架高度（30~35m）一般大于罐笼井架高度（15~25m）。因此箕斗提升钢丝绳最大悬垂长度为 $H_0 = h_z + H_j + h_{ja}$，罐笼提升钢丝绳最大悬垂长度为 $H_0 = H_j + h_{ja}$。

为保证提升钢丝绳提升时具有规定的安全系数，提升钢丝绳必须满足以下两个条件：

$$(Q + Q_r + pH_0)g \leqslant 100\frac{\sigma_b}{m}A_s$$

$$p = 100\rho\beta A_s$$

式中，σ_b 为钢绳中钢丝的极限抗拉强度，MPa；A_s 为钢绳中钢丝断面积之和，cm²；ρ 为钢丝密度，一般取 0.0078kg/cm³；β 为大于 1 的系数，是考虑每米钢丝绳中钢丝因呈螺旋形而长于 1m 以及绳芯重量的影响系数；$\rho\beta$ 可视为钢丝绳的假想密度 γ，可令 $\gamma = \rho\beta$，计算时取 $\rho\beta = 0.009\text{kg/cm}^3$。

解此方程组得：

$$p \geqslant \frac{Q + Q_r}{11\dfrac{\sigma_b}{m} - H_0} \qquad (3.5)$$

按式（3.5）计算出钢丝绳每米质量，按确定的提升钢丝绳型式，选取标准钢绳，标准钢绳每米质量以 p_a 表示。选定标准钢丝绳后，还应校核钢丝绳实际安全系数 m_s。

$$m_s = \frac{F_p}{(Q + Q_r + p_aH_0)g} \geqslant m \qquad (3.6)$$

式中，F_p 为钢丝绳破断拉力，N。

提升钢丝绳属于重要用途钢丝绳，应符合《重要用途钢丝绳》（GB 8918）的相关规定。如规定钢丝绳重量系数 K 的范围为 0.344~0.460kg/100m·mm²，钢丝绳单位长度参考重量 M 为钢丝绳重量系数 K 与钢丝绳直径 D 的平方的乘积，即 $M = KD^2$。

3.4　单绳缠绕式矿井提升机

3.4.1　矿井提升机

矿井提升机按工作原理可分为缠绕式提升机和摩擦式提升机两大类，如图 3.22 所示。

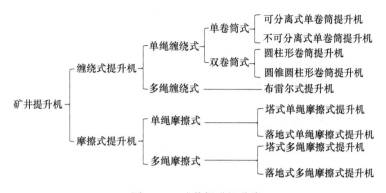

图 3.22　矿井提升机分类

3.4.2　提升机的结构原理

3.4.2.1　主轴装置

钢丝绳的一端固定在卷筒上，而另一端通过天轮与容器相连接，卷筒上钢绳缠绕方向不同，当电机通过减速器带动主轴转动时，两个容器一上一下完成提升任务。

单绳缠绕式提升机型式分为单筒缠绕式、双筒缠绕式两种类型。图 3.23 为 JK 系列单卷筒和双卷筒矿井提升机外形示意图。双卷筒提升机结构特点是在主轴上安装有两个卷筒，一个与主轴直接连接（切向键或高强螺栓）称为死卷筒，另一卷筒滑装在主轴上，并通过离合器与主轴连接，称为活卷筒。采用这种结构是为了在需要调绳或调水平时，死卷筒可以单独由主轴带动，而把活卷筒闸住。

卷筒上设有带绳槽的衬垫。卷筒上钢丝绳层数达到 2 层及以上时，钢丝绳层间过渡区设有层间过渡块，卷筒挡绳板外缘高出最外一层钢丝绳的高度不应小于钢丝绳直径的 2.5 倍。

主轴、卷筒、闸盘等应进行无损检测。工作时主轴承温升不应超过 20℃，最高温度不应超过 60℃。

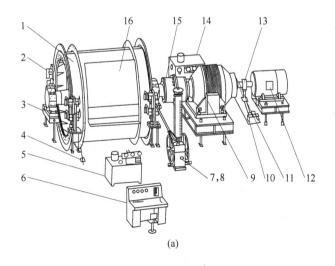

(a)

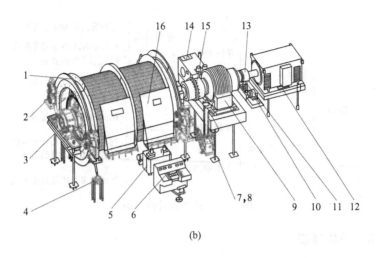

(b)

图 3.23　JK 系列单卷筒/双卷筒提升机外形示意图

（a）JK 系列单卷筒矿井提升机外形示意图；（b）2JK 系列双卷筒矿井提升机外形示意图

1—主轴装置；2—盘形制动器装置；3—主轴承梁；4—锁紧器；5—液压站；6—操作台；7—深度指示器；
8—深度指示器传动装置；9—减速器；10—测速传动装置；11—电动机制动器；12 电动机；
13—弹性棒销联轴器；14—润滑站；15—齿轮联轴器；16—卷筒护板

3.4.2.2　调绳离合器

双卷筒提升机装有调绳离合器，调绳时离合器打开，然后利用制动器抱住活卷筒，启动电机主轴只带动死卷筒运转，从而改变双容器的相对位置。调绳离合器采用齿轮离合器。运动部分应灵活可靠，能确保顺利离合。液压调绳离合器应进行密封性实验，液压缸及管路不能渗漏。设置有采用声光信号监测离合器脱开到位以及闭合到位的安全装置，该装置与主电控实现闭锁。在正常提升过程中，如果离合器异常脱开，应立即实施紧急制动，以确保安全。

3.4.2.3　深度指示器

深度指示器是在提升机运行中起指示容器位置、限速以及过卷保护等作用的部件。深度指示器功能包括：（1）指示容器在井筒中的位置；（2）当容器接近井口时发出减速信号，并改变限速电阻进行过速保护；（3）过卷时由过卷开关切断安全回路以实现安全。

深度指示器包括机械式和数字式两种类型。机械式深度指示器主要包括牌坊式深度指示器和圆盘式深度指示器。前者指示清楚，工作可靠，体积较大，指示精度较低且不易实现远距离控制。多绳摩擦轮提升机因为钢丝绳存在蠕动现象，必须增加自动调零装置，以保证指示容器位置的准确性。

深度指示器系统应能准确地指示出提升容器在井筒中的位置，并能迅速而准确地发出减速、井口二级制动解除及过卷等信号；当深度指示器位置指示失效时，应能自动断电，且使制动器实施安全制动。机械式深度指示器系统所指示的位置与实际位置误差应满足容器停车要求，系统运动灵活、平稳，无卡阻和振动现象；减速、限速及过卷装置动作应灵活、可靠，并能及时、准确复位。竖井提升宜优先采用数字式深度指示器。数字式深度指示器的显示准确度应为 cm 级，且应具有位置校正和判断显示数据是否正确的功能，深度指示的信号应由可编程序控制器（PLC）或微机直接发出。

3.4.2.4 制动装置

制动装置由执行机构和传动系统组成，按执行机构的不同结构，提升机制动器分为块式制动器和盘式制动器两种。传动装置主要有液压和气动两种方式。

制动器作用包括：（1）在减速阶段参与提升机的控制；（2）在提升终了或停止时闸住提升机；（3）在必要时进行安全制动，对提升系统进行保护；（4）在打开离合器时，能先制动活卷筒。

3.4.2.5 减速器

减速器作用是将电机输出的高转速低扭矩转换成低转速大扭矩，并传递给主轴装置。轴承温升不应超过 40°C，最高温度不应超过 75°C。箱内润滑油温升不应超过 35°C。

3.4.3 提升机型号及技术参数

3.4.3.1 提升机型号

提升机型号表示方法如图 3.24 所示。

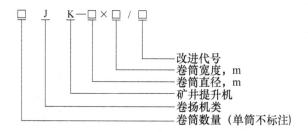

图 3.24 缠绕式提升机产品型号表示方法

例如，JK-3×2.2/E：卷筒直径 3m，卷筒宽度 2.2m，E 代产品；2JK-2×1/E：双卷筒，卷筒直径 2m，宽度 1m，E 代产品。

3.4.3.2 主要技术参数

提升机主要技术参数包括卷筒数、卷筒直径及卷筒宽度、钢丝绳最大静张力、钢丝绳最大直径、最大提升高度、最大提升速度、减速器型号及速比、变位质量等。

单、双筒提升机基本参数应符合表 3.12 和表 3.13 规定。

表 3.12 单筒提升机基本技术参数

| 序号 | 型号 | 卷筒 | | | 钢丝绳最大静张力/kN | 钢丝绳最大直径/mm | 最大提升高度或斜长 | | | 最大提升速度/m·s⁻¹ |
		个数	直径/m	宽度/m			一层缠绕/m	两层缠绕/m	三层缠绕/m	
1	JK-2×1.5	1	2.0	1.50	60	25	280	605	962	7.0
2	JK-2×1.8			1.80			350	746	1176	
3	JK-2.5×2		2.5	2.00	90	31	393	832	1312	9.0
4	JK-2.5×2.3			2.30			463	947	1528	

续表 3.12

序号	型号	卷筒			钢丝绳最大静张力/kN	钢丝绳最大直径/mm	最大提升高度或斜长			最大提升速度/m·s⁻¹
		个数	直径/m	宽度/m			一层缠绕/m	两层缠绕/m	三层缠绕/m	
5	JK-3×2.2	1	3.0	2.20	130	37	435	917	1447	12.0
6	JK-3×2.5		3.0	2.50	130	37	506	1060	1664	12.0
7	JK-3.5×2.5		3.5	2.50	170	43	501	1049	1654	12.0
8	JK-3.5×2.8		3.5	2.80	170	43	572	1193	1871	12.0
9	JK-4×2.2		4	2.20	245	50	415	875	1395	12.0
10	JK-4×2.7		4	2.70	245	50	532	1110	1752	12.0
11	JK-4.5×3		4.5	3.00	280	56	597	1242	1958	14.0
12	JK-5×3		5	3.00	350	62	593	1232	1948	14.0
13	JK-5×3.5		5	3.50	350	62	710	1469	2307	14.0

表 3.13　双筒提升机基本技术参数

序号	型号	卷筒				钢丝绳最大静张力/kN	两根钢丝绳最大静张力差/kN	钢丝绳最大直径/mm	最大提升高度或斜长			最大提升速度/m·s⁻¹
		个数	直径/m	宽度/m	两卷筒中心距/mm				一层缠绕/m	两层缠绕/m	三层缠绕/m	
1	2JK-2×1	2	2.0	1.00	1090	60	40	25	163	369	605	7.0
2	2JK-2×1.25		2.0	1.25	1340	60	40	25	222	487	784	7.0
3	2JK-2.5×1.2		2.5	1.20	1290	90	55	31	205	453	738	9.0
4	2JK-2.5×1.5		2.5	1.50	1590	90	55	31	276	595	953	9.0
5	2JK-3×1.5		3.0	1.50	1590	130	80	37	270	584	942	12.0
6	2JK-3×1.8		3.0	1.80	1890	130	80	37	341	727	1159	12.0
7	2JK-3.5×1.7		3.5	1.70	1790	170	115	43	312	667	1074	12.0
8	2JK-3.5×2.1		3.5	2.10	2190	170	115	43	407	858	1364	12.0
9	2JK-4×2.1		4.0	2.10	2190	245	165	50	392	828	1324	12.0
10	2JK-4.5×2.2		4.5	2.20	2290	280	185	56	410	864	1385	14.0
11	2JK-5×2.3		5.0	2.30	2390	350	230	62	429	900	1446	14.0
12	2JK-5.5×2.4		5.5	2.40	2490	425	280	68	447	936	1506	14.0
13	2JK-6×2.5		6.0	2.50	2590	500	320	75	457	957	1543	14.0

注：1. 最大提升高度或斜长是按照钢丝绳最大直径计算的参考值。

　　2. 最大提升速度是按一层缠绕计算的提升速度。

　　3. 本表中产品规格为优先选用的规格。

3.4.4　单绳缠绕式提升机选择

3.4.4.1　确定卷筒直径

卷筒直径 D 的确定，是以保证直径为 d 的钢丝绳在绕入卷筒时产生较小的附加弯曲应力，从而保证钢丝绳具有足够的寿命为原则。附加弯曲应力随 D/d 的增加而减少，当 $D/d>80$ 时减少不显著，当 $D/d<60$ 时弯曲应力急剧增加。钢丝绳弯曲应力随卷筒直径 D、钢丝绳直径 d 的变化关系如图3.25所示。钢绳寿命还与 D/δ（δ 为钢丝直径）有关，其值增加时寿命增加，反之寿命减少。卷筒直径 D 与提升钢丝绳直径 d、最粗钢丝直径 δ 的关系可用下式表示。

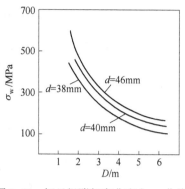

图 3.25 钢丝绳附加弯曲应力 σ_w 曲线

安装在地面上的提升机：　$D \geq 80d$　$D \geq 1200\delta$
安装在井下的提升机：　$D \geq 60d$　$D \geq 900\delta$

提升机卷筒直径的确定原理与天轮、主导轮、导向轮类似，均与缠绕或搭接其上的钢丝绳直径、最粗钢丝直径间存在倍数关系，该关系可作为提升机卷筒、提升系统天轮、摩擦式提升机主导轮（摩擦轮）、导向轮选型计算的依据。提升机卷筒、天轮、主导轮、导向轮的最小直径与钢丝绳直径之比，与钢丝绳中最粗钢丝直径之比，不应小于表3.14的规定。

表 3.14　卷筒、天轮、主导轮、导向轮最小直径与钢丝绳、钢丝最大直径比值

类型	使用场合	项目		钢丝绳直径的倍数 $\dfrac{D}{d}$	最粗钢丝直径的倍数 $\dfrac{D}{\delta}$
摩擦式提升系统	塔式	主导轮	有导向轮	100	1200
			无导向轮	80	1200
		导向轮		100	1200
	落地式	主导轮		100	1200
		天轮		100	1200
缠绕式提升系统	地表安装	卷筒		80	1200
		天轮		80	1200
	地下安装或凿井绞车	卷筒		60	900
		天轮		60	900
专用于悬吊设备或运输物料的绞车		卷筒		20	300
		导向轮		20	300

值得说明的是，表3.14中数据引自相关设计规范，随着装备技术进步以及规范的修订可能对表中数据进行变动和调整，但是，卷筒、主动轮、天轮、导向轮等用于缠绕钢丝绳、搭接钢丝绳或引导钢丝绳方向的装置选型计算原则是不变的。

3.4.4.2　卷筒宽度的验算

提升机的卷筒直径和宽度已经系列化，卷筒直径选定之后宽度 B 就已确定，因此必须校核卷筒宽度是否满足容绳量要求。容绳量包括提升高度 H，实验用绳长 L_s，为减少绳头在卷筒固定处拉力而设的摩擦圈（减载圈）K_1，因此：

单层缠绕时，

$$B = \left(\frac{H + 30}{\pi D} + 3\right)(d + \varepsilon) \tag{3.7}$$

式中，ε 为绳圈间的间隙，$2 \sim 3$mm；H 为提升高度，m。罐笼提升 $H = H_j$，箕斗提升 $H = h_x + H_j + h_z$；h_x、H_j、h_z 分别为箕斗卸载高度、井深、箕斗装载高度，m；钢绳寿命一般按 3 年计算，所以 $L_s = 30$m，K_1 取 3 圈。

多层缠绕时，

$$B = \left(\frac{H + 30 + (3 + n')\pi D}{n \pi D_p}\right)(d + \varepsilon) \tag{3.8}$$

式中，n 为钢绳缠绕层数；D_p 平均缠绕直径，$D_p = D + (n - 1)d$；n' 钢丝绳定期串动所需的备用圈数，每季度将钢丝绳移动 0.25 圈所需的备用圈数，取 4。

竖井单绳缠绕式提升机，卷筒上钢丝绳缠绕圈数应符合如下规定：竖井提升人员或升降人员和物料时，宜缠绕单层；专用于升降物料时，可缠绕两层；盲竖井中专用于升降物料时，可缠绕三层。

3.4.4.3 提升机最大静张力及最大静张力差验算

钢丝绳的最大静拉力 $T_{j,max} = (Q + Q_r + pH)g$，钢丝绳最大静拉力差 $\Delta T_{j,max} = (Q + pH)g$。

对最大静张力 $T_{j,max}$ 及最大静张力差 $\Delta T_{j,max}$ 进行验算，目的是确保提升钢丝绳在极限受力情况下满足提升机的技术参数，即允许的最大静张力 $[T_{j,max}]$ 和最大静张力差 $[\Delta T_{j,max}]$，即：

$$(Q + Q_r + pH)g \leqslant [T_{j,max}] \tag{3.9a}$$

$$(Q + pH)g \leqslant [\Delta T_{j,max}] \tag{3.9b}$$

若提升机最大静张力和最大静张力差不符合上述要求时，应重新选择具有较大最大静张力和静张力差的提升机。提升机规格及技术参数，可查阅相关设备手册。

3.4.5 天轮

天轮安设于井架上，作钢绳支撑和导向之用，按其结构可分为铸造辐条式和装配式天轮，如图 3.26 所示。

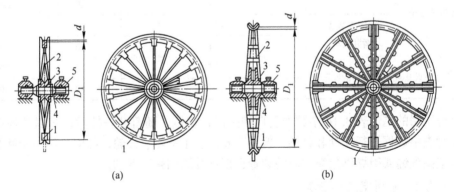

图 3.26　天轮

(a) 铸造辐条式天轮；(b) 型钢装配式天轮

1—轮缘；2—轮辐；3—轮毂；4—轴；5—轴承

(1) 铸造辐条式。直径在 3.5m 以下的天轮，常采用铸造辐条式天轮，其特点是轮缘和轮毂由铸钢或铸铁做成，轮辐为圆钢轮辐，把截成的圆钢辐条放在天轮的铸造砂型之内一起铸造而成。直径不超过 2m 时采用整体铸造，直径超过 2m 时多铸造为剖分式。

（2）型钢装配式天轮。直径 4m 以上天轮，为制造、安装与运输方便，常采用装配式天轮。装配式天轮由数段冲压钢板轮缘、型钢轮辐、铸钢（或铸铁）轮毂组成。轮辐一端用精制螺丝与轮毂相连，另一端用铆钉与轮缘固定。

天轮也可按是否能够沿轴移动分类，有移动天轮和固定天轮之分。移动天轮可以沿天轮轴做轴向移动，以便缩短提升机和天轮之间的距离，并保证钢丝绳偏角不大于规定值 1°30′，移动天轮应用不多，仅在井下盲斜井提升时采用。固定天轮不可沿轴移动，用于大型提升设备。铸造天轮轮毂用键固定在轴上，并在轴上装有挡环，防止天轮轴向移动。

轮缘是天轮的工作机构，分有绳衬和无绳衬两种。前者可减少钢丝绳、轮缘的磨损，延长钢丝绳、天轮寿命。使用时应注意绳衬磨损程度达到规定值时及时更换，同时加强维护，及时处理掉落或松动的绳衬，避免发生钢丝绳剧烈跳动故障或跳绳事故。无衬垫天轮轮缘材料耐磨性较高，避免了因衬垫磨损过量或脱落而引起的提升钢丝绳剧烈跳动故障，维修工作量小，缺点是绳槽、钢丝绳磨损较大，磨损程度超过规定值时，需要更换天轮。天轮的边缘应高于钢丝绳，其高差不应小于钢丝绳直径的 1.5 倍。

天轮直径 D_1 的确定可按照提升机卷筒直径表中的对应倍数关系进行计算。值得说明的是，在早前的设计规范中，对地面设备按照包角大小进行分类设计。如：对于地面设备包角大于 90° 时，D_1 要同时大于或等于 $80d$ 和 1200δ；包角小于 90°，D_1 要同时大于或等于 $60d$ 和 900δ。目前相关设计规范已经不考虑钢丝绳在天轮上的包角大小。

3.4.6 安全防护装置

卷筒、联轴器等外露回转件部位应按照要求装设防护装置。盘形制动器装置和调绳离合器油路系统的设置应避免渗漏的油液甩到制动盘上，以免影响制动盘和闸瓦之间的摩擦系数。应设置减速、限速及防止过卷、超速、错向、过负荷、欠电压、主电动机及油泵电机的启动和停止、调绳离合器的离合、闸瓦间隙、闸瓦磨损、碟形弹簧失效指示、液压站和润滑油站温度保护等机电联锁机构，另外，提升机还应设置深度指示器失效以及松绳等保护装置。

3.5 多绳摩擦式提升机

3.5.1 摩擦式提升机的类型及技术参数

我国多绳摩擦式提升机（multi-rope mining friction hoist）自 20 世纪 80 年代末从瑞典 ASEA 公司引进，至今已经有 JKM、JKMD 等系列，先后研制了 JKMC、JKME 等改进型。多绳摩擦式提升机分为 JKM 井塔式和 JKMD 落地式两种型式。产品型号如图 3.27 所示。

例如，JKMD-4×4Ⅲ 多绳摩擦式提升机：摩擦轮直径为 4m，4 根钢丝绳，落地式，单电动机不带减速器的多绳摩擦式提升机。

摩擦式提升机主要零部件包括主轴装置、导向轮、天轮装置（焊接式结构并装有绳衬），盘形制动器装置，减速器装置，液压站，深度指示器装置，安全防护装置等。

主要技术参数包括摩擦轮直径，钢丝绳最大静张力，钢丝绳最大静张力差，钢丝绳最

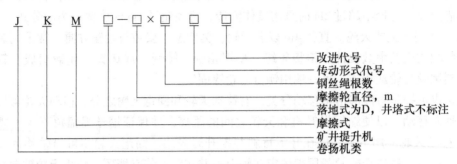

图 3.27 多绳摩擦式提升机产品型号

传动形式代号：单电机带减速器Ⅰ；双电机带减速器Ⅱ；单电机不带减速器Ⅲ；双电机不带减速器Ⅳ

大直径，钢丝绳间距，钢丝绳根数，最大提升速度，传动方式、减速器型号及速比，电机转子、减速器、天轮等旋转部分变位质量等。表 3.15 和表 3.16 列出了落地式和井塔式两种类型摩擦式提升机基本技术参数。从表中可以看出，钢丝绳根数多为 4 根和 6 根，摩擦轮直径 1.3~6m，摩擦系数为 0.25，其中落地式多绳摩擦式提升机钢丝绳仰角 40°~90°，天轮直径 1.6~6m；井塔式多绳摩擦式提升机导向轮直径一般在 1.85~5.5m。

表 3.15 落地式多绳摩擦式提升机基本技术参数

序号	产品型号	摩擦轮直径 /m	钢丝绳根数 /根	摩擦系数	钢丝绳最大静张力差 /kN	钢丝绳最大静张力 /kN	钢丝绳最大直径 /mm	钢丝绳间距 /mm	最大提升速度 /m·s⁻¹		天轮直径 /m	钢丝绳仰角 /(°)
									有减速器	无减速器		
1	JKMD-1.6×4	1.6			30	105	16		8.0	—	1.6	
2	JKMD-1.85×4	1.85			45	155	20	250			1.85	
3	JKMD-2×4	2.00			55	180	22		10		2.00	
4	JKMD-2.25×4	2.25			65	215	24				2.25	
5	JKMD-2.8×4	2.80			100	335	30				2.80	
6	JKMD-3×4	3.00			140	450	32	300			3.00	
7	JKMD-3.25×4	3.25	4	0.25	160	520	36		15		3.25	≥40 至 <90
8	JKMD-3.5×4	3.50			180	570	38			16	3.50	
9	JKMD-4×4	4.00			270	770	44				4.00	
10	JKMD-4.5×4	4.50			340	980	50				4.50	
11	JKMD-5×4	5.00			400	1250	54	350		—	5.00	
12	JKMD-5.5×4	5.50			450	1450	60				5.50	
13	JKMD-5.7×4	5.70			470	1550	62				5.70	
14	JKMD-6×4	6.00			500	1650	64				6.00	

注：1. 按使用要求，表中摩擦轮直径允许在 4% 的范围内变动，相关参数与之相适应。

2. 选用时，如果系统防滑计算不能满足要求，应对整个提升系统进行调整，仍不满足时，可提高一档选用。

3. 对装机功率较大、单机传动实现困难的大型多绳摩擦式提升机，优先选用Ⅳ型双机拖动方式。

表 3.16　井塔式多绳摩擦式提升机基本技术参数

序号	产品型号	摩擦轮直径 /m	钢丝绳根数/根	摩擦系数	钢丝绳最大静张力差 /kN	钢丝绳最大静张力/kN		钢丝绳最大直径/mm		钢丝绳间距 /mm	最大提升速度 /$\mathrm{m\cdot s^{-1}}$		导向轮直径/m
						有导向轮	无导向轮	有导向轮	无导向轮		有减速器	无减速器	
1	JKM-1.3×4	1.30	4	0.25	30	—	105	—	16	200	5.0	—	—
2	JKM-1.6×4	1.60	4	0.25	40	—	150	—	20	200	8.0	—	—
3	JKM-1.85×4	1.85	4	0.25	45/50	155	165	20	22	200	10.0	—	1.85
4	JKM-2×4	2.00	4	0.25	55	180	—	22	—	200	10.0	—	2.00
5	JKM-2.25×4	2.25	4	0.25	65	215	—	24	—	200	10.0	—	2.25
6	JKM-2.8×4	2.80	4	0.25	100	335	—	30	—	250	15.0	—	2.80
7	JKM-2.8×6	2.80	6	0.25	160	520	—	30	—	250	15.0	—	2.80
8	JKM-3×4	3.00	4	0.25	140	450	—	32	—	250	15.0	—	3.00
9	JKM-3×6	3.00	6	0.25	220	670	—	32	—	250	15.0	—	3.00
10	JKM-3.25×4	3.25	4	0.25	160	520	—	36	—	250	15.0	—	3.25
11	JKM-3.5×4	3.50	4	0.25	180	570	—	38	—	300	16.0	—	3.50
12	JKM-3.5×6	3.50	6	0.25	270	860	—	38	—	300	16.0	—	3.50
13	JKM-4×4	4.00	4	0.25	270	770	—	44	—	300	16.0	—	4.00
14	JKM-4×6	4.00	6	0.25	340	1200	—	44	—	300	16.0	—	4.00
15	JKM-4.5×4	4.50	4	0.25	340	980	—	50	—	300	16.0	—	4.50
16	JKM-4.5×6	4.50	6	0.25	440	1450	—	50	—	300	16.0	—	4.50
17	JKM-5×4	5.00	4	0.25	400	1250	—	54	—	300	16.0	—	5.00
18	JKM-5×6	5.00	6	0.25	500	1650	—	54	—	300	16.0	—	5.00
19	JKM-5.5×4	5.50	4	0.25	500	1500	—	60	—	350	16.0	—	5.50
20	JKM-5.5×6	5.50	6	0.25	600	2000	—	60	—	350	16.0	—	5.50

注：1. 钢丝绳最大静张力差一栏中，分子表示有导向轮，分母表示无导向轮。

2. 按使用要求，表中摩擦轮直径允许在 4% 的范围内变动，相关参数与之相适应。

3. 选用时，如果系统防滑计算不能满足要求，应对整个提升系统进行调整，仍不满足时，可提高一档选用。

4. 对装机功率较大、单机传动实现困难的大型多绳摩擦提升机，优先选用Ⅳ型双机拖动方式。

3.5.2 摩擦式提升机结构组成

3.5.2.1 主轴装置

主轴法兰盘（或轮毂）与摩擦轮辐采用高强度螺栓连接，借助螺栓压紧轮辐与夹板间的摩擦力传递扭矩。主轴装置应便于拆卸和运输，制造要求高，轴向两个法兰盘间的尺寸与摩擦轮轮辐尺寸应吻合，以便于连接。主轴及摩擦轮焊缝应按要求进行探伤检查，摩擦轮应进行静平衡实验；摩擦衬垫摩擦系数不应小于0.25，钢丝绳对摩擦衬垫最大比压不应大于2.0MPa；主轴温升不大于25℃，最高温度不高于65℃；主轴设计寿命不短于25年。

3.5.2.2 车槽装置

车槽装置一是在提升机安装时对主导轮摩擦衬垫车削绳槽；二是在使用过程中根据绳槽的磨损程度进行车削，使得绳槽直径相同，保证各钢丝绳受力趋于均匀，保持钢丝绳张力均衡。该装置包括车槽架、车刀装置以及车道，每个绳槽有各自的车刀装置。

3.5.2.3 减速器

井塔式多绳摩擦式提升机采用弹性基础共轴减速器，以消除机器传给井塔的振动。减速器轴承温升不大于40℃，最高温度不高于75℃，减速箱内润滑油温度不高于35℃。

3.5.2.4 深度指示器及自动调零装置

多绳摩擦式提升机深度指示器的类型以及功能要求与单绳缠绕式提升机类似，不同之处在于：为补偿钢丝绳蠕动和滑动对深度指示器位置的影响，确保深度指示器指示数值准确，设置了深度指示器自动调零装置。另外，深度指示器系统中应设置失效保护装置。

3.5.2.5 尾绳悬挂装置

多绳摩擦式提升机一般均有平衡尾绳，为了避免尾绳在使用过程中打结，一般在罐笼或箕斗底部下方设有尾绳悬挂装置。

3.5.2.6 首绳悬挂装置

多绳摩擦式提升机使用过程中，钢丝绳拉力难以保持一致和受力均匀，提升钢丝绳张力不平衡。主要原因包括：各钢丝绳断面面积和弹性模量存在差异；摩擦衬垫绳槽直径加工误差；绳槽磨损程度不均匀；悬挂钢丝绳时，钢丝绳绳长不相等；各钢丝绳承受载荷的不均匀。

为消除钢丝绳物理性质引起的张力差，应选择连续生产的同批钢丝绳。同时为了消除扭转的影响，要求左、右捻钢丝绳相间布置，且从同一根钢丝绳截取。

首绳悬挂装置（张力平衡装置）可有效改善张力不平衡现象，安装于楔形绳环与提升容器之间，按结构特点可分为杠杆式、弹簧式和液压式等类型。杠杆式、弹簧式由于调整范围有限，在矿山应用不多，液压式可达到钢丝绳完全平衡，广泛应用。

图 3.28 为螺旋液压调绳器结构图。在绳张力调整时，向各油缸充油，使得各绳张力平衡，然后将此位置用螺栓固定，之后将油缸内的液压油放出，可保证在工作期间不会发生漏油现象。调绳器行程有 400mm、500mm 两种，超过此行程时，可用钢丝绳连接装置上方的楔形绳卡进行串绳。该装置可实现钢丝绳的张力静平衡，主要用于定期调节钢丝绳的长度。若将液压缸相互连通，在提升过程中可实现钢丝绳长度的调整，达到张力动态平衡。张力自动平衡首绳悬挂装置如图 3.29 所示。该装置解决了连通油缸的密封问题，可实现各首绳之间拉力的动态平衡，其原理与螺旋液压调绳器基本类似，但安全可靠性方面有很大提高。

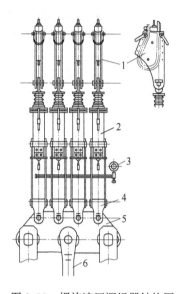

图 3.28　螺旋液压调绳器结构图
1—楔形环；2—液压缸；3—压力表；
4—连接头；5—连接板；6—连接杆

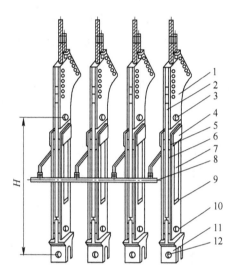

图 3.29　XSZ 型钢丝绳张力自动平衡首绳悬挂装置
1—楔形绳环；2—中板；3—上连接销；4—挡板；5—压板；
6—侧板；7—连通油缸；8—连接组件；9—垫块；
10—中连接销；11—换向叉；12—下连接销

现行规范要求，多绳提升首绳悬挂装置应采用能自动平衡各首绳张力的悬挂装置。

3.5.2.7　制动器

摩擦式提升机采用盘形制动器，要求盘形制动器安全制动空行程时间不应超过 0.3s，松闸和制动操纵机构与提升机操纵机构之间应设置联锁装置。另外，对盘形制动器的碟形弹簧和盘形闸瓦都有一定的质量要求，分别符合相关标准规范。

3.5.2.8　安全防护装置

安全防护装置主要包括四部分：一是回转部件的防护，二是机电联锁装置，三是深度提示器失效保护装置，四是钢丝绳滑动监测装置。回转部件的防护主要针对摩擦轮、联轴器等外露的回转部件。机电联锁装置包括提升机减速、限速，以及防止过卷、超速、过负荷和欠电压、主电机及油泵的启动和停止、闸瓦磨损及蝶形弹簧失效指示、液压站和润滑油站温度保护等。

多绳摩擦式提升机防过卷装置包括安装在深度指示器上的过卷开关、安装在井架上的过卷开关以及设置在井架和井底的两套楔形罐道装置。由于过卷时的提升速度，钢丝绳滑动、蠕动、伸长，误操作、控制失灵等原因，深度指示器和井架上的过卷开关动作总是滞后于容器过卷，导致安全制动的距离较长。为避免发生严重过卷事故，一般在井塔、井底分别安设两套楔形罐道，高速过卷时提升容器的罐耳进入楔形罐道，罐耳与罐道间的摩擦力和挤压力使容器快速制动。

3.5.2.9　摩擦衬垫

多绳摩擦式提升机利用钢丝绳与衬垫之间的摩擦力来传递动力，衬垫摩擦性能的优劣，直接关系到提升机的提升能力、工作效率和安全可靠性。

国内摩擦衬垫的材质经历了聚氯乙烯（PVC）—聚氨酯（CPUR）—新型复合材料的发展历程，摩擦因数的设计值从最初的 0.20 提高到现在的 0.25。摩擦衬垫必须有足够的抗压强度，以承担两侧提升钢丝绳运行时产生的各种动载荷和冲击载荷。同时，摩擦衬垫与钢丝绳之间必须具有足够的摩擦因数，以满足设计生产能力，并防止提升过程中的滑动。比压和摩擦因数是衡量摩擦衬垫性能的两个主要参数。

$$p = \frac{T_{js} + T_{jx}}{nDd} \tag{3.10a}$$

式中，p 为比压，MPa；T_{js} 为重载侧钢丝绳的静张力，N；T_{jx} 为轻载侧钢丝绳的静张力，N；D 为摩擦轮直径，mm；d 为钢丝绳直径，mm；n 为钢丝绳根数。

$$\mu = \frac{\ln \dfrac{T_{js}}{T_{jx}}}{\alpha} \tag{3.10b}$$

式中，μ 为摩擦衬垫的摩擦因数；α 为围包角，常取 180°~195°。

衬垫比压在工程应用中一般限定为 2.0MPa。在深井提升中，要满足此要求，不得不加大摩擦轮直径或钢丝绳直径，或增加钢丝绳绳数，导致设备过于庞大，因此，研制高比压、高摩擦因数衬垫，对于深井提升十分必要。

一方面，增大衬垫比压可降低设备选型规格。以 JKM-4×6 提升机为例，最大静张力为 1200kN，最大静张力差为 340kN，钢丝绳最大直径为 44mm，比压计算值为 1.95MPa。如果将比压许用值从 2MPa 提高至 2.6MPa，在采用更高强度钢丝绳且不降低钢丝绳安全系数及绳径比的前提下，可以采用更小规格的 JKM-3.5×6 提升机，计算比压提高至2.58MPa。另一方面，增大衬垫摩擦因数可提高一次有效提升量。以 JKM-4.5×4 提升机为例，最大静张力为 980kN，最大静张力差为 340kN，假定钢丝绳围包角为 185°，在其他条件不变的情况下，摩擦因数由 0.25 提高至 0.28，则最大静张力差提高约 10%。

以上为摩擦式提升机与缠绕式提升机在结构上的主要区别，其他方面两种提升机类似。

3.5.3　摩擦式提升机传动原理

多绳摩擦式提升机工作原理不同于缠绕式提升机，提升动力传动方式主要依靠钢丝绳与摩擦衬垫间的摩擦，摩擦力大小决定了提升可靠性。如图 3.30 所示，摩擦提升动力传动形式属于挠性体摩擦传动，由欧拉公式得出上升侧钢丝绳拉力 F_s 与下放侧钢丝绳拉力

F_x 之间的关系：

$$F_s = F_x \cdot e^{\mu\alpha}$$

式中，e 为自然对数的底；μ 为钢丝绳与衬垫间的摩擦系数，通常取 0.2；α 为钢丝绳与摩擦轮的围包角，rad；F_x 为下放侧钢丝绳拉力，即轻载侧钢丝绳拉力，N；F_s 为上升侧钢丝绳拉力，即重载侧钢丝绳拉力，N。

3.5.4　防滑安全系数

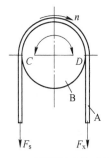

图 3.30　摩擦提升传动原理
A—钢丝绳；B—摩擦轮；n—转速

3.5.4.1　防滑安全系数验算

当上升绳拉力 F_s 与下放绳 F_x 的关系满足以上欧拉公式时，钢丝绳在衬垫上处于滑动的临界状态。这时，钢丝绳两侧的张力差 $F_s - F_x = F_x(e^{\mu\alpha} - 1)$。

钢丝绳张力差 $F_s - F_x$ 使得钢丝绳有向拉力大的一侧滑动的趋势，称为滑动力；$F_x(e^{\mu\alpha} - 1)$ 为钢丝绳与摩擦衬垫之间的摩擦力，阻止滑动趋势，称为防滑力。要实现摩擦提升，即没有滑动的安全提升，摩擦力应大于滑动力。防滑力与滑动力之比称为防滑安全系数 σ，即：

$$\sigma = \frac{F_x(e^{\mu\alpha} - 1)}{F_s - F_x} \tag{3.11a}$$

防滑安全系数可分为静防滑安全系数 σ_j、动防滑安全系数 σ_d，分别表示为：

$$\sigma_j = \frac{F_{xj}(e^{\mu\alpha} - 1)}{F_{sj} - F_{xj}} \tag{3.11b}$$

式中，F_{sj}、F_{xj} 分别为上升绳静拉力和下放绳静拉力，N。

$$\sigma_d = \frac{F_{xd}(e^{\mu\alpha} - 1)}{F_{sd} - F_{xd}} \tag{3.11c}$$

式中，F_{sd}、F_{xd} 分别为上升绳动拉力和下放绳动拉力，N。

因此，钢丝绳静防滑安全系数是指按照欧拉公式计算出的，提升装置上钢丝绳打滑时的钢丝绳张力差与设计工况下钢丝绳最大静张力差的比值。钢丝绳动防滑安全系数是指按照欧拉公式计算出的，提升系统加速或减速运行过程中提升装置上钢丝绳打滑时的钢丝绳张力差与设计工况下钢丝绳最大动张力差的比值。

考虑了惯性力的动拉力 F_{sd}、F_{xd} 及动拉力差 $F_{sd} - F_{xd}$ 可分别表示为 $F_{sd} = F_{sj} \pm m_s a$，$F_{xd} = F_{xj} \mp m_x a$，$F_{sd} - F_{xd} = (F_{sj} - F_{xj}) \pm (m_s + m_x)a$，即，动防滑安全系数：

$$\sigma_d = \frac{(F_{xj} \mp m_x a)(e^{\mu\alpha} - 1)}{(F_{sj} - F_{xj}) \pm (m_s + m_x)a} \tag{3.12}$$

式中，a 为提升加速度；m_s、m_x 分别为上升侧、下放侧总变位质量；分子中惯性力符号"$\mp$"、分母中惯性力符号"$\pm$"，加速阶段取上面的符号（即分子、分母中的惯性力符号分别取 $-$、$+$），减速阶段取下面符号（即分子、分母的惯性力符号分别取 $+$、$-$）。

为保证提升过程中不打滑，必须对防滑安全系数进行验算，静防滑安全系数 $\sigma_j \geqslant 1.75$ 和动防滑安全系数 $\sigma_d \geqslant 1.25$，且要求重载侧与空载侧的静张力比应小于 1.5。

3.5.4.2　提高防滑安全系数的方法

（1）增加围包角。不设导向轮时，围包角为180°，提升机结构简单且维修方便，但是围包角较小，有时无法满足防滑安全系数要求，主导轮直径与提升钢丝绳中心距相等，会增加井筒直径。围包角为190°~195°时，可提高防滑安全系数，这时需设置导向轮，能减小提升钢丝绳的中心距，但增加井架高度和钢丝绳弯曲应力，降低钢丝绳寿命。

（2）增加摩擦系数 μ。这种方法提高防滑安全系数的同时，不会有其他缺点。摩擦系数与衬垫材料、钢丝绳断面形状等有关。摩擦衬垫材料要求具有摩擦系数高且耐磨耐压的特性。

（3）增大轻载侧钢丝绳静张力。平衡锤重量为容器自重加上一次提升量的一半，即 $Q_r + Q/2$，显然，带平衡锤单容器提升系统的静张力差小于双容器提升系统静张力差，故平衡锤系统防滑安全系数增大。另外，使用尾绳或增加容器自重也可增大轻载侧钢丝绳静张力。

（4）控制提升系统的加减速度，减小动负荷。

3.5.5　多绳摩擦式提升机的选型计算

多绳摩擦式提升机与单绳缠绕式提升机的提升功能完全相同，有关设备主要参数的选型计算两者基本相同。以下重点介绍多绳摩擦式提升机选型计算的特殊性。

（1）主导轮和导向轮直径。由于主导轮和导向轮的作用都是引导钢丝绳，因此其直径大小也是主要考虑直径对钢丝绳弯曲应力的影响。具体计算符合前述规定。

（2）最大静张力、最大静张力差。最大静拉力是重载侧的钢丝绳最大静拉力 F_1，对应的轻载侧静张力为 F_2，最大静拉力差为 $F_1' = F_1 - F_2$。相关计算内容列于表3.17，便于应用。

表 3.17　最大静张力计算表

项　目	单罐笼		双罐笼		单箕斗		双箕斗	
	重载侧	轻载侧	重载侧	轻载侧	重载侧	轻载侧	重载侧	轻载侧
一侧钢丝绳总质量/kg	○	○	○	○	○	○	○	○
罐笼质量/kg	○		○	○				
箕斗质量/kg					○		○	○
矿车质量/kg	○		○	○				
有效载荷/kg	○		○		○		○	
平衡锤质量/kg		○				○		
首绳静拉力/N	F_1	F_2	F_1	F_2	F_1	F_2	F_1	F_2
静拉力差/N	$F_1 - F_2$		$F_1 - F_2$		$F_1 - F_2$		$F_1 - F_2$	

注：钢丝绳总质量包括首绳和尾绳。

（3）摩擦衬垫。当提升钢丝绳端部载荷拉紧钢丝绳时，钢丝绳紧压在衬垫上，提升钢丝绳与衬垫之间产生较大的摩擦力，此摩擦力应保证提升机钢丝绳不会在摩擦轮上出现滑动现象。这对摩擦衬垫的材质以及摩擦因数均提出一定的要求。

提升钢丝绳作用在主导轮衬垫上的比压和摩擦因数计算分别见式（3.10a）和式

（3.10b）。衬垫的耐压力应取 2MPa，摩擦因数应大于 0.2，有条件时宜采用摩擦因数为 0.25 的衬垫。

（4）主导轮围包角。当不设置导向轮时，钢丝绳在主导轮上的围包角 $\alpha = 180°$。当提升机的两个提升容器之间或者提升容器与平衡锤之间的中心距小于主导轮直径时，需要设置导向轮，围包角一般会大于 180°，但不超过 195°。围包角过大，会增大钢丝绳弯曲应力。

（5）钢丝绳滑动极限减速度。对多绳摩擦式提升机来说，钢丝绳滑动的最不利条件发生在安全制动状态，除了满足抗滑安全系数要求之外，还应满足钢丝绳滑动极限减速度的要求。金属非金属矿山安全规程规定，对各种载荷（满载、空载）和各种提升状态（上升、下降）下，满载下放时安全制动减速度不小于 1.5m/s^2，满载提升时不大于 5m/s^2。滑动极限减速度的计算基础为欧拉公式，主要是分析钢丝绳两端张力之间的关系问题。两种提升方式（单容器平衡锤、双容器）、两种载荷状态（重载、空载）、两种提升状态（上升、下放）共组合出 8 种钢丝绳滑动极限减速度计算工况，计算公式与重载侧、空载侧钢丝绳静张力、变位质量、摩擦轮围包角、摩擦轮摩擦系数等参数有关。

3.6　提升机布置方案

3.6.1　提升机安装位置

提升机安装位置不仅与地形条件，工业广场布置，地面运输系统以及井筒内提升设备套数等因素有关，同时也受提升机类型、容器类型影响。

图 3.31 表示一套提升容器的井筒。采用双卷筒提升机，两个容器并排布置，两天轮在同一水平线上（A 位置）。单卷筒提升机的两根钢丝绳共用一部分卷筒表面，天轮并排布置会导致过大的绳弦偏角，故天轮一高一低布置在同一垂直面内，提升机布置在 B 位置上。箕斗提升时机房位于卸载方向相反的一侧，罐笼提升则应建在重车线的相反一侧。

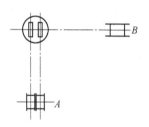

图 3.31　提升机安装位置

井筒内布置两套提升设备时，提升机房的布置有四种形式。如图 3.32 所示，对侧式的井架负载均衡，但两个机房占地面积大，土建费用较大。同侧式的占地面积小，机房紧凑，但井架平台布置复杂。直角式和斜角式是前两者的中间方案。布置方案可根据具体条件，因地制宜地选择。

3.6.2　提升机布置参数

提升机布置参数包括井架高度 H_{ja}、卷筒中心至井筒中心线间的距离 b、钢绳的弦长 L，钢绳偏角 α 和钢绳出绳角 φ 等。前两个参数至关重要，其取值大小决定了其他参数。

3.6.2.1　井架高度

如图 3.33 所示，井架高度是指从井口水平到最上面天轮轴线间的垂直距离。

（1）两天轮位于同一水平轴线（图 3.33（a））。

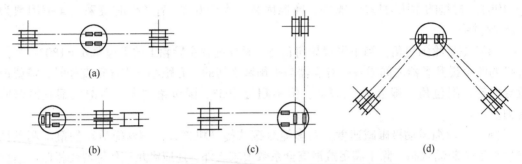

图 3.32 井筒中布置两套提升设备时安装位置示意图
（a）对侧式；（b）同侧式；（c）直角式；（d）斜角式

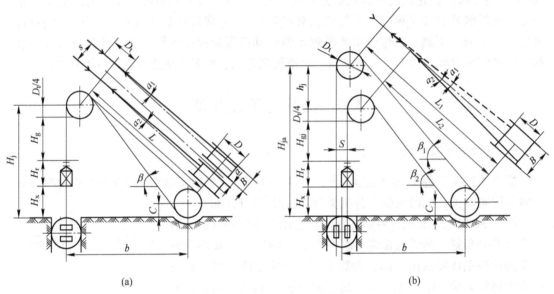

图 3.33 提升机与井筒相对位置
（a）双卷筒提升机；（b）单卷筒提升机

$$H_{ja} = H_x + H_r + H_{gj} + \frac{D_t}{4} \tag{3.13a}$$

式中，H_x 为卸载高度，指由井口水平到卸载位置的容器底座的高度，m；H_r 为容器全高，指容器底至连接装置最上一个绳卡之间的距离，m；H_{gj} 为过卷高度，指容器由正常卸载位置提到钢丝绳最上一个绳卡与天轮接触时所走的距离，m；D_t 为天轮直径，m。

罐笼提升时，$H_{ja} = H_r + H_{gj} + 1/4D_t$；箕斗提升时，$H_{ja} = H_x + H_r + H_{gj} + 1/4D_t$。

按相关设计规范的规定，当提升速度小于 3m/s 时，过卷高度不应小于 4m；当提升速度为 3~6m/s 时，过卷高度不应小于 6m；当提升速度为 6~10m/s 时，过卷高度不应小于最高提升速度下运行 1s 的提升高度，m；当提升速度大于 10m/s 时，过卷高度不应小于 10m。在其他资料中，过卷高度也有按照罐笼提升、箕斗提升两种提升方式分别进行规定的。但是原则上提升速度越大，相应的过卷高度数值应加大。为防止过卷的发生，竖井提升系统应设置过卷保护装置。该装置属于行程限位装置，主要有楔形罐道、过卷挡梁以及其他缓冲式防过卷装置等。

（2）两天轮位于同一垂直面（图3.33（b））。对于这种布置方式，井架高度计算时应考虑两个天轮之间的垂直距离 h_j，即：

$$H_{ja} = H_x + h_j + H_r + H_{gj} + \frac{D_t}{4} \tag{3.13b}$$

式中，h_j 为两天轮轴线之间垂直距离 $h_j = D_t + (1 \sim 1.5)\,\mathrm{m}$。

罐笼提升，$H_{ja} = h_j + H_r + H_{gj} + 1/4D_t$；箕斗提升，$H_{ja} = H_x + h_j + H_r + H_{gj} + 1/4D_t$。

3.6.2.2　卷筒中心至井筒提升中心线的水平距离

卷筒中心至井筒提升中心线间的水平距离，应使提升机房的基础不与井架斜撑的基础相碰，否则井架振动会影响机房。为避免上述现象的产生，其最小距离可按以下经验公式确定：

$$b \geqslant 0.6H_{ja} + D + 3.5 \tag{3.14}$$

井架高度一旦确定，再调整比较困难。卷筒中心至井筒提升中心线的水平距离 b 的调整范围较大，当偏角 α 和出绳角 β 不符合要求时可适当调整 b 值。因此 b 是一个关键性参数。

3.6.2.3　钢丝绳弦长

钢丝绳弦长 L 是这五个参数中限制最不严格的参数，因此不需精确计算，通常以卷筒中心与天轮中心间的距离来代替。

（1）两天轮位于同一水平线。

$$L = \sqrt{(H_{ja} - C)^2 + (b - D_t/2)^2} \tag{3.15a}$$

（2）两天轮在同一垂直面。

$$L_1 = \sqrt{(H_{ja} - C)^2 + (b + S/2 - D_t/2)^2} \tag{3.15b}$$

$$L_2 = \sqrt{(H_{ja} - h_j - C)^2 + (b - S/2 - D_t/2)^2} \tag{3.15c}$$

式中，C 为卷筒轴中心线高出井口水平的距离，此值与提升机及其基础尺寸有关，一般 $C = 1 \sim 2\mathrm{m}$；S 为两容器中心线之距离，m。

显然在满足各参数要求下 L 越小越好，一般不宜超过60m，否则应设置托绳装置。

3.6.2.4　钢丝绳偏角

提升过程中钢绳沿卷筒表面轴向移动而形成的偏角，外偏角为 α_1，内偏角为 α_2，在缠绕过程中 α_1 和 α_2 是不断变化的，其最大值可按下述方法计算。

（1）双卷筒提升机作单层缠绕。

$$\alpha_1 = \arctan \frac{B - \left(\dfrac{s - a}{2}\right) - 3(d + \varepsilon)}{L} \tag{3.16a}$$

$$\alpha_2 = \arctan \frac{\dfrac{s - a}{2} - \left[B - \left(\dfrac{H + 30}{\pi D} + 3\right)(d + \varepsilon)\right]}{L} \tag{3.16b}$$

式中，a 为两卷筒内支轮间距（滚筒间的距离）；s 为两天轮间的距离；其他符号意义同前。

（2）双卷筒提升机多层缠绕。

$$\alpha_1 = \arctan \frac{B - \left(\dfrac{s - a}{2}\right)}{L} \tag{3.16c}$$

$$\alpha_2 = \arctan \frac{\dfrac{s - a}{2}}{L} \tag{3.16d}$$

（3）单卷筒提升机双钩提升。应检查最大外偏角 α_1，此时天轮垂直面通过卷筒中心线。

$$\alpha_1 = \arctan \frac{\dfrac{B}{2} - 3(d + \varepsilon)}{L_1} \tag{3.16e}$$

外偏角过大，将加剧天轮绳槽侧面的摩擦，甚至可能与天轮轮缘相咬导致钢绳跳出天轮。内偏角 α_2 过大，除上述问题外，还存在"咬绳"现象。因为两条钢绳通常都固定在卷筒的外支轮上，因此 α_2 过大可能使绳弦与卷筒上的相邻绳圈相碰摩擦，发生振动并使钢绳迅速磨损。所以规程规定，最大内、外偏角不得超过 $1°30'$。在单层缠绕时内偏角应保证不咬绳。多层缠绕时，宜取 $1°10'$ 左右，以改善钢丝绳缠绕状况。

3.6.2.5　下出绳角

为了避免下绳弦与提升机的基础相接触，对下出绳角 φ_2 有一定限制。

（1）两天轮位于同一水平线。

$$\varphi_2 = \arctan \frac{H_{ja} - C}{b - \dfrac{D_t}{2}} + \arctan \frac{D + D_t}{2L} \tag{3.17a}$$

（2）两天轮位于同一垂直平面时。

$$\varphi_2 = \arctan \frac{H_{ja} - h_j - C}{b - \dfrac{S}{2} - \dfrac{D_t}{2}} + \arctan \frac{D + D_t}{2L_2} \tag{3.17b}$$

3.6.3　多绳摩擦式提升机布置特点

塔式多绳摩擦式提升机布置特点主要体现在井架高度及摩擦轮与导向轮相对位置关系。

（1）井塔高度。井架结构组成如图 3.34 所示。

$$H_t = H_x + H_g + H_r + H_{md} + 0.75R_d \tag{3.18}$$

式中，H_t 为井塔高度，m；H_r 为容器全高，m；H_g 为过卷高度，m，取值与单绳缠绕式提升机相同；H_x 为卸载高度，m，罐笼井架取 0，箕斗井架取决于井口矿仓及箕斗结构；H_{md} 为摩擦轮与导向轮之间的垂直高度，m；R_d 为导向轮半径，m。

如图 3.34 所示，井架过卷高度内一般设置楔形罐道和防撞梁，利用罐道与容器罐耳的配合强制停止容器运行，防止上过卷严重时冲撞井架，防撞梁一般设在楔形罐道终点。

（2）摩擦轮与导向轮相对位置。带有导向轮的塔式多绳摩擦式提升机，钢丝绳在摩擦轮上的围包角限制在195°以内。摩擦轮围包角计算如图3.35所示。

$$\alpha = \pi + \frac{\pi}{180}\left(\arcsin\frac{R + R_d}{b} - \arctan\frac{L_0}{H_{md}}\right) \tag{3.19}$$

式中，α 为围包角，rad；R 为摩擦轮半径，m；R_d 为导向轮半径；b 为摩擦轮与导向轮中心间距，m；L_0 为摩擦轮与导向轮中心水平距离，m；H_{md} 为摩擦轮与导向轮中心垂直高差，一般 $R < 2.25$m 时取 4.5m，$R = 2.8$m 时取 5.0m，$R = 3.25$m 时取 6.0m，$R = 3.5$m 时取 6.5m。

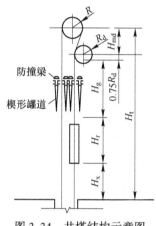
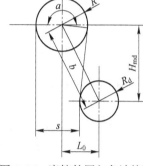

图 3.34　井塔结构示意图　　　图 3.35　摩擦轮围包角计算图

落地式多绳摩擦提升系统与单绳缠绕式提升系统基本相同，区别在于：多绳提升无偏角问题；多绳的两组天轮上下布置，不在同一水平线，计算井架高度时应考虑两组天轮高差。

3.7　提升设备的运动学和动力学

3.7.1　提升速度

一次提升过程中提升速度是变化的。用横坐标表示容器运动的延续时间，纵坐标表示相应的运动速度，绘出容器随时间变化的速度曲线，称为提升速度图。提升过程中提升速度变化规律不同，提升速度图各异，如图3.36所示。由图可知，三角形速度图缺少匀速阶段，这显然不符合容器提升运动规律。提升速度图中速度曲线所包含的面积，为提升容器在一次提升时间内所走过的路程，即提升高度。

竖井用罐笼升降人员时的最大速度不得超过式（3.20a）的计算值，且不能大于12m/s：

$$v_{max} = 0.5\sqrt{H} \tag{3.20a}$$

竖井升降物料时，提升容器的最大速度，不得超过式（3.20b）的计算值：

$$v_{max} = 0.6\sqrt{H} \tag{3.20b}$$

3.7.2　提升设备的运动学

3.7.2.1　罐笼提升运动学

罐笼提升采用三阶段速度图，当 a_1、a_3 分别为等加速和等减速时，在加速和减速阶段，速度按照与时间轴成 β_1 和 β_2 角的直线变化，故为梯形速度图，如图 3.37 所示。梯形速度图适用于交流电机拖动的罐笼提升设备。为了验算提升设备的提升能力，应对速度图各参数进行计算。

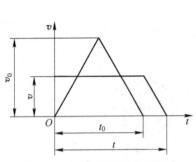

图 3.36 三角形与梯形速度图

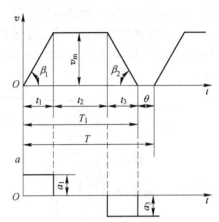

图 3.37 三阶段梯形速度图

运动学计算时，已知提升高度 H 及最大提升速度 $v_{\max}$。a_1 和 a_3 可按以下原则选定：提升人员时不得大于 0.75m/s^2；提升货载时不宜大于 1m/s^2。较深矿井采用较大的加、减速度，浅井情况相反。相应加减速时间要求：手工操作时 $t_1(t_3) \geqslant 5\text{s}$；自动化操作时 $t_1(t_3) \geqslant 3\text{s}$。

加速运行时间 t_1 及高度 h_1：$t_1 = v_{\max} / a_1$，$h_1 = v_{\max} t_1 / 2$；减速运行时间 t_3 及高度 h_3：$t_3 = v_{\max} / a_3$，$h_3 = v_{\max} t_3 / 2$；均速运行高度 h_2 及时间 t_2：$h_2 = H - h_1 + h_3$，$t_2 = h_2 / v_{\max}$。

一次提升运行时间 $T_1 = t_1 + t_2 + t_3$，一次提升全时间 $T = T_1 + \theta$，小时提升次数 $n = 3600/T$，年生产能力 $A'_n = t_r t_s nQ/C$。

按运动学计算的矿井提升能力应不小于设计的矿井生产能力。

3.7.2.2　箕斗提升运动学

在箕斗提升的开始阶段，下放空箕斗在卸载曲轨内运行，为了减小曲轨和井架所受的动负荷，其运行速度及加速度受到限制。提升将近终了时，上升重箕斗进入卸载曲轨，其速度及减速度也受到限制。但在曲轨之外，箕斗则可以用较大的速度和加减速度运行，故单绳提升非翻转箕斗通常用对称五阶段速度图（如图 3.38 所示）。

翻转式箕斗因其卸载距离较大，为了加快箕斗卸载而增加一个等速（爬行）阶段，因此翻转式箕斗提升速度图采用六阶段，如图 3.39 所示。对于多绳提升底卸式箕斗，如用固定曲轨卸载时

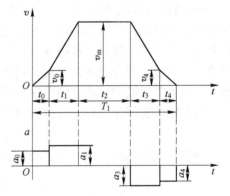

图 3.38 对称五阶段速度图

采用六阶段速度图，如用气缸带动的活动直轨卸载时可采用非对称（具有爬行阶段）的五阶段速度图，如图 3.40 所示。

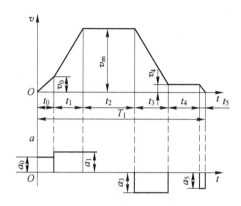

图 3.39 六阶段速度图

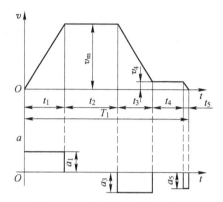

图 3.40 非对称五阶段速度图

箕斗进出卸载曲轨的运行速度,以及在其中运行的加减速度,通常按下述数值选取:空箕斗离开卸载曲轨时的速度 $v_0 \leqslant 1.5 \mathrm{m/s}$,加速度 $a_0 \leqslant 0.3 \mathrm{m/s^2}$;重箕斗进入卸载曲轨时的速度 v_4,对于对称五阶段速度图 $v_4 \leqslant 1 \mathrm{m/s}$,对于六阶段速度图和非对称五阶段速度图 $v_4 \leqslant 0.3 \sim 0.5 \mathrm{m/s}$,相应的最终速度应使最后阶段的时间 $t_5(t_4) \approx 1 \mathrm{s}$。

3.7.2.3 六阶段速度图运动学

已知提升高度 H,最大提升速度 $V_{\max}$ 和箕斗卸载距离 h_0,选取箕斗进出卸载曲轨的速度 v_0、v_4、爬行高度 $h_4 = h_0 + 0.5 \sim 2 \mathrm{m}$ 及减速度 a_5,加速度 a_1 及减速度 a_3 的确定方法与罐笼提升运动学内容中确定 a_1 和 a_3 的方法相同。

空箕斗在卸载曲轨内的加速运行时间 t_0 及加速度 a_0:$t_0 = 2h_0/v_0$,$a_0 = v_0/t_0$。箕斗在卸载曲轨外的加速运行时间 t_1 及运行距离 h_1:$t_1 = (v_{\max} - v_0)/a_1$,$h_1 = (v_{\max} + v_0)t_1/2$。重箕斗在卸载曲轨内的减速运行时间 t_5 及运行距离 h_5:$t_5 = v_4/a_5$,$h_5 = v_4 t_5/2$。重箕斗在卸载曲轨内等速运行时间 $t_4 = h_4/v_4$。箕斗在卸载曲轨外减速运行时间 t_3 及运行距离 h_3:$t_3 = (v_{\max} - v_4)/a_3$,$h_3 = (v_{\max} + v_4)t_3/2$。箕斗在卸载曲轨外等速运行距离 h_2 及时间 t_2:$h_2 = H - h_0 - h_1 - h_3 - h_4 - h_5$,$t_2 = h_2/v_{\max}$。一次提升运行时间 $T_1 = t_0 + t_1 + t_2 + t_3 + t_4 + t_5$,一次提升全时间 $T = T_1 + \theta$,小时提升次数 $n = 3600/T$,年生产能力 $A'_n = t_r t_s n Q/C$。

按运动学计算的矿井提升能力应不小于设计的矿井生产能力。

3.7.3 提升设备的动力学

为使提升系统运动,提升电动机作用在卷筒轴上的旋转力矩 M,必须克服系统作用在卷筒轴上的静阻力矩 M_j 和惯性力矩 $\sum M_g$。即:

$$M = M_j + \sum M_g \tag{3.21}$$

提升机卷筒直径不变,力矩的变化规律可用力的变化规律来表示:

$$F = F_j + \sum F_g \qquad \sum F_g = \sum Ma$$

故由式(3.21)可得出等直径提升设备的动力学基本方程式:

$$F = F_j + \sum Ma \tag{3.22}$$

3.7.3.1 提升静力学及提升系统的静力平衡问题

提升静阻力等于上升绳和下放绳的静张力差加上矿井阻力，即

$$F_j = T_{j.s} - T_{j.x} + W \tag{3.23}$$

如图 3.41 所示，设罐笼自提升开始经过时间 t，重罐笼由井底车场上升距离 x，空罐笼自井口车场下降距离 x，则罐笼在此位置时，上升绳静张力（假定井口至天轮间的钢丝绳重量为钢丝绳弦的重量所平衡）为：

$$T_{j.s} = Q + Q_r + p(H - x) \tag{3.24}$$

下放绳的静张力为：

$$T_{j.x} = Q_r + px \tag{3.25}$$

矿井阻力包括提升容器在井筒中运行时的空气阻力，罐耳和罐道的摩擦阻力，钢丝绳在天轮和卷筒上弯曲时的刚性阻力，卷筒和天轮旋转时的空气阻力及其轴承中的摩擦阻力等。这些阻力很难精确计算，一般视矿井阻力为常数，并以一次提升量的百分数来表示。

由式（3.23）~式（3.25）可得，作用在卷筒圆周上的静阻力方程式为：

$$F_j = KQ + p(H - 2x) \tag{3.26}$$

式中，K 为矿井阻力系数，罐笼提升时 $K = 1.2$；箕斗提升时 $K = 1.15$。

当 $x = 0$ 时，空容器位于井口时，$F_{j1} = KQ + pH$。当 $x = H/2$ 时，即两罐笼相遇时，$F_{j2} = KQ$。当 $x = H$ 时，即提升终了时，$F_{j3} = KQ - pH$。

由此可见，$F_j = f(x)$ 是一条向下倾斜的直线，如图 3.42 中线段 1—1 所示。

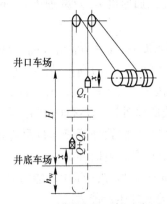
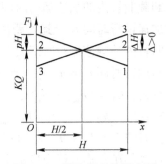

图 3.41　罐笼提升系统示意图　　　图 3.42　罐笼提升静阻力图

在一次提升过程中，提升量 Q 及矿井阻力 KQ 保持不变，故静阻力变化是由钢丝绳重量改变所致，即钢丝绳重量使下放绳的静拉力不断增加，同时使上升绳的静拉力逐渐减小，结果使两根钢丝绳作用在卷筒圆周上的静拉力差减小。这种提升系统称为静力不平衡系统。

提升系统的静力不平衡对提升工作是不利的，特别是在矿井很深和钢丝绳很重的情况下，会使提升开始时静阻力 F_j 大为增加，甚至要增加电动机容量；而在提升终了时，可能出现 $pH > KQ$，静阻力 F_j 变为负值，亦即静阻力矩 F_j 将帮助提升，从而增加了过卷的可能性，使提升工作不安全，此时为了闸住提升机，必须用较大的制动力矩。

为了消除不平衡系统的不利影响，特别是在矿井很深时，必须设法平衡提升钢丝绳重

量。平衡方法是悬挂尾绳,如图 3.41 中的虚线所示,即将尾绳两端用悬挂装置分别连接于两容器的底部,其余部分悬垂在井筒中,在井底形成自然绳环。在绳环处安设挡梁,防止绳环的水平移动和尾绳扭转。尾绳一般选用不旋转钢丝绳。提升钢丝绳则称为首绳或主绳。

悬挂尾绳时钢丝绳的受力分析。设 q 为尾绳每米重量,则:

$$T_{j.s} = Q + Q_r + p(H - x) + q(x + h_w) \tag{3.27}$$

$$T_{j.x} = Q_r + px + q(H + h_w - x) \tag{3.28}$$

式中,h_w 为容器在装矿位置时,其底部到尾绳环端部的高度,m。

由式 (3.23)、式 (3.27) 和式 (3.28),可得作用在卷筒圆周上的静阻力方程式,即:$F_j = KQ - (q - p)(H - 2x)$,令 $q - p = \Delta$,则:

$$F_j = KQ - \Delta(H - 2x) \tag{3.29}$$

$\Delta = 0$ 时,称为等重尾绳提升系统;$\Delta > 0$ 时,称为重尾绳提升系统,其静阻力变化如图 3.42 中线段 3—3 所示;$\Delta < 0$ 时,称为轻尾绳 (很少用) 或无尾绳提升系统。

当采用等重尾绳提升时,$q = p$,$\Delta = 0$,则根据式 (3.29) 得:

$$F_j = KQ \tag{3.30}$$

由此可见,$F_j = f(x)$ 是一条平行于横坐标的直线,如图 3.42 中线段 2—2 所示。在整个提升过程中,静阻力保持常数的提升系统称为静力平衡系统。

尾绳提升系统平衡了静力,同时也带来如下缺点:双容器提升不能同时进行多水平的提升工作;尾绳重量使提升系统运动部分的质量增加,也增加了提升主轴的载荷;增加了尾绳的设备费和维护检查工作,挂绳、换绳工作复杂。因此,对于单绳提升只有在矿井较深时,采用尾绳平衡系统才是合理的。一般单绳罐笼提升高度大于 400m,单绳箕斗提升高度大于 600m 时,才考虑采用尾绳平衡提升系统。对于多绳提升一般都采用等重尾绳提升系统。

3.7.3.2 变位质量

提升系统各直线移动部分的加速度等于卷筒圆周上的线加速度,其变位质量等于其实际质量,所以仅需将提升系统转动部分的质量变位到卷筒圆周上。直线移动部分包括提升容器及其所装的货载、未缠绕在卷筒上的钢丝绳等。卷筒和缠于其上的钢丝绳、减速齿轮、电动机转子及天轮作旋转运动,旋转体变位到卷筒圆周上的重量,即变位重量计算公式如下:

$$G_{ix} = \frac{(GD^2)_x}{D^2}\left(\frac{\omega_x}{\omega}\right)^2 \tag{3.31}$$

式中,G_{ix} 为旋转体变位重量;ω_x,$(GD^2)_x$ 分别为旋转体的角速度和回转力矩;D,ω 分别为卷筒直径和卷筒角速度。

根据式 (3.31),可分别计算电动机转子变位重量 G_{id}、天轮变位重量 G_{it}。

$$G_{id} = \frac{(GD^2)_d}{D^2}i^2$$

式中,$i = \omega_d/\omega$,为减速器传动比;$(GD^2)_d$、ω_d 分别为电机转子的回转力矩及角速度。提升电机选型参见本章 3.8 节内容。

$$G_{it} = \frac{(GD^2)_t}{D_t^2}$$

卷筒及减速器变位重量（$G_{ij}+G_{ic}$）可由提升机技术性能表中查得。

3.7.3.3 罐笼提升动力学

将式（3.29）代入公式（3.22），可得等直径提升设备的动力方程式：

$$F = KQ - \Delta(H - 2x) + \sum Ma \qquad (3.32)$$

上式说明了提升运动学和动力学之间的联系。已知提升系统的运动规律，即可用上式求出与之相应的拖动力变化规律。以下讨论采用三阶段梯形速度图时的罐笼提升动力学，分不平衡提升系统（不用尾绳）和静力平衡提升系统（等重尾绳）两种情况。

（1）不平衡提升系统。因 $q=0$，$\Delta=q-p=-p$，故动力方程式（3.32）简化为：

$$F = KQ + p(H - 2x) + \sum Ma \qquad (3.33)$$

在加速运行阶段，$a = a_1$，$x = a_1t^2/2$，代入公式（3.33），则加速阶段拖动力公式为：

$$F_1 = KQ + p(H - a_1t^2) + \sum Ma_1 \qquad (3.34)$$

提升开始时，$t = 0$，如图 3.43（b）点 1 所示，拖动力为：$F_1' = KQ + pH + \sum Ma_1$。

加速阶段终了时，$t = t_1$，$x = a_1t_1^2/2 = h_1$，如图 3.43（b）点 2 所示，拖动力为：$F_1'' = KQ + p(H - 2h_1) + \sum Ma_1$。

可见点 1 和 2 之间的拖动力按曲率不大的凸形曲线变化，可近似看作直线变化。

在等速运行阶段，$a = 0$，$x = h_1 + v_{max}t$，代入式（3.33），则等速阶段拖动力公式为：

$$F_2 = KQ + p(H - 2h_1 - 2v_{max}t) \qquad (3.35)$$

等速阶段开始时，$t = 0$，如图 3.43（b）点 3 所示，拖动力为：$F_2' = KQ + p(H - 2h_1)$。

等速阶段终了时，$t = t_2$，$x = h_1 + v_{max}t = h_1 + h_2$，如图 3.43（b）点 4 所示，拖动力 $F_2'' = KQ + p(H - 2h_1 - 2h_2)$。

可见，点 3 和点 4 之间的拖动力等于提升静阻力，并按向下倾斜的直线变化。

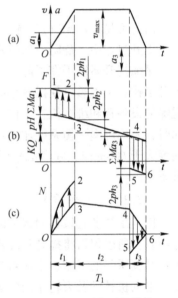

图 3.43 不平衡系统罐笼
提升工作图

在减速运行阶段：$a = -a_3$，$x = h_1 + h_2 + v_{max}t - a_3t^2/2$，代入式（3.33），则减速阶段拖动力公式为：

$$F_3 = KQ + p(H - 2h_1 - 2h_2 - 2v_{max}t + a_3t^2) - \sum Ma_3 \qquad (3.36)$$

减速阶段开始时，$t = 0$，如图 3.43（b）点 5 所示，拖动力 $F_3' = KQ + p(H - 2h_1 - 2h_2) - \sum Ma_3$。

提升终了时，$t = t_3$，$x = H$，如图 3.43（b）点 6 所示，拖动力为：$F_3'' = KQ - pH - \sum Ma_3$。

可见，点 5 和点 6 之间的拖动力按曲率不大的凹形曲线变化，可近似看作直线变化。

由于减速度 a_3 的大小不同，拖动力 F_3 的数值有三种情况：$F_3 > 0$，电动机减速方式；$F_3 = 0$，自由滑行减速方式；$F_3 < 0$，制动减速方式。

各阶段的相应功率规律如图 3.43（c）所示。

（2）静力平衡提升系统。$q = p$，$\Delta = q - p = 0$，故动力方程式（3.32）变为：

$$F = KQ + \sum Ma \tag{3.37}$$

加速阶段，$a = a_1$，拖动力 $F_1 = KQ + \sum Ma_1$；减速阶段，$a = -a_3$，拖动力 $F_3 = KQ - \sum Ma_3$；匀速阶段，拖动力 $F_2 = KQ$。

可见，各阶段拖动力均按直线规律变化且为常数，如图 3.44（b）所示。减速阶段拖动力 F_3 同样可能有三种情况，取决于减速度 a_3。各阶段的功率也按直线规律变化，如图 3.44（c）所示。

3.7.3.4 箕斗提升动力学

在箕斗提升的开始阶段，空箕斗沿卸载曲轨下放，在终了阶段，重箕斗沿卸载曲轨上升。在这两个阶段中，由于曲轨支承作用以及重箕斗卸载等因素影响了钢丝绳静拉力，因此动力方程式（3.32）不能直接应用于这两个阶段，须作相应改变。

（1）提升开始阶段。提升开始阶段，重箕斗自井底装载水平上升，上升绳的静拉力为：

$$T'_{j.s} = Q + Q_r + p(H - x) + q(x + h_w)$$

同时空箕斗沿卸载曲轨下放，箕斗一部分重量支承在曲轨上，故下放绳的静拉力减小为：

$$T'_{j.x} = (1 - a_c)Q_r + px + q(H + h_w - x)$$

式中，a_c 为箕斗在卸载曲轨上的自重减轻系数，即容器自重不平衡系数。系数 a_c 在提升开始时最大，翻转式箕斗取

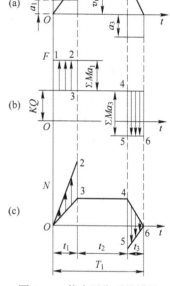

图 3.44 静力平衡系统罐笼
提升工作图

$a_c = 0.35 \sim 0.4$，底卸式箕斗取 $a_c = 0$，当箕斗离开曲轨时 $a_c = 0$。箕斗在曲轨中运行时 a_c 的变化很复杂，在实际计算中可视为按直线规律变化。

作用在卷筒圆周上的静阻力 $F'_j = T'_{j.s} - T'_{j.x} + W = KQ + \alpha_c Q_r - \Delta(H - 2x)$

代入 $F = F_j + \sum Ma$，考虑到 $a = a_0$，则空箕斗沿卸载曲轨下放时的动力方程式为：

$$F' = KQ + a_c Q_r - \Delta(H - 2x) + \sum Ma_0 \tag{3.38}$$

（2）提升终了阶段。提升终了阶段，重箕斗沿卸载曲轨上升，矿石逐渐向外卸出，同时箕斗一部分重量逐渐传给曲轨，故上升绳静拉力减小，上升绳的静拉力为：

$$T''_{j.s} = (1 - \beta)Q + (1 - a_c)Q_r + p(H - x) + q(x + h_w)$$

式中，β 为重箕斗在卸载曲轨上载重量的减轻系数。系数 β 在提升终了时最大，翻转式箕斗取 $\beta = 0.8 \sim 1.0$，底卸式箕斗取 $\beta = 0.4$，当重箕斗刚进入卸载曲轨时 $\beta = 0$。在卸载过程中 β 值变化复杂，与矿石块度、湿度等因素有关，在实际计算时可视 β 按直线规律变化。

下放绳的静拉力 $T''_{j.x} = Q_r + px + q(H + h_w - x)$。作用在卷筒圆周上的静阻力 $F''_j = T''_{j.s}$

$-T''_{j.x} + W = (K-\beta)Q - a_c Q_r - \Delta(H-2x)$。因 $F = F_j + \sum Ma$，考虑到因卸出一部分矿石后变位质量的减小及 $a = -a_5$（或 $-a_4$），则重箕斗沿卸载曲轨上升阶段的动力方程式为：

$$F'' = (K-\beta)Q - \alpha_c Q_r - \Delta(H-2x) - (\sum M - \beta Q/g)a_5 \tag{3.39}$$

（3）动力学计算。以六阶段速度图不平衡系统（$\Delta = -p$）的翻转式箕斗提升进行动力学计算。

空箕斗沿卸载曲轨下放时，拖动力 $F' = KQ + a_c Q_r - \Delta(H-2x) + \sum Ma_0$，则：

t_0 阶段提升开始时，$x=0$，拖动力（图 3.45 中点 1）$F'_0 = KQ + a_c Q_r + pH + \sum Ma_0$，$t_0$ 阶段终了时，$a_c=0$，$x=h_0$，拖动力（图 3.45 中点 2）$F''_0 = KQ + p(H-2h_0) + \sum Ma_0$。

箕斗在卸载曲轨外运行的各阶段的拖动力 $F = KQ - \Delta(H-2x) + \sum Ma$，则：

t_1 阶段开始时 $x=h_0$，$a=a_1$，拖动力（图 3.45 中点 3）$F'_1 = KQ + p(H-2h_0) + \sum Ma_1$，$t_1$ 阶段终了时，$x=h_0+h_1$，$a=a_1$，拖动力（图 3.45 中点 4）$F''_1 = KQ + p(H-2h_0 - 2h_1) + \sum Ma_1$。

t_2 阶段开始时，$x=h_0+h_1$，$a=0$，拖动力（图 3.45 中点 5）$F'_2 = KQ + p(H-2h_0 - 2h_1)$，$t_2$ 阶段终了时，$x=h_0+h_1+h_2$，$a=0$，拖动力（图 3.45 中点 6）$F''_2 = KQ + p(H-2h_0 - $

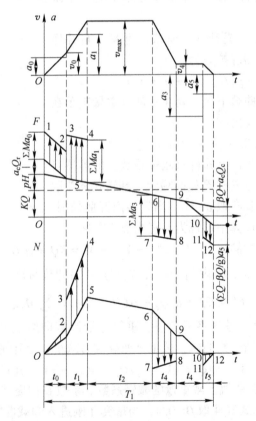

图 3.45　不平衡系统翻转式箕斗提升工作图

$2h_1 - 2h_2$)。

t_3 阶段开始时，$x=h_0+h_1+h_2$，$a=-a_3$，拖动力（图 3.45 中点 7）$F_3' = KQ + p(H - 2h_0 - 2h_1 - 2h_2) - \sum Ma_3$，$t_3$ 阶段终了时，$x = H-h_4-h_5$，$a=-a_3$，拖动力（图 3.45 中点 8）$F_3'' = KQ - p(H - 2h_4 - 2h_5) - \sum Ma_3$。

重箕斗沿卸载曲轨上升时，拖动力 $F'' = (K - \beta)Q - a_c Q_r - \Delta(H - 2x) - (\sum M - \beta Q/g)a_5$，则：

t_4 阶段开始时，$\beta'=0$，$a_c'=0$，$x=H-h_4-h_5$，$a=0$，拖动力（图 3.45 中点 9）$F_4' = KQ - p(H - 2h_4 - 2h_5)$，$t_4$ 阶段终了时，$\beta''=\beta(h_0-h_5)/h_0$，$a_c''=a_c(h_0-h_5)/h_0$，$x = H - h_5$，$\alpha =0$，拖动力（图 3.45 中点 10）$F_4'' = KQ - p(H - 2h_5) - (\beta Q + a_c Q_r)(h_0 - h_5)/h_0$。

t_5 阶段开始时，$a=-a_5$，拖动力（图 3.45 中点 11）$F_5' = F_4'' - (\sum M - \beta'' Q/g)a_5$，$t_5$ 阶段终了时，$x = H$，$a=-a_5$，拖动力（图 3.45 中点 12）$F_5'' = (K - \beta)Q - a_c Q_r - pH - (\sum M - \beta Q/g)a_5$。

3.7.3.5 平衡锤单容器提升的动力方程

平衡锤的作用是平衡提升载荷以减小电动机容量。因此，平衡锤的重量应按提升重容器与提升平衡锤时，作用在卷筒圆周上的静阻力相等的条件确定。设平衡锤重量为 Q_c，则提升重容器和平衡锤时的静阻力分别为：

$$F_j' = Q + Q_r - \Delta(H - 2x) - Q_c + W \qquad F_j'' = Q_c - \Delta(H - 2x) - Q_r + W$$

令 $F_j' = F_j''$，则平衡锤重量为：

$$Q_c = Q_r + Q/2 \qquad\qquad (3.40)$$

对于提升人员及货载的提升设备，如以提升人员为主时，则：

$$Q_c = Q_r' + Q_{ry}$$

式中，Q_{ry} 为罐笼规定乘载人员总重，按 686N/人计算；Q_r' 为罐笼自重，不包括矿车重，N。

平衡锤单容器提升系统的动力方程式为：

$$F = Q + Q_r - Q_c - \Delta(H - 2x) + W + \sum Ma \qquad\qquad (3.41)$$

将式（3.40）代入式（3.41）式，令 $W = (K - 1)Q$，则动力方程式可写成：

$$F = (K - 0.5)Q - \Delta(H - 2x) + \sum Ma \qquad\qquad (3.42)$$

3.8 提升电动机容量及电耗

3.8.1 初选提升电动机

3.8.1.1 电动机类型及电压等级

电动机按电源型式可分为交流电动机和直流电动机两类。交流电动机设备简单，投资少、操作维护保养容易，中小型矿井以交流电动机为主。由于交流电动机受交流高压换向器容量的限制，提升系统单机拖动的容量局限在 1000kW 以内，双机拖动时，电动机容量一般限制 2×1000kW。除此以外，交流电动机缺点还体现在加速和低速运行阶段电能消耗较大，调速受一定限制。由于直流电机具有调速性能好、电耗低、运行费用低等特点，在技术经济上具有优势，因此当拖动容量大于1000kW或提升速度大于10m/s时，一般考虑采用直流电机拖动。副井提升电动机容量超过400~500kW，也可以采用直流电机拖动。

电动机电压等级一般与功率大小有关。交流电动机容量在250kW以下选用380V低压电机；大于250kW时选用高压电动机，电压等级一般为6kV。矿井提升交流电动机型号主要有YR系列、JRZ系列三相绕线型感应电动机，JRQ、JR系列三相绕线型感应电动机，前者适用于大容量，后者应用于中等容量。为满足防潮要求，可选择具有封闭型结构或加强绝缘的JRQ、JRQ2系列。直流电动机一般选用ZD、ZJD系列，单机拖动电压等级600~1000V，双机拖动电压等级500V，以电枢直径分为大型（>1000mm）、中型（423~1000mm）直流电机。

3.8.1.2　电动机容量估算

（1）竖井提升电动机容量。

$$N_e = \frac{KQgv_{max}}{1000\eta}\rho \tag{3.43}$$

式中，N_e为所需电动机功率，kW；ρ为动负荷影响系数，也称为动力系数，其值在1.1~1.4之间，与提升方式有关，罐笼提升取1.3~1.4，箕斗提升取1.2~1.3，多绳摩擦提升取1.1~1.2，单容器提升系统取小值，提升高度较大时，取大值，反之取小值；η为减速器传动效率，在无厂家给定值时，直联取0.98，行星齿轮减速器取0.92，平行轴减速器取0.85~0.9；K为矿井阻力系数，与提升方式有关，箕斗提升取1.15，罐笼提升取1.2；Q为一次提升货载质量，kg；g为重力加速度，m/s²；v_{max}为提升机选定的最大速度，即最大提升速度，m/s。

（2）斜井提升电动机容量。

单钩提升：

$$N_e = K_1 F_j v_{max} \times 10^{-3}/\eta \tag{3.44a}$$

双钩提升：

$$N_e = K_1 F_c v_{max} \times 10^{-3}/\eta \tag{3.44b}$$

式中，K_1为备用系数，单钩提升时取1.1~1.15，双钩提升时取1.05~1.1；F_j为钢丝绳最大静拉力，N；F_c为钢丝绳静拉力差，N。

（3）电动机近似容量计算也可采用以下计算式：

$$N_e = \rho\Delta T_j v_{max} \times 10^{-3}/\eta \tag{3.44c}$$

式中，ΔT_j为提升钢丝绳的最大静张力差，N；η为减速器传动效率，一级传动取0.92；二级传动取0.85；ρ为动力系数，也称为动负荷影响系数，也称为动负荷影响系数，取值同式（3.43）。

3.8.1.3　确定电动机转速

已知提升机减速器的传动比，电动机转速与选定的最大提升速度之间有以下关系：

$$n'_d = \frac{60v_{max}i}{\pi D_g} \tag{3.45}$$

式中，n'_d为电动机转速，r/min；i为减速器传动比，根据提升速度、卷筒直径、提升高度，选择确定减速器的传动比；D_g 为卷筒直径，m。

按照电动机所需功率和传动比初选电动机。初选电动机的额定转速 n_d 大部分情况下与计算值 n'_d 不一致，应按照额定转速来求提升机实际的最大提升速度。

$$v_{max} = \frac{\pi D_g n_d}{60 i} \tag{3.46}$$

由式（3.46）算出的最大提升速度，是提升机机械力学（速度图、力图）计算的依据。

电动机转速应与提升机绳速的要求相符合。选用低转速电机可采用直联方式传动，采用高转速电机则需要采用减速器转动联结。电机转速的选择应考虑技术经济的比较后确定。

3.8.2 提升电动机容量校核

提升电动机是否满足提升系统各种运动状态的要求，必须对电动机容量进行验算后确定。提升电机容量验算应满足以下三个条件：（1）温升条件。不小于根据电机温升散热条件计算的等效容量。（2）过负荷条件。电机启动力矩，应不超过电机最大力矩的85%，特殊情况下，允许达到90%。（3）特殊力条件。提升过程中，任何特殊力矩都不应超过电动机最大力矩的90%。

在每一个提升循环中，提升电动机的负荷是不断变化的，在启动阶段达到最高值，而在减速阶段降为零或负值，同时电动机的转速也是变化的。在负荷和转速都是变化的条件下运转的电动机，其容量通常按电动机线圈发热条件来计算。

电动机额定功率是指电动机在额定负载作用下以额定转速连续运转时，其电动机绕组的温升不超过允许值的功率。在一次提升循环中，提升机滚筒圆周上的拖动力和速度是随着提升运动状态的变化而变化的，因此就不能直接以某段时间的负荷和转速计算电动机功率，用来判断电动机是否过负荷。考虑到电动机在长时间运转过程中是否过负荷可以用温升作为标志，若电动机在实际负荷下运转时的温升与其在某一固定负荷下连续运转时的温升相等，则可用此固定负荷作为计算电动机实际功率的依据。这个假定的固定不变的负荷称为等效力。

若设想电动机以不变的最大角速度、某一个大小不变的力矩运转，电动机线圈产生的热量与电动机以变速度运转时产生的热量相等，则这个大小不变的力矩称为电动机的等值力矩，相应的力称为等值力，相应的电动机容量称为等值容量。

3.8.2.1 等值力

$$F_d = \sqrt{\frac{\int_0^T F^2 dt}{T_d}} \quad \text{或} \quad F_d = \sqrt{\frac{\sum F^2 t}{T_d}} \tag{3.47}$$

式中，F_d 为提升电动机作用在滚筒圆周上的等效力（也称等值力），N；T_d 为等效时间（也称等值时间），s。$\int_0^T F^2 dt$ 为整个提升循环中，变力 F 的平方对时间的积分。严格来说力图中只有等速阶段是按照直线变化的，其余各阶段是曲率不大的曲线。但是因为这些阶段运转时间很短，可以近似按直线计算。$\sum F^2 t$ 为各运行阶段拖动力的平方与该段时间乘积的总和。

（1）等效时间计算。

$$T_{\mathrm{d}} = c_1(t_1 + t_3 + \cdots) + t_2 + c_2\theta \tag{3.48}$$

式中，c_1 为考虑电动机低速运转时，散热条件不良系数，交流电动机取 1/2，直流电动机取 3/4，若电动机有机械通风的独立通风系统，$c_1 = 1$；c_2 为考虑电动机在停歇时间的散热不良系数，交流电动机取 1/3，直流电动机 1/2；θ 为电动机停歇时间，取值见容器规格选择内容。

（2）$\sum F^2 t$。当 i 阶段起始点和终了点的拖动力相差不大时，$\sum F^2 t = (F_i^2 + F_i'^2)t_i/2$。

当 i 阶段起始点和终了点的拖动力相差较大时，$\sum F^2 t = \dfrac{1}{3}(F_i^2 + F_i F_i' + F_i'^2)t_i$，这种情况通常出现在最大速度的等速阶段，即 t_2 阶段。即：

$$\int_0^T F^2 \mathrm{d}t = \sum F^2 t = \frac{F_0^2 + F_0'^2}{2}t_0 + \frac{F_1^2 + F_1'^2}{2}t_1 + \frac{F_2^2 + F_2'F_2 + F_2'^2}{3}t_2 + \frac{F_3^2 + F_3'^2}{2}t_3 + \frac{F_4^2 + F_4'^2}{2}t_4$$

$$\tag{3.49}$$

由于在停车阶段 t_5 通常为机械制动，故不计入。

对于交流拖动的罐笼提升设备：

$$\int_0^T F^2 \mathrm{d}t = \frac{F_1^2 + F_1'^2}{2}t_1 + \frac{F_2^2 + F_2'F_2 + F_2'^2}{3}t_2 + \frac{F_3^2 + F_3'^2}{2}t_3 \tag{3.49a}$$

对于交流拖动六阶段速度图的箕斗提升设备：

$$\int_0^T F^2 \mathrm{d}t = \frac{F_0^2 + F_0'^2}{2}t_0 + \frac{F_1^2 + F_1'^2}{2}t_1 + \frac{F_2^2 + F_2'F_2 + F_2'^2}{3}t_2 + \frac{F_3^2 + F_3'^2}{2}t_3 + \frac{F_4^2 + F_4'^2}{2}t_4$$

$$\tag{3.49b}$$

（3）减速阶段拖动力的处理。处理方法与制动方式有关，分以下三种情况。

1）若减速阶段全段拖动力均为负，且采用机械制动方式时，负力不计入总和中；如果减速阶段开始拖动力为正，终了时变成负值，则只计算该减速阶段的正拖动力部分，如图 3.46 所示。

$$\frac{1}{2}F_i^2 t_i' = \frac{F_i^3}{2(F_i + |F_i'|)}t_i \tag{3.50}$$

2）若采用自由滑行或机械制动方式，因电机从电网断开，该阶段拖动力均不计入总和。

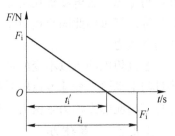

图 3.46 减速阶段拖动力计算图

3）如采用动力制动，电机虽然从电网断开，但由于电动机定子线圈继续有直流电通过，会产生热量，故该阶段不论拖动力正负，均应计入拖动力总和。同时考虑动力制动条件下，电动机散热条件较差，工作条件区别于正常工况，在计算拖动力总和时，一般对起始拖动力和终了拖动力均乘以 1.4~1.6 的系数。

3.8.2.2　校核

（1）电动机温升校核。对应于等效力的电动机等效功率为：

$$N_{\mathrm{d}} = F_{\mathrm{d}} v_{\max} \times 10^{-3}/\eta \tag{3.51}$$

式中，N_{d} 为等效功率，kW；η 为减速器效率，一级传动取 0.92，二级传动取 0.85。为保证提升电机容量有一定的储备，上式等号右侧经常乘以电机容量储备系数，取 1.05~1.10。

电动机满足温升的条件为：

$$N_d \leq N_e \tag{3.52}$$

如果所选电机容量小于计算出的等值功率，应另选较大容量的电动机，并按新选定的电动机对计算进行更正。

（2）正常运行时的过负荷能力验算。

$$\lambda' = \frac{F_{max}}{\lambda F_e} \leq 0.75 \sim 0.85 \tag{3.53}$$

式中，F_{max} 为力图中最大拖动力，N；λ 为电动机过负荷系数，可从电动机技术参数中查出，为最大力矩与额定力矩之比，$\lambda = M_{max} / M_e$；0.75~0.85 为考虑电网电压下降和金属变阻器启动级数影响的系数，对于液体电阻、变频调速和直流拖动取 0.85，对交流绕线电动机串电阻调速取 0.75；F_e 为预选电动机的额定拖动力，$F_e = 1000 N_e \eta / V_{max}$；$\eta$ 为减速器效率，取值同式（3.51）。

（3）特殊情况下的电动机过负荷能力验算。

$$\lambda_t = F_t / F_e \leq 0.9 \lambda \tag{3.54}$$

式中，F_t 为特殊工况下，作用在卷筒圆周上的特殊提升力。

对特殊情况下电动机过负荷能力进行验算，应考虑下面两种典型工况。

1）工况 1。当空罐笼停在井底承接装置上，而向上稍微抬起井口重罐笼时所产生的特殊力，$F_{t1} = \mu[Q + Q_r + (q - p)H]$。不考虑尾绳时，$F_{t1} = \mu(Q + Q_r - pH)$

2）工况 2。调节绳长或者更换提升中段时，打开离合器做单钩提升时所产生的特殊力（单独提升下面空容器）。这种情况是打开调绳离合器，单独提升空容器时的工况，则：

$$F_{t2} = \mu[Q_r + pH]$$

式中，μ 为考虑到动力的附加系数，取值 1.05~1.10；Q、Q_g 分别为一次提升量和容器质量，kg；q、p 分别为尾绳、首绳每米质量，kg；H 为提升高度，m。

3.8.2.3 电动机转矩校验

电动机转矩 $M_D = 9550 N_e / n$。等效到摩擦轮圆周上的扭矩 $M_e = 9550 N_e \eta i / n$

$$M_e \geq M_j \tag{3.55}$$

式中，N_e 为电机额定容量；i 为减速比；n 为电动机转速，r/min；M_j 为静阻力矩，N·m。

3.8.3 提升设备电耗及效率

提升设备电耗和效率是提升系统主要经济技术指标。

3.8.3.1 提升设备电耗

（1）一次提升电耗 W：

$$W = \frac{1.02 v_{max} \int_0^T F dt}{\eta_j \eta_d} \tag{3.56}$$

式中，W 为一次提升电耗，kW·h；1.02 考虑提升机附属设备（润滑油泵、制动油泵、磁力站、动力制动电源装置）耗电量附加系数；η_j、η_d 分别为减速器传动效率和电动机效率。

$\int_0^T F\mathrm{d}t$ 为提升周期内拖动力对提升时间的积分，可按下式计算：

$$\int_0^T F\mathrm{d}t = \frac{1}{2}(F_0 + F_0')t_0 + \frac{1}{2}(F_1 + F_1')t_1 + \frac{1}{2}(F_2 + F_2')t_2 + \frac{1}{2}(F_3 + F_3')t_3 + \frac{1}{2}(F_4 + F_4')t_4$$

式中，减速阶段采用自由滑行或机械制动减速时，式中等号右边第四项 F_3、F_3' 不计入，当采用电动机减速方式、电气制动减速方式时计入此项。爬行阶段当采用脉动爬行时，第五项拖动力 F_4、F_4' 计入；当采用微机拖动或低频拖动时，应将 $(F_4 + F_4')$ 改写成：

$$(F_4 + F_4')\frac{v_4}{0.8v_{\max}}$$

（2）提升设备的单位矿石耗电量。提升设备的单位矿石耗电量即吨矿电耗：

$$W_{\mathrm{t}} = \frac{1.02v_{\max}\int_0^T F\mathrm{d}t}{m\eta_{\mathrm{j}}\eta_{\mathrm{d}}} \tag{3.57}$$

式中，m 为一次提升货载质量（对主提升来说，即为一次提升量 Q），t。

（3）年耗电量：

$$W_{\mathrm{n}} = W_{\mathrm{t}}A_{\mathrm{n}} = \frac{1.02v_{\max}\int_0^T F\mathrm{d}t}{m\eta_{\mathrm{j}}\eta_{\mathrm{d}}} \times A_{\mathrm{n}} \tag{3.58}$$

式中，A_{n} 为矿井年产量，t/a。

3.8.3.2 提升设备效率

（1）一次提升有益电耗：

$$W_{\mathrm{y}} = 1000mgH \tag{3.59}$$

（2）提升设备效率：

$$\eta = W_{\mathrm{y}}/W \tag{3.60}$$

复习思考题

3-1 论述防坠器作用、类型及工作原理。

3-2 提升系统中，制动装置的作用是什么，制动装置有哪些常见类型？

3-3 深度指示器有何作用，常见的有哪些类型？

3-4 论述多绳摩擦式提升机的结构特点及分类。

3-5 论述双容器提升系统的组成及提升过程。

3-6 单层罐笼和多层罐笼的区别是什么？

3-7 多绳摩擦式提升机与单绳缠绕式提升机相比，有哪些优点？

3-8 罐笼提升、非翻转式箕斗提升各采用哪种类型的速度图？论述原因。

3-9 解释罐笼承接装置的含义，有哪几类，并做简要介绍。

3-10 分别论述提升钢丝绳选型和单绳缠绕式提升机选型的主要步骤，两者在选型计算上有什么关系。

3-11 竖井井架高度的影响因素包括哪几个方面？相同竖井，分别使用罐笼和箕斗时，井架高度有什么区别？试说明原因。

3-12 论述箕斗规格选择的主要步骤。相同条件下，单箕斗提升的一次提升量和双箕斗提升一次提升量有什么关系，为什么？

3-13 某矿井生产能力 20 万吨/年，采用竖井开拓，双罐笼提升，井深 225m，年工作天数 300 天，每天三班，提升设备日工作小时数 19.5h，忽略提升不均衡系数，最大提升速度 $v_{max} = 0.4\sqrt{H}$，加速度 $a_1 = 0.6\text{m/s}^2$，减速度 $a_3 = -0.6\text{m/s}^2$，停歇时间按 10~15s 考虑。求：（1）计算日提升量；（2）计算小时提升量；（3）绘制提升速度图；（4）计算一次提升周期；（5）计算一次提升量。

3-14 作图分析：（1）画出三阶段、对称五阶段、非对称五阶段以及六阶段提升速度图；（2）分别说明各速度图适用的提升容器种类；（3）在六阶段速度图中，标出空箕斗沿卸载曲轨下降阶段、重箕斗沿卸载曲轨上升的爬行阶段、容器在井筒内匀速运行阶段、容器在井筒内加速阶段、容器在井筒内减速阶段。

3-15 已知条件：设提升绳每米重量 p，x 为空容器至井口的距离，Q、Q_r 分别为一次提升重量和提升容器自重。注：不计容器高度，假定井口至天轮间的钢丝绳重量为钢丝绳弦的重量所平衡。请解答以下问题：（1）计算上升绳静拉力 T_{js}；（2）计算下降绳静拉力 T_{jx}；（3）计算上升绳与下降绳的静拉力差 ΔT_j；（4）分析提升过程中静拉力差的变化原因。

3-16 单绳缠绕式提升机可分为单卷筒和双卷筒两种类型，若井筒内为双容器提升，试画出两种提升机的布置方案平面图。

4 矿井排水设备

4.1 概 述

4.1.1 矿井排水设备作用

矿井涌水量是指单位时间涌入矿井的总水量（m^3/h），矿井涌水量与水文地质、气候条件、地质特征以及开采方法等因素有关，矿井涌水量差别很大，即便同一矿井在不同季节也不相同，通常在雨季和融雪期出现涌水高峰，称为最大涌水量；其他时期涌水量变化不大，称为正常涌水量。采用同时期单位矿石产量的涌水量作为比较参数，称为含水系数。

矿井涌水在流动过程中，溶入了各种物质，因此矿井水密度较大。矿井水中的悬浮状固体颗粒容易磨损水泵零件，因此需经过沉淀池和水仓沉淀后再由水泵排出。矿井水有酸性、中性和碱性。酸性矿井水对金属有腐蚀作用，应根据情况采用耐磨、耐酸排水设备。

4.1.2 矿井排水设备的组成

矿井排水设备如图 4.1 所示，由离心式水泵 1、电动机 2、启动设备 3、吸水管 4、排水管 7、管路附件 8、9 和仪表 14、15 等组成。滤水器 5 装在吸水管 4 的末端，其作用是防止水中杂物进入泵内。滤水器应插入吸水井水面 0.5m 以下。滤水器底阀 6 用以防止灌入泵内和吸水管内的引水以及停泵后的存水漏入吸水井中。闸板阀 8 安装在靠近水泵的排

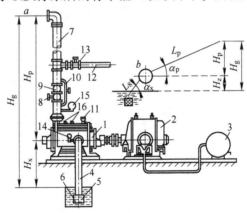

图 4.1 矿井排水设备示意图

1—离心式水泵；2—电动机；3—启动设备；4—吸水管；5—滤水器；
6—底阀；7—排水管；8—闸板阀；9—逆止阀；10—旁通管；
11—灌引水漏斗；12—放水管；13—放水闸阀；14—真空表；15—压力表；16—放气栓

水管路上，位于逆止阀 9 的下方，用以调节水泵流量，并能在关闭闸阀的情况下，减小电动机的启动负荷。逆止阀 9 安装在闸板阀 8 的上方，是当水泵突然停止运转时或者在未关闭闸板阀 8 的情况下停泵时，能自动关闭，切断水流，使水泵不至于受到水力冲击而遭损坏。灌引水漏斗 11 的作用是在水泵启动前向泵内灌注引水。此时，水泵内的空气经放气栓 16 放出。旁通管 10 接在逆止阀 9 和闸板阀 8 的两端，当水泵再次启动时，可通过旁通管 10 向水泵内灌注引水。在检修水泵和排水管路时，应将放水管 12 上的放水闸阀 13 打开，通过放水管将排水管路中的水放回吸水井。压力表 15 和真空表 14 用来检测排水管压力和吸水管真空度。

4.1.3 排水设备分类

矿井排水设备有移动和固定之分。在掘进巷道和被淹没的矿井排水时，需利用移动式排水设备。固定式排水设备，根据用途可以分成：（1）主排水设备。将全矿的涌水量或大部分涌水排出。（2）辅助排水设备。是指将主排水设备水平以下的涌水排至主排水水平，所用到的排水设备，如井底水窝的排水设备。（3）区域排水设备。将区域的积水直接排至地表，有时排水管道也可利用钻孔直通地表。（4）中央排水设备，相邻矿井的涌水量不大时，具备适当水流坡度且排水系统工程量不大时，涌水汇集一处，集中排出。

4.2 离心式水泵原理

4.2.1 离心式水泵工作原理及分类

图 4.2 为单吸单级离心式水泵示意图，主要工作部件是叶轮 1，由轮毂和叶片 2 组成。水泵外壳 3 为螺旋形扩散室，水泵吸水口、排水口分别与吸水管 4 相连接、排水管 5 相连接。叶轮 1 旋转时，水在离心力的作用下，由叶轮中心被甩向叶轮周围压向泵壳，通过排水管 5 排出。与此同时，叶轮中心进口处，由于水被抛至轮缘而形成真空，在吸水井液面上大气压力作用下，水沿滤水器及底阀、吸水管 4 进入水泵。叶轮连续旋转，形成连续的水流。

离心式水泵按叶轮数目可分为单级水泵和多级水泵，按照进水口数目可分为单吸水泵和双吸水泵，按照泵壳的接缝形式有分段式、中开式，按照水泵轴的位置分为卧式和立式。

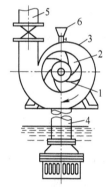

图 4.2 单吸单级离心式水泵示意图

1—叶轮；2—叶片；3—外壳；
4—吸水管；5—排水管；6—灌引水漏斗

4.2.2 离心式水泵的性能参数

（1）流量。水泵在单位时间内所排出水的体积称为水泵的流量。

（2）扬程。单位质量的水流过水泵时所获得的能量称为水泵扬积，如图 4.3 所示。吸水扬程（吸水高度）H_x 是指水泵轴心线到吸水井水面之间的垂直高度。排水扬程（排水高度）H_p 是指水泵轴心线到排水管出口中心之间的垂直高度。水泵吸水扬程和排水杨程之和，称实际扬程 H_g 。

$$H_g = H_x + H_p \qquad (4.1)$$

$$H_g = L_x \sin\alpha_x + L_p \sin\alpha_p \qquad (4.2)$$

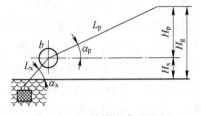

图 4.3 倾斜管路水泵扬程

式中，L_x 为吸水管的倾斜长度，m；L_p 为排水管的倾斜长度，m；α_x 吸水管与水平面的倾角，(°)；α_p 为排水管与水平面的倾角，(°)。

实际扬程 H_g 、管路损失扬程 h_w 和水在管路中以一定速度流动时所需的速度水头 $v_p^2/(2g)$ 之和，称为总扬程 H ，即：

$$H = H_g + h_w + v_p^2/(2g) \qquad (4.3)$$

水泵扬程与叶轮直径、个数和转速有关，且随流量而改变。常说的水泵扬程或铭牌上标明的扬程，是指该水泵在最高效率点运转时所产生的扬程数值，即水泵的总扬程。

（3）功率。轴功率 N 是指电动机传递给水泵轴的功率，即水泵的输入功率。水泵实际传递给水的功率，即水泵的输出功率. 称为有效功率 N_x 。

$$N_x = \frac{\gamma Q H}{1000} \qquad (4.4)$$

式中，γ 为矿井水重力密度，N/m^3；Q 水泵流量，m^3/s；H 水泵总扬程，m。

（4）效率。

$$\eta = \frac{N_x}{N} \times 100\% \qquad (4.5)$$

（5）转速与运转比例定律。矿用离心式水泵用电动机通过联轴器直接拖动，水泵转速亦是电动机转速。矿用离心式水系的转速多为 1450～2900r/min。每台水泵都是按一定的转速设计的，数值标明在水泵的铭牌上，叫做额定转速。额定转速下运转时，才有可能达到铭牌上标明的额定流量和额定扬程。否则，流量、扬程和功率都要发生变化。同一台水泵转速改变时，在相应工况下，水泵的流量、扬程、功率都会发生变化。水泵的流量、扬程和功率随着转速的改变而改变的变化规律，叫作水泵的运转比例定律。

$$Q_1/Q_2 = n_1/n_2 \quad H_1/H_2 = (n_1/n_2)^2 \quad N_1/N_2 = (n_1/n_2)^3 \qquad (4.6)$$

式中，Q_1 、Q_2 分别为水泵在转速 n_1 、n_2 时的流量，m^3/s；H_1 、H_2 分别为水泵在转速 n_1 、n_2 时的扬程，m；N_1 、N_2 分别为水泵在转速 n_1 、n_2 时的功率，kW。

（6）允许吸上真空度 H_s 。是指在保证水泵不发生汽蚀的条件下，水泵吸水口处所允许的真空度，m。

4.2.3 水泵性能曲线

从水泵铭牌上或水泵的产品样本上所查得的流量、扬程、功率、效率和允许吸上真空度，是指水泵在额定转速下，其效率最高时所对应的性能参数。水泵性能参数随着水泵转速变化而改变，当水泵的流量发生变化时，水泵其他性能参数也要发生变化。

水泵厂家根据实验数据绘出一定转速下的扬程、效率、功率和允许吸上真空度与流量的关系曲线，分别称为扬程曲线 H-Q 、效率曲线 η-Q 、功率曲线 N-Q 和允许吸上真空度曲线 H_s-Q ，总称为水泵的性能曲线。图 4.4 即为某型水泵的性能曲线。

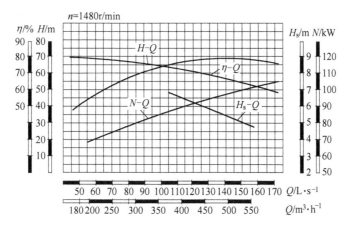

图 4.4　离心式水泵性能曲线

（1）扬程曲线（$H\text{-}Q$）。当流量为零时（即排水管道的调节闸阀完全关闭），扬程最大，这个扬程叫初始扬程或零流量扬程，用 H_0 表示。随着流量的增大，扬程缓慢地下降。

（2）功率曲线（$N\text{-}Q$）。水泵功率是随着流量的增大而逐渐增大的，当流量为零时，功率为最小。所以，离心式水泵要在调节闸阀完全关闭的情况下启动，以减小启动功率。

（3）效率曲线（$\eta\text{-}Q$）。当流量为零时，水泵效率为零，随流量增大，效率急剧增加，当流量增大到一定值后，效率达到最大值，如果流量再增加，效率反而下降。反映水泵效率最大值的点，称为最高效率点。最高效率相对应的参数称为额定参数，即铭牌上的参数。

（4）允许吸上真空度曲线（$H_s\text{-}Q$）。允许吸上真空度曲线反映了水泵抗汽蚀能力的大小，一般说来，水泵的允许吸上真空度是随着流量的增加而减小的，即水泵的流量越大，它具有的抗汽蚀能力越小。允许吸上真空度是合理确定水泵吸水高度的重要参数。

水泵性能曲线主要用途包括：（1）选用合适水泵；（2）确定水泵运转工况点。

4.3　离心式水泵在管路中的工作

4.3.1　管路特性曲线

水泵管路特性曲线是表示在一定的管路阻力下，流过该管路的流量与所需扬程之间的关系曲线。当管路阻力变化时，流量和扬程之间的关系将随之改变，所以管路特性曲线直接影响水泵工作性能。当水泵与管道连接工作时，水泵排出的水全部经过管道输送，水泵所产生的扬程 H 应该等于管道输送所需要的扬程。

图 4.5 所示为一台水泵和一趟管路组成的排水系统简图，H 为水泵的扬程，0—0 断面为吸水井水面，3—3 断面为排水管出口断面。根据伯努利方程，可得排水管道特性方程：

$$H = H_g + RQ^2 \qquad (4.7)$$

式中，R 为管道阻力系数，s^2/m^5。排水管路确定后，即管道直径、长度、粗糙度以及管道附件等不变的条件下，管道阻力系数为一常数。

排水管路特性曲线如图 4.6 所示。管路阻力越大，管路特性曲线越陡。这与矿井风阻特性曲线类似，所不同的是后者通过坐标原点。

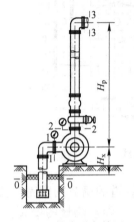

图 4.5 排水设备简图

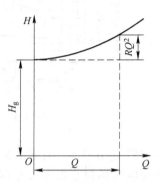

图 4.6 排水管路特性曲线

4.3.2 水泵的工况点

当水泵与管路连接工作时，水在管道内流动所需要的扬程就是水泵产生的扬程，管道输送的水量就是水泵流量。将排水管路特性曲线与水泵的扬程特性曲线用相同比例绘制在同一坐标系上，两条曲线的交点 M 即为水泵的工况点。如图 4.7 所示，M 点表示水泵在流量为 Q_M 的条件下，该管路系统提供的扬程为 H_M。过 M 点向横坐标引垂线与水泵的功率、效率、允许吸上真空度三条曲线相交，其交点即为水泵在该管道上运转时对应的轴功率 N_M、效率 η_M、允许吸上真空度 H_{sM}。水泵工况点所对应的工作参数称为工况参数。

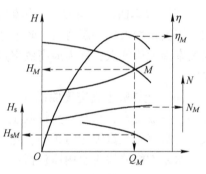

图 4.7 水泵的工况点

4.3.3 离心式水泵的汽蚀和吸水高度

（1）汽蚀现象。水泵工作时在叶轮入口处造成真空，当叶轮入口处的压力降到该温度下的汽化压力时，水就在该处发生汽化，蒸汽和溶解在水中的气体逸出，形成大量气泡，气泡被水流带到高压区后，受压破裂而迅速凝结，气泡周围的水便以极高速度冲向被气泡占有的空间，产生极高的冲击力，又称水击，压力可达几十甚至几百兆帕。当气泡不断地在叶轮入口附近的金属表面上破裂而凝结，水击则以很高的频率反复作用在叶轮入口附近的流道表面，使金属表面疲劳而脱落，加上逸出气体的化学腐蚀更加速了叶轮表面的破坏，这种现象称为汽蚀。

（2）汽蚀现象对水泵工作的影响。汽蚀是水力机械中特有的一种有害现象，当发生汽蚀时，水泵内会产生噪声和振动。同时，因水流中有大量气泡，破坏了水流的连续性，阻塞流道，增大流动阻力，使水泵的流量、扬程、功率和效率显著下降。随着汽蚀持续，气泡大量产生造成断流。

（3）水泵不发生汽蚀的条件。当吸水井水位下降，水泵吸水扬程会逐渐增大。为防止水泵发生汽蚀，必须限制吸水井的最低水位，以控制最大吸水高度不超过允许值，使水泵在发生汽蚀前停止运行。

$$H_s' \leqslant H_s \tag{4.8}$$

式中，H_s' 为水泵入口处的真空度；H_s 为水泵允许的吸上真空度。

4.3.4 水泵正常工作条件

水泵正常工作条件包括经济工作条件、稳定工作条件和不发生汽蚀条件。其中，不发生汽蚀的条件需满足式（4.8），经济工作条件和稳定工作条件如下所述。

（1）经济工作条件。为了保证水泵运转的经济性，应使水泵在一定的效率下运转，即要求水泵的工况效率，不得低于最高效率的 85%~90%，并以此划定水泵的工业利用区，如图 4.8 所示。水泵的工业利用区可分为 ae 段、额定工况点 e 和 eb 段 3 部分。可以证明，水泵在 eb 段工作时系统效率最高，因而称 eb 段为水泵工业利用区的合理使用段。故水泵运行时，应尽量使工况点落在 eb 段上。

（2）稳定工作条件。稳定工作条件是指水泵运转稳定性，即水泵在管路中工作时，只有一个确定的工况点。但是用异步电动机拖动的水泵，由于电网电压的下降，电动机和水泵的转速都将下降，根据运转比例定律，水泵的性能曲线也将按比例下移。当泵的初始扬程（流量等于零时的扬程）$H_0 < H_g$ 时，可能会现两种情况：一种是两曲线无交点，即没有工况点（图 4.9（a）），此时泵的扬程小于管道所需扬程，水泵的流量为零，水泵效率亦为零，电动机输送给水泵的能量全部转换为热能，使水和水泵强烈发热，故不允许水泵长时间在零流量下运转；另一种是两曲线有两个交点（图 4.9（b）），水泵的工况点随时变化，流量忽大忽小，水泵工作极不稳定。为防止上述情况发生，必须使得 $H_0 > H_g$。考虑到电网电压下降可能使水泵转速下降 2%~5%，从而扬程下降 5%~10%，因此水泵稳定工作的条件是：$H_g < 0.9 H_0$。

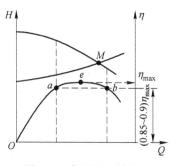

图 4.8 水泵工业利用区

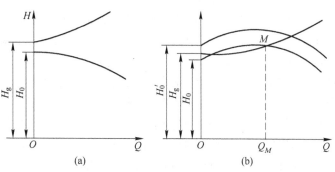

图 4.9 水泵的稳定工作条件

4.3.5 工况点调节和联合工作

4.3.5.1 工况点调节

在矿井排水工作中，水泵的工况点调节的目的有两个：一是使水泵在运转过程中，其工况点能落在高效区范围内；二是使水泵的流量和扬程能够满足实际工作的需要。与风机工况点调节原理类似，水泵的工况点调节方法可分为两类：一是改变水泵本身的特性曲线；二是改变管路特性曲线。

A 改变水泵本身的特性曲线

（1）改变转速调节法。根据运转比例定律可知，水泵的流量、扬程和功率随着水泵转速的改变而改变，即水泵特性曲线随水泵转速的变化而变化。如图 4.10 所示，提高转速可使工况点由 M 变到 M_1，降低转速可使工况点由 M 变到 M_2。这种方法没有额外的能量消耗，经济合理。水泵与电动机一般直联，所以改变转速的方法有更换电动机、串级调速，大容量泵可采用双速或多速电动机拖动。虽然改变转速调节可减少附加损失，但变速装置及变速电动机价格较高，故中、小型水泵一般很少采用。

（2）减少叶轮数目调节法。减少叶轮数目的调节方法适用于多级水泵。当减少叶轮数目时，水泵特性曲线则相应下降，工况点即随之变动。减少叶轮数目后，水泵工况点由 1 变为 2，如图 4.11 所示。这样将节约扬程 ΔH，使管路效率显著提高，同时，水泵的允许吸上真空度也由 H_{s1} 增大为 H_{s2}，提高了运行的安全性和经济性。

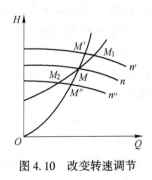

图 4.10 改变转速调节

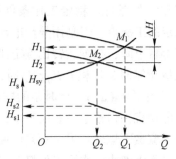

图 4.11 减少叶轮数目调节

B 改变管路特性曲线

闸阀节流法的实质是在不改变水泵性能曲线的情况下，利用调节闸阀的开闭来改变管路阻力的大小，从而改变管路性能曲线，以达到改变水泵工况点的目的。如图 4.12 所示，闸阀关小时，管路阻力增大，管路性能曲线变陡，由 2 变为 1，管路中扬程增加（$H_1 > H_2$），但流量减小。反之，同样可以达到调节目的。这种方法操作简单、应用方便，缺点是不经济。由于调节闸阀所产生的阻力增加了扬程损失，多消耗了动力，因此，利用闸阀进行工况点的调节，主要是为了满足工作需要，并不是从经济效果来考虑。

为了增加水泵的排水量，可以并联管路运行，即一台水泵同时经两条或多条管路排水。矿山排水管路一般至少设置两趟，一趟工作，另一趟备用。在正常涌水期，也可将备用管路投入运行，即工作管路与备用管路并联工作，这样就增大了管子的过流断面，降低管路阻力，从而改变水泵的工况点。如图 4.13 所示，若某一趟排水管的特性曲线为 1，另一趟排水管的特性曲线为2，把两管路的特性曲线在相同扬程下的流量相加，可得管路并联之后的合成特性曲线3。水泵工况点也就由 M' 点或 M 点变为 M'' 点。可见，采用管路并联调节，在不增加投资的情况下，既增加排水量，又可降低排水费用，是水泵节能的主要措施之一。

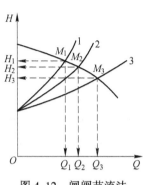

图 4.12　闸阀节流法

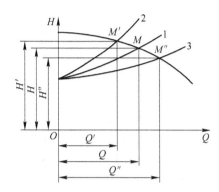

图 4.13　管路并联调节法

4.3.5.2　离心式水泵的联合工作

当单台水泵在管路上工作的流量或扬程不能满足排水需要时，可以采用两台或多台水泵联合工作的方法。联合工作的方法有串联、并联和串并联三种。

串联目的是增加扬程。图 4.14 所示为两台相同水泵 Ⅰ、Ⅱ 直接串联的情况。两台水泵串联时的流量相等，且等于管路的流量，两台水泵扬程之和为管道所需扬程。因此，串联特性曲线是流量相等，扬程相加而得出来的，其与管道特性曲线Ⅲ的交点 M 即是串联工况点。

当涌水量太大时，一台水泵负担不了排水任务，而现有管路又少于水泵工作台数时，须采用水泵的并联运转。水泵并联运转的目的是增加流量。图 4.15 所示为两台相同水泵 Ⅰ、Ⅱ 并联运转示意图。在同一扬程下，把曲线Ⅰ和Ⅱ的横坐标相加，即得并联运转时的合成特性曲线Ⅰ+Ⅱ。管路特性曲线Ⅲ与两台水泵并联运转时的合成特性曲线的交点 M，即为水泵并联运转时的工况点。并联后水泵的总流量增加，从而达到了水泵并联运转的目的。

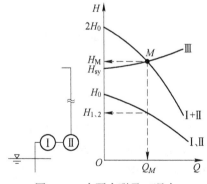

图 4.14　水泵串联及工况点

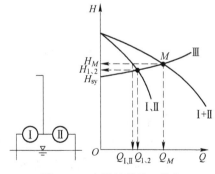

图 4.15　水泵并联及工况点

矿井排水工作中水泵的联合作业，一般均采用相同型号的水泵进行串联或并联工作，主要是基于两个方面原因：一是排水设备在选型时，工作、备用以及检修水泵均选择相同型号水泵；二是相同型号的水泵联合作业时，在管路不变的情况下，联合作业管路的流量始终大于单台水泵单独作业时的流量。

4.4 矿井排水系统

4.4.1 矿井排水系统

根据矿井深度、开拓系统及各水平涌水量的不同，可采用集中排水系统或分段排水系统。集中排水系统是将全矿涌水集中到最低水平，然后由主排水设备一次将矿水排到地面。分段排水系统是将全矿涌水集中到多个水平，然后分别将矿水排至地面。集中排水系统简单，开拓量小，基建费用低，管道敷设简单，管理费用低。

4.4.1.1 集中排水系统

单水平开采时，回采和掘进工作面的涌水靠自流沿水沟流至井底车场主水仓，而后由排水设备将集中于水仓的水直接排至地面，如图 4.16（a）所示。多水平开采时，若上水平涌水量不大，没有必要单独设置排水设备时，可将上水平的涌水引至下水平的水仓，由主排水设备排至地面，如图 4.16（b）所示。这种方法简单，但浪费势能，增加电耗。

斜井集中排水与竖井类似，煤矿大多采用钻孔下排水管，而非沿斜井敷设，如图 4.17 所示。

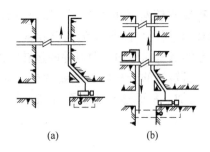

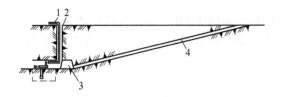

图 4.16 集中排水系统   图 4-17 钻孔下排水管的排水系统
（a）单水平开采；（b）多水平开采   1—排水管；2—钻孔；3—井底车场；4—斜井井筒

4.4.1.2 分段排水系统

若矿井的深度超过了水泵可能的排水高度或矿井涌水量较大、需要各阶段分别排水时，可采用分段排水系统。当矿井深度超过水泵可能的排水高度时，分段排水系统可先将涌水排至中间水仓，然后再由中间水泵房的水泵排至地面，这种方式称为接力式排水系统，如图 4.18 所示。另外，如果矿井涌水量较大，可采用分阶段排水的方式进行排水，即开采阶段分别设置排水设施，直接排至地表，如图 4.19 所示。

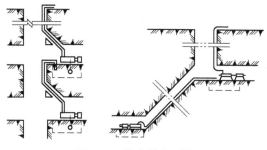
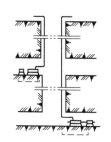

图 4.18　接力排水系统　　　　图 4.19　分阶段排水系统

4.4.2　矿井主水泵房的设备布置及管路布置

矿井主水泵房和水仓大多布置在副井井底车场附近，主要基于以下原因：（1）巷道坡度便于井下涌水向井底车场水仓汇集；（2）水泵房有足够的新鲜风流，有利于电动机冷却；（3）连通水泵房和副井井筒的斜巷出口处有平台，罐笼可停在平台处装卸排水设备；（4）排水管路短，管路阻力损失小，节约管材；（5）靠近变电所，供电线路短；（6）在井底车场被淹没时，有利于抢险排水，必要时便于撤出设备。

水泵房有两个出口，分别通往井底车场和井筒。井底车场出口用于出入人员和运输设备，兼作水泵房通风的出风道，水平通道敷有轨道。该出口应设有工作用的栅栏门和容易关闭的既能防水又能防火的密闭门。通向井筒的是一条倾斜 $25° \sim 30°$ 的斜巷，称为管子道，如图 4.20 所示。管子道与井筒相接处有一段 2m 长的平台，平台较井底车场钢轨轨面高出 7m，目的是一旦井底车场被水淹没，关闭水平通道的防水门后，继续抢险排水，危急时人员和设备还可由此撤出，作为矿井的安全出口。

排水管沿管子道壁架设在管墩上并用管卡固定。管子道中间铺轨，轨道中间设人行台阶。

水泵房底板应比井底车场轨面高出 0.5m，其目的是在遇到突然涌水时，能够有条件利用井底车场面积大、水面上升缓慢的特点，争取时间采取密封措施保护水泵房。水泵房内的轨面与底板平齐，轨道间挖设电缆沟。水泵房地面向吸水井一侧有 1% 的下坡。

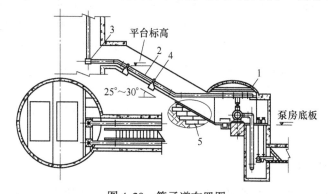

图 4.20　管子道布置图

1—泵房；2—管道；3—弯管；4—管墩和管卡；5—人行台阶和运输轨道

泵房内设备的布置主要取决于水泵和管路的数量，一般沿泵房纵向布置水泵，以减小泵房断面。图4.21所示为具有3台水泵和两趟排水管路的泵房布置图。由水仓16来的水，首先经过水仓箅子17、水仓闸阀13进入分水井15，再经分水闸阀12、14分配到各水泵的吸水井9中。分水井和吸水井内均有上下梯子18，以便安装、检修设备和清理水井。水泵各自吸水管3，插在各自的吸水井中。全部水泵共用两趟排水管路，一趟工作，另一趟备用。

泵房内设有运输设备的轨道21，轨道由通往泵房的人行运输道22敷入，另一端伸向倾斜管子道23，以便在有被水淹的危险时，关闭防水门24后，能继续排水。为便于起吊设备，在泵房内还装有起重梁20。启动设备26可放在泵房内，或安装在泵房专门的壁龛中，当采用综合启动柜时，可安放于泵房隔壁的变电所中。

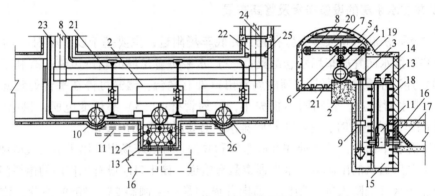

图4.21　主水泵房布置图

1—水泵；2—水泵基础；3—吸水管；4—调节闸阀；5—止逆阀；6—三通；
7—闸阀；8—排水管；9—吸水井；10—吸水井盖；11—分水沟；12，14—分水闸阀；
13—水仓闸阀；15—分水井；16—水仓；17—水仓箅子；18—上下梯子；19—管子支撑架；
20—起重梁；21—轨道；22—人行运输道；23—管子道；24—防水门；25—防火门；26—启动设备

4.4.3　水仓

矿井主要水仓由两个独立巷道组成，称为主水仓和副水仓，一个清掏，另一个正常使用。水仓的作用：一是储存矿井涌水，当涌水量产生波动或排水设备发生故障停泵时，起储存调节作用；二是具有减小水流速度、沉淀矿水中泥沙的作用，防止泥沙进入水泵，避免加快水泵的磨损。在水沙充填矿井，还必须在水仓入口处设置专门的沉淀池，使含有大量悬浮物质和固体颗粒的矿水，先进行沉淀，再流入水仓。水仓（含主水仓和副水仓）总容量一般按矿井8h的正常涌水量计算；采区水仓的有效容量应能容纳4h的正常涌水量。水仓的最高水位必须低于泵房地面1~2m。水仓巷道顶应低于水仓入口巷道水沟底的标高，以保证水仓能满水。

4.4.4　对排水设备的要求

（1）水泵必须有工作、备用和检修的水泵。工作水泵的能力，应能在20h内排出24h的正常涌水量（包括充填水及其他用水）。备用水泵的能力应不小于工作水泵能力的

70%。工作和备用水泵的总能力，应能在 20h 内排出 24h 的最大涌水量。检修水泵的能力应不小于工作水泵能力的 25%。水文地质条件复杂或有突水危险的矿井，可根据具体情况，在主水泵房内预留安装一定数量水泵的位置，或另外增加排水能力。

（2）水管必须有工作和备用的水管。其中工作水管的能力应能配合工作水泵在 20h 内排出矿井 24h 的正常涌水量。工作和备用水管的总能力，应能配合工作和备用水泵在 20h 内排出矿井 24h 的最大涌水量。涌水量小于 300m³/h 的矿井，排水管也不得少于两趟。

（3）配电设备应同工作、备用和检修水泵相适应，并能同时开动工作和备用水泵。主排水泵房的供电线路不少于两趟，当一路停止供电时，另一路能担负全部负荷的供电。

（4）主排水设备应有预防涌水突然增加而致使设备被淹没的措施。

（5）水泵除要保证工作可靠外，还必须有较高的运行效率。

（6）应尽量采用体型小的水泵，以减小泵房尺寸。水泵在结构上应适合井下安装、拆卸、运输和便于维修。

（7）水泵机组安装在需要采取隔爆措施的地方，其电气设备也应是隔爆型的。

复习思考题

4-1 何谓水泵联合作业，水泵串联和并联的目的是什么，适用于什么条件？

4-2 说明调节离心式水泵的工况点的两类方法。

4-3 水泵的性能参数有哪些，何谓水泵特性曲线，水泵选型的主要参数有哪些？

4-4 矿井主水泵房和水仓大多布置在副井井底车场附近，说明理由。

4-5 解释集中排水系统和分段式排水系统，说明各自的适用条件。

4-6 在矿山井下排水系统中，主水泵的台数、各水泵排水能力、各排水管道的排水能力有什么要求？

4-7 绘制出水泵的管路特性曲线示意图。

4-8 矿山排水系统如何进行设计？请论述主要设计步骤。

4-9 简述离心式水泵的构造及工作原理。

4-10 论述矿山主水泵房的主要设备设施及布置要求。

4-11 何谓管子道？说明其作用。

5 矿山压气设备

扫一扫
看视频

5.1 概　　述

空气压缩机械按压缩空气压力大小可分为通风机、鼓风机以及压缩机。通风机压力一般不超过15kPa，鼓风机压力一般在15~300kPa，空气压缩机一般大于0.3MPa，矿山压缩机一般在0.3~0.8MPa。

5.1.1　空气压缩设备组成

压缩空气被作为一种动力来驱动凿岩机、风镐等风动机械。尽管压气动力比直接使用电力费用要高，但在井下使用压缩空气作为动力具有一定优势。压缩空气输送方便，对环境无害，金属矿山使用压气空气作为动力有一定比例。合理使用压气设备，防止压气泄露，节省压缩空气是完成矿山生产计划和降低矿山生产成本的主要环节之一。

空气压缩设备如图5.1所示，主要由空气压缩机、拖动装置、滤风器、储气罐、冷却器、输气管道、安全保护装置等部分组成。矿用压气机站一般设在地表，通过压气管道将压缩空气送入井下，沿巷道进入采掘工作面供给风动机械使用。压气输送距离过长时，为减少风量以及风压损失，可将空压机安设在井下通风良好的硐室内。

5.1.2　矿山压气设备分类

压缩机按工作原理分为容积型和速度型，如图5.2所示。容积型空气压缩机气体压力升高是由于气缸中气体体积的压缩，单位体积内气体分子的密度增加而形成。速度型空气压缩机气体压力是由气体分子的速度转化而来，即先使气体分子在空气压缩机中得到很高的速度，然后在扩压器中急剧降速，动能转化为位能，压力升高。矿山常用活塞式、螺杆

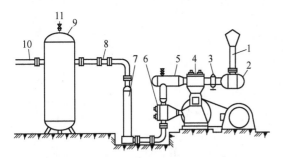

图5.1　空气压缩设备系统示意图

1—进气管；2—空气过滤器；3—调节装置；
4—低压缸；5—中间冷却器；6—高压缸；7—后冷却器；
8—逆止阀；9—储气罐；10—输气管道；11—安全阀

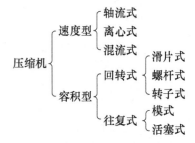

图5.2　空气压缩机分类

式以及离心式空气压缩机。

5.1.3　活塞式压缩机分类

（1）按照气缸排列方式分类，可分为立式、卧式和角度式压缩机三类，见表5.1。

立式压缩机气缸均为竖立布置，气缸轴线与地面垂直。气缸表面不承受活塞质量，活塞与气缸的摩擦、润滑均匀，活塞环工作条件好。活塞质量及其往复运动时的惯性作用于基础，振动小。机身形状简单，结构紧凑，质量轻，活塞拆装和调整方便。

卧式压缩机气缸均为横卧布置，气缸轴线与地面平行。按气缸与曲轴相对位置，可分为一般卧式和对称平衡型。前者气缸水平布置位于曲轴一侧，运行时惯性力不易平衡，转速低，效率低，适用于小型空压机；后者气缸水平布置并分布在曲轴两侧，惯性力小，受力平衡，转速较高，多用于大中型空压机，如M型和H型。

角度式压缩机特点是两个相邻气缸的轴线保持一定角度。根据气缸轴线夹角不同，可以分成L型、V型以及W型。L型相邻两气缸中心线夹角90°，分别为垂直和水平布置。V型同一曲拐上两列的气缸中心线夹角可为90°、75°、60°等，W型同一曲拐上相邻的气缸中心线夹角为60°。这种布置结构紧密，运行平稳，转速较高，维修方便，效率较高。

表5.1　空压机气缸排列方式及简图

基 本 型 式						
立式	卧　式			角 度 式		
	一般卧式	对称平衡型		L型	V型	W型
		M	H			

（2）按照气缸段数分类。实质是按照气体介质到达终了压力的压缩级数进行分类的。气体在气缸内进行一次压缩达到终了压力称为单级压缩机。气体在气缸内经过两次压缩达到终了压力称为两级压缩机。气体在气缸内经过两次以上压缩达到终了压力称为多级压缩机。

（3）按照活塞在气缸内的作用方式分类。分类依据为活塞在气缸内的作用方式，亦即气缸容积的利用方式。分为单作用（单动）压缩机、双作用（双动）压缩机和级差式压缩机。

1）单作用压缩机。气体仅在活塞一侧压缩。活塞往复运动时，吸、排气只在活塞一侧进行，在一个工作循环中完成吸、排气动作，即活塞往复一次工作一次。

2）双作用压缩机。气体在活塞的两侧均能进行压缩。活塞往复运动时，其两侧均能吸、排气，在一个工作循环中完成两次吸、排气。即活塞往复一次工作两次。矿用压缩机多为双作用式压缩机。

3）级差式压缩机。将不同大小的活塞组合在一起，构成不同级次的气缸容积。

（4）按照排气量分类。微型压缩机排气量小于 $1m^3/min$ 以下，小型压缩机排气量 $1\sim$ $10m^3/min$ 之间，中型压缩机排气量 $10\sim100m^3/min$，大型压缩机排气量在 $100m^3/min$ 以上。

（5）按照转速分类。低转速压缩机转速在 $200r/min$ 以下，中转速压缩机转速在 $200\sim$ $450r/min$，高转速压缩机转速 $450\sim1000r/min$。

（6）按照冷却方式分类。适用水冷方式的压缩机排气量为 $18\sim100m^3/min$，多用于大中型空压机。风冷方式适用于排气量小于 $10m^3/min$ 的空气压缩机，多为小型空压机。

（7）按照气缸内有无润滑油分类。无油润滑空压机是指气缸内不注入润滑油对气缸和活塞环间进行润滑，而是采用充填聚四氯乙烯自润滑材料制作密封元件（活塞环和密封环）。自润滑材料不仅能改善气缸的磨损，而且可节省大量润滑油，并通过净化压缩空气，保证风动机械作业安全，净化作业环境。

有油润滑空压机是指气缸内注入润滑油对气缸壁和活塞环间进行润滑，若气缸过热可引起润滑油、积碳的燃烧和气缸爆炸，特别是燃烧产生的 CO 随压缩空气进入井下作业场所，有导致中毒事故风险。

活塞式压缩机具有背压（排气管内压力）稳定、压力范围广以及对设备材料要求低（普通钢材、铸铁等）等优点。缺点是采用曲柄滑块连杆机构，转速不高；排气量超过 $500m^3/min$ 时，机器笨重；结构复杂，易损零部件多，维修保养工作量大；运转时振动较大，需要基础连接，一般为固定式；压力脉动，输气不连续，一般适用于中、小排气量矿山。矿山用活塞式压缩机型式特点为：固定式、两级、双作用、水冷的活塞式 L 型空压机。

5.2 单级活塞式压缩机

5.2.1 工作原理

活塞式压缩机属于往复式压缩机，是依靠气缸内作往复运动的活塞压缩气体的容积而提高气体压力的，工作过程包括吸气过程、压缩过程和排气过程。工作原理如图 5.3 所示。

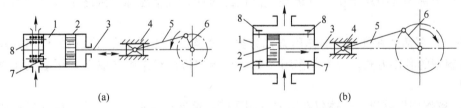

(a)   (b)

图 5.3 活塞式空气压缩机工作原理图

（a）单作用活塞式压缩机；（b）双作用活塞式压缩

1—气缸；2—活塞；3—活塞杆；4—十字头；5—连杆；6—曲轴；7—吸气阀；8—排气阀

单作用活塞式压缩机的电动机带动曲轴 6 旋转，曲轴 6 的旋转运动由连杆 5 与十字头 4 转变为带动活塞 2 的往复运动，电动机旋转一周，活塞 2 往返一次。活塞向右移动，气缸中容积增大，压力降低，当低于气缸外大气压力时，吸气阀打开吸气，活塞运动到最右位置，吸气过程完成。曲轴继续旋转，活塞开始反向移动，空气被活塞压缩，吸气阀关闭，气缸内压力升高，直到压力升高到排气压力时压缩过程完成。此时，打开排气阀排气，活塞继续左移，直到排气过程完成。双作用活塞压缩机的气缸分成左右两端，左端与右端工作相似，工作过程正好相反。当左端为吸气过程时，右端为压缩和排气过程；反之亦然。两端均各自完成自己的工作循环。

5.2.2 活塞式空气压缩机的工作循环

活塞式压缩机理论工作循环的几点假设：（1）无余隙容积。余隙容积是指活塞移动到止点位置时，气缸内剩余的容积。（2）无压力损失。压力损失是指空气流经吸、排气阀时因需克服阀片的弹簧力和管道中的流动阻力而消耗的压力能。（3）无摩擦损失。摩擦损失是空气压缩机由于机械摩擦所造成的功率损失。单级空气压缩机理论工作循环示功图反映了空气压缩机在假设情况下工作时的吸气、压缩和排气过程，如图 5.4 所示。图中 4—1 为吸气阶段，1—2 为压缩阶段，2—3 为排气阶段，气缸内外吸气压力相等，排气压力也相等。

在实际工作过程中，因有余隙容积和压力损失，所以在吸气阶段之前出现余气膨胀阶段，而且气缸内吸气压力低于进气管中的压力，气缸内的排气压力高于排气管中的压力，且负载的变化使压力出现波动。单级空气压缩机实际工作循环示功图 5.5 中 3′—4′为余气膨胀阶段，4′—1′为吸气阶段，1′—2′为压缩阶段，2′—3′为排气阶段。

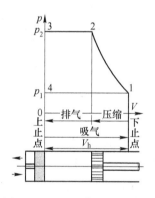

图 5.4 理论工作循环示功图

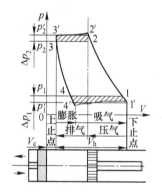

图 5.5 实际工作循环示功图

余隙容积的存在减少了空压机排气量，但对压缩 $1m^3$ 空气的循环功没有影响，且能够避免曲柄连杆机构受热膨胀时，活塞直接撞击汽缸盖引起事故。吸、排气阻力导致实际吸气压力低于理论吸气压力，实际排气压力高于理论排气压力。吸气终了的空气温度高于理论吸气温度（吸气管外的空气温度），使吸入空气密度降低，从而减少了以质量计算的排气量，也使得压缩 $1kg$ 空气的循环功增大。漏气使空压机无用功耗增加，实际排气量减少。吸入空气的湿度越大，以质量计的排气量越小，且水蒸气的冷却凝结既减少实际排气量，也消耗功率。综上，所有影响因素均会使排气量减少，除余隙容积外，其余因素均会导致循环功增加。

5.2.3 排气量和供气效率

5.2.3.1 排气量

排气量是指空气压缩机排气端测得的单位时间内排出压缩空气的容积，换算到空气压缩机吸气状态（压力、温度、湿度）的容积，m^3/min。亦指空压机最末一级排出的气体体积，换算到第一级额定吸气状态下的气体体积。

（1）理论排气量。是指按空压机理论循环工作时的排气量。即每分钟活塞的行程容积，由气缸尺寸及曲轴转速确定。单作用、双作用空气压缩机的理论排气量分别为：

$$Q_T = FSn \tag{5.1}$$
$$Q_T = (2F - f)Sn \tag{5.2}$$

式中，Q_T 为理论排气量，m^3/min；F 为第一级气缸的活塞面积，m^2；f 为活塞杆面积，m^2；S 为活塞行程，m；n 为曲轴转数，r/min。

（2）实际排气量。是指空压机按照实际工作循环工作时的排气量。由于余隙容积，吸、排气阻力，吸气温度、空气湿度及漏气等因素的影响，实际排气量小于理论排气量。

$$Q = \lambda Q_T \tag{5.3}$$

式中，λ 为压送系数，也称排气系数，等于实际排气量与理论排气量之比，取值见表5.2。

表5.2　国产空压机排气系数取值

类型	排气量/$m^3 \cdot min^{-1}$	排气压力/Pa	级数	排气系数
微型	<1	6.87×10^5	1	0.58~0.60
小型	1~3	6.87×10^5	2	0.60~0.70
V、W型	3~12	6.87×10^5	2	0.76~0.85
L型	10~100	6.87×10^5	2	0.72~0.82

5.2.3.2 功率和效率

空压机功率、效率是评价其经济性能的主要指标。空压机消耗的功率，其中直接用于压缩空气为指示功率，用于克服机械摩擦的为机械功率，两者之和称为轴功率。

理论功率是指空气压缩机在单位时间内按理论工作循环消耗的功率，可分为绝热理论功率和等温理论功率。指示功率是指空气压缩机在单位时间内按实际工作循环消耗的功率。轴功率是指电动机输入到空气压缩机主轴的实际功率，包含直接用于压缩气体的指示功率、克服机械摩擦消耗的功率、压缩机曲轴直接驱动附属机构（齿轮油泵、注油器等）消耗的功率。

（1）理论功率。是指在任何理论过程中为了压缩空气而消耗在压气机活塞上的功率。

$$N_T = \sum N_{T,i} = \sum \frac{W_{V,i}Q}{10^3 \times 60} \tag{5.4}$$

式中，N_T 为理论功率，kW；$W_{V,i}$ 为一定理论过程（等温、绝热或多变过程）中，第 i 级气缸活塞在一个工作循环压缩 $1m^3$ 空气消耗的循环功；Q 为在吸气状态下压气机的排气量。

等温过程是比较理想的过程，压气机理论功率多采用等温压缩理论功率。由于单动压缩机内冷却对压缩线的影响并不很大，因此采用绝热压缩理论功率。

（2）指示功率。是指在压气机的实际工作过程中消耗在压缩机活塞上的功率。根据实际工作过程的示功图面积来计算，或使用以下公式计算：

$$N_j = \frac{N_T}{\eta_j} \tag{5.5}$$

式中，η_j 为考虑实际工作过程一切损失（考虑吸排气阻力、吸气温度、漏气以及空气湿度等因素影响引起的功率损失）的压气机指示效率。等温压缩取 0.72~0.8，绝热压缩取 0.9~0.94。

指示功率和理论功率一样，可以按等温压缩过程或绝热压缩过程来计算。

$$N_{j,1} = \frac{N_{T,1}}{\eta_{j,1}} \tag{5.6}$$

$$N_{j,2} = \frac{N_{T,2}}{\eta_{j,2}} \tag{5.7}$$

式中，$N_{j,1}$ 和 $N_{j,2}$ 分别为等温和绝热压缩过程的指示功率；$\eta_{j,1}$ 和 $\eta_{j,2}$ 分别为等温和绝热压缩过程的压气机指示效率。

（3）轴功率。在压气机运转过程中，由于各种机械阻力（如气缸壁与活塞的摩擦；活塞杆与轴承的摩擦）所引起的机械损失，以致压气机轴上的功率要大于指示功率。

$$N = \frac{N_j}{\eta_m} \tag{5.8}$$

式中，N 为轴功率 kW；N_j 为指示功率，kW；η_m 为机械效率，小型压缩机取 0.85~0.9；大中型压缩机取 0.9~0.95。

（4）电动机功率。

$$N_d = (1.10 ~ 1.15)\frac{N}{\eta_c} \tag{5.9}$$

式中，N_d 为电机功率，kW；η_c 为传动效率，带传动取 0.96~0.99，齿轮传动取 0.97~0.99；系数为功率备用系数。

（5）比功率。是指一定排气压力下，单位排气量所消耗的功率。比功率是评价工作条件相同、介质相同的压缩机经济性指标。当空压机排气量小于 10m³/min 时，比功率为 5.8~6.3kW/（m³·min⁻¹）；排气量在 10~100m³/min 之间时，比功率为 5.0~5.3kW/（m³·min⁻¹）。

（6）效率。理论功率与轴功率的比值称为压缩机工作效率或总效率。总效率是衡量空压机经济性的重要指标。总效率等于指示效率 η_j 与机械效率 η_m 的乘积，即 $\eta = \eta_j \eta_m$。

以等温过程的理论功求压气机轴功率，称为等温总效率，常用于水冷式空压机经济性评价。以绝热过程的理论功求压气机轴功率，称为绝热总效率，一般适用于风冷式空压机。

5.3 压气站设计及管道计算

5.3.1 压气站设计

压气站设计内容包括：通过计算所需的压气机的总生产量，选择压气机台数及型式；

确定压缩空气管道规格；计算拖动电动机的功率，选择电动机的型式及控制设备；确定耗电量和单位压缩空气成本。

矿山压气站的设计条件包括：矿山生产能力，风动机械的台数、特性及安装地点，巷道布置图，矿山及各水平的服务年限。

（1）矿山压气总耗量。

$$V = \alpha\beta\gamma \sum K_i q_i n_i \tag{5.10}$$

式中，V 为压气总耗量，m^3/min；α 为管网漏风系数，取 1.1~1.2；β 为风动机械由于磨损使耗气量增加的系数，取 1.1；γ 为海拔修正系数，海拔不大于 1000m 取 1，海拔大于 1000m 时，每增加 100m，系数增加 1%；K_i 为同型号风动机具同时工作系数，按照风动机械台数而定，见表 5.3；q_i 为风动机具的压气消耗量，m^3/min；n_i 为用风量最大班次内，同型号风动机具的台数。

表 5.3　同时工作系数 K_i 的取值表

同型号风动机具同时工作台数	≤10	11~30	31~60	>60
K_i	1~0.85	0.85~0.75	0.75~0.65	0.65

（2）空压机压力级别。取风动机械的压力 p_0 为 5~6 个指示大气压，根据上述方法计算压气管网并确定压气机出口压力。

（3）选择压气机台数及型号。在选择压气机的型式时，根据技术操作规程，应备有生产量约为压气站生产量 50% 的备有压气机。一般情况下，装设两台工作的压气机，另外备用一台，当压气机的生产量在 20m³/min 以下时，可装设两台压气机（一用一备）。应选择同类型的压气机，以减少备用零件的数量。在矿山企业中，当压气机站的生产量大于 200m³/min 时，应采用离心式压气机。

（4）其他设计内容包括计算电动机功率，并选择电机型号和控制设备。计算冷却水量，选择水泵及拖动水泵的电动机。计算风包容积，数量及型式。确定压风机房的尺寸。计算全年耗电量。全年耗电量可按下式计算。

$$W = \frac{Z \cdot N_B \cdot t \cdot B}{\eta_g \cdot \eta_H \cdot \eta_c}(0.8K_3 + 0.2) \tag{5.11}$$

式中，W 为全年耗电量，$kW \cdot h/a$；Z 为同时工作的压气机台数；N_B 压气机轴功率；t 压气机一昼夜工作小时数；B 为一年内压气站的工作天数；η_g、η_H、η_c 分别为电机效率（0.85~0.9）、传动效率和电网效率（0.85~0.9）；K_3 为压气机的负荷系数，等于压气机的实际产量与额定生产量的比值，一般取 0.75~0.85。

5.3.2　压气管道计算

当压气在管道流动时，管壁与空气之间会产生摩擦阻力，管道直径越小，管道越长，流量越大，阻力就越大。阻力会造成管道内压力损失，当管网压力降低时，风动机械的生产能力将降低，而压气消耗量则增加。管路计算的目的是求得压力损失不超过许可值的管径。压力为 4~8 个指示大气压的管路一公里长的压力损失 λ_0 通常取 30~60kPa。据此可知，计算长度为 L' 的一段管道的压力损失：

$$\Delta p = \frac{\lambda_0}{1000} L' \qquad (5.12)$$

式中，L 为某段压气管道的实际长度，m；计算长度 $L' = \xi \cdot L$；ξ 为考虑压气管道内由于配件而产生的附加阻力损失系数，取 $1.1 \sim 1.2$。一般要求空压站到最远用风点的管路总损失 $\sum \Delta p \leqslant 1 \times 10^5 \mathrm{Pa}$。

压气管道直径：

$$d = \sqrt[5]{\frac{L'}{\Delta p} V^{1.85} \times 10^{11}} \qquad (5.13)$$

式中，V 为在该段压气管道内流动的空气量，$\mathrm{m^3/min}$；d 为压气管道直径，mm。

压气管道直径也可按以下近似公式计算：

$$d = 20\sqrt{V} \qquad (5.14)$$

5.4　螺杆式压缩机和离心式压缩机

5.4.1　螺杆式压缩机

螺杆式压缩机发明于 20 世纪 30 年代，20 世纪 60 年代后应用越来越广泛。螺杆式空压机是一种工作容积做回转运动的容积式压缩机械。气体压缩依靠容积变化来实现，容积变化是通过压缩机转子在气缸内的回转来实现。与同属容积式的活塞式压缩机不同，螺杆式压缩机工作容积在周期性变化（扩大和缩小）的同时，工作容积空间位置也在发生变化。

5.4.1.1　螺杆式压缩机结构

螺杆式空压机气缸形状呈"∞"字形，布置一对相互平行的螺旋形转子。节圆外带有凸齿的转子为阳转子（阳螺杆），节圆内具有凹齿的转子为阴转子（阴螺杆），转子相互齿合，阳转子与原动机相连，由阳转子带动阴转子转动，如图 5.6 和图 5.7 所示。吸气孔口、排气孔口设置在机体两端。

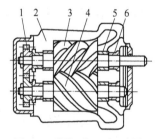

图 5.6　螺杆式空压机结构

1—同步齿轮（转向相反）；2—气缸（外壳）
3—阳转子；4—阴转子；5—轴密封；6—轴承

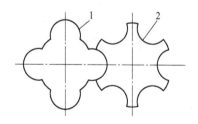

图 5.7　转子端面型线

1—阳转子（四个凸齿）；2—阴转子（六个凹齿）

螺杆式空压机转子的每个运动周期内，分别有若干个工作容积依次进行相同的工作过程，即吸气、压缩和排气过程，故讨论一个工作容积的全部动作过程即可，该工作容积称为基元容积。转子运行一周，基元容积完成压缩机的一个工作过程。为充分利用工作容积实现压缩气体，基元容积扩大时与吸气孔口相连，吸气过程开始，基元容积达到最大时吸气过程结束。此后，基元容积处于密闭状态，容积减少，直到其与排气孔口连通前，压力升高到排气压力，完成压缩过程。随着基元容积进一步减少，基元容积内高压气体逐渐从排气孔全部排出。

在实际工作过程中，由于基元容积内气体的泄漏，气体流经吸、排气孔口产生的压力损失，气体压缩与外界的热交换等因素影响，螺杆式压缩机的实测示功图比较复杂，无法用较简单的公式对其进行描述。一般采用计算机模拟的方法，以基元容积为研究对象，分析其吸气、压缩、排气等工作过程的压力、温度等微观特征，求解排气量、轴功率等宏观参数。

5.4.1.2　螺杆式压缩机工作原理

螺杆式压缩机的基元容积是由阴阳转子、气缸内壁之间形成的一对齿间容积，随着转子的转动，基元容积的大小和空间位置会发生变化。螺杆式压缩机的工作过程如图5.8所示。

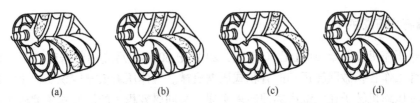

图5.8　螺杆式压缩机工作原理

(a) 吸气终了；(b) 压缩；(c) 压缩终了；(d) 排气

螺杆式压缩机的工作过程主要包括吸气、压缩、排气三个动作。在吸气过程开始时，气体经吸气孔口分别进入阳转子、阴转子的齿间容积。随着转子旋转，齿间容积各自不断扩大，当达到最大值时，齿间空间与吸气孔口断开，吸气过程结束。在吸气过程中，阴、阳转子朝着彼此背离的方向转动，基元容积不断扩大，属于低压力区。转子继续旋转，阴阳转子的转子齿相互挤入，呈 V 字形的基元容积的容积值逐渐缩小，实现容积内气体的压缩过程，压缩过程持续到该基元容积与排气孔相连通为止。在压缩过程中，阴、阳转子朝着互相迎合的方向转动，基元容积减小，气体受到压缩，属于高压力区。在基元容积与排气孔口连通后，排气过程开始，随着基元容积的不断缩小，具有排气压力的气体通过排气孔口完全排出。

可见，螺杆式压缩机的原理主要由阴阳转子的结构以及转子间转动齿合关系所决定。阳转子一般为 4 个凸齿，阴转子凹齿一般为 6 个。工作时两转子反向旋转，阳转子带动阴转子，两者的同步转动使得凹齿和凸齿逐渐齿合，转子的凹槽与气缸内壁形成的工作容积逐渐减小，气体压力提高，利用阴阳转子表面螺旋凹凸形气道和气缸内部之间的工作容积逐渐变化，来实现气体的吸入、压缩和排出等过程。

螺杆式压缩机可以分为无油螺杆压缩机和喷油螺杆压缩机。喷油压缩机结构简单，阳转子直接通过齿合作用带动阴转子转动，为了润滑、密封、冷却以及降噪等目的而喷入的润滑油与所压缩的气体介质直接接触。无油压缩机吸气、压缩及排气过程中，气体介质始终不与润滑油接触，有着可靠的密封，又称干式螺杆压缩机。干式压缩机的阴阳转子并不直接齿合，而是通过同步齿轮由阳转子带动阴转子，因此两个转子之间存在一定的间隙。

5.4.1.3　螺杆式压缩机特点

螺杆式压缩机与活塞式压缩机相比，有以下特点：（1）运行可靠性高。螺杆式压缩机零部件数量较少，且没有易损零部件。故障率低，寿命长。（2）动力平衡性好。螺杆式压缩机没有往复式运动零部件，没有不平衡的惯性力影响，可实现无基础运转。机器可以高速运转，与原动机直联。因此螺杆式压缩机特别适合做移动式压缩机。（3）适应性强。螺杆式压缩机具有强制输气的特点，排气量几乎不受排气压力的影响，不会发生喘振现象。适应多种工况，效率较高。（4）可实现无油压缩。能够保持气体清洁，适用于输送不能被油污染的气体。（5）多相混输。阴阳转子齿面间留有间隙，可压送含粉尘的气体。（6）设备造价高，系统复杂，不能用于高压场合等方面的缺点，限制了螺杆式压缩机的使用。

无油螺杆压缩机的排气量范围为 $3\sim1000m^3/min$，单级压比 $1.5\sim3.5$。喷油螺杆式压缩机排气量范围 $0.2\sim100m^3/min$，单级压比可达 14，排气压力可达 2.5MPa。

5.4.2　离心式压缩机

离心式空压机属于回转叶轮式流体机械，结构上主要包括转子和静子部分。转子部分由主轴、叶轮、平衡盘、联轴器等组成。叶轮是主要工作部件，叶轮转动使得流动空气获得速度和压力。静子部分包括扩压器、弯道、蜗壳以及支撑轴承和止推轴承等，空气从叶轮流出后经扩压器将速度能转变成静压能。在多级离心式空压机中，为了将扩压器的气流引导至下一级叶轮进行压缩，设置了使气流由离心方向改变为向心方向的弯道，之后经过回流器均匀进入下一级。经过多级叶轮加压后，出口气压达到设计值。离心式空压机的特点是压力较小、流量较大，适用于用气量大、输气距离较远的场所。

离心式与活塞式空压机的相同点：都需要消耗电能等动力来提高气体压力。压缩后气体温度升高，为降低功率消耗，在压缩过程中尽可能进行充分冷却，以便接近等温压缩。

离心式与活塞式空压机的不同点：离心式空压机不需要曲柄连杆机构，结构简单、运行平稳；离心式压缩机对气体进行连续压缩，不需要进气阀和排气阀，因此易损零件少，连续运转时间长，可靠性高；为了尽可能提高每一级压缩的压缩比，离心式空压机转速非常高，超过电动机转速，需要有增速器增速。每一级叶轮提高的压力有限，压缩比在 $1.3\sim2.0$ 左右，压缩的级数多。排气压力 $5\sim6$ 个大气压的压缩机需经过 $5\sim6$ 级压缩。

由于每个叶轮所能提高的压力有限，根据压力需要，应配置相应数量的压缩机级数（即叶轮数目）。每个叶轮的进气口均在接近轴心处由轴向流入，要使前一级压出的气体进入下一级，必须通过弯道和回流来均匀地引导气流的流向，因此设置有弯道和回流器。

空气在叶轮中压力升高的程度，主要取决于转速和工作叶轮叶片的形状。叶片的安装角度有前倾式、后倾式以及径向式，为减少流动损失，一般采用后倾式。

5.4.3　空压机比较、选型及配置

离心式空压机容易实现自动化，维修量小，维修费用低，流量较大，输送距离与容积式空压机相比较小，用气量变化时会造成较大的压力波动。螺杆式空压机容易实现综合自

动化，维修量小，流量均匀、压力大，脉动小，耗电量较小，但风量相对较小，油耗较高。活塞式空压机供风压力大，但不均匀，脉动大，需要专用水冷系统，设备使用现场维修量大，维修费用高，油耗较高，风量相对较小。

用气量较小（排气量 240m³/min 以下）、输气管线较短的矿井，选用螺杆式空压机。用气量小、管线较长的矿井应选用活塞式压缩机。用气量较大（240m³/min 以上），应考虑离心式空压机，或者离心式空压机和螺杆式空压机混合使用。若混合使用，则可以选取一台螺杆式空压机做变频调节或机械变容调节，以缩小用气量调节的盲区。

排气量为 40m³/min 的螺杆式空压机应选用水冷方式。排气量为 60m³/min 的螺杆式空压机既可选用水冷也可选用风冷，一般在缺水地区推荐风冷模式。

除活塞式、螺杆式和离心式空压机以外，滑片式空压机在矿山也有使用。

复习思考题

5-1 说明矿山压气系统的组成，并说明常用空气压缩机的类型。

5-2 选择矿山空压机排气量时，如何考虑矿山气动设备的耗气量？

5-3 解释空气压缩机的排气量概念，与凿岩机械的耗气量概念予以比较。

5-4 何谓基元容积？结合其周期性变化，说明螺杆式空压机如何实现吸气、压缩和排气循环。

5-5 活塞式、螺杆式以及离心式空压机，在排气压力大小、压力稳定性、排气量等方面有什么区别？

5-6 简述活塞式压缩机工作原理。

5-7 简述螺杆式空压机构成及工作原理。

5-8 简述离心式空压机构成及工作原理。

5-9 简述滑片式空压机构成及工作原理。

5-10 论述矿山空压机选型计算的主要步骤。

6 井下机车运输

扫一扫
看视频

6.1 矿井轨道线路

6.1.1 轨道的结构及选择

轨道运输是金属矿山井下运输的主要方式。轨道可减少车辆运行阻力,轨道铺设牢固、平稳,并具有一定的弹性,以缓和车辆运行的冲击,延长轨道和车辆的使用年限。

6.1.1.1 轨道结构

轨道结构主要包括钢轨、轨枕、道床和接轨零件。道钉、鱼尾板、垫板合称为接轨零件。

A 钢轨

钢轨承受列车负荷并把负荷传递给轨枕、道床和底板,形成平滑而坚固的轨道以减小列车的运行阻力。为避免车辆运行时钢轨产生弯曲,要求钢轨应具有足够的刚度。为了减小车辆行经钢轨接头、道岔时产生冲击,钢轨也应具有足够的柔度。

以每米长度的质量表示钢轨型号。矿用标准钢轨的规格见表 6.1。钢轨质量越大,强度越高,稳定性越好。因此,列车越重,行车速度越高,通过次数越多,越应采用大型号的钢轨。钢轨型号的选择与运输量、机车质量及矿车容积有关,可按表 6.2 选取。

表 6.1 矿用标准钢轨规格

钢轨型号		高度/mm	轨头宽度/mm	轨底宽度/mm	轨腰厚度/mm	截面积/mm²	理论质量/kg·m⁻¹	长度/m
轻型	8	65	25	54	7	1076	8.42	5~10
	11	80.5	32	66	7	1431	11.2	6~10
	15	91	37	76	7	1880	14.72	6~12
	18	98	40	80	10	2307	18.06	7~12
	24	107	51	92	10.9	3124	24.46	7~12
重型	33	120	60	110	12.5	4250	33.286	12.5
	38	134	68	114	13	4950	38.733	12.5

表 6.2 运输量与机车质量、矿车容积、轨距、轨型的关系表

阶段运输量/t·a⁻¹	机车质量/t	矿车容积/m³	轨距/mm	钢轨型号/kg·m⁻¹
<8×10⁴	1.5~3	0.5~0.7	600	8
(8~15)×10⁴	1.5~7	0.7~1.2	600	8~11
(15~30)×10⁴	3~7	0.7~1.2	600	11~15

续表 6.2

阶段运输量/t·a^{-1}	机车质量/t	矿车容积/m^3	轨距/mm	钢轨型号/kg·m^{-1}
(30~60)×10^4	6~10	1.2~2.0	600	15~18
(60~100)×10^4	10、14	2.0~4.0	600, 762	18~24
(100~200)×10^4	10、14 双机牵引	4.0~6.0	762, 900	24~38
>200×10^4	14、20 双机牵引	>6.0	762, 900	38

B 轨枕与道床

轨枕承受钢轨传来的压力并将压力分布于道床上，连接两根轨道并保持一定距离。轨枕能保持轨道的稳定性，防止轨道的纵向和横向移动。轨枕有木质、钢筋混凝土和钢质三种材质。木质轨枕能很好地保证轨道的稳定性，便于加工，具有足够的强度和弹性，且钢轨在轨枕上固定简便。缺点是易腐朽，通常应进行防腐处理。木轨枕规格见表 6.3。

表 6.3 木轨枕规格

钢轨型号/kg·m^{-1}	轨枕厚度/mm	顶面宽/mm	底面宽/mm	轨枕长度/mm 轨距 600	轨距 762
8	100	100	100	1100	1250
11、15、18	120	100	188	1200	1350
24	130	100	210	1200	1350
33	140	130	225	1200	1350

钢筋混凝土轨枕寿命长，抗压强度高，不腐朽，适用于潮湿环境。但其重量大，导电，易裂，增大了轨道的整体刚度，铺设及修理的劳动强度大。为了减小钢筋混凝土的导电性和刚度大的缺点，在垫板和轨枕之间放置绝缘橡胶垫。钢筋混凝土轨枕适用于主要运输巷道，规格见表 6.4。

表 6.4 钢筋混凝土轨枕规格表

钢轨型号/kg·m^{-1}	轨枕厚度/mm	顶面宽/mm	底面宽/mm	轨枕长度/mm 轨距 600	轨距 762	轨距 900
11~15	130	120	140	1200		
18	130	160	180	1200		
18	150	180	200		1350	
24	145	170	200			1700
38	145	170	200			1700

轨枕间距一般为 0.7~0.9m，钢轨接头处的轨枕间距要小一些，目的是避免钢轨接头处的过度挠曲而引起的车组振动。

道床的作用是将轨枕传来的压力分布到底板上，防止轨枕的移动和缓冲车组行驶时的冲击，调整轨枕平整度。道床材料应坚固且不存水和潮解，采用 20~70mm 碎石或 20~40mm 砾石。在水平及倾角 10°以下巷道内，轨枕下道床厚度不得小于 150mm。倾角大于

10°巷道，应在底板上挖轨枕沟，其深度约为轨枕的2/3倍，在轨枕沟中的道床厚度不得小于50mm。道床上部的宽度应超出轨枕50~100mm。

C 接轨零件

接轨零件在纵向把钢轨接在一起，并将钢轨固定在轨枕上。钢轨之间用鱼尾板及螺栓联接。架线式电机车运输时，为了减少钢轨接头处的电压降，一般在鱼尾板内镶有接触铜片，或以导线焊接。钢轨通过道钉钉入轨枕并用钉头将轨底紧压在轨枕上。

当使用电机车牵引大容积矿车时，为加强钢轨与轨枕之间的联结及增大轨枕受压面积，在钢轨接头处、弯道和道岔处的钢轨下均敷设铁垫板。

6.1.1.2 轨距

轨距是指直线轨道上，两根钢轨内侧在垂直中心线方向的距离。车轮轮缘外侧工作边的距离称为轮距。轮距 S_L 比 S_g 比轨距小10mm，目的是减少行车阻力和便于车辆转弯，如图6.1所示。大型露天矿多采用标准轨，小型露天矿和地下矿山多采用窄轨，中型露天矿则依其具体情况而定。标准轨距为1435mm，标准窄轨轨距为600mm、762mm和900mm。

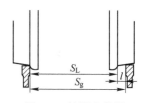

图6.1 轨距和轮距

6.1.1.3 坡度

轨道空间位置由平面图、纵剖面图和横剖面图确定。平面图是线路在水平面上的投影，线路纵断面是线路展开后在垂直面上的投影，线路横剖面是垂直轨道中心所得的剖面。

（1）线路纵剖面。沿线路中心线纵向剖开，展开后在立面上的投影，为线路纵剖面。线路纵剖面的起伏变化用线路坡度表示，线路坡度是纵剖面上两点的高差与其间距之比。设线路起点标高为 H_1，终点标高 H_2，线路水平距离为 L，则线路平均坡度为：

$$i_p = \frac{1000(H_2 - H_1)}{L}\%o = \frac{1000(i_1 l_1 + i_2 l_2 + \cdots + i_n l_n)}{(l_1 + l_2 + \cdots + l_n)}\%o \tag{6.1}$$

井下运输线路的坡度一般为3‰~10‰。坡度小于3‰，巷道排水较困难，坡度过大，电机车难以牵引车组上坡运行，且制动困难，安全性差，轨道与车辆轮缘磨损严重。在设计井下运输线路时，一般应按重车下坡3‰~5‰坡度考虑，并与水沟排水方向一致。

（2）等阻坡。矿山运输的特点之一是重载单向运行，从采场装矿站到井底车场卸矿站之间，成一定坡度的下坡，重车下坡可减少行车阻力，空车返回装矿站时走上坡。考虑到空车上坡阻力增加幅度不大，有可能使空车上坡和重车下坡的阻力相等，此时对应的坡度称为等阻坡。上下坡阻力相等，机车牵引力均衡，可充分利用牵引电动机的容量。

6.1.2 弯曲轨道

6.1.2.1 最小弯道半径

车辆在弯道上运行时，由于离心力和轮缘与轨道间的阻力作用，车辆运行困难。车辆经过弯道时，一方面离心力使车轮轮缘向外轨挤压，既增加了行车阻力，又使钢轨与轮缘的磨损加重，严重时可能造成翻车事故；另一方面车辆在弯道上呈弦状分布，车轮轮缘与轨道不平行，前轴的外轮被挤压在外轨上，后轴的内轮被挤压在内轨上。轮对将被钢轨卡住，严重时车辆会被挤出轨面而掉道。离心力和弯道阻力的大小与车辆运行速度、弯道半径、车辆轴距等因素有关，因此，最小弯道半径应根据车辆运行速度和轴距大小来确定。

当转角小于90°时，两轴车辆的运行速度小于1.5m/s，最小弯道半径不得小于轴距的7倍；运行速度大于1.5m/s，最小弯曲半径不得小于轴距的10倍；运行速度大于3.5m/s，最小弯道半径不得小于轴距的15倍；当转角大于90°时，最小弯道半径大于轴距的10~15倍。

最小弯道半径计算结果如有小数，取以米为单位的较大整数。使用大容量有转向架的四轴车辆时，如底卸式、梭式或侧卸式等矿车，最小弯道半径不应小于车辆技术文件要求。

6.1.2.2　轨距加宽

车辆进入弯道，若弯道轨距和直道轨距相同，轮缘挤压钢轨导致行车阻力增大，严重时车轮挤死在轨道上或造成车辆脱轨事故。弯道处须加宽轨距，加宽值与轴距、曲率半径有关。

$$\Delta S_p = 0.18 \cdot (S_z^2 / R) \tag{6.2}$$

式中，ΔS_p 为轨距加宽，m；S_z 为车辆轴距，m；R 为弯道中心线的曲率半径，m。

上式适用于车辆与车体不发生相对运动的两轴车辆，对于车体长、车容较大的四轴车辆，由于前面两根轴和后面的两根轴，分别固定在前后两个转向架上，计算时不在此列。对于四轴车辆的加宽计算，可查阅有关手册。

轨距加宽采用内轨法，即外轨不动内轨向曲线中心点方向移动。从直线部分开始逐渐加宽到曲线的起点（或终点），达到加宽值。轨道加宽的递增（或递减）距离即过渡线段长度 X_g 为：

$$X_g = (100 \sim 300) \Delta S_p \tag{6.3}$$

6.1.2.3　外轨抬高

弯道上运行的离心力使车辆外轮轮缘向轨道的外轨挤压，加剧轮缘与钢轨的磨损，增加运行阻力，甚至使车辆倾覆。弯道处外轨抬高，使离心力与矿车重力的合力垂直于抬高后的轨面，可消除离心力的影响，如图6.2所示。

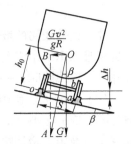

$$\Delta h = S_g v^2 / (gR) \tag{6.4}$$

式中，Δh 为外轨抬高值，mm；S_g 为轨距，mm；v 为行车速度，m/s；R 为曲率半径，m。

外轨抬高的方法是增加外轨的道碴厚度，从直线部分逐渐增　图6.2　外轨抬高计算图

加，到弯道起点（或终点），外轨抬高到规定数值。逐渐抬高段长度可按规定的坡度求出，一般抬高段坡度为3‰~10‰。

$$X = (100 \sim 300) \Delta h \tag{6.5}$$

式中，X 为外轨抬高递增或递减长度，mm。

外轨抬高和轨距加宽的递增（或递减）距离的计算结果往往是不同的。为了施工方便，应使两者一致，设计时采用两者较大的数值，作为外轨抬高和轨距加宽的共同递增距离。

6.1.2.4 轨道间距及巷道加宽

车辆在直线轨道上运行时，车厢中心线和轨道中心线在同一个垂直面内。当车辆驶入弯道时，车厢向外支出的距离较大，车辆与巷道壁的间隙会减小，因此弯道处巷道必须加宽。

弯道处铺设双轨时，两条线路中心线的间距（道距）也应加宽。否则两条线路上的车辆在弯道处有可能相碰。考虑最困难情况，加宽值=外线车辆内移值 Δ_2+内线车辆外移值 Δ_1，如图 6.3 所示。

6.1.2.5 弯道参数

在线路平面图上，弯道参数包括曲线中心点 O、曲线半径 R、曲线对应的圆心角（曲线转角）α、曲线弧长 K、曲线切线长度 T，如图 6.4 所示。弯道参数之间的关系如下：

$$K = \pi\alpha R/180 \qquad T = R\tan(\alpha/2) \qquad\qquad (6.6)$$

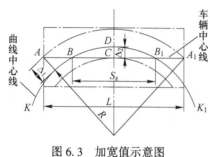

图 6.3 加宽值示意图

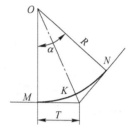

图 6.4 弯道特征要素

6.1.3 道岔

6.1.3.1 道岔的结构

列车由一条线路转向另一条线路，应在线路联接处设置道岔，如图 6.5 所示。岔尖是实现和引导车辆的转线，使车辆能平稳而迅速地向左或右运行。工作时岔尖必须紧贴基本轨的某一侧。基本轨分左基本轨和右基本轨。辙岔使车辆轮缘在两条线路交叉处沿一条应该走的线路顺利通过。随轨又称弯轨，其作用是联接岔尖与辙岔，其曲率半径大小取决于辙岔号码。护轮轨的作用是防止车轮在经过辙岔时脱轨。转辙器可操纵岔尖贴近左基本轨或右基本轨，使车辆按要求的方向运行，有手动、自动等类型。

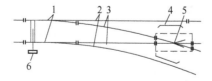

图 6.5 道岔结构

1—尖轨（岔尖）；2—基本轨；3—转辙轨（随轨）；4—护轮轨；5—辙岔；6—转辙机构

6.1.3.2 辙岔中心角

辙岔中心角决定道岔的长度和曲率半径。辙岔中心角越大，曲率半径和道岔长度越小，车辆行经道岔时阻力也越大。故用辙岔中心角来表示道岔号码，能大致反映道岔的结构特点，如图6.6所示。道岔号码 M 可用下式计算：

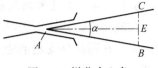

图6.6　辙岔中心角

$$M = 2\frac{\dfrac{BC}{2}}{AE} = 2\tan\frac{\alpha}{2} \qquad (6.7a)$$

式中，α 为辙岔中心角。

　　辙岔号码用辙岔中心角的半角的正切值的两倍表示，几何意义是辙岔中心角为顶角的等腰三角形的底与高之比。道岔按照轨型轨距有标准系列规格。井下道岔号码常用1/3、1/4、1/5，露天矿常用1/7、1/8、1/9。有些资料将辙岔号码定义为式（6.7（a））的倒数，则对应的道岔号码分别为3、4、5、7、8、9号。两种定义的实质没有区别。

　　民用铁路对道岔号码的定义为辙岔角的余切来表示：

$$M = \cot\alpha \qquad (6.7b)$$

辙岔角 $\alpha = 14°15'00''$ 时，式（6.7（b））计算出的 $M = 3.938$，式（6.7（a））计算出的 $M = 1/4$。均可认为辙岔号码为4号道岔。无论哪种定义方法，均能反映道岔号码与辙岔角之间的反比关系，即 α 角度越小，道岔号码 M 越大，导曲线半径越大，机车车辆通过该道岔时越平稳，允许的过岔速度越高。所以采用大号码道岔对于列车运行是有利的。随着列车车辆质量和速度增大，应采用强度更高、号码更大的道岔。

6.1.3.3　道岔标号

　　道岔除了辙岔号码外，还包括轨距、轨型、道岔的允许最小曲率半径、道岔转向等特征。道岔的标号应能反映以上内容。如924-1/4-12（右）型道岔，9代表轨距，24代表轨型，1/4代表辙岔号码，12代表道岔弯轨的曲率半径，（右）表示转向是右侧单开道岔。

6.1.3.4　道岔的表示方法

　　设计图中的道岔一般用单线表示，如图6.7所示。单线表示方法只能表示道岔及轨道平面图尺寸的部分，如道岔中心点 O 的实际位置、辙岔角，从道岔起点到道岔中心的距离 a 和道岔终点到道岔中心的距离 b 等尺寸。

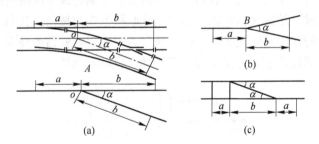

图6.7　道岔单线表示

（a）单开道岔；（b）对称道岔；（c）单侧渡线

6.1.3.5　警冲标

　　警冲标是允许停车的界限标，是为了保证车辆安全运行而设置。若车辆停车位置越过道岔警冲标，就可能有与相邻线路上车辆发生碰撞的危险。警冲标也常作为运输线路区间划分的标志。

6.1.3.6 道岔类型及选型

道岔基本类型包括右向单开通岔，左向单开道岔和对称道岔，基本类型又可组合成渡线道岔、三角道岔和梯形道岔等。道岔选型主要取决于线路布置的需要，具体确定道岔标号时，应考虑轨距、轨型、车辆轴距和运行速度等影响因素。

6.1.4 轨道线路的连接计算

直线段、曲线段和道岔是轨道线路的基本要素，要素间不同组合构成了不同的线路联接运输系统。进行连接计算的目的在于确定线路的平面尺寸，绘制运输线路的平面图。

（1）曲线和道岔连接。曲线段和道岔连接时，在道岔范围内外轨不能超高、轨距不能加宽。为了保证曲线段外轨超高和轨距加宽，必须在道岔和曲线段之间插入一段 d，如图 6.8 所示。d 一般应大于或等于外轨超高或加宽的递增（或递减）距离 X。若不能加入较长的插入段，可在曲线的范围内，逐渐抬高外轨和加宽轨距，但最小插入段 d_{min} 应为 $200 \sim 300$mm。

综上，曲线段外轨超高和加宽的两种方式：1）道岔和曲线段之间插入直线段 d（不小于递增或递减距离 X），在此范围完成加宽和超高过渡。2）在曲线范围内逐渐抬高外轨和加宽轨距，以减小插入直线段长度，但需保证插入直线段最小长度 $d_{min} = 200 \sim 300$mm。

（2）单向分岔连接。非平行的两条线路通过单开道岔连接，如图 6.9 所示，应用广泛，如巷道分叉，沿脉、穿脉巷道连接等。已知两线路中心线的夹角 β，单开道岔参数为 a、b、α，和曲率半径 R，并加入插入段 d，此时的联接系统尺寸包括 α_1、T、n、m，可按下列公式计算：

$$\alpha_1 = \beta - \alpha \tag{6.8a}$$

$$T = R \tan \frac{\alpha_1}{2} \tag{6.8b}$$

$$m = a + \frac{(b + d + T)\sin \alpha_1}{\sin \beta} \tag{6.8c}$$

$$n = T + \frac{(b + d + T)\sin \alpha}{\sin \beta} \tag{6.8d}$$

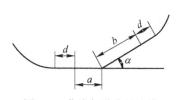

图 6.8 曲线与道岔的连接

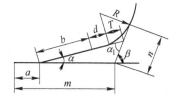

图 6.9 单向分岔连接

（3）双线单向连接。双线单向连接也称单双轨单向连接，是用单开道岔将单轨线路过渡成双轨线路的一种连接方式，如图 6.10 所示。单轨线路中的调车场和井底车场中的材料支线即属此类连接。已知双轨中心线间距离 S，曲线半径 R 和单开道岔尺寸。连接系

统尺寸包括 α_1, T, d, L。

$$\alpha = \alpha_1 \tag{6.9a}$$

$$T = R\tan(\alpha/2) \tag{6.9b}$$

$$d = S/\sin\alpha - (b + T) \tag{6.9c}$$

$$L = a + T + (b + d + T)\cos\alpha \tag{6.9d}$$

根据求得的 d 值确定能否实现连接，若 $d \geqslant 200 \sim 300\text{mm}$，则连接是可能的，否则不可能。

（4）双线对称连接。双线对称连接也称为单双轨对称连接，如图 6.11 所示，是用对称道岔在直线段将单轨线路过渡成双轨线路的连接方式，在罐笼井马头门处广为应用。同样，根据求得的 d 值确定是否能实现连接。联接系统尺寸包括 L、d、T，计算过程如下：

$$T = R\tan(\alpha/4) \tag{6.10a}$$

$$d = \frac{S}{2\sin(\alpha/2)} - (b + T) \tag{6.10b}$$

$$L = a + \frac{S}{2\tan\dfrac{\alpha}{2}} + T \tag{6.10c}$$

（5）单向道岔与双弯道连接（单双轨斜连接）。如图 6.12 所示，是将单轨线路过渡成双轨线路，且单轨与双轨的中心线斜交的联接方式。连接参数包括 m、n、d_1、T_1、T_2、β_2。计算时令 $d_2 = 200 \sim 300\text{mm}$，据此计算出的 $d_1 \geqslant 200 \sim 300\text{mm}$，则连接是可能的。

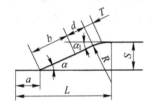
图 6.10 双线单向连接

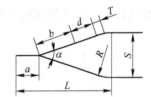
图 6.11 双线对称连接

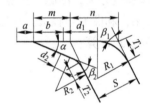
图 6.12 单向道岔与双弯道连接

（6）三角道岔连接。如图 6.13 所示，这种联接系统广泛应用于运输石门与运输沿脉平巷处的连接。联接系统能否成功，取决于 d_3 插入段是否符合最小尺寸要求。

（7）平移连接。如图 6.14 所示，用于两条平行线路之间的连接系统。该系统通过反向曲线和其间插入段连接。

（8）渡线连接。当平行线间距较大时，采用渡线连接，如图 6.15 所示。该连接系统是通过曲线和直线连接两个相反的道岔。

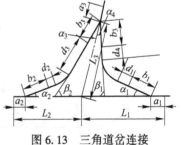
图 6.13 三角道岔连接

为保证车辆顺利通过，反向曲线间的最小插入段 $d_{\min} \geqslant S_z + 2x$，式中，$S_z$ 和 x 分别为轴距、外轨抬高的递增距离。平移连接和渡线连接的关键在于确定反向曲线间最小插入段的方向，即平移连接的 α 角和渡线连接的 β 角。

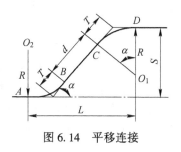

图 6.14　平移连接

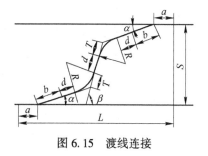

图 6.15　渡线连接

6.2　矿用车辆

6.2.1　矿车的分类及构造

6.2.1.1　分类

按用途不同，矿用车辆有货车、人车和专用车（炸药车、水车、消防车、卫生车）等。按货物性质不同，货车包括运松散货载的矿车、木材车和运输设备的平板车。按构造不同，分为固定车厢式、翻斗式、侧卸式、底卸式和梭式等矿车。按容积大小，分为大型（矿车容积 $V>2.5m^3$）、中型（$1.0<V\leqslant2.5m^3$）、小型（矿车容积 $V\leqslant1.0m^3$）。矿用车辆主要类型为运送松散货载的矿车。矿车基本特征参数包括容积、轨距、外形尺寸、自重、车皮系数以及轮廓尺寸应用系数。矿车基本特征参数反映了矿车构造和性能上的特点，也反映了矿车技术和经济上的完善程度。矿车质量与货载质量之比为车皮系数。车皮系数与矿车结构有关，在满足矿车强度的条件下，车皮系数越小，矿车使用的经济性越好。矿车车厢容积与矿车外形体积之比为轮廓尺寸应用系数。轮廓尺寸应用系数与矿车的型式和结构有关，其值越大，表明矿车外形越紧凑，因而，可缩小与之配套的设备及运输巷道断面尺寸。

对矿车的要求是坚固性好，能承受静载荷和动载荷的作用。在矿车容积一定的条件下，矿车外形尺寸应尽可能小。矿车运行阻力要小，有足够的稳定性。在使用方面，要求摘挂钩方便，卸载干净，清扫容易，润滑方便。

6.2.1.2　矿车构造

运输松散货载的矿车由车厢、车架、轮轴、连接器和缓冲器组成。

车厢的作用是装承货载，必须坚固，卸载方便。车厢一般由钢板焊接而成，采用铝合金钢板制造车厢，耐磨和耐腐蚀性较好。矿车车厢经常在钢板上压出凸缘以及在厢口加焊角钢等措施增强车厢的刚度。固定式矿车的车厢多采用半圆形车底，有利于加工及车底清理工作。底卸式车厢底板可开启，在车厢下部两侧设有翼板，供卸载时与卸载滚轮配合使用。

车架是矿车的基础构件，车厢、轮轴、缓冲器和连接器均安装在车架上。车架不仅承受静载荷，而且承受很大的冲击力，故要求特别坚固。车架主要包括车梁、轴卡，车梁是车架的主要承载部件，一般采用专用型钢制造。轴卡的作用是连接车架和轮对，多采用插销式。结构简单，拆卸方便，使用可靠。轮对在轴卡内安装后，应保持轴向和径向适当间隙，允许轮对在运行中做轴向窜动，减小线路对矿车的影响。

轮轴（轮对）是矿车的行走部分，由一根车轴和两个车轮组成，主要结构型式是车轴与车架固接，车轮内装有滚动轴承。轮轴有开式和闭式两种结构，开式轮对便于拆卸。

缓冲器是直接承受牵引力和冲击的部件，装在车架两端，作用是减少矿车相互撞击时产生的冲击力。缓冲器突出车箱 100mm 以上，以保证摘挂钩工作人员的安全。缓冲器材料有铸铁、弹簧、橡胶等，一般采用螺旋弹簧或橡胶弹簧吸收冲击，容量大的矿车一般采用前者。

连接器的作用是将单个矿车连接成车组，并传递牵引力。连接器的种类很多，其中广泛使用的是转轴式连接器，适用于不摘钩卸矿的矿车。

6.2.2　矿车主要类型及选择

（1）固定式矿车。结构简单，坚固耐用，维修方便，成本和运营费用低，是金属矿山的主要运矿车辆。缺点是必须用卸矿设备卸载，卸矿效率较低，容积 0.7m³ 以下的矿车采用无动力翻车机，大、中型矿车常用圆形翻车机。YGC0.7（6）如图 6.16 所示，Y 表示冶金矿山，G 表示固定式，C 表示车辆，0.7 表示矿车容积 0.7m³，（6）表示轨距 600mm。

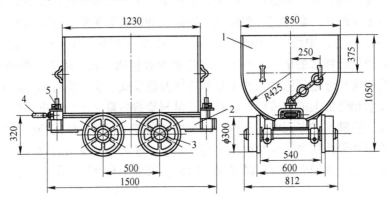

图 6.16　YGC0.7（6）型固定车厢式矿车
1—车厢；2—车架；3—轮轴；4—连接器；5—插销

（2）翻斗式矿车。卸矿时车厢翻转，车架不动，如图 6.17 所示。车厢用钢板焊制，底部为扇形，在车厢两端壁各铆接一个弧形钢环（圆弧形翻转轨），将车厢支撑于车架上。由于钢环中心稍低于满载时的车厢重心，打开车厢定位装置后，稍加外力即可将车厢翻转卸载。可在任意地点，向车厢任意侧翻转卸载。矿车结构复杂，车厢、车架易变形或损坏，作业人员多，劳动强度大。这种矿车主要用于中小型矿山，使用数量仅次于固定车箱式矿车。

（3）侧卸式矿车。图 6.18 为曲轨侧卸式矿车。车厢一侧用铰轴与车架相连，另一侧装有卸载辊轮。卸载时，卸载辊轮沿曲轨过渡装置及卸载曲轨上坡段上升，使车厢倾斜，活动侧门打开卸载，卸载倾角达 40°。当辊轮沿倾斜卸载曲轨的下坡段运行时，车厢复位关闭侧门。优点是卸载效率高，设备简单，移动方便等，但维修工作量大，侧门易漏粉矿。

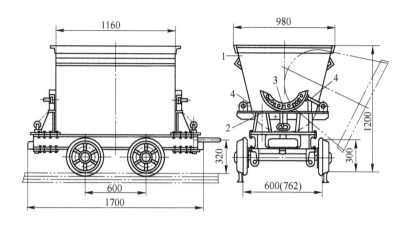

图 6.17　YFC0.7（6）矿车

1—车厢；2—平板状支座；3—钢环；4—斜撑

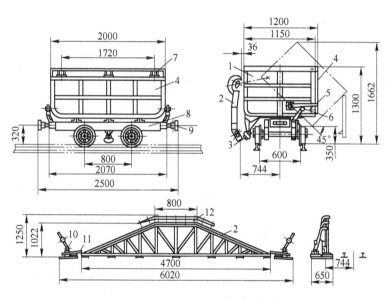

图 6.18　YCC1.6（6）型曲轨侧卸式矿车

1—车厢；2—曲轨；3—滚轮；4—侧板；5—挂钩；6—档铁；
7—销轴；8—车架；9—碰头；10—转辙器；11—过渡轨；12—滚轮罩

（4）底卸式矿车。矿车车底与车厢铰接并可摆动，由车底开启卸载。多采用整体车底，以适应装矿时的冲击力。矿车卸矿效率高，使用可靠，卸载干净。但矿车结构复杂，成本高，车体较宽，增加了巷道工程量，需配套卸载设施。YDC6（7）型底卸式矿车如图 6.19 所示。

矿车型式应根据矿山生产工艺流程、运输量、货载性质及运输系统等条件，进行综合技术经济比较后确定。可按表 6.2 确定矿车容积，然后按设备手册选取矿车型号及尺寸规格。

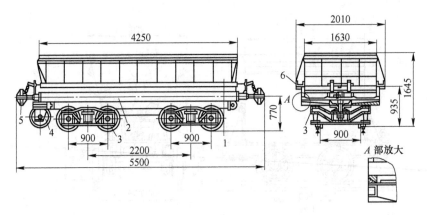

图 6.19 YDC6（7）型底卸式矿车
1—车厢；2—车架；3—转向架；4—卸载轮；5—连接器；6—翼板

6.2.3 矿车选择和矿井矿车数

矿车的容积按运输量大小选择。根据具体情况，结合需要与可能，应尽量选择较大容积的矿车。与小容积矿车相比，可减少矿车数量及维护量，车皮系数小，为扩大产量留有余地。矿车型式的选择，应主要考虑提升方式、运输量大小、货载的黏结性、矿物价值、含水量以及卸载要求等。除杂用车辆外，全矿车型力求最少，以一种或两种为宜，以减少组车、调车和维修的复杂性。

罐笼提升时采用固定式矿车最为普遍，但卸载方式复杂，卸载硐室工程量大。故矿石中含粉矿、泥、水量大的矿山及贵金属矿山，宜采用固定式矿车，黏结性大时应有清底措施。

废石运输一般采用 0.7m³ 以下的翻斗式矿车，可在废石卸载线任何地点卸载。如用 2m³ 以下的翻斗车，且废石场是深谷不需经常移动卸载点时，可以考虑同一种矿车运输矿石和废石。掘进废石量很大时，亦可选用梭式矿车运输废石。当矿石产量不大、废石量不大时，也可选用翻斗车运输矿石和废石。

大中型地下矿山如采用箕斗提升，一般选用底卸式或侧卸式矿车运输矿石。底卸式卸载干净、效率高且使用可靠，但车辆外形尺寸较大，车皮系数较大，卸载站结构复杂，适用于矿石有黏结性、年产量较大且围岩稳固性较好的矿山。侧卸式卸载方便、效率高，但其活动侧壁易于漏矿粉，装载时要求矿车有固定方向，不宜于粉矿多、矿物贵重和含水量大的矿山。

全矿所需矿车总数与矿井设计产量、矿车载重量、开拓系统特征、运输方式、运距以及矿井行车组织等因素有关。矿车配备的数量应能保证井上下生产所需及运输系统正常运转，可按基于经验的近似算法或较精确的计算法确定。

（1）经验近似方法。按照矿井设计日产量的 40% 确定所占用的矿车数，考虑矿车数的 10% 作为修正车数。材料车按矿车总数的 10% 计算，平板车数按照矿车总数的 30% 计算。此方法适用于煤矿矿车数量的计算，平板车在煤矿中用于工作面搬迁，因此数量较大，这与金属矿山有一定差别，金属矿山平板车一般取 3%，一般不超过 10 辆。

（2）按矿车周转率计算。

$$Z' = Q/(Gn) \qquad (6.11)$$

式中，Q 为矿车在一班内矿岩运输量，t；G 为矿车载重量，t；n 为每班矿车的周转率。周转数是指矿车在一定时间内，整个运输线路上能运行的循环系数，实测确定，一般最大为 4。

考虑到检修及备用矿车，矿井所需矿车总数为：

$$Z = K_1 K_2 Z' \qquad (6.12)$$

式中，K_1 和 K_2 分别为检修及备用系数，材料车和平板车另计。

（3）定点分布法。定点分布法是一种经常采用的方法，也称为排列法。当确定工作的机车台数后，在需要同时工作的各个中段平面图上，按生产实际需要注明矿车分布情况，包括运行中的列车车辆数，装载点、井底车场，材料库、井筒内、地表车场等处的车辆数，将其相加并乘上检修和备用系数，即得到矿井所需的矿车总数。

$$Z = \sum_{1}^{n} Z_i K_1 K_2 \qquad (6.13)$$

式中，Z_i 为某个地点占用的矿车数；n 为全矿占用矿车地点的数量；K_1、K_2 分别为矿车的检修和备用系数，分别取 1.1、1.25~1.3。

排列法计算矿车数的实质是在分析统计矿车实际分布和运行情况的基础上得出，考虑矿车实际分布时，应包括停放、待装、正在运行的全部矿车。在人力推车地点，应在编组处考虑一列矿车数。必须摘钩才能卸载的矿车，应在每一个卸载点增加一列矿车数。

废石和矿石运输车型不同时，应分别计算。材料车数量，按矿井一昼夜消耗的材料所占用的车数确定，并适当考虑检修和备用的材料车数。平板车的数量根据矿山实际需要确定。若矿山机械设备数量多，平板车数量就要多些，反之少些。同时，也应适当考虑检修和备用的平板车数量。平板车的载重量选择，应按运送设备的重量确定。

6.3 轨道运输的辅助机械设备

为了进行矿车的编组、发出和接收，同时为了完成矿车的装卸作业，在矿井轨道运输系统中必须设置各种站场。按站场在矿井轨道运输系统中的设置地点和完成作业的特点，可将其分为装车站、倾斜巷道收发车场和井底车场。站场作业由辅助机械设备完成，辅助机械按功能可分为卸载设备、移动矿车/车组的设备以及控制矿车运行速度的设备。

6.3.1 卸载设备

卸车方式很多，侧卸或底卸式矿车采用曲轨卸矿，翻车机是固定车厢式矿车卸载设备。当巷道为固定式矿车运输且主井箕斗提升时，翻车机设置在井底车场内，当用罐笼提升或平巷运输时，设置在地面车场。按结构型式，翻车机分为前倾式翻车机和圆形翻车机两类。

6.3.1.1 翻车机

A 前倾式翻车机

无动力前倾式翻车机如图 6.20 所示。这种翻车机靠矿车进入后的偏心重力矩自动翻转和复位，是结构最简单的一种型式，缺点是翻转过程中翻车机和矿车要承受强烈的冲击载荷。液压传动的前倾式翻车机是有动力翻车机的一种型式，结构较复杂，但工作比较平稳，可以减少冲击载荷，有利于延长翻车机和矿车的使用寿命。

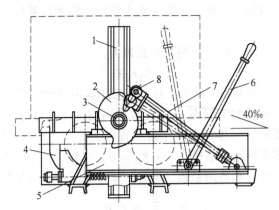

图 6.20　无动力前倾式翻车机

1—回转架；2—凸轮；3—回转轴；4—带缓冲弹簧的阻爪；

5—支座；6—手把；7—止动杆；8—滚轮

前倾式翻车机一般适用于中、小型矿山，具有结构简单，制造容易，安装方便等优点，且一般不需要外加动力。其缺点是矿车必须摘钩，每一次只能翻卸一辆矿车，故生产能力较小。因卸载过程中冲载荷较大，不适于大容积矿车的翻卸。

前倾式翻车机多为不通过式，即矿车卸载以后需从原道返回，因此只适用于尽头式、折返式运输系统。为适应环形车场的需要，需使用通过式前倾翻车机，使矿车卸载后可以直接通过。

B　圆形翻车机

圆形翻车机属于侧卸式卸载设备，与前倾式翻车机相比，结构复杂，重量大，而且成本较高，但翻车机的回转一般均采用机械传动，工作比较平稳，根据需要可以翻卸一辆、二辆或多辆矿车，并能直接通过，待卸列车也可以不必摘钩，故生产能力较大。

根据运输系统和生产能力的不同要求，圆形翻车机的构造型式大致分类为：（1）按动力分为手动和机械传动。（2）按卸车数可分为单车和双车。（3）按矿车排列可分为串列和并列。（4）按待卸列车连接状态分为摘钩和不摘钩。（5）按电机车是否通过分为通过和不通过。

手动圆形翻车机一般不需外加动力，重量轻，便于制造，缺点是采用固定的偏心重力矩条件下难以保证合适的翻转速度。电动圆形翻车机应用很广泛，如图 6.21 所示。当重矿车进入旋转笼体的轨道上后，开动电动机，经减速器带动传动轮旋转，利用传动轮与笼体端间的摩擦力，使笼体回转进行卸载。当笼体回转 180°后，矿车内矿石全部卸出，继续转 180°后由旋转定位器定位使其恢复原位，推入重车，顶出空车，再进行下一次卸载。

翻车机型式按使用具体条件选择，其使用条件和特点见表 6.5。翻车机主要技术规格为其所能容纳的矿车尺寸及每分钟的翻转次数，因此应按矿车规格及要求的翻卸能力进行

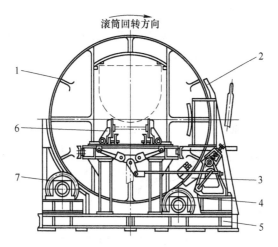

图 6.21　电动圆形翻车机

1—翻笼；2—挡矿板；3—定位装置；4—传动轮；

5—底座；6—阻车器；7—支撑轮

选型计算。这与翻车机的应用场景有关，如果在井底车场，翻车机的单位时间翻车次数应与车场通过能力相匹配。地面矿仓翻车机的能力应与矿井生产能力相适应。若要求的翻车次数较多，单台单车翻车机无法满足要求时，可采用多台单车翻车机同时作业或双车翻车机。

表 6.5　翻车机使用条件和优缺点比较

翻车机型式	使用条件	优　点	缺　点
前倾通过式	适用于自溜调车场，卸载后通过车场	无动力，结构、制造较简单，卸载能力较大	矿车进翻车机冲击力较回转式翻车机大，车组必须分解卸载
前倾后退式	卸载后矿车退出矿仓，适用于自溜调车场或人工推车	不用动力，结构及制造较前倾通过式要简单	较通过式卸载能力低，其他与通过式相同
回转式	可以单车或者车组卸载，矿车可前进可后退，用机车牵引或人工调车	对矿车的冲击小于前倾式，车组卸载时可不摘钩，车辆周转率高	需要动力，制造复杂

目前，国内常用的电动圆形翻车机有 $0.7m^3$ 的单车和双车，$1.2m^3$ 的双车，$2m^3$ 单车和双车，$4m^3$ 双车，$10m^3$ 单车翻车机等。具体型号及主要技术参数可查阅相关资料。

6.3.1.2　底卸式矿车的曲轨卸载

图 6.22 为铰接在端部的底卸式矿车的卸载系统示意图。当矿车进入卸载站时，由于溜井上部轨道已中断，矿车由其两侧翼板支承在卸载站的两列托轮组上，矿车底由于失去支承被矿石压开，车底连同转向架一起通过卸载轮沿卸载曲轨运动，矿石因重力卸出。卸载曲轨仅有一条，在轨道中心线上。机车进入卸载站时也同样失去轨道支承因而失去其牵引力。当靠近机车的第一辆矿车卸载轮处于卸载曲轨卸载段时，由于矿石及车底的重力分力作用，曲轨对矿车产生反作用力，推动列车前进。当第一辆矿车开始爬上卸载曲轨复位

段时，第二辆矿车的卸载轮已进入了曲轨卸载段，又产生了水平推力，推动列车前进，推动第一辆矿车爬上曲轨复位段，如此不断地产生水平推力。当最后一辆矿车沿复位段上爬，虽无后续矿车的推力，但因列车惯性及电机车已在运行轨道而产生牵引力，可将最后一辆矿车牵引出卸载站。

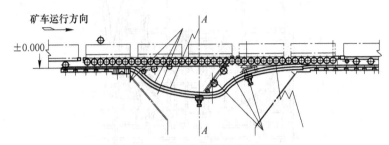

图 6.22 底卸式矿车卸载系统图

在卸载过程中，由于不断产生水平推力，使列车速度逐渐加快。当运行速度达到某一值时，出现矿石卸不净的现象。为此应在卸载站设置限速器，以保证合适的运行速度。

若矿车的底门铰接轴设在矿车行驶方向的前端，底门打开时后轮落下，称底卸式矿车卸载站。若底门铰接轴设在矿车一侧，底门打开时相反一侧的车轮落下，则称底侧卸式矿车卸载站，如图 6.23 所示。两种卸载站的工作原理基本相同，即列车驶入卸载站后，由于矿车底门失去轨道支撑而被矿岩压开，底门绕着铰链轴摆动，矿石依靠自重卸入矿仓。底卸式矿车通过卸载站的方向是一定的，不可逆行。

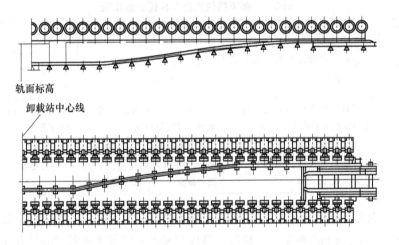

图 6.23 底侧卸式矿车卸载站示意图

6.3.2 移动矿车或车组的设备

6.3.2.1 调度绞车

调度绞车一般用于调动地面矿仓装卸车辆以代替机车调度作业，也可用于井下装车站调度空、重车组及其他的辅助运输。使用调度绞车作为调车设备，重新挂车及退绳时必须中断装车工作，不易做到准确停车，以及由于巷道中有钢丝绳运行而降低了工作的安全性。

调度绞车型号很多，但总体构成基本相同，由卷筒装置，左、右制动装置，电机装置等组成。左右制动装置为两套制动装置，左制动称为制动闸，制动卷筒；右制动为摩擦离合器，称为工作闸。电机启动后，不能将工作闸和制动闸同时闸住，会烧坏电机或发生其他事故。

6.3.2.2　推车机

在使用矿车的运输系统中，矿车的装载、提升以及卸载等环节，需要在较短距离内移动矿车，推车机是用来在较短的距离内推动单个或成组矿车的设备。使用推车机将矿车推入推出罐笼或翻车机，可提升矿井自动化水平，减轻劳动强度。推车机应用场景包括：(1) 设在罐笼前的推车机，主要是将一辆或两辆矿车推进罐笼，同时将罐笼内的空车顶出罐笼，空车进入车场空车线。(2) 设在翻车机前的推车机，一般用来推动未摘钩的整个车组，一次将一辆或两辆重车顶入翻车机，将空车顶出。(3) 设在装载站的推车机，用来推动整个车组。

推车机按用途分为：(1) 向翻车机内推送不摘钩车组的推车机，一般是每次将一辆或两辆矿车推入翻车机卸矿，同时将翻车机中矿车顶出。这种推车机工作推力较大，但推车速度不宜过大，约为 0.5m/s，以便降低车组启动或停止时的惯性阻力。(2) 用在井下装车站和倾斜巷道收发车场内推送不摘钩车组的推车机，这种推车机也是用来推动整个车组的，需要工作推力大，因装车工作要求推车速度较低，其推车速度为 0.15~0.25m/s。(3) 向提升罐笼和翻车机内推送单个或成对矿车的推车机，因推车机只需推动一辆或两辆矿车，工作推力较小，但动作要求较为迅速，其推动速度为 1m/s，而后退速度约为 1.2~1.4m/s，更换一次矿车用时 6~7s。

推车机按动力类型分为电动、气动和电动液压推车机；按牵引机构的类型分为链式、绳式和活塞式推车机；根据推车机与矿车的相对位置关系，可分为上推式和下推式（也叫上行式和下行式），矿山多用下推式；按照推车机结构特征，可分为有牵引机构和无牵引机构两种，前者利用链条或钢丝绳牵引推爪，后者由气缸或油缸直接推动带爪的小车。

(1) 上推式推车机。如图 6.24 所示，带推臂 6 的自行小车，可在槽钢制成的纵向架 1 内移动，小车由电动机、减速器、行走轮和重锤等组成。启动电动机 4，通过联轴器和蜗杆蜗轮减速器带动主动轮 2 转动，小车用推臂 6 顶推矿车前进。小车上装有重锤 5，以增加其黏着重量。当推车机将矿车推入罐笼，扳动返程开关，电动机 4 反转，小车后退，推臂上的滚轮 8 沿副导轨 9 上升，使推臂抬高，从待推的矿车上面经过，并在矿车后面落下。此时，小车返回原位，电动机自动断电。钢轨下的复式阻车器 10，每次让一辆矿车通过。当扳动转辙器手柄，使阻车器前面的挡爪打开，后面的挡爪关闭时，电动机随之启动，推车机开始工作。

(2) 下推式链式推车机。结构如图 6.25 所示。推车机安装在轨道下的地沟内，板式链 1 位于轨道中间，绕过前后链轮闭合，前链轮 6 为主动链轮，由电动机通过减速器驱动；后链轮为从动链轮，安装有链条拉紧装置 4。链条每隔一辆矿车的长度安装一对推爪 2，前推爪只能绕小轴向后偏转，后推爪只能绕小轴向前偏转。因此，矿车可顺利从前后两端进入前后推爪之间。链条顺时针转动时，矿车被后推爪推着前进；链条停止运转时，

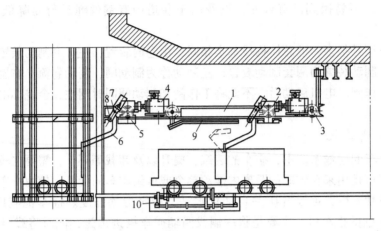

图6.24　上推式推车机

1—纵向梁；2—主动轮；3—从动轮；4—电动机；5—重锤；6—推臂；

7—小轴；8—滚轮；9—副导轨；10—复式阻车器

　　前推爪起阻车器作用。链条上每隔一定距离装有滚轮，链条移动时，滚轮沿导轨滚动，托住链条，防止链条下垂。当矿车车轴较低时，推爪可直接推动车轴；若车轴较高，必须用角钢在车底焊成底板挡。

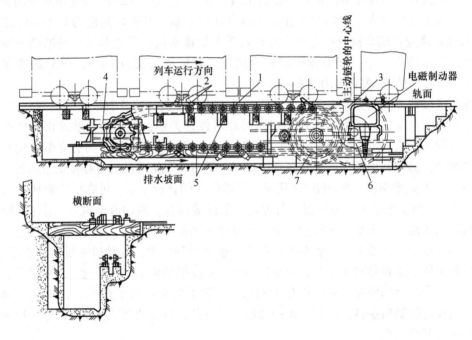

图6.25　链式推车机

1—板式链；2—推爪；3—传动部；4—拉紧装置；5—架子；6—主动链轮；7—制动器

　　用链式推车机向翻车机推车时，推车机和翻车机的开、停要交替进行，两者不能同时开动，必须用闭锁机构自动控制。当推车机将矿车推入翻车机，推车机自动断电，电磁制动器抱闸停车，同时翻车机开动卸载。卸载完毕，翻车机自动停车，推车机又自动开车。这种联锁关系，可以确保在翻车机工作行程终了时，能自动开动推车机；在推车机行程终了时，可自动开动翻车机。这种连锁关系，可以避免翻车机和推车机同时开动造成的事故。

（3）钢绳推车机。下推式钢绳推车机如图6.26所示。电动机7经减速器6驱动摩擦轮2转动，拖动钢绳5牵引小车1沿导轨8前进或后退。小车上的推爪因重心偏后头部抬起，小车前进可推动矿车的车轴，使之沿钢轨10前进。小车后退，推爪遇到车轴可绕小轴9顺时针转动，从矿车下通过，为推动第二辆矿车做好准备。钢绳推车机结构简易，推车行程较长，中小型矿山广泛使用，但推力较小，且易损坏。

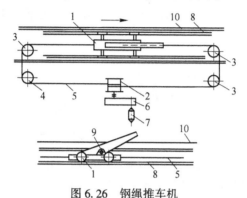

图 6.26　钢绳推车机

1—小车；2—摩擦轮；3—导向轮；4—拉紧轮；5—牵引绳；
6—减速器；7—电机；8—导轨；9—小轴；10—钢轨

（4）气动推车机。气动推车机由推力气缸1、推爪2、导轨3等部分组成，如图6.27所示。推车机在气缸1的活塞杆的一端带有推爪2，压缩空气通过气阀进入气缸的后腔或前腔，使活塞杆带动的推爪前进或后退。向前时，推爪顶在矿车车轴或缓冲器上，推动矿车前进。返回时，由于推爪是铰接安装在小车上的，推爪可由矿车底部倾倒通过，通常在推爪上装有弹簧或重块，能使推爪通过矿车底部后，又自动抬起，以备下一次前进时重新推动矿车。气动推车机的推爪小车与钢绳推车机推爪小车类似。一般与复式阻车器配合使用。

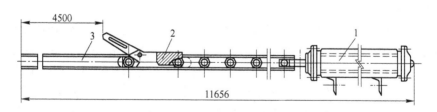

图 6.27　气动推车机

1—推力气缸；2—推爪；3—导轨

气动推车机结构简单，设备重量轻。但是由于结构限制，工作推力、行程受到一定的限制，另外由于气缸长、活塞密封不好易产生漏气现象，耗气多、噪声大。

气动推车机通常使用在把一个或两个矿车推进罐笼内的井口车场。安装位置靠近井筒，略低于轨道水平。当罐笼在车场水平停稳后，便可操纵进气气缸，通过活塞杆推动推爪小车沿导轨向前移动，从而将重矿车推入罐笼并顶出罐笼内空矿车。矿车入罐后推车机退回原位。

（5）液压推车机。液压缸左端通过销与基础铰接相连，右端与固定在移动小车上的支座铰接，拉簧的作用是与推爪的重力相平衡，使推爪处于图6.28所示抬头位置。液压缸活塞杆推出，移动小车沿其导轨前进，推爪推动矿车前进。当矿车前进到位时，行程开关发出信号使得液压活塞杆缩回，移动小车后退。后退过程中，推爪碰到障碍物时能自动绕其铰接销轴顺时针转动，拉簧伸长，推车机回到原位。退回原位后，在弹簧作用下推爪逆时针转动，直到与定位块接触，推爪恢复到抬头位置，为下一推车循环做好准备。

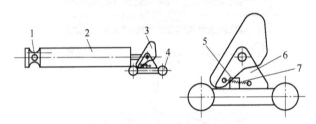

图 6.28　液压推车机结构示意图

1—销；2—液压缸；3—推头；4—移动小车；5—定位块；6—支座；7—拉簧

综上，（1）链式推车机输送能力大，结构复杂，小型冶金矿山很少采用。（2）钢绳推车机结构简单，制造容易，基建费用低。钢绳磨损快，维护工作量大。（3）风动推车机结构简单，造价低，效率高，维护方便。推车时冲击力大，且气缸行程有限，推车距离受限。（4）液压推车机结构简单，安装施工方便，振动较小，运行平稳，推车效率高，安全平稳，应用广泛。

在金属非金属矿山，推车机主要用于罐笼前换车推车，用于推送车组的推车机使用较少。

6.3.2.3　高度补偿装置

在矿车自溜运输线路上，为了使矿车恢复因自溜失去的高度，应设置高度补偿装置。

A　链式爬车机

如图6.29所示，其结构与链式推车机类似。板式链绕过主动链轮和从动链轮闭合，主动链轮装在斜坡上端，用电动机经减速器驱动。从动链轮装在斜坡下端，装有链条拉紧装置。链条按缓和曲线倾斜安装，倾角以15°左右为宜。链条运转时，链条上的滚轮沿导轨滚动，防止链条下垂。链条上的推爪推着矿车沿斜坡向上运行，修补因自溜失去的高度。爬车机前后设置自溜坡，可使矿车进出爬车机自溜运行。为防止发生跑车事故，斜坡上安装若干捞车器。捞车器是一个摆动杆，矿车上行可顺利通过，下行则被捞车器挡住。

B　风动顶车器

补偿高度较小时，采用风动顶车器。如图6.30所示，气缸2直立安装于地坑，活塞杆上装有升降平台1，平台上的轨道有自溜坡度，下部、上部分别与进车轨道、出车轨道衔接。从下部轨道自溜驶来的矿车，车轴压下平台上的后挡爪，进入平台后被平台上的前挡爪

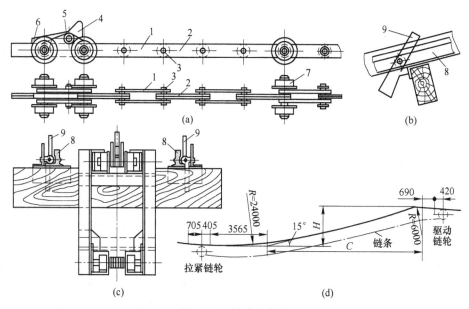

图 6.29 链式爬车机

(a) 链条；(b) 捞车器；(c) 导向机架及钢轨的固定方法；(d) 总系统图

1，2—平板链带；3—小轴；4—推爪；5—轴；6—配重；7—滚轮；8—钢轨；9—捞车器

阻挡，此时后挡爪复位，前后挡爪夹住矿车，使之固定在平台上。向气缸 2 通入压气，活塞杆伸出，平台 1 沿导轨 3 上升至上部轨道，此时钢丝绳 4 通过杠杆打开前挡爪，矿车从平台自溜驶出，沿上部轨道运行。排出压气，在自重作用下平台下降复位，准备顶推下一辆矿车。

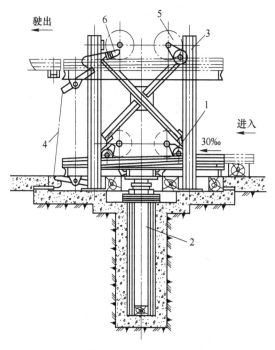

图 6.30 风动顶车器

1—平台；2—气缸；3—导轨；4—钢丝绳；5—车轮；6—阻车器

C 钢绳爬车机

与钢绳推车机基本相同。驱动装置在上端,拉紧装置在下端,且在爬车机的上端和下端安装行程开关,或者在驱动装置上安设行程指示器来触动开关,使电机正反转,控制爬车机换向。推送任务量不大时,可只设单一的推爪小车。钢绳爬车机结构简单、维修方便。由于推爪小车往复运动的特点,每次只能推送一辆矿车,生产效率较低。

6.3.3 控制矿车运行速度的设备

6.3.3.1 阻车器

阻车器也称停车器,其任务是将运动中的矿车停止在要求的某一固定地点,阻车器和推车机、翻车机、爬车机、罐笼等设备互相配合,使矿井的运输工作(井口或中段车场)达到机械化和自动化的目的。按矿车稳定性要求,驶近阻车器时矿车的行驶速度通常不能大于 0.75m/s,否则阻车时会引起矿车的倾覆及掉道。

阻车器按操纵方式分为:手动的,用手柄直接操纵的传动系统;半自动的,用气缸及电动液压拉杆传动;自动的,利用翻车机回转、罐笼升降、矿车运行等为动力的杠杆传动系统。各种阻车器均装有停车缓冲装置,利用弹簧吸收矿车撞击的能量,使车辆停止。按阻车器的结构类型,有阻车轮的、阻车轴的、阻车辆下部附设的挡板及阻缓冲器等各种型式。

按照功能阻车器有单式阻车器和复式阻车器。单式阻车器作停车之用。复式阻车器除阻止车辆外,还起到分解车组的作用,即每次向翻车机或罐笼内供给一定数量的矿车。

图 6.31 为简易单式阻车器,其转轴装在轨道外侧。二挡爪分别用人力扳动,在实线位置挡住车轮,虚线位置让矿车通行。图 6.32 为常用的普通单式阻车器,二挡爪 1 用转辙器手柄 2 通过拉杆系统 3 联动。当挡爪位于阻车位置,由于重锤 4 及转辙器上弹簧的作用,挡爪不会自行打开,提高了阻车轮 5 的可靠性。

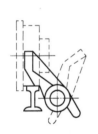 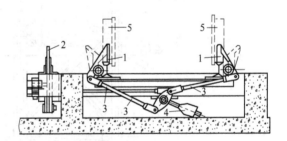

图 6.31 简易阻车器   图 6.32 普通单绳阻车器

1—挡爪;2—转辙器手柄;3—拉杆;4—重锤;5—车轮

复式阻车器由两个单式阻车器组成,用一个转辙器联动,一个阻车器挡爪打开时,另一个阻车器挡爪关闭。复式阻车器用来控制矿车通过的数量,其工作原理如图 6.33 所示。图 6.33(a),前挡爪关闭、后挡爪打开,车组被前挡爪阻挡。图 6.33(b),前挡爪打开,后挡爪关闭,第一辆矿车自溜前进,后端车组被后挡爪阻挡。图 6.33(c),前挡爪关闭,后挡爪打开,车组自溜一段距离后,被前挡爪阻挡。重复上述过程,矿车逐辆依次自溜前进。因此,只要反复扳动转辙器手柄,就能使矿车定量通过。每次通过的矿车数量,由前、后挡爪的间距确定。

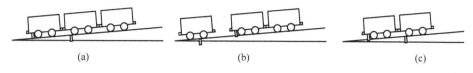

图 6.33 复式阻车器工作原理示意图

6.3.3.2 矿车减速器

矿车减速器用来减慢矿车的自溜速度。在井口车场采用矿车自溜滑行的运输方式时，为了控制矿车的运行速度，需用减速器对矿车进行制动减速，按照输送矿车的工艺要求，制动后的矿车可以用减低了的速度继续运行，或者即行停止。这种使矿车停止运行的制动器作用类似阻车器，区别在于其容许矿车有较大的临近速度。当矿车运行速度大于 1m/s，欲使其安全停止时，应当使用制动器。通常制动器容许的矿车临近速度为 1~3m/s。

制动器按其制动方式可分为车轮踏面制动、车轮端面制动及缓冲器制动等型式。按其操纵方式有手动、气动和电液传动。

图 6.34 为简易矿车减速器。角钢制成的弯头压板 1 安装在钢轨 5 两侧。弹簧 2 的弹力压向钢轨，弹簧装在角钢 4 上，角钢 4 与钢轨 5 用螺栓与槽钢 3 连接。矿车驶来时，车轮从弯头处挤入，车轮摩擦压板，速度减慢。图 6.35 为气动摇杆矿车减速器。摇杆 7 的轴上装有一组摩擦片 4，弹簧 6 通过环圈 5 压紧摩擦片。矿车驶来时，车轮推压摇杆使之摆动，摩擦片间的摩擦力使矿车减速。向气缸 1 通入压气，活塞 2 通过推杆 3 及环圈 5 推开弹簧 6，摩擦片间的摩擦力减小，对车轮的阻力随之减小，由此调节压气压力，可调节矿车的减速度。

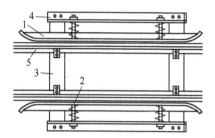

图 6.34 简易矿车减速器
1—压板；2—弹簧；3—槽钢；
4—角钢；5—钢轨

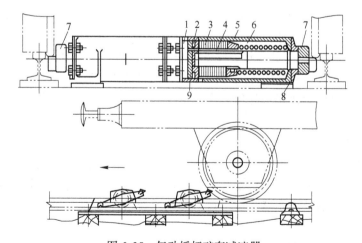

图 6.35 气动摇杆矿车减速器
1—气缸；2—活塞；3—推杆；4—摩擦片；5—环圈；6—弹簧；7—摇杆；8—轴套；9—轴承

6.4　机车运输

6.4.1　概述

6.4.1.1　矿用机车的类型

按机车使用动力不同，矿用机车分为内燃机车和电机车。内燃机车由内燃机驱动，结构复杂，使用维护较麻烦，矿山已不再使用。电机车由电动机驱动，按电源不同，电机车有直流和交流两种型式，直流电机车分为架线式和蓄电池式。架线式电机车构造简单，操作方便，动力费用低、应用最广，其缺点是需整流和架线设施。蓄电池电机车可防爆，常用于煤矿有瓦斯的矿井，另外由于其不需要架线，巷道断面小。架线式电机车的供电系统的电流回路为：牵引变流所输到架线的电流，通过受电器进入电机车的电路及电动机，再经轨道回到变流所，如图 6.36 所示。

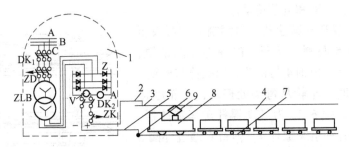

图 6.36　直流架线式电机车供电系统

1—变电所；2—馈电线缆；3—馈电点；4—架线；5—回电线缆；6—回电点；

7—轨道；8—电机车；9—集电弓；

A，B，C—交流电源；DK₁—三相闸刀开关；ZD—三相自动空气断路器；ZLB—整流变压器；

Z—硅整流元件；DK₂—两相闸刀开关；ZK—自动开关

地面窄轨铁路直流电压等级宜采用 250V、550V、750V，井下一般为直流 250V、550V，当运输距离长、运量大，在确保安全的情况下，无爆炸危险环境大型矿山可以采用 750V。矿用架线式电机车的质量在 1.5~20t 之间，机车质量在 3t 以下主要作调度用，3t 以上多作运输车辆用。机车小时牵引力在 2705~41160N 之间。关于机车质量的选择，通常情况可按产量来确定机车的吨位。当机车吨位确定之后，可按国产电机车规格选用机车型号及技术数据。

6.4.1.2　矿用电机车的机械结构

矿用电机车包括机械、电气设备两大部分。机械部分包括车架、轮对、轴箱、弹簧托架、制动系统、加砂系统、齿轮传动装置及联接缓冲装置等，电气部分包括牵引电动机、控制器、自动开关、启动电阻器、受电弓、照明系统等。图 6.37 为矿用架线电机车构造示意图。

（1）车架。车架是电机车的主体部件，电机车上的所有机械、电气设备均安装在车架上。车架由轴箱上面的弹簧托架支撑。车架除受静载荷外还有动载荷冲击、震动的作用。车架由 25~35mm 厚的钢板焊接而成，以增加强度和机车自重。

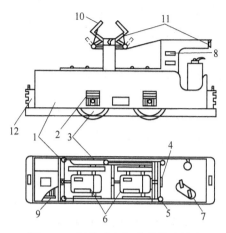

图 6.37　架线式电机车的基本构成

1—车架；2—轴承箱；3—轮对；4—制动手轮；5—砂箱；6—牵引电动机；
7—控制器；8—自动开关；9—启动电阻器；10—受电弓；11—车灯；12—缓冲器及联接器

（2）轮对。电机车全部重力通过轮对传递给钢轨。牵引电动机的转矩也要通过轮对作用于钢轨，产生牵引力和制动力。电机车运行时，轮对直接承受来自钢轨接头、道岔及线路不平整处所引起的冲击力，为此要求轮对应有足够的强度。

（3）轴箱。轴箱装在轮对两端的轴颈上。车架重量经弹簧托架传给轴箱，再经轴箱传给轮对。轴箱内装有两列圆锥滚子轴承。箱壳两侧滑槽与车架相配，电机车在不平轨道上运行时，轮对在车架上能上下活动，使弹簧托架起缓冲作用。箱壳顶部有安装弹簧托的托架。

（4）弹簧托架。弹簧托架由缓冲元件、均衡梁及连接零件组成。弹簧托架是轴箱与车架之间的中间装置。其作用在于把电机车的重力弹性地通过轮对传递到钢轨上去，并将机车重力均匀地分配到各个车轮上，缓和电机车在运行时的冲击和振动。

（5）制动装置。制动装置又称为制动闸，是为电机车在运行过程中能够随时减速或停车而设置的。

（6）加砂装置。用来在电机车车轮前沿轨道上撒砂，以增大车轮与轨道的黏着系数。

（7）传动装置。牵引电动机的转矩通过齿轮传动装置传递给轮对。齿轮传动装置一般由从动齿轮、主动齿轮和轮罩组成。从动齿轮压装在半轴上，主动齿轮压装在电动机轴上。

（8）缓冲器和连接器。在电机车车架两端均装有缓冲器和连接器，其作用是缓和电机车所受的冲击和连接矿车。为了适应不同高度的矿车，连接器做成多层接口。

（9）牵引电动机。牵引电动机是电机车的主要设备之一。其特性是指电机电流和牵引速度、牵引力及效率之间的关系，可用特性曲线表示，如图 6.38 所示。牵引电动机的容量根据实际需要有小时容量和长时容量之分。小时容量是指在绕组绝缘不超过允许温升条件下，电动机连续运转一小时所能输出的最大功率。小时容量即牵引电动机铭牌上注明的额定容量。长时容量是指在绕组绝缘不超过允许温升条件下，电动机长时连续运转所能输出的最大功率。根据小时容量和长时容量，电动机的电流、牵引力也有小时制和长时制之分。牵引电动机的电气控制是指对牵引电动机进行启动、调速、断电惰行及换向运行等控制。

（10）电机车技术参数。主要包括电机车黏着质量，弯道最小曲率半径，长时制、小时制轮缘牵引力，长时制、小时制电流，长时制、小时制速度，长时制、小时制功率等技术参数，可查阅矿用架线式电机车技术指标手册。

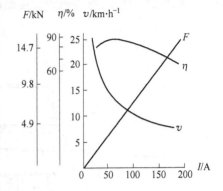

图 6.38　牵引电动机特性曲线

6.4.2　列车运行理论

电机车及其牵引的矿车总称为列车，牵引的矿车称为车组。列车运行理论的目的在于根据已知的运动学条件，求出列车运行所必需的牵引力和制动力。列车运行有三种状态：（1）牵引状态。列车在牵引电动机产生的牵引力作用下加速启动或匀速运行。（2）惯性状态。牵引电动机断电后列车靠惯性运行，一般为减速运行状态。（3）制动状态。列车在制动闸瓦或牵引电动机产生的制动力矩作用下减速运行或停车。在分析列车运行的力学问题时，假设整个列车在运动关系上形成一个整体，车辆每个瞬间具有同样速度、加速度。

6.4.2.1　列车运行阻力

（1）基本阻力 F_j。列车沿水平的直线轨道等速运动时所产生的阻力为基本阻力。主要由车轮轴承的摩擦阻力、车轮沿轨道的滚动阻力等构成。

$$F_j = (M_j + M_z)g\omega \tag{6.14}$$

式中，M_j 为机车质量，kg；M_z 为重车组质量，kg；ω 为列车基本阻力系数。

采用滚动轴承的列车，基本阻力系数可按表 6.6 选取。当采用滑动轴承时，基本阻力系数在表中数值的基础上增加三分之一。启动阻力系数为基本阻力系数的 1.3~1.5 倍。

表 6.6　列车、矿车基本阻力系数

矿车容积 /m³	单个矿车		组成车组	
	重车	空车	重车	空车
0.5	0.007	0.009	0.009	0.011
0.7~1.0	0.006	0.008	0.008	0.01
1.2~1.5	0.005	0.007	0.007	0.009
2	0.0045	0.006	0.006	0.007
4	0.004	0.005	0.005	0.006
10	0.0035	0.004	0.004	0.005

（2）附加阻力 F_f。附加阻力包括坡道阻力、惯性阻力和弯道阻力。

列车在坡道上运行时，由列车重力沿倾斜方向的分力引起的运行阻力，称为坡道阻力。

$$F_p = \pm (M_j + M_z) g \cdot \sin\alpha \tag{6.15}$$

当 α 很小时，$\sin\alpha = \tan\alpha = i$，则：

$$F_p = \pm (M_j + M_z) g \cdot i \tag{6.16}$$

式中，正号表示列车上坡，负号表示下坡；i 为线路纵坡坡度。

列车加速或减速运行时，所克服的附加惯性阻力可表示如下：

$$F_g = \pm k(M_j + M_z) a = \pm 1.075(M_j + M_z) a \tag{6.17}$$

式中，a 为列车运行的加速度或减速度，m/s^2；k 为考虑车轮转动惯性的系数，取平均值 1.075。当惯性力方向与运行方向相反时，上式取正，反之取负，即加速时取正，减速时取负。

列车在弯道上运行时，所克服的附加弯道阻力为：

$$F_w = (M_j + M_z) g\, \omega_w \tag{6.18}$$

式中，ω_w 为弯道阻力系数 $\omega_w = K_w 35/(1000\sqrt{R})$；$K_w$ 为系数，当外轨抬高时取 1，不抬高时取 1.5；R 为弯道曲率半径，m。

除以上附加阻力外，列车还受到道岔阻力以及运行时空气阻力的影响，由于地下矿山列车速度较低，一般不予考虑。因此，井下列车运行总阻力可表示如下：

$$F_z = (M_j + M_z) g(\omega \pm i + \omega_w \pm 0.11a) \tag{6.19}$$

6.4.2.2 机车牵引力

机车牵引力是由牵引电动机产生的旋转力矩，通过减速齿轮传递给主动轴上的轮对，进而作用在轨道上，推动列车运行。车轮轮面作用于轨道接触点的力，必然产生一个轨道对车轮的反作用力，这个反作用力就是摩擦力，两个力大小相等方向相反。作用在车轮中心上的力推动列车向前运动，此力与列车的运行阻力相平衡，称为牵引力。

牵引力 F' 与电动机传来的力矩 M_2 成正比，增大 M_2，牵引力也相应增大。但牵引力增大受摩擦力限制，当其超过摩擦力的极限值时，车轮将在轨道上空转。摩擦力的极限值为：

$$Z = P_0 \varphi$$

式中，P_0 为一个主动轮轴作用在轨道上的正压力，N；φ 为车轮轮面与钢轨轨面间的黏着系数，取值见表 6.7。

表 6.7 电机车的黏着系数 φ

工作状况	启动	撒砂启动	运行	制动
φ	0.20	0.25	0.15	0.17~0.20

为了保证车轮不在钢轨上滑动，牵引力不得超过最大黏着力，即 $F' \leq P_0 \varphi$。如果将上式扩大到电机车的各主动轴上，则有：

$$F \leq P_s \varphi \tag{6.20}$$

式中，F 为电机车产生的牵引力总和，N；P_s 为电机车的全部主动轮作用在钢轨上的总压力，$P_s = \sum P_0$，也称为电机车的黏着重量，N。

机车的牵引力 F 与列车总运行阻力 F_z 相平衡，即为列车运行的基本方程式：

$$F = F_z = (M_j + M_z) g(\omega \pm i + \omega_w \pm 0.11a) \tag{6.21}$$

应用以上方程，可以求出在一定运行条件下机车的牵引力，或已知牵引力、机车质量等条件，确定机车能牵引的车组质量。

6.4.2.3 制动力

列车制动力是使运行列车减速或停车的一种人为阻力。在井下电机车运输中，一般只有电机车有制动装置，矿车没有制动装置。制动方法有机械制动和电气制动。

机械制动方法的制动力：$B = N'\phi$。机车所能给出的制动力最大值，即黏着力：$B_{max} = Pg\varphi$。为保证车轮不被闸瓦抱死，且不沿钢轨滑动，制动力必须小于等于黏着力：

$$B = N'\phi \leqslant Pg\varphi \tag{6.22}$$

式中，N' 为机车各闸瓦上的总压力，N；ϕ 为闸瓦与轮面之间的摩擦系数，0.15～0.18；P 为机车黏着质量，kg；g 为重力加速度，m/s^2；Pg 称为机车的制动重力，若各轮轴均装有制动瓦块，则机车的制动重力等于机车重力，N。

列车制动时，将牵引电动机的电源切断，牵引力为零，并人为加制动力 B，基本方程为：

$$(M_j + M_z)g(\omega \pm i + \omega_w - 0.11a) + B = 0 \tag{6.23}$$

6.4.3 电机车运输计算

6.4.3.1 计算内容与原始数据

电机车运输计算的目的是确定电机车牵引的矿车数和全矿所需电机车的台数。

设计内容：选择机车类型，确定机车的质量，确定车组质量和车组中的矿车数，确定电机车台数。设计原始数据：生产率、运输线路图及运输距离、产量分配及调车工作组织等。

金属矿山井下有轨运输牵引电机车多采用架线式电机车。生产规模小、运距短的小型矿山，也可采用蓄电池机车。对于有爆炸性气体的回风巷道，不能使用架线式电机车运输。另外，对于高硫、有自燃发火危险和存在瓦斯危害的矿井，须采用防爆型蓄电池电机车。当然也有少数由于巷道断面尺寸限制而采用蓄电池式电机车。

确定机车质量时，应考虑运输量、装矿方法、装矿点分布及输送距离等因素。电机车质量一般按照中段运输量的大小确定，当运输量较大时，应选择较大的机车质量，以减少列车的周转次数，简化机车工作组织。增大机车质量使巷道断面加大，支护费用增加。另外，增大机车质量，其牵引能力随之增大，也有可能使双轨线路变成单轨线路。

6.4.3.2 确定车组质量、车组中矿车数量

当确定了电机车型号后，可分别按电机车的启动条件和制动条件计算车组质量，取其最小值，确定车组中的矿车数，然后按牵引电动机温升条件进行校核。

A 按电机车启动条件计算

计算时需要考虑最困难情况，即电机车牵引重车组上坡启动，虽然一般井下运输大巷重列车是下坡运输，但在某些意外情况下重列车需要上坡牵引。

重列车上坡启动时应满足 $(M_j + M_z)g(\omega_q + i_p + \omega_w + 0.11a) \leqslant P_s\varphi$，重车组牵引质量为：

$$M_{z1} \leqslant \frac{P_s\varphi}{(\omega_q + i_p + \omega_w + 0.11a)g} - M_j \tag{6.24}$$

式中，P_s 为电机车黏着重量（全部轮对均为主动轮，黏着重量等于电机车重量）；ω_q 为启动阻力系数；φ 为黏着系数；a 为列车启动加速度，取 $0.03\sim0.05\text{m/s}^2$；ω_w 为弯道阻力系数。

B　按电机车制动条件计算

井下列车的制动安全距离不得超过 40m，运送人员时制动距离不超过 20m，14t 以上机车或双机牵引时，不得大于 80m。确定车组质量时，应满足制动距离的规定并按最不利情况，即下坡制动计算。按照制动状态方程和制动力公式，得：

$$M_{z2} \leqslant \frac{P_s\varphi}{(i_p + 0.11a - \omega - \omega_w)g} - M_j \tag{6.25}$$

式中，a 为制动时的减速度，$a = V_c^2/(2L_z)$，m/s^2；V_c 为长时速度，可查矿用电机车规格表，m/s；L_z 制动距离，取 40m；i_p 为坡道阻力系数。

$$Z_1 = \min(M_{z1}, M_{z2})/(M + M_0) \tag{6.26}$$

式中，Z_1 为牵引矿车数；M 为矿车有效荷载质量，kg；M_0 为矿车质量，kg。

C　按牵引电动机的温升条件进行检验

温升条件检验的实质是牵引电动机的有效电流不应超过其长时电流，如果能满足这个条件，牵引电动机的温升就不会超过允许温升。

根据有效电流的理论，有：

$$I_y = \sqrt{\frac{\int_0^T I^2 \mathrm{d}t}{T}}$$

对于机车运输，有：

$$I_y = a\sqrt{(I_z^2 t_z + I_k^2 t_k)/(T_1 + \theta)} \leqslant I_c \tag{6.27}$$

式中，I_z 为重列车等速运行时的电流，A；I_k 为空列车等速运行时的电流，A；t_z 为重列车运行时间，$t_z = L_m/(60 \times 0.75V_z)$，min；$t_k$ 为空列车运行时间，$t_k = L_m/(60 \times 0.75V_k)$，min；$a$ 为调车系数，当运输距离 $L<1000\text{m}$ 时，$a = 1.4$；$L = 1000\sim2000\text{m}$ 时，$a = 1.25$；$L > 2000\text{m}$ 时，$a = 1.15$；θ 为停车及调车时间，一般取 $20\sim25\text{min}$；T_1 为总运行时间，$T_1 = t_z + t_k$，min；L_m 为电机车到最远的一个装车站距离，m；$0.75V_z$ 为重列车的平均速度，m/s；$0.75V_k$ 为空列车的平均速度，m/s。

重、空列车牵引力分别为：

$$F_z = [M_j + Z_1(M + M_0)]g(\omega_z - i_p)，\quad F_k = [M_j + Z_1M_0]g(\omega_k + i_p)。$$

每台电动机的牵引力分别为：

$$F_z' = F_z/n，\quad F_k' = F_k/n$$

式中，ω_z 为重车阻力系数；ω_k 为空车阻力系数；n 为机车上的电动机台数。

查牵引电动机特性曲线，由牵引力查得电动机电流 I_z 和 I_k 以及 V_z 和 V_k，可得 t_z、t_k。计算有效电流 I_y，查矿用电机车规格表，得长时电流 I_c，并相比较，若 $I_y \leqslant I_c$，满足温升条件。

6.4.3.3　机车台数的确定

（1）一台电机车的每班可完成的往返次数：

$$n = 60t_b/T \tag{6.28}$$

式中，t_b 为电机车每班工作小时数，可按表 6.8 取值，h；T 为电机车往返一次的时间，

$T = T_1 + \theta$, min；T_1 为总运行时间，$T_1 = 2L/(60 \times 0.75V_c)$；$V_c$ 为电机车长时速度，m/s；L 为加权平均距离，$L = (A_1L_1 + A_2L_2 + \cdots + A_iL_i + \cdots + A_nL_n)/(A_1 + A_2 + \cdots + A_i + \cdots + A_n)$，m；$A_i$ 为 i 号装车站的班生产率，吨/班；L_i 为各装车站至井底车场的运输距离，m。

表 6.8　电机车每班工作小时数

类别	主平硐	转运阶段	生产中段
只运输货物	6.5	6.5	6.0
运输货物、人员	6.5	6.0	5.5

（2）每班运输矿石所需往返次数：

$$m = KA/(ZM) \tag{6.29}$$

式中，K 为运输不均衡系数，$1.2 \sim 1.3$，出矿量变化较大的运输阶段可取 1.3；A 为矿井班生产率，吨/班；其他符号意义同前，m 值取大整数。

（3）每班运输废石、人员、材料及设备等所需往返次数 m_1 可按各矿山具体情况确定。

（4）需要的工作电机车台数：

$$N_1 = (m + m_1)/n \tag{6.30}$$

式中，N_1 取大整数。

（5）需要的电机车总台数：

$$N = N_1 + N_2 \tag{6.31}$$

式中，N_2 为备用电机车台数，工作电机车在 5 台之内时，N_2 取 1，6 台以上时，取 2，或按照工作台数 $20\% \sim 25\%$ 确定备用台数，但不应少于 1 台，双机牵引不应少于 2 台。如电机车通过井巷极不方便时，应在各主要生产中段分别考虑备用电机车。

复习思考题

6-1　解释基本阻力、附加阻力的概念，说明区别。

6-2　在井下有轨运输系统中，为什么线路曲线部分应考虑轨距加宽、外轨抬高以及巷道宽度加宽？当线路为双线时，曲线部分还应考虑轨道间距加宽？

6-3　开往井底车场的重车下坡，开向采场的空车上坡，分析原因。

6-4　曲线和道岔连接时，在道岔范围内外轨不能超高，轨距不能加宽，请分析原因。

6-5　简述底卸式矿车结构特点及卸载过程。

6-6　在线路运输系统中，如何设计等阻坡。

6-7　简述单式阻车器、复式阻车器及矿车减速器的区别。

6-8　矿山每班的矿石运量为 A 吨/班，采用电机车运输；假设一台电机车每班的纯作业时间为 T_b 小时，其运转的周期时间为 T 分钟；电机车能够牵引的矿车数为 Z 辆，一辆矿车载重量 M 吨；求需要的运矿电机车台数。

6-9　井下电机车运行的基本方程式为 $(M_j + M_z)g(\omega \pm i + \omega_w \pm 0.11a) \leqslant F$，式中，$M_j$、$M_z$ 分别为机车质量，重车组质量，ω、i、ω_w、$0.11a$ 分别为基本阻力、坡道阻力、弯道阻力、惯性阻力系数，F 为黏着条件决定的机车最大牵引力。（1）求上坡（有弯道）启动条件下的机车牵引质量；（2）若矿车质量和载重量分别为 M_0、M，求以上条件下机车牵引的矿车数 N。

6-10　简述井下电机车牵引矿车数计算的主要步骤。

7　井底车场

7.1　竖井井底车场

井底车场是井筒附近各种巷道的综合体，矿井通往地面的全部货载以及地面运入的材料、设备、人员等均需通过井底车场，是井下运输的枢纽站。

7.1.1　井底车场线路

（1）储车线路：指储放空、重车辆的线路，包括主井重车线与空车线、副井重车线与空车线，以及停放材料车的材料支线。

（2）行车线路：指调度空、重车辆的线路，如连接主、副井空、重车线的绕道，调车场支线。此外，矿车进出罐笼的马头门线路，也属于行车线路。

除上述主要线路外还有一些辅助线路，如通往各硐室的线路及硐室内的线路等。

7.1.2　井底车场形式

井底车场按提升设备分为罐笼井底车场、箕斗井底车场、罐笼-箕斗混合井底车场和以输送机运输为主的井底车场，按服务的井筒数目分为单一井筒的井底车场和多井筒的井底车场，按矿车运行线路系统分为尽头式、折返式和环形井底车场，如图 7.1 所示。

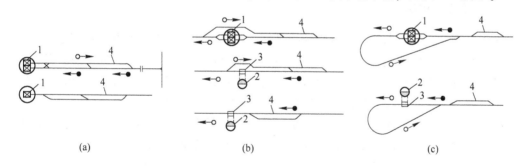

图 7.1　井底车场示意图

（a）尽头式；（b）折返式；（c）环形
1—罐笼；2—箕斗；3—翻车机；4—调车线路

尽头式井底车场如图 7.1（a）所示，用于罐笼提升，井筒单侧进、出车，空、重车储车线和调车场均设在井筒一侧，从罐笼拉出空车后，推进重车。适用于小型矿井或副井，通过能力小。折返式井底车场如图 7.1（b）所示，在井筒或卸车设备（如翻车机）的两侧均铺设线路。一侧进重车，另一侧出空车，空车经过另外铺设的平行线路或从原线路变头（改变矿车首、尾方向）返回。折返式与尽头式相比提高了井底车场通过能力。

由于折返式线路比环形线路短且弯道少，因此车辆在井底车场逗留时间显著减少，加快了车辆周转，也节省了开拓工程量。由于车场运输巷道多数与矿井运输平巷或主要石门合一，弯道和交岔点数量减少，简化了车场线路结构，运输方便可靠，操作人员减少。列车主要在直线段运行，运行安全。环形井底车场如图 7.1 （c） 所示，与折返式车场相同，一侧进重车，另一侧出空车，区别在于由井筒或卸矿设备出来的空车经由储车线和绕道不变头（矿车首尾方向不变）返回。图 7.2 （a） 是双井筒井底车场，主井为箕斗井，副井为罐笼井。主、副井的运行线路均为环形，构成双环形的井底车场。

为了减少井筒工程量及简化管理，在生产能力允许的条件下，可用混合井代替双井筒。即井筒内箕斗提升矿石，罐笼提升废石、运送人员和材料、设备。混合井线路布置与双井筒时的要求相同。图 7.2 （b） 为双箕斗单罐笼的混合井井底车场线路布置。箕斗提升的线路采用折返式车场，罐笼提升的线路采用尽头式车场。图 7.2 （c） 同样为混合井井底车场的线路布置，箕斗线路为环形车场，罐笼线路为折返式车场，通过能力大于图7.2 （a）。

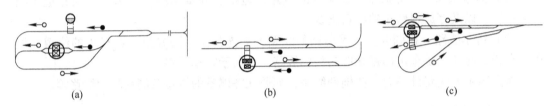

图 7.2　多井筒或混合井井底车场

（a） 双环形井底车场（主井双箕斗，副井双罐笼）；（b） 折返-尽头式井底车场（双箕斗单罐笼混合井）；
（c） 环形-折返式井底车场（双箕斗单罐笼混合井）

7.1.3　井底车场的选择

选择合理的井底车场形式和线路结构是井底车场设计中的首要问题。影响选择井底车场的因素很多，如生产能力、提升容器类型、运输设备和调车方式、井筒数量、各种主要硐室及其布置要求、地面生产系统要求、岩石稳定性以及井筒与运输巷道的相对位置等，必须予以综合考虑。在金属矿山一般情况下主要考虑前面四项。

生产能力大时选择通过能力大的车场形式。年产量在 30 万吨以上的可采用环形或折返式车场，10~30 万吨的可采用折返式车场，10 万吨以下可采用尽头式车场。

（1） 采用箕斗提升，固定式矿车运输。产量较小时，可用电机车推顶矿石列车进翻车机卸载，卸载后立即拉走，亦即采用经原进车线返回的折返式车场。在阶段产量较大并用多台电机车运输时，翻车机前可设置推车机或采用自溜坡，此时可采用另设返回线的折返式车场。

（2） 当采用罐笼井并兼做主、副提升时，一般可用环形车场。当产量小时也可用折返式车场，副井采用罐笼提升时，根据罐笼的数量和提升量大小确定车场型式。如单罐笼且提升量不大时可采用尽头式井底车场。

（3） 当采用箕斗-罐笼混合井，或者两个井筒（一主一副）时，采用双井筒的井底车场。在线路布置上，须使主、副提升的两组线路相互结合，例如在调车线路的布置上宜考虑共用问题。又如，当主提升箕斗井车场为环形时，副提升罐笼井车场在增加工程量不大的条件下，可使罐笼井空车线路与主井环形线路连接，构成双环形的井底车场。

（4）选择井底车场形式时，在满足生产能力要求的条件下，尽量使结构简单，节省工程量，管理方便，生产操作安全可靠，易于施工与维护。

（5）车场通过能力应有 30%~50% 的储备能力。

7.2　竖井井底车场线路平面布置

7.2.1　井筒相互位置

井筒相互位置如图 7.3 所示。

两个井筒中心的坐标分别为 (x_1, y_1)，(x_2, y_2)，则两井筒中心之距离为：

$$C = \sqrt{(x_2 - x_1)^2 + (y_2 - y_1)^2} \qquad (7.1)$$

平行储车线方向的井筒间距 $L = C\cos\theta$，垂直储车线方向的井筒间距 $H = C\sin\theta$。

根据两井筒储车线方位及井筒的坐标，即可求得井筒连线与储车线的夹角 θ：

$$\theta = \arctan \frac{x_2 - x_1}{y_2 - y_1} - \alpha \qquad (7.2)$$

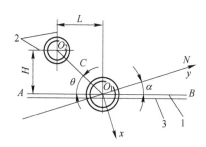

图 7.3　井筒相互位置
1—副井中心线；2—主井中心线；
3—副井储车线

7.2.2　储车线

储车线长度短，储存车辆过少，将使提升与井下运输彼此制约过大，影响提升生产能力。储车线长度过长时，增加车场内的调车时间，也会降低生产能力，并增大开拓工程量和投资。

7.2.2.1　储车线起、止点

储车线的起、止点见表 7.1 和图 7.4。

表 7.1　储车线起、止点位置

序号	储车线名称	起　　点	终　　点
1	箕斗井重车线	翻车机的进车口	连接储车线与行车线的道岔警冲标
2	箕斗井空车线	翻车机的出车口	连接储车线与行车线的道岔警冲标
3	罐笼井的重车线	复式阻车器的后轮挡	连接储车线与行车线的道岔警冲标
4	主罐笼井的空车线	对称道岔之末端（双罐笼） 摇台基本轨末端（单罐笼）	连接储车线与行车线的道岔警冲标
5	副罐笼井的空车线	进材料车支线的道岔警冲标	连接储车线与行车线的道岔警冲标
6	材料车支线	进材料车支线的道岔警冲标	出材料车支线的道岔警冲标

储车线长度应根据列车长度确定，具体可按照储车系数或列车长度倍数确定。

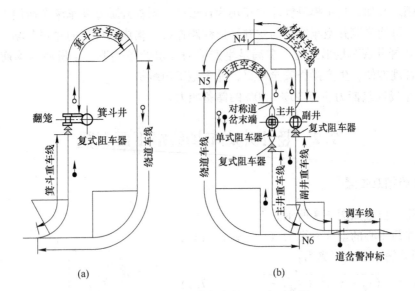

图 7.4　井底车场储车线起、止点示意图

(a) 箕斗井储车线路；(b) 罐笼井储车线路

7.2.2.2　储车系数计算储车线长度

储车系数 k 值大小根据主井、副井、提升设备类型、生产能力以及提运不均衡性等确定。主井、产量大和不均衡性大的储车线选用较大的 k 值，罐笼井要比箕斗井大些。使用自卸矿车和不摘钩的翻笼卸载的固定式矿车的箕斗井，空车线长度可短些，此时取 $k = 1.1 \sim 1.2$。

$$L = k \cdot n \cdot l_1 + l_2 + l_3 \tag{7.3}$$

式中，L 为储车线长度，m；l_1 为矿车长度，m；l_2 为电机车长度，m；l_3 为考虑电机车停车制动而增加的长度，$8 \sim 10$m；n 为一列车的矿车数；k 为储车系数。

根据经验，主井的空、重储车线取 $k = 1.5 \sim 2.0$，副井的空、重车储车线取 $k = 1.1 \sim 1.5$，当副井也提升一部分矿石时，副井的重车线长度要比空车储车长度大些，因为副井重车线有可能储存矿石车，废石车和材料空车。

7.2.2.3　按列车长度倍数确定储车线长度

(1) 主井储车线长度。考虑到列车进入车场的不均衡性，运输与提升衔接不均匀，一般重车线取 $1.5 \sim 2$ 倍列车长，空车线不小于 1.5 倍列车长。

(2) 副井储车线长度。副井重车线取 $1.2 \sim 1.5$ 倍列车长，空车线一般取 $1.1 \sim 1.2$ 倍列车长。

(3) 调车线长度。一般取一列车长度再加上停车长度 $8 \sim 10$m。

(4) 材料线长度。一般取 $6 \sim 8$ 个矿车长度即可。当材料车不多，可以随到随走时，也可以不设材料支线。

7.2.3　马头门平面布置

对于罐笼井，从空、重车线的起点至井筒之间的一段线路为马头门的长度。马头门线路布置如图 7.5 所示。马头门线路的长度由井口机械设备（车场的辅助设备）布置而定。双罐笼提升，辅助设备有摇台、单式阻车器和复式阻车器等，各段线路长度计算如下。

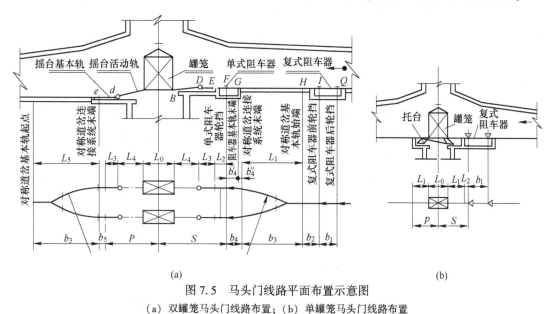

图 7.5　马头门线路平面布置示意图
（a）双罐笼马头门线路布置；（b）单罐笼马头门线路布置

（1）单式阻车器的轮挡至罐笼中心线的距离。

$$S = L_0/2 + L_4 + L_3 + L_2 \tag{7.4}$$

式中，L_0 为罐笼底板长度，mm；L_4 为摇台活动轨长度，mm；L_3 为摇台基本轨长度，mm；L_2 为单式阻车器轮挡至摇台基本轨末段的距离，mm。

（2）单式阻车器轮挡到对称道岔连接系统末端的距离。为便于安装阻车器和满足矿车的停放要求，单式阻车器轮挡到对称道岔连接系统末端的距离应满足以下条件：

$$b_4 \geqslant S_{zh} + D_1/2 \quad 且 \quad b_4 \geqslant b_4' \tag{7.5}$$

式中，S_{zh} 为矿车最大轴距，mm；D_1 为矿车的车轮直径，mm；b_4' 为阻车器轮挡到阻车器基本轨末端长度，mm。一般 $b_4 \geqslant 2000$mm。

（3）对称道岔连接系统长度 b_3。参见第 6 章线路连接计算内容。

（4）复式阻车器前轮挡至对称道岔基本轨起点的距离。要保证复式阻车器的基础不妨碍铺设对称道岔，复式阻车器前轮挡至对称道岔基本轨起点的距离 b_2 一般取 1500~2000mm。

（5）出车侧摇台基本轨末端至对称道岔末端的距离。b_5 应保持摇台基础与道岔不相接触，并使矿车保持在直线上。一般可取 1500~2000mm。

单罐提升时马头门线路布置如图 7.5（b）所示，辅助设备有摇台和复式阻车器。

当采用推车机推送矿车进罐笼时，马头门线路尺寸还应考虑到推车机安装和运行问题。平面布置尺寸还应按行车速度（如重车进罐速度）和允许坡度进行验算，才能最后确定下来。

7.3　竖井井底车场线路坡度

井底车场线路的坡度，即线路纵剖面，对矿车在车场内运行情况及车场通过能力具有很大影响。同时坡度设计时还应检验车场线路平面布置是否合理。因此，井底车场线路设计，特别是马头门线路，只有经过坡度检验和坡度闭合计算，才能最终确定。

井底车场内各种线路坡度，除了与线路所通过车辆的类别（如空车、重车、单车和车组等）和对行车速度的要求有关之外，还与矿车在线路上的运行阻力及线路本身状态有关，如直道、弯道、上坡或下坡以及有无道岔等。

7.3.1 行车阻力

行车阻力是确定线路坡度的主要依据，运行阻力除了与列车本身构造和润滑情况有关外，工作条件也有很大影响，例如在坡道上、弯道上和作加、减速远行时，阻力都有变化。矿车运行阻力主要包括基本阻力、坡度阻力和惯性阻力、弯道阻力及道岔阻力。除道岔阻力外，其他阻力计算方法参见第6章相关内容。矿车通过道岔时，道岔对矿车产生的附加阻力称为道岔阻力。当矿车通过道岔时，道岔附加阻力系数 ω_c 可按照下式计算：

$$\omega_c = \frac{\pi R' \alpha \omega'}{180(a+b)} \tag{7.6a}$$

$$\omega' = 0.5\omega + 1.5 \frac{35}{1000 \sqrt{R'}}$$

式中，R' 为道岔曲合轨（随轨）半径，m；α 为道岔辙岔角（单侧道岔）或辙岔角之半（对称道岔），（°）；$a+b$ 为道岔长度，m；ω' 为外侧曲合轨未超高的附加阻力系数；ω 为矿车基本阻力系数。

矿车沿合岔或分岔方向通过道岔时，其阻力系数还应加上岔尖挤压阻力系数：

$$\omega_j = \frac{A}{G(a+b)g} \tag{7.6b}$$

式中，A 为矿车挤压道岔尖轨所作的功，一般取 $A=196\text{N}\cdot\text{m}$；$G$ 为矿车质量，kg。

当矿车直通道岔时，其附加阻力只等于 ω_j。

7.3.2 马头门线路的坡度计算

马头门线路的平面布置初步确定之后，即可进行坡度计算。在计算中再校验平面尺寸的可能性和合理性。总之，马头门的平面布置尺寸与坡度要求必须是统一的，在满足坡度要求的前提下，平面布置力求紧凑。

7.3.2.1 罐笼两侧摇台基本轨的高差

罐笼两侧摇台基本轨的高差计算如图7.6所示。

$$\Delta h = \Delta h_1 + \Delta h_2 + \Delta h_3 \tag{7.7}$$

式中，Δh_1 为停罐误差，根据井深、设备性能和司机操作技术等因素确定，一般取 $\pm(50\sim100)\text{mm}$；Δh_2 为钢丝绳伸长值，mm。当重车进罐后，罐笼所承受的重力要比原来空车在罐里时大，由于载荷的增大而引起的钢丝绳弹性伸长，可按下式计算：

$$\Delta h_2 = \frac{G \cdot g \cdot L_0}{E_k \cdot F_k} \times 10^3$$

G 为矿车的有效荷载质量，kg；L_0 为钢丝绳的悬垂长度，m；F_k 为钢丝绳的金属断面积，mm^2；E_k 为钢丝绳弹性模量，MPa，一般取 $(7.84\sim8.82)\times10^4\text{MPa}$。

Δh_3 为空车出罐自溜所需的最小高差，考虑到罐笼停在允许误差最低点，再加上弹性伸长时，矿车应具有足够的下坡，设计中一般取50～100mm，或者按摇台活动轨长 L_4 计算，即等于（0.03～0.04）L_4。

7.3.2.2　重车进罐速度

重车进罐速度是指重车从阻车器启动后进入罐笼与阻车器相遇为止，在这段线路上的各个瞬间速度。若重车进罐用推车机时，则重车进罐速度等于推车机的运行速度，线路各段坡度应小于或等于矿车的运行阻力系数，即 $i \leqslant \omega$。若重车进罐靠下坡自溜获得动量，并且此动量可将空车碰击出罐，则矿车进罐速度和线路各段的坡度，可按下列两种情况分别进行计算。

（1）不设置摇台。

1）重车进入罐内被阻车器挡住时（图7.7中 A 点）的末速度 V_A，一般取 0.75～1.0m/s。

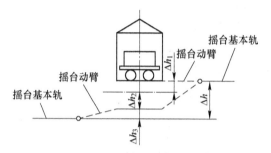

图7.6　罐笼两侧摇台基本轨的高差计算图

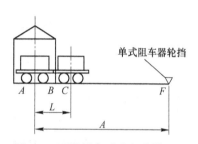

图7.7　不设摇台时重车进罐过程

2）重车刚过 B 点以后，沿罐笼底板运行的初速度：

$$V_{B,\mathrm{H}} = \sqrt{V_A^2 + 2gL_0(\omega_{zh} - i_0)} \qquad (7.8)$$

式中，ω_{zh} 为重车运行的基本阻力系数；L_0 为罐笼底板的计算长度，$L_0 = (L_0' + S_{zh})/2$，m；i_0 为罐笼底板坡度，取0；S_{zh} 为轴距，m；L_0' 为罐笼底板长度，m。

3）重车到达罐笼与轨道接口处，过 B 点前的瞬间速度：

$$V_{B,\mathrm{Q}} = \sqrt{V_{B,\mathrm{H}}^2 + 2A/(G_0 + G)} \qquad (7.9)$$

式中，A 为重车经罐笼与轨道接口处所损耗的功，一般取 196N·m；G 为矿车货载质量，kg；G_0 为矿车质量，kg。

4）重车碰撞了罐笼空车以后（重车前轮在 C 点）的瞬时速度：

$$V_{C,\mathrm{H}} = \sqrt{V_{B,\mathrm{Q}}^2 - 2gL_{BC}(i_{CB} - \omega_{zh})} \qquad (7.10)$$

式中，L_{BC} 为 BC 段长度，$L_{BC} = L - (L_0 + S_{zh})/2$，m；$i_{CB}$ 为 BC 段坡度，30‰～40‰；S_{zh} 为矿车轴距，m；L_0 为罐笼底板计算长度，m；L 为矿车长度，m。

5）重车撞击空车时（重车前轮在 C 点）的瞬时速度：

$$V_{C,\mathrm{Q}} = V_{C,\mathrm{H}} \frac{1+\mu}{1-\mu \cdot K} \qquad (7.11)$$

式中，μ 为质量系数，$\mu = G_0/(G + G_0)$；K 为撞击系数，一般取 0.5。

6）单式阻车器的轮挡到罐笼中线的距离：

$$A = L_{CF} + L - \frac{S_{zh}}{2} = \frac{V_{C,Q}^2}{2g(i_{CF} - \omega_{zh})} + L - \frac{S_{zh}}{2} \tag{7.12}$$

式中, i_{CF} 为 CF 线路坡度, 为保障矿车自动启动, 取 $i_{CF} = i_{CB} = 30‰ \sim 40‰$。

矿车速度标记下标分别表示了该速度时矿车位置和时刻, 第一个字母含义为矿车位置, 第二个字母表示矿车冲击或撞击前后。

(2) 设摇台时的坡度计算。如图 7.8 所示, 当设置摇台时, 重车从 C 点到 A 点各瞬间速度仍按上述不设摇台的公式计算, 其中, $i_{CB} = i_{DC} = i_4$ 均为摇台活动轨的计算坡度。当用推车机时, $i_{CB} = i_4 = 0$。重车从单式阻车器的轮挡 F 点到 C 点的各个瞬间速度按下列公式计算。

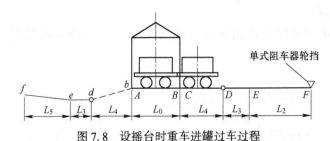

图 7.8   设摇台时重车进罐过车过程

1) 重车过摇台的活动轨与基本轨接口 D 处后, 在 D 点瞬时速度:

$$V_{D,H} = \sqrt{V_{C,Q}^2 - 2g(L_4 - L_{BC})(i_4 - \omega_{zh})} \tag{7.13}$$

2) 重车过摇台活动轨与基本轨接口 D 处以前, 在 D 点瞬时速度:

$$V_{D,Q} = \sqrt{V_{D,H}^2 + 2A/(G_0 + G)} \tag{7.14}$$

3) 重车刚到摇台基本轨 (E 点) 的瞬时速度:

$$V_E = \sqrt{V_{D,Q}^2 - 2gL_{DE}(i_{DE} - \omega_{zh})} \tag{7.15}$$

式中, i_{ED} 为摇台基本轨坡度, 在条件允许时, 应使 $i_{ED} = 0$; L_{ED} 为摇台基本轨的长度, m。

4) 阻车器轮挡到摇台基本轨之间 (EF) 线路坡度:

$$i_{EF} = \frac{V_E^2}{2gL_{EF}} + \omega_{zh} \tag{7.16}$$

若求得其值大于 40‰, 则应加大 L_{EF} 值。

7.3.2.3 空车出罐速度

空车出罐速度是指空车在罐笼内受重车撞击后, 在马头门空车线路上自溜各个瞬间的速度。现以设摇台为例进行讨论。

(1) 空车在罐笼内受重车撞击后获得的初速度:

$$V_{a,H} = V_{C,H} + kV_{C,Q} \tag{7.17}$$

式中, k 为撞击系数, 取 0.5。

(2) 空车过罐笼与摇台活动轨接口处 b 点之前的瞬间速度:

$$V_{b,Q} = \sqrt{V_{a,H}^2 - 2gL_0(\omega_k - i_0)} \tag{7.18}$$

式中, ω_k 为空车基本阻力系数。

(3) 空车过 b 点后的瞬时速度:

$$V_{b,\mathrm{H}} = \sqrt{V_{b,\mathrm{Q}}^2 - 2A/G_0} \qquad (7.19)$$

（4）空车到达摇台活动轨与基本轨接口处 d 点之前的瞬时速度：

$$V_{d,\mathrm{Q}} = \sqrt{V_{b,\mathrm{H}}^2 + 2gL_4(i_{bd} - \omega_\mathrm{k})} \qquad (7.20)$$

式中，L_4 为摇台活动轨长度，m；i_{bd} 为空车侧摇台活动轨的坡度，‰。

按停罐下限位置计算的最小坡度：

$$i_{bd,\min} = \Delta h_3 / L_4 \qquad (7.21)$$

按停罐上限位置计算的最大坡度：

$$i_{bd,\max} = (2\Delta h_1 + \Delta h_3)/L_4 \qquad (7.22)$$

（5）空车经过轨道接口 d 处后的瞬时速度：

$$V_{d,\mathrm{H}} = \sqrt{V_{d,\mathrm{Q}}^2 - 2A/G_0} \qquad (7.23)$$

（6）空车在摇台基本轨末端 e 点的速度：

$$V_e = \sqrt{V_{d,\mathrm{H}}^2 - 2gL_{ed}(\omega_\mathrm{k} - i_{ed})} \qquad (7.24)$$

式中，i_{ed} 为空车侧摇台基本轨坡度，取 18‰。

（7）从摇台基本轨末端到对称道岔基本轨起点的坡度即路线 $L_{ef}(L_5)$ 的坡度，该线路坡度最好保持一致，其值按下式计算：

$$i_5 = \frac{V_f^2 - V_e^2}{2gL_5} + \frac{(b_3 - \overline{a+b})\omega_\mathrm{w} + (a+b)\omega_\mathrm{z}}{L_5} + \omega_\mathrm{k} \qquad (7.25)$$

式中，V_f 为要求空车出马头门线路时（即在 f 点）所具有的速度，为了使空车在空车线上具有一定的自溜能力，一般取 $1.0 \sim 1.8\mathrm{m/s}$；b_3 为对称道岔连接系统长度，m；$a+b$ 为对称道岔长度，m；$\overline{a+b}$ 为对称道岔投影长度，m；ω_w 为对称道岔连接系统的弯道附加阻力系数；ω_z 自动道岔的附加阻力系数，$\omega_\mathrm{z} = \omega_\mathrm{c} + \omega_\mathrm{j}$。

7.3.2.4 从复式阻车器到单式阻车器的线路坡度

如图 7.5 所示，当重车从复式阻车器启动后，通过下坡直线段 b_2 而产生一定的加速度，然后以此动量克服对称道岔阻力，在到达单式阻车器轮挡时，要求矿车速度不超过 $0.75 \sim 1\mathrm{m/s}$。

在一般情况下，整个 L_1 最好采用同一坡度 i_1，b_4' 与 L_2 也采用同一坡度，即为单式阻车器的基本轨安装坡度。

当重车自溜进罐时，$i_{b_4'} = i_2 = 20‰ \sim 30‰$，即等于单式阻车器轮挡到摇台基本轨之间 $EF(L_2)$ 段的线路坡度 i_{EF}。当重车利用推车机进罐时，$i_{b_4'} = i_2 = \omega_\mathrm{zh} - (1‰ \sim 2‰)$，这样既能保证矿车自溜到单式阻车器轮挡前的速度不致太大，又能保障单式阻车器即使轮挡打开时，矿车也不会自溜到罐笼，确保安全可靠；同时，由于具有了一定坡度，也可减少推车机推力。

复式阻车器基本轨 b_1 的安装坡度与直线段 b_2 的坡度，一般均大于矿车启动速度，以保障矿车能自动启动，且达到 H 点时，还具有足够能量克服 L_1 段和 b_4 段的阻力，自溜到单式阻车器轮挡处。为此，一般取 $i_{b1} = i_{b2} \geq (2.5 \sim 3.0)\omega_\mathrm{zh}$，线路 L_1 段的坡度 i_1 按下列方法计算。

（1）重车在单式阻车器基本轨末端 G 点的瞬时速度（见图 7.5（a））：

$$V_G = \sqrt{V_F^2 - 2gb_4'(i_{GF} - \omega_{zh})} \tag{7.26}$$

式中，V_F 为到达阻车器轮挡的速度，一般取 0.75m/s，不超过 1.0m/s；b_4' 为单式阻车器轮挡到基本轨末端的距离，根据阻车器结构确定。

（2）重车从复式阻车器前轮挡 I 点启动，经 b_2 运行到对称道岔基本轨起点 H 时的瞬时速度：

$$V_H = \sqrt{2gb_2(i_{IH} - \omega_{zh})} \tag{7.27}$$

（3）线路 L_1 段的坡度：

$$i_1 = \frac{V_G^2 - V_H^2}{2g L_1} + \frac{(b_3 - \overline{a + b})\,\omega_w + (a + b)\,\omega_z}{L_1} + \omega_{zh} \tag{7.28}$$

式中，$L_1 = b_3 + b_4''$，$b_4'' = b_4 - b_4'$；b_3 为对称道岔连接系统的长度。

由前两式可知，b_2 与 L_1 段坡度有关，通常取 $b_2 = 2.0\text{m}$，但当 $i_1 \geqslant 18‰ \sim 20‰$ 时，可适当加大 b_2 的数值，以便减少 L_1 段的坡度。

7.3.3 储车线坡度

7.3.3.1 罐笼井储车线坡度

（1）罐笼井重车线坡度。罐笼井重车线坡度应按车组自溜运行设计。为了保证矿车能自动启动自溜，在复式阻车器后轮挡后约 2m 的一段坡度，可取与复式阻车器相同的坡度，即 $i_{zh}' = (2.5 \sim 3.0)\omega_{zh}$。其余坡度可按既能保证矿车自溜运行，又能防止阻车器受过大冲击的要求确定。根据实际测定资料表明，由于矿车对阻车器的冲击以及阻车器轮挡的开闭所引起的振动，有利于后面矿车的启动，所以取重车线坡度 $i_{zh} = (1.5 \sim 1.8)\omega_{zh}$ 即可。

（2）罐笼井空车线坡度。空车线一般均采用自溜运行。因此，要求空车线坡度既要使空车出马头门时所获得的动量足以克服线路上的阻力，直接自溜到储车线，又要避免空车冲出界外，亦即使空车到达终点时速度等于 0。空车任何瞬间速度均不得超过有关规定数据。

空车线后段应有一定长度的弯道，且整个空车线采用同一坡度时，可按下式计算坡度：

$$i_k = \frac{V_A^2 - V_B^2}{2gL_k} + \frac{\omega_w \cdot L_w}{L_k} + \omega_k \tag{7.29}$$

式中，V_A 为矿车到达终点的速度，不设摇台时，取 $V_A = 0\text{m/s}$，设摇台时，V_A 值与停罐位置有关，停罐位置取上限时，V_A 应大于 0m/s，可取 0.4m/s，停罐位置取下限时，取 $V_A = 0\text{m/s}$；V_B 为矿车出马头门线路终点的速度，m/s；L_k 为空车储车线长度，m；L_w 为弯道长度，m。

空车线后部宜设一段平坡（缓坡段），这样既可调整线路坡度，又利于电机车启动，并对矿车起到阻车作用。

7.3.3.2 箕斗井储车线坡度

（1）箕斗井重车线坡度。重车线坡度与线路的辅助设备有关。设有推车机（或调度绞车）时，线路坡度应小于重车运行的阻力系数，可以采用朝向翻车机的 3‰ ~ 4‰ 的下坡或更小的坡度，具体数值视绕道的补偿高度大小而定，当补偿高度较大时，应尽量减少重车线坡度。

不采用推车机时，阻车器到翻车机段的坡度计算，与罐笼井设摇台的马头门线路计算相同，其余部分的坡度与罐笼井重车线相同。

（2）箕斗井空车线坡度。无论是在摘钩翻车条件下，或者不摘钩翻车条件下的车组运行，均应采用自溜运行。在翻车机内轨道是水平的，故空车线开端部分（15~25m）的坡度可以取大些，等于空车自动启动阻力系数，即 $(2.5~3.0)\omega_k$。

空车线坡度设计思路与罐笼井类似，可分成三段。第一段坡度大于阻力系数，加速运行；第二坡度等于阻力系数，等速运行；末段坡度小于阻力系数，减速运行，到达终点时为零。

7.3.3.3 行车绕道坡度

绕道坡度来补偿储车线路的高度损失，取决于主、副井空重车线的长度和坡度。电机车仅拉空车上坡时，其坡度控制在 10‰。若拉、顶重车上坡，坡度不宜超过 6‰~7‰。条件允许可增加 1‰~2‰。计算坡度超过上述数值时，需采取措施，如增加绕道长度或设置爬车设备等。

7.3.4 井底车场线路闭合计算

线路坡度确定以后，便可进行坡度闭合计算。

$$\Delta h_{AB} = \pm i_{AB} \cdot L_{AB} \tag{7.30}$$

式中，Δh_{AB} 为相邻变坡点 A、B 的高差，即 $\Delta h_{AB} = h_A - h_B$；$h_A$、$h_B$ 分别为 A、B 点相对标高；i_{AB} 为相邻变坡点间的坡度，上坡为正，下坡为负；L_{AB} 为变坡点间的距离。

闭合计算时，从一个已知相对标高的变坡点出发，逐点计算出所有变坡点的相对标高，计算结果必须符合以下要求：（1）在闭合环路（或折返线路）上从某一点出发，经环路（或折返线路）又回到该点时，所推算出的相对标高必须等于原来的相对标高。（2）在任一个线路上，从一个已知相对标高点出发，经一些变坡点至另一已知变坡点，推算出的相对标高必须等于另一已知点的相对标高。

对组成井底车场的各个环路应分别进行闭合计算，计算不符合上述要求时，必须重新调整各段线路坡度。坡度闭合检验是坡度设计的重要组成部分，可检验线路布置是否合理。

7.4 竖井井底车场通过能力

井底车场通过能力是指单位时间内通过井底车场的货载量，包括矿石、废石和材料辅助运输量。在井底车场设计中，当线路平面布置完毕后，即应开始编制电机车在井底车场内的运行图表和调度图表，并在此基础上计算井底车场的通过能力，以校核是否能满足要求。在进行此项工作之前，暂时先不要进行其他部分设计，以免通过能力不足而造成返工。

首先，应编制不同类型列车的运行图表，并计算车场内列车调车时间。其次，根据不同类型列车的配比，编制井底车场调度图表。最后，根据调度图表确定平均进车时间并计算车场通过能力。若井底车场与运输巷道直接连接时，列车配比应考虑左翼进车与右翼进车数量问题。

7.4.1　电机车运行图表的编制

为了计算电机车在井底车场内的调车时间，需先绘制井底车场线路平面图，在图中标出主要线段的长度、道岔位置、型式及其编号，并按下列原则对井底车场线路进行区段划分：（1）凡一台电机车（或列车）未驶出之前，另一台电机车（或列车）不能驶入的尽头线路，应划分为一个区段。（2）若某线路同时容纳数台互不妨碍的电机车（或列车），则可将该线路划分为数个区段。如调车场可划为两个平行区段。（3）区段的划分需考虑设置信号的可能性和合理性。

图7.9为双罐笼井井底车场区段划分，按功能分成八个线路区块：主井空、重车线，Ⅴ、Ⅳ；副井空、重车线，Ⅶ、Ⅵ；绕道，Ⅲ；连接线，Ⅱ；调车线：Ⅰ′，Ⅰ。

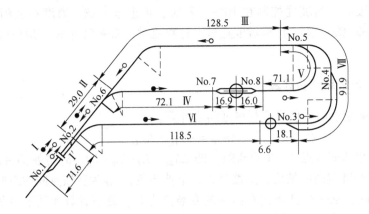

图7.9　井底车场运行区段的划分

根据区段的线路长度和电机车（或列车）的运行速度，便可计算出在区段内的运行时间。在设计中可按表7.2选取运行速度和调车作业时间。根据电机车（或列车）在井底车场内运行顺序、所经线路以及计算的时间，就可以绘制电机车在井底车场内的运行图表。

表7.2　电机车（列车）运行速度和调车作业时间

作　业　名　称		运行速度/m·s⁻¹	作业时间/s
	运行距离小于50m，拉或推列车	1.0	
	运行距离50~100m，拉或推列车	1.5	
	运行距离大于100m，电机车拉列车	2.2	
电机车单独运行	运行距离小于100m/运行距离大于100m	2.0/2.5	
	通过道岔	1.0	
	通过一个需要待拨的道岔		30
	摘钩		15
	挂钩		20
	转换运行方向		20

　　矿石列车经石门来到井底车场区域内的调车线（Ⅰ）停下。电机车摘钩后，经另一线路（Ⅰ′）绕行到列车尾部，不用挂钩直接将矿石列车顶送至主井重车线（Ⅳ），然后电机车退回（退至 No.6 道岔左），再经绕道（Ⅲ）至主井空车线（Ⅴ）拉空车驶出井底车场。图 7.10 可表示上述过程。

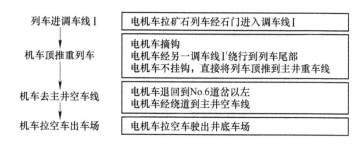

图 7.10　Ⅰ号电机车运行程序

　　矿石列车的调车时间列于表 7.3 和表 7.4，矿石列车运行图表见图 7.11。

表 7.3　Ⅰ号电机车（矿石）调车时间表

序号	作业名称	运行距离 /m	运行速度 /m·s^{-1}	运行时间 /s	各区间时间 /s
1	电机车拉矿石车进调车场Ⅰ，停在 No.1、No.2 间	60	1.5	40	Ⅰ-40
2	电机车与矿石列车摘钩			15	Ⅰ-15
3	电机车驶出 No.2 后换向	~20	1.0	20+20	Ⅰ-40
4	电机车经 No.2、Ⅰ′、No.1 停止	~80	2.0	40	Ⅰ′-40
5	机车换向启动，进 No.1，到列车尾部	~12	2.0	20+6	Ⅰ-26
6	机车顶推矿石列车经 No.2、No.6 进主井重车线	~110	1.5	73	Ⅰ-42，Ⅱ-19，Ⅳ-12
7	电机车换向启动并返回 No.6 之左	~28	2.0	14+20	Ⅳ-29，Ⅱ-5
8	电机车换向，经 No.6、绕道Ⅲ、No.5，进入主井空车线	~156	2.5	20+20+62	Ⅱ-44，Ⅲ-51，Ⅴ-7
9	电机车与空列车挂钩、换向			20+20	Ⅴ-40
10	空列车经 No.5、No.6、No.2、No.1 驶出车场	251	2.2	114	Ⅴ-8，Ⅲ-58，Ⅱ-13，Ⅰ-35
合计				524s（8min44s）	

表 7.4　Ⅰ号电机车在井底车场各区段延续时间

区段	Ⅰ	Ⅰ′	Ⅰ	Ⅱ	Ⅳ	Ⅱ	Ⅲ	Ⅴ	Ⅲ	Ⅱ	Ⅰ
延续时间/s	95	40	68	19	41	49	51	55	58	13	35

　　岩石列车经石门到调车线（Ⅰ′）停下并摘钩，然后电机车绕行到列车尾部，将列车顶送至副井重车线。电机车退回，经绕道去副井空车线，拉空车驶出井底车场。岩石列车调车时间和区段运行时间分别列于表 7.5、表 7.6，运行图表如图 7.12 所示。

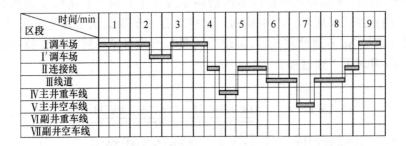

图 7.11　Ⅰ号电机车（矿石）运行图表

表 7.5　Ⅱ号电机车（岩石）调车时间表

序号	作业名称	运行距离 /m	运行速度 /m·s⁻¹	运行时间 /s	各区间时间 /s
1	电机车拉岩石列车进调车场 I′，停在 No.1、No.2 之间	60	1.5	40	I′-40
2	电机车与岩石列车摘钩			15	I′-15
3	电机车驶出 No.2 后换向	~20	1.0	20+20	I′-40
4	电机车经 No.2、I、No.1 停止	~80	2.0	40	I-40
5	电机车换向启动，进 No.1，到列车尾部	~12	2.0	20+6	I′-26
6	电机车顶岩石列车经 No.2 进副井重车线	~133	1.5	89	I′-42，Ⅵ-47
7	电机车换向启动并返回 No.2 之左	~86	2.0	20+43	Ⅵ-55，I′-8
8	电机车换向，经 No.2、No.6、绕道、No.5、No.4，进入副井空车线	~196	2.5	20+20+79	I′-46，Ⅱ-12，Ⅲ-52，Ⅶ-9
9	电机车与空列车挂钩换向			20+20	Ⅶ-40
10	空列车经 No.4、No.5、No.6、No.2、No.1 出车场	256	2.2	116	Ⅶ-10，Ⅲ-58，Ⅱ-13，I′-35
合计		588s（9min48s）			

表 7.6　Ⅱ号电机车在井底车场各区段延续时间

运行区间	I′	I	I′	Ⅵ	I′	Ⅱ	Ⅲ	Ⅶ	Ⅲ	Ⅱ	I′
延续时间/s	95	40	68	102	54	12	52	59	58	13	35

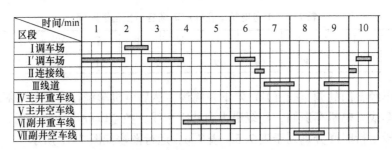

图 7.12　Ⅱ号电机车（岩石）运行图表

混合列车在调车场停车后，电机车将列车中的矿石车与岩石车分别顶至主井重车线和副井重车线，然后去空车线拉空车。根据类似方法，亦可求得混合列车调车时间、区段运行时间及其运行图表。

7.4.2 调度图表编制

井底车场调度图表是各类型列车在井底车场内的总运行图表。在编制调度图表时，首先确定各种类型列车的配比，从而确定各种列车进入井底车场的顺序和数量。其次，根据列车数量和顺序，将一个调度周期内所有列车运行图表进行综合叠加，使同一区段内的各水平线（表示时间数量），在任何情况下都不重合，即在任何时候，都不能有一台以上电机车同时在同一区段内运行。同一区段内相邻两水平线之间距离表示某一台电机车离开该区段到另一台电机车进入该区段的间隔时间，如图 7.13 所示。为避免碰撞，必须使前后两机车之间保持一定安全距离，即要求两台电机车经过同一地点时，保有一定的间隔时间，可按以下原则确定：

（1）当一台单独运行或顶推列车运行的电机车刚离开某区段时，另一台单独运行或拉列车运行的电机车，又随即进入该区段，间隔时间不应小于 20s。

（2）当一台单独运行或顶推列车运行的电机车刚离开某一区段时，另一台推顶列车运行的电机车，又随即进入该区段，间隔时间不得小于电机车运行一列车长度的运行时间：

$$t \geqslant L_t/v \tag{7.31}$$

式中，L_t 为一列车长，m；v 为电机车（列车）的运行速度，m/s。

（3）当一台拉列车运行的电机车刚离开某一区段时，另外一台推顶列车运行的电机车又随即进入该区段时，此时间隔时间不得小于电机车运行两倍的列车长度的运行时间：

$$t \geqslant 2L_t/v \tag{7.32}$$

（4）若是前一台电机车刚离开某一区段，而另一台电机车又随即进入该区段，分别位于该区段的两端，并且区段长度大于列车长度，在这种情况下的间隔时间不受上述要求限制。

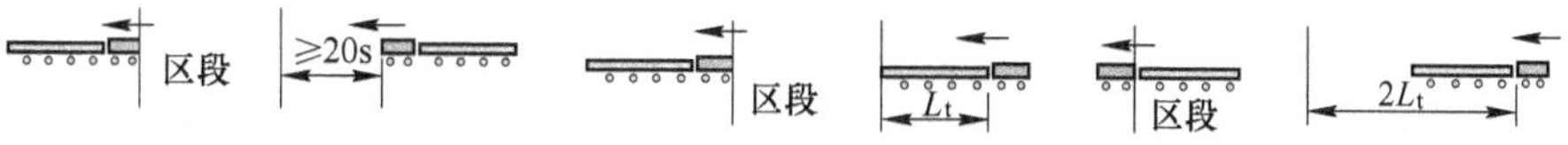

图 7.13　间隔时间

调车时间图表应力求各次列车进入井底车场的间隔时间相等，同时也尽可能使电机车在井底车场内调度运行所消耗的时间为最短。但有时适当延长电机车在井底车场内某一区段的运行（或停车）时间，反而可缩短前后两次列车进入井底车场的间隔时间。

以前述电机车运行图表为例，并按上述要求编制成的调车图表如图 7.14 所示。调度图表清晰反映出车场内同时容纳电机车的台数和各次列车进入井底车场的相隔时间。

7.4.3 调车方式

井底车场调度图表编制与调车方式密切相关。矿山常用调车方式有如下四种方法。

（1）专用设备调车。设置专用调车机车、调车绞车或钢丝绳推车机等设备。当电机

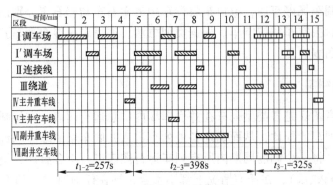

图 7.14　井底车场调度图表

Ⅰ号电机车　Ⅱ号电机车　Ⅲ号电机车

车牵引重列车驶进调车线后，电机车摘钩，驶向空车线牵引空车，调车作业由专用设备完成。

（2）顶推式调车。电机车牵引重列车驶入车场调车线，电机车摘钩独自运行，经调车场两端道岔并换向后绕行至重车组尾部，将列车顶入主（副）井重车线。然后，电机车经过绕道入主（副）井空车线，牵引空列车驶向采区。该方式环形车场常用。

（3）顶推拉调车。在调车线上始终存放一重车组，在下一列重车驶入调车线的同时，将原存重车组顶入主井重车线，新牵引进来的重车组暂留在调车线内。这种方式避免了机车绕行至车尾，简化了调车作业，但造成了机车短时过负荷，如顶推距离长，不利于机车维护。

（4）甩车调车。电机车牵引重列车行至分车道岔前 10~20m 进行减速，并在行进中电机车与重列车摘钩，电机车加速过分车道岔后，将道岔搬回原位，重车组借助惯性驶向重车线。这种调车方式简单，但要求有一段甩车巷道，分车道岔的操纵可采用电磁自动方式。

采用甩车式调车方式能增大井底车场的通过能力，要求司机要熟练掌握行车速度及操作技术，甩车的速度较难控制，可按下式计算：

$$v = \sqrt{2gL(\omega \pm i)/k} \tag{7.33}$$

式中，L 为摘钩后自溜运行距离，m；ω 为矿车运行阻力系数；i 为线路坡度，上坡取正，下坡取负；k 为考虑车轮转动惯量而设的系数，取 $k = 1.03 \sim 1.05$。

7.4.4　井底车场的通过能力

（1）井底车场所需的通过能力：

$$Q_1 = k_1 k_2 Q \tag{7.34}$$

式中，Q 为提升的计算生产率（纯工作时间内提升矿石的生产率已计入不均衡系数），t/h；k_1 为废石系数，视具体情况而定，一般可取 1.1；k_2 为备用系数，即井底车场的不均衡系数，取 1.1~1.2；Q_1 为井底车场通过能力，t/h。

（2）井底车场实际可能的通过能力：

$$Q_2 = (3600/t_p)ZG \tag{7.35}$$

式中，Q_2 为井底车场实际可能的通过能力，t/h；Z 为矿石列车中矿车数；G 为一辆矿车的有效货载量，t；t_p 为列车进入井底车场的平均间隔时间，s。

$$t_p = (t_{1-2} + t_{2-3} + \cdots + t_{n-1})/N$$

其中，N 为每个调度循环的列车数；n 为一个调度周期最末列车序号，其值等于调度循环的列车数。根据现行设计技术方向的规定应使：$Q_2 > Q_1$，且需具备 30% ~ 50% 的储备能力。

（3）提高井底车场通过能力的措施。当所设计的井底车场的通过能力不满足要求，为了提高井底车场的通过能力，可以采用如下措施：1）增大矿车的有效货载量。2）改进调车作业，尽量减少辅助时间。3）增设复线，增加设备。4）加大井底矿仓容量，增加车场的储备能力。5）建立完备的信集闭系统，实现调车作业的自动化。6）提高运输线路质量，调整线路坡度，加大弯道半径，提高行车速度，减少行车时间。

7.5　斜井井底车场

7.5.1　斜井提升方式

7.5.1.1　按提升容器分类

按照提升容器不同提升方式可分为串车提升、箕斗提升、台车提升和人车提升。串车提升也称为矿车提升，有单车、多车之分。串车提升适用于斜井倾角不超过 30°，提升量小于 500t/d，斜井斜长小于 500m。矿车类型一般采用固定车厢式和翻斗式矿车，一般不用底卸式和侧卸式矿车。矿车容积通常为 0.5 ~ 1.2m³，不宜超过 2m³。一次提升矿车数不超过 5 辆，且应与电机车牵引矿车数成倍数关系。串车提升满斗系数与井筒倾角有关，当井筒倾角小于 25°时取 0.85，井筒倾角 25°~ 30°时取 0.8。

箕斗提升适用的斜井倾角、提升量、斜长均大于串车提升方式，即斜井倾角不小于30°、提升量大于 800t/d、斜长不小于 500m。斜井箕斗一般采用前翻式、后卸式，底卸式很少采用。箕斗容积应满足一次提升量要求（可参照第三章提升容器选型内容），另外对箕斗容积应按照矿石块度进行校核，即要求箕斗卸载口短边尺寸不小于 3 倍矿石最大块度。

对于矿井提升能力在 500~800t/d 之间的提升方式，应根据技术经济条件确定。

当斜井倾角≥30°时，可采用台车作为辅助提升，用于提升材料、设备等。当斜井垂深超过 50m，按规程要求应设置提升人车，并应设专用人车的断绳保险装置。

7.5.1.2　按提升机与提升容器连接特点分类

按照提升机与提升容器的连接特点，将斜井提升方式分为单钩提升和双钩提升。与竖井单钩提升、双钩提升概念类似，若提升卷筒上绕入、绕出的钢丝绳为一根，连接一个提升容器，且没有平衡锤，称为单钩提升；若一个提升机能够同时提升（下放）两个容器（或一个容器、一个平衡锤），则称为双钩提升。双钩提升即双容器提升或带平衡锤单容器提升，在提升量和斜井深度大时应考虑双钩提升。

图 7.15 所示为斜井箕斗双钩提升，图 7.16 为斜井串车双钩提升系统。

采用箕斗提升时，装卸载矿仓的有效容积与箕斗提升量和电机车列车矿量有一定的制

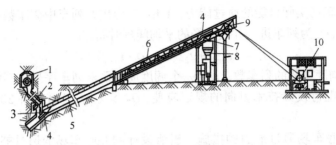

图 7.15 箕斗提升（双钩）

1—翻笼硐室；2—装载仓；3—装载闸门；4—箕斗；5—井筒；

6—井架栈桥；7—卸载曲轨；8—卸载仓；9—天轮；10—提升机

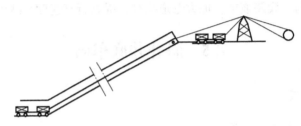

图 7.16 串车提升系统（双钩）

约关系，井下装载矿仓有效容积不应小于 2 列车矿量，且不小于 1~2h 箕斗提升量；地表卸载矿仓有效容积不小于 1~2h 箕斗提升量。

串车提升方式在下放空串车时要用推车机或人工推向井口，因此应优先采用井口甩车场。

主井提升及升降人员的主、副提升斜井或斜坡线路上，使用的道岔不宜小于 5 号。不提升人员的副提升斜井或斜坡线路可选用 4 号道岔。

7.5.2 斜井井底车场型式

箕斗斜井井底车场与箕斗竖井井底车场结构型式类似，原因在于两种提升的方式的运输设备与提升设备之间有卸载设施。矿车在车场的运行线路结构特点决定了车场结构形式。

串车斜井井底车场与竖井井底车场的区别较大，两种提升的车场结构型式存在差异的原因在于：串车不仅在斜井井筒中提升，而且要进入井底车场或地面车场运输，因此对串车车场，还要考虑斜井井筒由斜变平连接的需要。

（1）按照车场线路结构特点分类。斜井井底车场可以分为环形车场和折返式车场。环形车场通过能力大，适用于大、中型矿山的箕斗提升或胶带提升方式，井底装载系统与竖井装载系统相似。折返式车场通过能力较小，适用于中、小型矿山的斜井串车提升，不需要装载系统。

（2）按由斜变平的方式划分。1）旁甩方式（甩车道）：由井筒一侧（或两侧）开掘甩车道，经甩车道由斜变平后进入车场，如图 7.17 所示。主要用于中间中段，井口推荐采用，最低中段限制采用。2）吊桥方式：从斜井顶板方向出车，经吊桥变平后进入车场，用于中间中段，如图7.18所示。空、重车摘挂钩在同一标高，相互影响，时间长；难以实现空、重矿车自溜；下放材料困难，需在斜井中卸车，再搬运到平巷。3）吊桥甩车道：可实现空、重车自溜，如图7.19所示。空车从井筒自溜进入中段车场空车储车线；重车从中段车场重车储车线自溜到摘挂钩处。重车经吊桥提升，空车经斜井一侧的甩车道下放，可实现矿车自溜，且下放材料方便。4）高、低差吊桥：空、重车均采用吊桥连接，可实现自溜，如图7.20所示，适用于双钩提升斜井。5）平车场：由斜井直接过渡到井口或最低中段车场，如图7.21所示，其中，最低中段应优先考虑，条件受限时，可考虑甩车场。

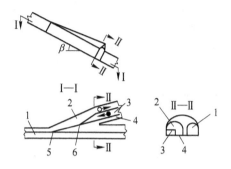

图 7.17　甩车道结构图

1—斜井；2—甩车道；3—空车线（高道）；
4—重车线（低道）；5—甩车道岔；6—分车道岔

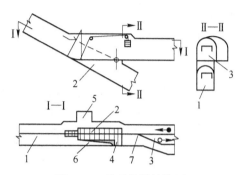

图 7.18　普通吊桥结构图

1—斜井；2—吊桥；3—吊桥车场；4—固定桥；
5—信号硐室；6—人行口；7—车场道岔（分车道岔）

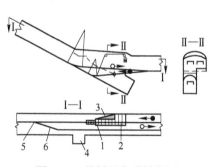

图 7.19　吊桥甩车道结构图

1—吊桥；2—固定桥；3—人行口；4—信号硐室（把钩房）；
5—甩车道岔（分车道岔）；6—甩车道

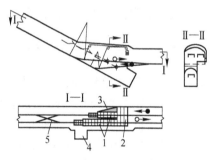

图 7.20　高、低差吊桥结构图

1—高低差吊桥；2—固定桥；3—人行口；
4—信号硐室；5—渡线道岔

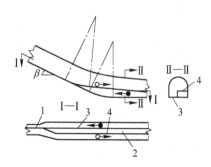

图 7.21　平车场结构图

1—斜井；2—平车场；3—重车线（低道）；4—空车线（高道）

200

斜井由斜变平仅适用于串车斜井，箕斗斜井不需要。不同斜井车场的特点对比见表7.7。

表7.7　不同斜井车场的特点对比

项目		斜井与阶段连接形式		
		甩车道	斜井阶段吊桥	吊桥式甩车道
应用条件	斜井坡度	≤30°	>20°	>20°
	井型	中小型	小型	中小型
结构特点	斜井与车场轨道连接的方法	道岔	吊桥	重车线用吊桥 空车线用道岔
	进出车方向	斜井侧帮	斜井顶板	重车由顶板进 空车由侧帮出
优缺点	开凿量	大	小	中等
	生产	矿车易掉道 甩车道处钢丝绳磨损	矿车不易掉道 不磨损钢丝绳	矿车不易掉道 钢丝绳磨损小
	施工	比较困难	简单	比较困难
	井筒延深	上边生产，下边延深 需采取防护措施	上边生产，下边延深 施工安全有保证	上边生产，下边延深 施工安全有保证
	甩车时间	长	短	中等
	管理	扳道岔	启动吊桥	扳道岔、启动吊桥
	上下材料	方便	大于10m长材料下井困难	较方便
	车场自溜	能	不能	能

7.5.3　串车斜井折返式车场运行线路

（1）主、副斜井单钩提升甩车场。如图7.22所示，左翼来车在重车调车线路1调转电机车头，将重车推进主井重车线2，再去主井空车线3拉空车，拉至调车场空车调车线路4，调转车头，将空车拉回左翼运输巷道。右翼来车在调车场调头后将重车推进主井重车线，再去空车线拉空车。副井调车类似。

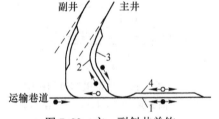

图7.22　主、副斜井单钩
提升甩车场线路（平面投影图）

（2）主斜井双钩提升平车场线路。如图7.23所示，左翼来车在左翼调车场重车支线1调车后，推进重车储车线2；机车经绕道4进入空车线3，将空车拉到右翼空车调车场空车支线5，进行调头后，拉回左翼运输巷道。右翼来车调车过程类似。

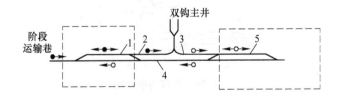

图7.23　主斜井双钩提升平车场线路（平面投影图）

7.5.4 串车斜井井底车场的组成

串车斜井车场结构包括斜井与车场的连接部分、储车场、调车场、绕道线路以及井筒附近功能硐室。斜井与车场的连接部分一般采用甩车道或吊桥，使矿车由斜变平。在变平处进行摘空车、挂重车，称为摘挂钩段。紧接摘挂钩段为储车场，设有空、重车储车线。机车在调车场调头，推重车进重车线，改变拉空车的运行方向，可分为重车调车场和空车调车场。

7.5.5 斜井甩车场设计

斜井井底车场的调车场、绕道等平面线路和硐室布置与竖井井底车场没有原则差异，不同之处在于甩车线路。

7.5.5.1 甩车场线路组成

甩车场包括甩车道和储车线两部分。甩车道是指从斜井分岔到落平点（起坡点）的一段线路，甩车道功能是空串车运行线路自上而下由斜变平自斜井进入中段，重串车运行线路从下而上由平变斜自中段进入斜井。储车线是指起坡点以外的双轨线路，分空车储车线和重车储车线。

7.5.5.2 甩车场结构特点

甩车场结构如图 7.24 所示。从其线路组成上看，主要包括甩车道岔和分车道岔、线路竖曲线、落平点（起坡点）及储车线。甩车道岔和分车道岔分别位于图中位置 10、9 处，通过甩车道岔（Ⅰ号道岔）使线路岔向甩车道，分车道岔（Ⅱ号道岔）使单轨变成双轨。线路竖曲线是指由斜变平的线路，分为重车竖曲线 75 和空车竖曲线 86。线路起坡点（落平点）分别为竖曲线的终点（5、6）。空车储车线是 6 至Ⅲ号道岔警冲标（0-0′处）间的线路，重车储车线是 5 至Ⅲ号道岔警冲标间的线路。

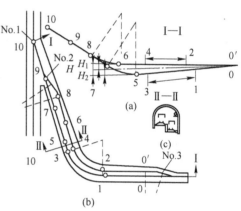

图 7.24 甩车场结构图
（a）线路纵剖面图；（b）平面投影图；
（c）巷道（高低道）断面图

当储车线采用自溜坡时，有高道和低道之分，高低道亦称高低台道，空车道在高处、重车道在低处。空车储车线的运行特点是空车背向斜井沿储车线 6—0′自溜到电机车挂钩处，重车在储车线上的运行特点是重车沿储车线 0—5 自溜到串车挂钩处。空、重车线最大的高低差是指位于两个起坡点间的高差 H，为便于摘挂钩作业，高低差 H 不宜过大，一般不超过 1m。

储车线中的平曲线（42、31）的目的是改变线路方向、同运输巷道（调车场）连接。

复习思考题

7-1 折返式车场与环形车场的车场线路特点有什么区别？

7-2 矿井生产能力 20 万吨/年,竖井开拓,双罐笼兼做主、副井提升。试按以下步骤设计井底车场:选择井底车场型式,并分析原因;绘制车场示意图(要求井底车场要素完整,标注出井筒、罐笼、行车线、储车线);说明矿石列车在井底车场的运行过程(顶推式调车)。

7-3 分析单一井筒的井底车场和多井筒(如主井、副井)的井底车场的区别。

7-4 简述竖井井底车场通过能力计算的主要步骤。论述为什么需要先编制电机车运行图表和调度图表,然后求出调度周期内电机车进入车场的平均间隔时间。

7-5 设计双钩提升斜井平车场,绘制车场平面图。空、重车线分列斜井两侧,已知车场调车方式采用顶推式调车,回答以下问题:(1)指出图中的重车储车线、空车储车线、重车调车线、空车调车线、绕道;(2)叙述左翼重列车进入车场到拉空车返回左翼巷道的过程;(3)叙述右翼重列车进入车场到拉空车返回右翼巷道的过程。

7-6 何谓重车进罐和空车出罐,为什么对重车进罐速度和空车出罐速度有一定要求?

7-7 斜井井筒与车场如何进行连接?根据不同连接方法分别说明其出车方向以及能否实现储车线自溜。

7-8 底卸式矿车能否采用经原线路返回的折返式车场?若不能,应采用何种形式的折返式车场?试从底卸式矿车卸载过程予以分析。

7-9 论述竖井井底车场摘挂钩与斜井井底车场摘挂钩作业的区别。

8 井下卡车运输

8.1 概　　述

地下矿用汽车是在露天矿用汽车的基础上发展起来，专门适用于地下采矿和巷道掘进运输作业的机械。井下卡车与地下铲运机一样，是矿山实现强化开采的无轨运输设备。地下矿用汽车与地面自卸汽车相比，结构特点为：（1）四轮驱动、液压卸载。后轮采用宽基轮胎，重量较轻。地下矿用汽车行驶速度较低，发动机功率较小，废气排放量小。（2）铰接式底盘、液压转向。故车体宽度较窄，转弯半径较小。（3）车体高度较低，一般 2~3m，因此地下矿用汽车适合狭窄低矮的井下空间作业环境，汽车重心降低可减小倾覆力矩，增大爬坡能力。（4）车架一般不采用悬挂装置（但司机室设置悬挂弹簧和减震器），可使车体高度进一步降低。但装车和行车过程中产生刚性振动较大，影响整车及零部件寿命。

8.1.1 井下卡车运输优缺点及适用条件

（1）优点：1）机动灵活，应用范围广。原因在于卡车自带动力和无轨自行，无需铺轨，可以在较陡的坡道上做上坡、下坡或拐弯运行。2）卡车运输简化了巷道的布置，便于一次成巷。3）与轨道运输比较，卡车运输设备台数少，重量轻。4）可将采掘工作面矿岩直接运输到卸载场地。5）在合理的运距条件下，生产运输环节少，降低劳动强度，可显著提高劳动生产率。

（2）缺点：1）柴油发动机尾气对井下空气污染比较严重。卡车废气净化装置不能彻底解决污染问题，必须辅以机械通风，使通风费用增加。2）碎石路面质量及散落矿岩使卡车轮胎磨损严重，轮胎消耗量大，备件费用增加。3）维修工作量大，维修费用高。4）要求巷道规格较大，增加了井巷工程费用。

（3）适用条件：1）既可用于平硐开拓运输系统，也适用于斜坡道开拓运输系统。2）可作为阶段运输的主要设备，构成无轨采矿运输系统，提高采矿强度。3）经济合理运距一般在 500~4000m（载重量大时取大值）。

8.1.2 结构及分类

8.1.2.1 结构组成

A 动力系统

动力系统包括柴油机及相关辅助设备。柴油机必须采用地下采矿柴油机，以保证井下空气质量要求。动力系统有水冷和风冷两种类型，大、中型柴油机采用水冷方式。地下矿用汽车柴油机排气系统必须加装催化净化器和消声器，限制有毒有害尾气和噪声排放，避免环境污染对井下作业人员健康带来危害。催化净化器和消声器组合安装可快速拆装便于检查清洁。在煤矿环境下必须选用防爆设计的水冷柴油机。发动机输出功率随着海拔高度升高而降低，在高海拔地区（1500m 以上）应考虑功率损失和储备。

B   传动系统

传动系统包括液力变矩器、变速箱、前后驱动桥和传动轴。由于柴油机的扭矩适应性系数过载能力较小，不能满足地下矿用汽车经常过载与载荷频繁变化的要求，需要在柴油机后安装液力变矩器，这与地下柴油铲运机安装液力变矩器的原因类似。

地下矿用汽车广泛采用动力换挡变速箱，由于采用了液压缸操纵换挡离合器，因此不必预先切断动力就可以换挡，这是动力换挡变速箱与非动力换挡变速箱的区别。

驱动桥是矿用地下汽车的主要组成部分，位于传动系末端，用于承载地下矿用汽车的部分重力，传递各种外力和反作用力。将输入的动力增大并降低转速，同时改变动力方向传递给轮胎，还具有差速作用，以保障车辆正常行驶。驱动桥由主传动、差速器、轮边减速器、制动器、半轴和桥壳组成。主传动的作用是增大扭矩和改变扭矩传递方向，将扭矩传递给半轴。差速器是使驱动车轮在不平路面行驶或转向时，左右驱动轮能以不同的角速度旋转。制动器用于工作制动、停车制动及紧急制动，采用封闭湿式多盘制动器或其他型号。半轴从差速器将扭矩传递给轮边减速器，轮边减速器靠近车轮布置，进一步增大半轴的输出扭矩。

C   行走系统

行走系统包括前、后车架、横向摆动架或回转支撑、轮胎、轮辋、悬架等。

行走系统由行走机构和承载机构组成。前、后车架采用中央铰接式结构连接，左右两侧转向角分别可达 42°左右，这种连接的优点是质心低、转向半径小、机动性和通过性好。一般在铰接处的前车架设计有相对摆动结构，使地下矿用汽车行驶在不平路面时前后车架之间可以产生横向摆动，使车辆四轮始终着地，保证车辆车轮与地面之间的附着牵引性能，也避免了车架产生附加载荷。前后桥大多采用刚性结构，可以减少整车高度，只有大型、超大型地下矿用汽车才考虑采用悬挂结构，以便吸收路面冲击以及由此引起的承载系统振动。

轮胎与支撑轮辋（包括轮辐）组成车轮，车轮承载整机重量及各种工作负荷，另外由于地下矿用汽车大多采用刚性悬挂，路面冲击全部由车轮承担。车轮的行走、支承、导向和缓冲等功能决定了其对车辆行驶性能及安全性的重大影响。轮胎购置费占总机购置费用的 10%~15%，轮胎消耗费用占到总出矿成本的 20%左右，甚至高达 50%。轮胎使用寿命一般在 100~1000h。选择合适轮胎，延长轮胎使用寿命，对降低出矿成本，提高经济效益意义重大。

行走系统各部件应有足够的强度和刚度，以适应重负荷及冲击动载荷作业。

车厢进行特殊设计，在保证车厢容积的基础上，应确保物料倾卸干净。

D   制动系统

与地下铲运机一样，地下矿用汽车制动系统作用也包括三个方面：一是使行驶中汽车减速停车，二是使停驶车辆在各种条件下稳定驻车，三是使下坡行驶的汽车保持速度。制动系统可靠性关系到行车安全性，因此制动系统结构、性能及产品质量均有严格的标准规范要求。制动系统由制动操纵机构、传动机构、制动器（执行工作机构）等组成，可分为停车制动系统、辅助制动系统（应急制动系统）以及行车制动系统。

E　转向系统

转向系统包括上下铰接体、转向油缸。地下矿山巷道弯道多、转弯半径小、巷道狭窄，对转向系统有特殊要求。目前，地下矿用汽车转向系统大都采用铰接液压转向系统。转向系统类型主要包括机械转向系统、动力助力转向系统、动力转向系统和应急转向系统。

F　工作系统

工作机构既是矿石的承载机构，又是卸矿的动力装置，具备自卸功能，广泛采用液压举升机构，包括车厢、举升油缸及相关机构，根据油缸与车厢底板的连接方式，常用举升机构有油缸直推式和连杆组合式两种类型。结合地下矿用汽车工作环境，其举升机构一般采用直推式。车厢是盛装物料的构件，由于巷道尺寸限制了车辆高度和宽度，地下矿用汽车车厢底板中心外凸、两侧内凸，以充分利用空间并避开车轮。地下矿用汽车车厢底部大都不是水平的，而是向前向下倾斜一定角度 α，倾斜角应能保证矿用自卸车即使上坡行驶时，矿岩也不会从车尾滚落。车厢有后卸式、推板式、侧卸式和伸缩式等，后卸式使用最多。

后卸式车厢可分为带后挡板和无后挡板。车厢尾部后挡板是自动开闭的，可提高车厢容积并防止矿石滚落。卸载时车厢逐渐倾卸，当倾斜到一定程度，倾斜方向的车厢后挡板自动打开，使车厢内矿岩卸出。卸完后车厢逐渐下降，直到落回原始位置，锁启机构自动将车厢后挡板锁住，自动开闭后挡板车厢广泛用于轻、中、重型自卸汽车。无后挡板车厢可分为半簸箕式和簸箕式，前者车厢尾部上翘约 12°，车厢呈半簸箕式，后者呈全长上翘。无后挡板车厢可边行驶边卸载，卸净率高、方便，结构简单，主要应用于运输矿岩等大块物料。

推板式车厢带有推板系统，推板系统位于车厢前端，可以彻底卸载物料，且拆卸方便，可随时更换卸载车厢，从而增加机器设备的用途，但需增加一套推板系统、后挡板系统，后挡板可自动自上而下或自上而下翻转，结构复杂。适用于巷道高度受限或软地面时采用。

侧卸式车厢结构复杂，适用于巷道高度受限，道路狭窄、卸货方向变换困难的作业地点。

伸缩式车厢的设计初衷是在使用小型装载机的场合获得大容量运输能力。这种车厢结构不仅确保均匀装载，同时具备在陡峭爬坡情况下防止矿岩洒落的功能。其卸载方式实质上是一种推板-半倾翻卸载方式，车厢分成两节，卸载分成两个过程。首先推卸油缸将第一节货箱及矿岩向后推移，在此过程中，第二节货箱中的一部分矿岩被推出货箱外卸载，另一部分矿岩与第一节货箱中的矿岩重合。然后举升油缸工作，将货箱举升卸净所有矿岩。伸缩式车厢适用于卸载硐室高度不高的情况，可在主运输巷道内卸载，货箱结构复杂，地下矿用汽车很少采用。伸缩后卸式地下矿用汽车装载和卸载过程如图 8.1 所示。

G　液压系统

液压系统的主要功能是将动力从发动机传递到车辆的各种工作和控制系统，由液压

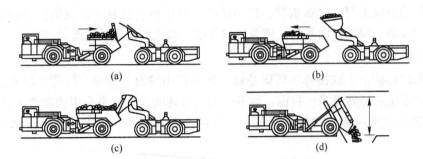

图 8.1 伸缩后卸式地下矿用汽车装载和卸载方法

(a) 用较小的地下装载机从后面装满可伸缩车厢的前面；(b) 伸缩作用向前移动负荷；

(c) 从后面完成装载；(d) 在低巷道处，伸缩和后翻作用完成卸载

泵、阀、液压油箱、储能器等组成各种液压回路，完成倾翻、转向、制动、冷却等动作。液压系统包括举升机构液压系统、转向机构液压系统、制动系统液压系统、变速控制液压系统、冷却系统、润滑系统以及油门控制液压系统等。

电气系统用于电气控制和照明，控制系统用于发动机及换挡、换向、转向、举升等控制。

8.1.2.2 分类

A 卸载方式

井下卡车均采用自卸方式，按照卸载动作不同，可分为后卸式井下卡车、推卸式井下卡车、侧卸式井下卡车以及底卸式井下卡车。侧卸式卡车、底卸式卡车的卸载动作类似于侧卸式矿车和底卸式矿车，但在应用上没有侧卸式矿车和底卸式矿车广泛，其在地下矿山的使用仅限于某些特殊场合，使用量很少。后卸式是采用液压举升油缸将车厢前端顶起，矿岩从车厢后端靠自重下溜而卸载，后卸式有时也称为倾卸式。推卸式卡车车厢内的矿岩是被液压油缸驱动的卸载推板推出车厢后端而卸载，卸载过程中车厢不动，结构复杂，也称为推板式地下矿用汽车，适用于卸料高度受限的地方。后卸式卡车主要缺点是卸载高度较大，需要在井下卸载处开凿卸载硐室。后卸式卡车与推卸式相比的优点是设备成本低、自重较轻、速度快、运量大、维修保养费用低。后卸式和推卸式卡车如图 8.2 和图 8.3 所示。

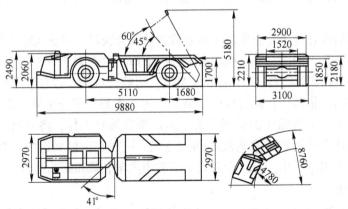

图 8.2 后卸式自卸卡车

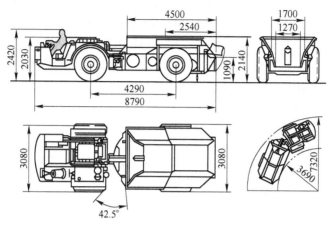

图 8.3　推卸式自卸卡车

后卸式井下卡车可分为两类，一类是车厢只能后卸，前后不能移动，另一类是所谓的伸缩后卸式矿用汽车，其车厢既可前后移动卸载，也可后倾卸载。

除此以外，还有一种集装箱式地下汽车，其能够快速将空集装箱放在地上，将装满矿岩的集装箱拾起，当空集装箱在装载矿岩时，集装箱汽车将装满的集装箱运去卸料，从而减少了传统运输系统的车辆数量、降低能耗和矿山通风要求。

B　传动方式

传动方式有液力机械式、机械式、全液压式、电动轮式四类。96%以上井下卡车采用液力机械式传动方式，其余为电动轮传动方式等其他形式。

按动力源分为电动、柴油和混合动力，按照承载能力分为微型、轻型、中型、重型和特重型，依据车架结构特点，有整体式和铰接式，按自动化程度有人工操纵、远程遥控操作、半自主和自主操纵等模式。另外，按照整机高度可以分成标准型和低矮型，按照轮轴配置数可以分为双轮轴式和多轮轴式，绝大部分为双轮轴式。

8.1.3　主要技术参数

技术参数是表征设备特征的主要指标，直接影响地下矿用汽车动力、经济及使用等性能。

（1）车厢额定容量（volumetric rating）。车厢容积有两种容量标记，一是平装容量，二是堆尖容量。额定容量等于平装容量（struck volume）和堆尖容量（top volume）之和。

1）平装容量界面界定，如图 8.4 所示。

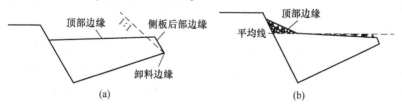

图 8.4　平装容量界面

（a）由侧板后部边缘或卸料边缘所确定的平装容量；（b）由平均线确定的平装容量界面

①车厢底面、侧板、推料或储料装置的内表面。②对尾部敞口卸料的车厢，其容量以通过侧板后部边缘确定的平面为界，或从卸料边缘算起，按 1∶1 斜率向上并向里倾斜的延伸平面为界，取其中所得容量值较小者。③由平均线确定的平面。在车厢的侧视图上，平均线是一条水平线，平均线上方的车厢部分侧面积应等于平均线下方的非车厢部分的侧面积。④车厢侧面内表面到平均线的垂直平面。

2) 堆尖容量界面界定，如图 8.5 所示。

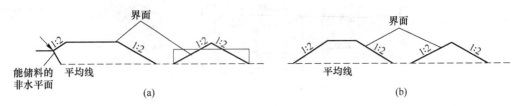

图 8.5　堆尖容量界面

(a) 尾部或侧面敞口式车厢；(b) 闭合式车厢

①在平装界面上平面的上方，能够储料的非水平面。②从①表面和车厢侧面内表面到平均线的垂直平面的上部边缘起，以斜度为 1∶2（26.6°）向里向上的斜面。从平装容量上表面的边缘起，以斜度为 1∶2 向里向上的斜面。不是所有物料都能形成该角度，该角度只代表一般岩石的最佳安息角。

工作料箱是地下矿用汽车的工作系统之一，其形状和尺寸参数对车辆运输效率和生产率均有很大影响，工作料箱容积与采矿主体设备地下装载机要有合理的匹配。

（2）额定载质量（rated payload）。是机器所能承载的最大载重量，指车辆在良好的硬路面上行驶时装载货物量的最大限额。亦称额定装载质量，标记为 m_G。额定装载质量根据地下矿用汽车系列化规定、矿山道路、矿岩条件以及与地下装载机械匹配条件等因素确定。随着地下矿岩运输距离及运量的增加，采用大吨位地下矿用汽车，可以提高运输生产率，降低生产成本，提高经济效益。

（3）作业质量（operation weight）。是指卡车空车重量，车辆应带有标准配置、司机（75kg）、加满燃油，并且润滑、液压、冷却等系统加满到规定重量的车辆状态。

与作业质量相关的参数还包括整备质量、总质量及质量利用系数。整备质量 m_0 是指带有全部装备（随车工具及备胎）、加满燃油、润滑油以及发动机冷却液但未载人、货时的质量。该指标取决于车辆技术水平、设计水平、制造材料及工艺等因素。总质量 m_s 是指装备齐全并装载额定货物质量时的整车质量，由车辆整备质量、装载货物质量和驾驶员质量组成。质量利用系数 μ_{mG} 是指车辆装载质量与整车整备质量的比值，即 $\mu_{mG} = m_G/m_0$。质量利用系数是评价地下矿用汽车设计、制造及利用水平的一个重要指标。该系数越大，说明设计、制造水平越高，车辆材料利用率越高。从设计制造的角度，可通过减轻整车整备质量、提高装载质量、提高质量利用系数来提高运输效率和生产率。

（4）发动机额定功率。即发动机总功率，是指在额定转速时测得的功率。发动机额定功率与车辆总体设计要求以及动力匹配性能、牵引性能、工作条件、环境条件等因素有关。比功率和比扭矩分别是指发动机最大功率和最大扭矩与总质量之比。比功率是评价车辆动力性能（如加速性能）的综合指标，比扭矩是评价车辆牵引性能的指标。

（5）最大牵引力（maximum tractive force）。是指地下矿用汽车在额定载荷下，轮胎与地面之间在轮胎打滑时所产生的最大附着力。显然，最大牵引力受到轮胎与地面间的摩擦系数及车辆黏着重量限制。

（6）最大爬坡能力（maximum gradeability）。是指满载时，在良好路面上用第一挡克服的最大坡度的能力。也就是说，最大爬坡能力是指在良好的路面上，以1挡行驶所能爬行的最大坡度。该参数是表示矿用汽车牵引性能的重要指标之一，其值取决于车辆牵引性能要求、斜坡道路面条件等。该参数可以通过车辆额定工况下牵引性能计算确定。

（7）最大行驶速度（maximum travel speeds）。指空载行驶在坚硬水平路面上时，前进和后退能达到的最高速度。最大行驶速度是按照规定的试验方法得出的车辆能够保持的最高稳定车速。该参数主要是根据矿山路面条件和发动机功率来确定。由于地下矿用汽车悬挂一般为刚性连接，巷道坡度大、弯道多、视线差等原因，车速不宜过高。

（8）装载高度、倾翻高度、卸载高度。装载高度（loading height）是指空载时，在 Z 轴方向上（在垂直地平面方向上），基准底平面（GRP）与装矿侧最高点的距离。该高度应低于装载工具最低卸载高度200mm左右。车厢倾翻高度（dump height）是指车厢完全升起时，在 Z 轴方向上（在垂直地平面方向上），基准地平面（GRP）与车辆最高点的垂直距离。该距离必须小于卸载处巷道顶板高度。倾翻高度与举升缸的安装位置、安装长度及举升缸初始方位角等有关。图8.6中 H、H_2 分别为装载高度和倾翻高度。车厢卸载高度是指车厢完全升起时，在垂直地平面的方向上，地平面与地下矿用汽车最低点的距离。该高度应保证车厢倾翻时，车厢后挡板不与地面凸出物相碰。

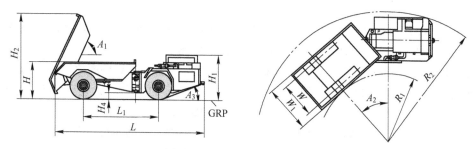

图8.6 井下卡车外形尺寸图

H_1—最大高度；H—装载高度；L—最大长度；W_1—最大宽度；
A_1—车厢卸载角；H_4—离地间隙；L_1—轴距；A_2—铰接转向角；
H_2—车厢倾翻高度；W—轮距；A_3—接近角；R_1—内转弯半径；R_2—外转弯半径

（9）车厢最大卸载角（body dump angle）。是指车厢完全升起时，Y 平面内箱斗底板与GRP之间的夹角。也就是说车厢最大卸载角是举升机构能使车厢倾翻的最大角度。卸载角大小决定了车厢内矿岩卸载的干净程度，该参数由卸载矿岩的安息角等因素确定。卸载角过小卸料不干净，过大卸载高度增大、卸载时间过长，卸载效率低。一般取值65°~70°为宜。图8.6中 A_1 为车厢卸载角。

（10）车厢举升时间、下降时间。车厢举升时间（raising time）是指车厢满载时，从举升车厢开始到车厢最大举升角所需的时间。车厢下降时间（lowering time）是指车厢卸完物料后，从开始下降至完全下降到车架上所需的时间。

举升时间也称为卸载时间，下降时间也称为回程时间。两者之和可理解为卸载全部动作的循环时间。地下矿用汽车的卸载时间和回程时间的长短，直接影响地下矿用汽车的工作效率，主要取决于最大卸载角度、卸载机构参数、工作液压系统参数等。一般卸载时间取 8~18s，回程时间取 9~19s。

（11）内、外转弯半径。转弯半径是评价地下矿用汽车机动性的主要指标之一，分为内转弯半径（inner turning radius）和外转弯半径（outer turning radius）。主要根据巷道条件、车辆总体设计参数、转向机构结构特点确定。内转弯半径是指当机器做尽可能小的转向时，在 Z 平面上，旋转中心到机器内侧最小圆弧之间的距离。外转弯半径是指当机器做尽可能小的转向时，在 Z 平面上，旋转中心到机器最外侧最大圆弧之间的水平距离。图 8.6 中 R_1、R_2 分别为内、外转弯半径。

（12）最小离地间隙（ground clearance）、接近角（angle of approach）、离去角和纵向通过半径。这些参数主要反映地下矿用汽车无碰撞通过有障碍物或凹凸不平地面的能力。这些参数与巷道条件、车辆结构及车辆总体设计参数等有关。

最小离地间隙 H_4 是指在满载时（允许最大载荷质量）的情况下，其底盘最突出部位与水平地面的距离。接近角 A_3 是指地下矿用汽车满载时，在 Y 平面上，基准地平面与通过主机前部的任一结构的最低点（该点限制了角度大小）且与前轮相切的平面之间的夹角，如图 8.6 所示。离去角 A_4 是指地下矿用汽车满载时，在 Y 平面上，基准地平面与通过主机后部的任一结构的最低点（该点限制了角度大小）且与后轮相切的平面之间的夹角。纵向通过半径 $R_纵$ 是一项通过性能指标，指前后轮外圆与汽车中部最低点相切的圆弧半径。

（13）外形尺寸。外形尺寸主要包括车辆最大长度（maximum length）、最大宽度（maximum width）和最大高度（maximum height），如图 8.6 所示。

最大长度 L 是指在 X 坐标上，通过机器前后最远点的两个 X 平面之间的距离。最大宽度 W_1 是指通过车辆最外点的两个 Y 平面之间沿 Y 坐标的距离。最大高度 H_1 是指在 Z 轴方向上，基准地平面 GRP 与司机室（司机室保护结构）最高点的距离。

矿用汽车外形尺寸根据矿岩条件、载重量、巷道条件、路面条件、外形设计和结构布置等因素确定。在满足承载能力、总体布置及行驶视野等要求的条件下，车辆尽可能短、窄，以便减小整车质量、降低成本、改善使用经济性。

（14）轴距和轮距。轴距（wheel base）是指在 X 坐标上，当机身和各轮都在同一直线方向时，通过机器的前轮中心和后轮中心的两个 X 平面之间的距离。轴距是非常重要的参数，车辆载重量相同时，轴距小可使最小转弯半径减小，提高车辆机动性和通过性，缺点是爬坡和制动时，轴荷转移过大，使整车承载能力下降、制动性和操纵稳定性变坏。反之，轴距大，转弯半径增大，机动性和通过性变差。合理的轴距大小应能满足总体参数要求、部件布置及轴荷分配要求，轴距在满足此要求下尽量短些。

轮距（tread）是指车轮在车辆支承平面（一般指地面）上留下的轨迹中心线之间的距离。即在 Y 轴上，通过轮胎宽度中心线的两个 Y 平面之间的距离。如果车轴两端为双车轮，轮距为双车轮两个中心平面之间的距离。轮距与巷道断面宽度、巷道曲率半径、车辆结构以及总体布置等因素有关。对于全轮驱动中央铰接式地下矿用汽车，前后轮距一般是相等的，以使滚动阻力减小，提高车辆动力性能。增大轮距，对增大车厢容量、提高车辆横向稳定性有利，但使得车辆宽度、总质量、转向阻力等增大。减小轮距，行驶和转向稳定性变差。图 8.6 中 L_1 为轴距，W 为轮距。

（15）制动距离和制动减速度。制动距离和减速度是评价制动性能的重要参数，也是制动系统设计的指标，制动性能指标应满足国家、行业的相关安全标准。

（16）转向角（articulation angle）。该参数主要针对前后车架铰接式地下矿用汽车。当地下矿用汽车从直线向前的位置旋转到左边或右边最大位置时，地下矿用汽车前部在 Z 平面上所形成的角度。该参数是评价车辆转向性能的重要参数，与车辆总体设计要求、车辆通过性要求以及巷道条件等有关，一般不超过 45°。图 8.6 中 A_2 为铰接转向角。

（17）横向摆动角。为了使地下矿用汽车运输时四轮最大限度着地，以适应不平地面，从而增加车辆的附着质量，最大限度发挥牵引力，地下矿用汽车一般采用两种方式：一是采用前后车体相对横向摆动方式，通过中央回转支承，使前后车体绕车辆纵向轴相对摆动一个角度，车辆四轮均能同时着地。这种方式的横向摆动角一般不超过 10°；另一种是前桥摆动的结构，使前驱动桥相对前车架绕车辆纵向轴摆动，摆动角一般在 8°~10°。

（18）轴荷分配系数。轴荷分配系数是指空载与满载工况下，总质量分配给各车轴的比率。轴荷分配对矿用地下汽车的牵引性、通过性、制动性、操纵性、稳定性等主要使用性能、承载性能以及轮胎使用寿命有显著影响。

一般在空载工况下，前桥轴荷分配系数应在 70%，后桥载荷分配系数 30%。满载工况下，两轴汽车后轴分配系数应在 50% 左右，三轴车辆各轴负荷应按 1:3 分配，目的是使每个轮胎载荷尽量相等。合理的轴荷分配系数，可提高车辆承载能力，并使各轮胎磨损均匀，且有利于满载上坡或制动工况下的运输。

地下矿用轮胎式运矿车为柴油机驱动、铰接车架、轮胎行走、液压举升和后方卸料式运矿车。其基本参数如表 8.1 所示。按照《地下矿用轮胎式运矿车》（JB/T 8436—2015），地下矿用轮胎式运矿车型号标记方法如图 8.7 所示。按照相关企业标准，地下自卸车型号标记方法如图 8.8 所示。

表 8.1　运矿车基本参数

基本参数	UK-05	UK-06	UK-08	UK-10	UK-12	UK-15	UK-18	UK-20	UK-25	UK-30
额定载质量/t	5	6	8	10	12	15	18	20	25	30
车厢额定容量/m³	2.5	3	4	5	6	7.5	9	10	12.5	15
最大牵引力/kN	≥65	≥70	≥85	≥105	≥120	≥150	≥170	≥200	≥230	≥300
柴油机功率/kW	61~68	61~71	61~90	63~115	102~115	102~149	172~224	170~224	170~261	204~304
最高行驶速度/km·h⁻¹	≤30	≤30	≤30	≤30	≤30	≤30	≤30	≤35	≤35	≤35
最大爬坡能力/(°)	≥14	≥14	≥14	≥14	≥14	≥14	≥14	≥14	≥14	≥14
车厢举升时间/s	≤10.5	≤12	≤15	≤15	≤15	≤15	≤15	≤17	≤17	≤17
车厢下降时间/s	≤9.5	≤10	≤14	≤14	≤14	≤14	≤15	≤15	≤15	≤15
内转弯半径/mm	≤3800	≤3900	≤4500	≤4820	≤5000	≤5000	≤5000	≤5100	≤5100	≤5100
外转弯半径/mm	≤5900	≤6000	≤6900	≤7200	≤7500	≤7600	≤9000	≤9000	≤9200	≤9200

续表 8.1

基本参数		UK-05	UK-06	UK-08	UK-10	UK-12	UK-15	UK-18	UK-20	UK-25	UK-30
车厢倾翻高度/mm		≤3100	≤3200	≤3800	≤4000	≤4200	≤4400	≤4600	≤4600	≤4980	≤5600
车厢卸载角/(°)		65~70									
接近角/(°)		≥15							≥13		
离地间隙/mm		≥240	≥240	≥240	≥240	≥260	≥260	≥260	≥310	≥310	≥350
铰接转向角/(°)		≥40							≥42		
摆动桥摆动角/(°)		≥±7									
装载高度/mm		≤1600	≤1700	≤1750	≤1900	≤1980	≤2000	≤2200	≤2300	≤2400	≤2500
运输状态外形尺寸/mm	长	≤6400	≤6400	≤7100	≤7700	≤7900	≤8400	≤8990	≤9100	≤9200	≤11000
	宽	≤1800	≤1800	≤1800	≤1900	≤1900	≤2200	≤2350	≤2450	≤2900	≤3000
	高	≤2200	≤2200	≤2300	≤2350	≤2400	≤2400	≤2450	≤2450	≤2500	≤2600
作业重量/t		≤7.5	≤8	≤9.5	≤12	≤13	≤16	≤19	≤21	≤26	≤28

注：表中额定容量为标准型，即运输矿岩松散容重 2t/m³，容量极限偏差允许±10%；表中参数适用于标准机型，对特殊作业环境（薄矿层、高海拔、陡坡作业等），参数（装载高度、倾翻高度、外形尺寸、作业质量、柴油机功率等）可适当变化，但应满足《地下矿用无轮胎式运矿车 安全要求》（GB 21500—2008）。

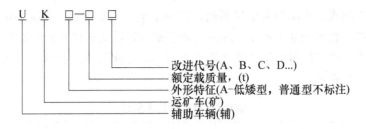

图 8.7　地下矿用运矿车型号标记方法

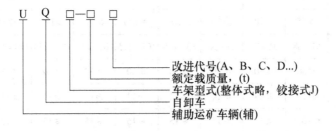

图 8.8　UQ 系列地下自卸车型号标记方法

8.1.4 技术要求

技术要求方面，主要包括整车设计、制造以及动力系统、液压系统、传动系统、电气系统各主要部件等方面的一般技术性要求，尺寸、性能参数以及行驶、举升、下降等运行状态的性能要求，以及安全卫生等三方面的要求。

运矿车在巷道行驶，顶部最高点与巷道顶板或顶板下悬挂物最小距离不得小于600mm；两侧最外点与巷道壁或支护之间距离单侧不得小于600mm。行驶过程中不应出现车厢自动举升现象。举升时应有声光报警装置，举升后进行检修作业时必须有防止车厢自降的安全装置。安全卫生方面应符合《地下矿用无轨轮胎式运矿车　安全要求》（GB 21500—2008）要求。

8.2　井下卡车的选择

8.2.1　选型原则

根据金属矿山井下开采的特点，对于井下卡车的外形尺寸，车体结构，卸载方式以及爬坡能力都有特殊要求。井下卡车外形尺寸小，车身高度大多2m左右，采用铰接车体结构、柴油驱动、液压传动和卸载，且爬坡能力较大。

井下卡车型号及吨位的选择，一般根据矿岩运输量、装车设备类型和运输距离确定。必要时可通过技术经济比较来选择技术上可靠，经济上合理的卡车类型方案。技术经济方案比较应考虑的主要因素包括矿岩运输量、巷道断面尺寸、装车设备、运输距离、卸载要求、矿山发展规划以及矿山服务年限等，另外，还应考虑能耗、备品备件供应、维修能力、环境保护以及管理水平等因素。

在考虑选择井下卡车运输时，应能符合以下原则：（1）参照实际使用经验，选用铰接式卡车时，运距不宜大于4000m。（2）为满足深部延深短期出矿的需要，自卸汽车可以用作边远或深部临时出矿。（3）充分发挥无轨运输生产环节少、建设投产快、可以边开采边延深的优越性，与其他运输方式相比应能简化运输环节。（4）一般要求在同一企业所选用的地下矿用汽车型号尽可能少，条件许可时，应采用同型号汽车，便于操作、维修和调度管理，减少备品备件数量和种类。（5）为保障设备正常运行，提高出勤率，应有配套的机修设施。（6）应采用低污染的柴油发动机，并配备尾气净化装置。净化后尾气有害物质浓度符合国家现行卫生标准和职业接触限值。（7）矿用卡车在井下运输矿岩时，其外形尺寸必须满足巷道规格要求。（8）确定额定载质量和不同载质量的车型时，应考虑矿山的生产发展规模。

总之，地下矿用汽车的选型，应根据矿体赋存条件、运输任务以及运输线路布置和装卸条件来选定，使得每吨矿岩的运输总成本最低。设备技术性能必须适应矿山具体适用条件。主要考虑车型，装载能力（即额定载质量、额定容量），发动机性能，尾气净化装置，车厢尺寸、牵引性能、爬坡能力、通过性能以及安全性等。

8.2.2　地下矿用汽车运输计算

地下矿用汽车运输计算主要包括汽车运输能力和运输车辆总台数计算。

（1）地下矿用汽车运输能力。地下矿用汽车运输能力可用台班运输能力表示：

$$A = \frac{60G \cdot T}{t} K_1 \cdot K_2 \qquad (8.1)$$

式中，A 为矿用汽车台班运输能力，t/台班；G 为卡车载重量，t；T 为每班工作时间，h；t 为矿用汽车周转一次所需时间，$t = t_1 + t_2 + t_3 + t_4$，min；$t_1$ 为装载机或溜井装满一辆汽车的时间，min；t_2 为矿用汽车行驶时间，min；t_3 为矿用汽车卸载时间，min，一般取 0.5～1min；t_4 为汽车调车等待停歇时间，min，与装载地点的布置型式、尺寸大小有关，调车时间一般取 1min，等待停歇时间包括等装、等卸和不可预见的停歇时间，影响因素较多，应根据矿山具体情况确定，一般取 2～4min；K_1 为卡车的载重利用系数，在正常条件下，$K_1 = 1$，当矿岩比重小于 2.7t/m³ 时，可按具体条件酌减卡车载重；K_2 为卡车的工作时间利用系数，每日一班工作时 $K_2 = 0.9$，二班工作时当 $K_1 = 0.85$，三班工作时 $K_2 = 0.8$。

（2）地下矿用汽车数量：

$$N = \frac{C \cdot Q}{K_3 \cdot A} \qquad (8.2)$$

式中，Q 为根据年产量及工作制度计算的班运输量（t/班）；K_3 为矿用汽车出车率，0.65～0.75；C 为运输不均衡系数，$C = 1.05～1.15$。

根据《有色金属采矿设计规范》（GB 50771—2012），地下矿用汽车的相关作业参数取值如下：装载、卸载、调车及等歇时间宜取 3～8min，振动放矿机装矿、调车条件好时宜取小值，铲运机或装载机装矿、调车条件较差时宜取大值；路面坡度为 10% 时，重车上坡运行速度宜取 8～19km/h，空车下坡运行速度宜取 10～12km/h，水平路面运输速度宜取 16～20km/h；装满系数宜取 0.9；三班作业，每班纯运行时间宜取 4.5～6h；工作时间利用系数，一班工作时宜取 0.9，二班工作时宜取 0.85，三班工作时宜取 0.8；运输不均衡系数宜取 1.05～1.15；备用系数宜取 0.7～0.8。

为提高地下卡车出车率和保证安全生产，在运输距离较长的情况下，可采用编组运输方案，即在装载和卸载时，利用调车道进行调车和等待，重车、空车行驶时，按编组形式进行。

8.3　地下矿用汽车无轨运输道路

8.3.1　无轨运输道路的特点及布置形式

地下矿山汽车运输道路简称地下矿山道路，其技术状况直接影响运行效率和运输成本。在符合行驶要求条件下，矿山地下道路线路应达到道路运距最短，平面顺适，纵坡均衡，横断面合理，能使地下汽车运输安全可靠、平稳迅速，并使得基建投资省、运营费用少。这一点与露天矿山道路设计的基本要求一致。地下矿山道路又有其特殊性。

（1）地下矿山道路应适应地下矿用汽车的外形尺寸、使用性能以及作业条件等，这些因素直接影响地下矿山道路的巷道断面、曲线半径、路面类型等的选择。

（2）地下矿山斜坡道线路的选择与矿体赋存、围岩稳固性、采矿方法、巷道布置以及矿山生产规模等有密切关系。斜坡道地表出入口的位置应考虑地形标高、工程地质条件、设备维修设施布置等。

（3）地下斜坡道除了作为运矿道路外，行车密度一般较小，而地下矿用汽车车速较低、爬坡能力强、制动距离短。地下矿山斜坡道的纵坡标准均大于露天矿山运矿道路纵坡标准。

（4）地下矿山道路工程造价较高，不允许有过大余量的运行断面，且一经施工很难改动，因此在确定地下矿山道路工程设计参数时，必须做到技术可行经济合理。

地下矿山道路主要包括主运输阶段道路、装卸矿站和斜坡道三类。主运输阶段道路把矿岩从采区溜井（经振动放矿机）或由铲运机等装载机装载运输到提升井附近的卸矿站，通常为水平道路运输，坡度 3‰~5‰。中等规模矿山采用单行道加会让站的线路布置，大型矿山运输量大，采用环形运输线路布置，空重车分道行驶，提高运输量和安全性。线路中装载站和卸载站的布置应使得车辆在装卸载作业时不阻碍运输线路，做到调车方便且调车时间短。

8.3.2 无轨运输巷道

8.3.2.1 无轨运输巷道的型式

采用无轨开采技术的矿山，根据开采工艺及采矿方法，必须开拓各种类型无轨巷道以供无轨开采设备、地下矿用汽车以及辅助车辆通行。无轨设备巷道大致分类如下。

（1）平巷（包括平硐）。地下汽车运输矿岩的运输巷道，所有地下无轨设备均可通行。

（2）通地表的斜坡道。通地表的斜坡道分为主斜坡道和副斜坡道，分别起主、副井作用。主斜坡道既可用于地下卡车或铲运机运输矿岩，也可安设带式输送机运输矿岩，兼做无轨设备的通道。副斜坡道所连接的主平巷采用机车有轨运输，斜坡道则为无轨运输设备进行辅助运输。当采用竖井提升时，该斜坡道则承担辅助运输工作。以上内容可理解如下。1）主斜坡道有两种型式：一是采用卡车运输矿石，主斜坡道卡车运输；二是采用胶带运输机提升矿石，兼可通行无轨车辆，即主斜坡道皮带运输，可通行无轨车辆。2）辅助斜坡道有两种型式：一是阶段巷道采用有轨运输，斜坡道作辅助运输；二是竖井提升，斜坡道作辅助运输。

（3）不通地表的斜坡道。1）竖井提升矿石，阶段间用斜坡道联络，通行人员及无轨车辆。2）上部采用竖井提升矿石，深部用斜坡道开采边缘零星矿体，可以采用汽车运输，也可作为铲运机运输通道。

（4）通矿体的联络道。通矿体的联络道可以是水平的，也可以是倾斜的，根据采矿工艺条件和采矿方法而定，地下汽车及其他无轨设备均可通行。

（5）采场无轨通道。供采矿设备、无轨运输设备及服务车辆和辅助作业车辆通行。

8.3.2.2 斜坡道的布置形式

（1）直线式斜坡道。常用于开拓近地表矿体，作为主斜坡道，在斜坡道上安装皮带运输机提升矿石到地表。主斜坡道倾角缓、断面宽，主斜坡道的运输机旁还可通行无轨设备。

（2）螺旋式斜坡道。按几何形式分为圆柱螺旋，圆锥螺旋和椭圆螺旋，螺旋道由于没有折返道的缓坡（或平坡）段，故在相同高差时螺旋道较折返道线路短，巷道工程量小。与溜井配合施工时，通风和出渣较方便。螺旋道掘进比较困难（测量定向等），司机行车视距受限，行车安全性差，行车速度低，内外侧轮胎始终处于差速运动状态，车辆及轮胎磨损较大，道路维修比较麻烦。螺旋道外侧按要求应设置超高和加宽。螺旋道施工复杂，连续转弯条件下，行车安全性差，应尽量避免采用螺旋斜坡道。

（3）折返式斜坡道。折返道的倾斜升高部分为直线段，转弯部分为水平段或缓坡段。折返道施工较容易，行车视距大。由于设有缓坡段故行车速度比较快、排出有害气体较少，车辆行驶较平稳，轮胎磨损较少，路面容易维护。折返道的主要缺陷是开拓工程量大，相较螺旋道增加 20%~25%，另外掘进施工时需要较多的通风和出渣垂直井巷配合。

影响斜坡道布置形式的主要因素包括斜坡道使用年限、斜坡道用途、开拓工程量和开拓费用、通风条件、行车安全性、道路维修条件以及围岩稳固性条件等。

由于折返道优势明显，主斜坡道多采用折返式斜坡道，使用年限较短的斜坡道可采用螺旋式斜坡道。螺旋式斜坡道和折返式斜坡道如图 8.9 所示。

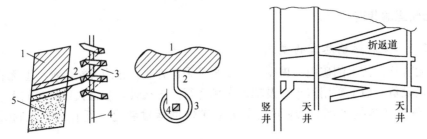

图 8.9　螺旋道和折返道示意图
1—矿体；2—联络道；3—螺旋道；4—溜井；5—充填体

8.3.3　斜坡道设计

开拓深度小于 300m 的中小型矿山可采用斜坡道开拓，斜坡道应布置在岩石移动范围以外，条件允许情况下，应采用折返式布置。

8.3.3.1　斜坡道坡度

增加斜坡道坡度可以缩短斜坡道开拓长度，减少掘进费用。但斜坡道坡度却又与卡车及其它无轨设备的行驶速度，轮胎消耗，维修费用以及通风费用等密切相关。为了缩短斜坡道长度选择较陡坡度时，无轨设备运行速度受限制，运输效率降低，燃油消耗增加，有毒有害尾气排量增大，从而增加了通风费用。随着斜坡道坡度增加，发动机磨损及材料消耗会随之增加，使得设备维修费用增加和设备完好率降低。可见，斜坡道的坡度设计最优值应综合考虑建设费用和运营费用。

斜坡道的合理坡度，应综合考虑斜坡道用途、运输量、路面质量、运输设备爬坡能力以及斜坡道服务年限、长度和掘进费用，运输成本（维修费用、轮胎费，燃料费及通风费用）等因素。运输矿石或废石的主斜坡道以及大型矿山通行大量无轨车辆的长距离辅助斜坡道坡度，应小于运送人员、材料设备的辅助斜坡道。大型矿山运输量大的斜坡道一般应取较小坡度，小型矿山运量小的斜坡道可取较大坡度。两轮驱动卡车的运行坡度要小于四轮驱动卡车的运行坡度。阶段和分段水平之间的采准联络斜坡道（不做运矿用）坡度较大。

国外柴油卡车运输矿岩的斜坡道不超过12%，电动卡车斜坡道坡度不超过15%，运输人员、材料、设备的辅助斜坡道不超过17%。国内采用无轨斜坡道开拓的矿山，用于运输矿石的斜坡道一般在10%左右，用于运输设备材料的辅助斜坡道一般在15%左右。因此，在设计斜坡道坡度时，用于矿石运输时的主斜坡道不宜大于12%，用于设备、材料等辅助运输时不宜大于15%。由于弯道视距受限以及受到离心力影响，在斜坡道弯道处坡度应适当降低。随着运输设备技术进步，斜坡道坡度有加大的趋势。

8.3.3.2 斜坡道转弯半径

大型无轨设备通行的斜坡道干线转弯半径不宜小于20m，大型无轨设备通行的阶段斜坡道或盘区斜坡道弯道半径不宜小于15m。中小型无轨设备通行的斜坡道转弯半径不宜小于10m。斜坡道弯道半径，与无轨设备类型及技术规格、道路条件及路面结构质量、行车速度等因素密切相关。

考虑曲线段车辆过弯离心力影响，曲线段外侧应进行抬高和加宽，这与有轨运输类似。超高值应使线路横向坡度控制在2%~10%，加宽值的大小与车轮内外转弯半径、无轨设备宽度以及巷道宽度增加值等有关，一般可取0.4~0.7m。为减少车辆颠簸，保持车辆运行平稳，在变坡点部位应采用平滑竖曲线作为变坡点连接曲线，竖曲线半径一般取20~25m。

8.3.3.3 缓坡段设置

斜坡道每隔300~400m，应设置坡度不大于3%，长度不小于20m并能满足错车要求的缓坡段。这种设置主要是考虑运输车辆在坡道上行驶时，会加剧制动系统的磨损，导致制动失灵，另一方面是为了错车方便安全，可以保证在缓坡段安全会车。缓坡段间距应考虑斜坡道坡度、运输繁忙程度确定。坡度较陡、运输繁忙，取小值，反之取大值。

8.3.3.4 人行道或躲避硐室

斜坡道设置人行道时，人行道宽度不小于1.2m，人行道有效净高不小于1.9m；躲避硐室的间距，在曲线段不应超过15m，直线段不应超过30m，躲避硐室的高度不应小于1.9m，深度和宽度不应小于1.0m。斜坡道如果不设人行道，就应设置躲避硐室，以保证无轨运输设备通行时行人安全。

8.3.4 无轨设备巷道断面

无轨巷道断面大小应考虑的因素包括运输设备外形尺寸、行车道数量、管缆布置以及通风量等，也与围岩性质及巷道用途有关。无轨运输巷道断面布置如图8.10所示。

（1）巷道宽度。相关标准规范规定，无轨运输水平巷道必须设置人行道。

$$B = b_1 + A + b_2 \tag{8.3}$$

式中，B 为巷道宽度，mm；b_2 为人行道宽度，mm，对于无轨运输巷道的人行道有效宽度应不小于1200mm，对于皮带运输人行道有效宽度应不小于

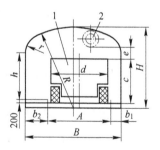

图8.10 无轨运输巷道断面图
（水沟一般布置在人行道一侧）
1—矿用汽车；2—通风管；r—拱顶小直径；
R—拱顶大直径；h—垂直巷壁高度；
e—矿用汽车与悬挂物突出部分的最小距离

1000mm；b_1 为行车道边缘至巷道壁支护体的最小距离，mm，对于无轨设备不小于 600mm，对于皮带运输不小于 400mm；A 为行车道宽度，mm，A 与矿用汽车宽度、行车速度有关，$A = d + 2000$，或 $A = d + 1.6\delta + 12v$；d 为矿用汽车宽度，mm；δ 为轮胎宽度，mm；v 为车速，km/h。

在行车道转弯处应根据曲线半径和无轨设备结构参数，对巷道进行加宽，加宽值为：

$$\Delta B = (R_1 - R_2) - d \tag{8.4}$$

式中，R_1、R_2 分别为设备转弯时的最大外半径和最小内半径。

一般在计算的基础上，行车道转弯处要求再加宽 300~500mm。

地下矿用汽车运输巷道一般采用单车道，采用信号闭塞装置或开拓会让站、错车道来解决错车问题。一般认为设置两条单车道好于设置一条双车道，两条单车道的基建费用较高，但运行干扰少，运输通过量大。双车道巷道宽度应考虑运输设备之间的最小安全间隙，无轨运输设备之间、以及无轨运输设备与支护之间的间隙不应小于 0.6m。

无轨运输巷道设置人行道，是为了保证运输过程中人员车辆互不影响，确保行人的安全。人行道有效宽度和有效净高在运输断面设计时必须遵守设计标准要求，断面尺寸设计确定后不能随意变更运输设备型号。国外有些矿山规定人行道应高于行车道，设置人行道栅栏。

（2）巷道高度。在确定巷道高度时，应考虑行驶设备的跳动，安全规程规定，车辆顶部与顶板悬挂物之间的最小安全间隙 e 应不小于 600mm。

8.3.5 路面结构及信号设施

地下矿山道路路面结构及质量与行车速度、矿山生产能力、轮胎和燃油消耗、行车安全、维护工作量、运输成本以及尾气排放等密切相关，合理选择道路路面类型结构，提高道路铺设质量及养护水平，对降低运营费用、提高运输效率非常关键。

根据路面材料，地下矿山道路路面类型包括混凝土、沥青、碎石路面等，其中混凝土路面和碎石路面应用比较普遍。碎石路面虽然耐磨，路面寿命长，但对于二氧化硅含量较高的碎石路面，重型矿车运输时，产生的含硅粉尘，加速设备磨损的同时，恶化巷道环境。另外，碎石路面在坡度较大的斜坡道中，碎石容易被无轨设备推到巷道一侧，并沿斜坡道滚动，因此在坡度较大的斜坡道不宜采用碎石路面。在运量大、运距长的条件下，采用混凝土路面可增加行驶速度，减少轮胎磨损、提高劳动生产率，延长设备寿命，减少运营费用。

地下矿用汽车主要道路多采用混凝土路面，因此斜坡道路面宜采用混凝土、沥青或级配合理的碎石路面。除了主斜坡道铺设混凝土路面外，服务年限较长的联络巷道、阶段运输巷道也应考虑铺设混凝土路面。

矿用汽车运输的单车道巷道内，每隔 150~200m 应设置会让站（停车安全硐室）。在辅助运输的单线巷道（指不运输矿石的斜坡道或平巷内），每隔 300~350m 设置会让站。会让站长度一般 15m，并应按车型加宽巷道 2m 左右。在矿用汽车行驶中，一般实行空车让重车，下坡让上坡。无轨巷道的信号设施通常用红、绿灯。当车辆进入斜坡道的弯道时，信号开关启动，对面车辆见到红灯信号，停在会让站，等对方车辆通过弯道后，信号关闭。在直线段行驶时，由车辆前灯通知对面方向驶来的车辆在适当的会让站上停车。斜坡道信号控制系统能够通过对斜坡道运输系统的信号装置状态、车辆位置、运行方向等进行检测，实现信号装置的自动控制、调度、闭锁、显示、定位、信息管理、报警、车辆信息识别、重演、分级权限、故障诊断等智能控制功能。

复习思考题

8-1 井下卡车按卸载方式有哪些类型，区别是什么？

8-2 斜坡道的布置形式有哪几种类型，适用条件是什么？

8-3 简述会让站的特点及作用。会让站与缓坡段有什么区别？

8-4 井下无轨设备空气污染物的种类有哪些，控制方法是什么？

8-5 井下无轨运输道路的特点是什么，路面结构有什么特点，如何选择？

8-6 井下卡车选型的原则是什么，选型参数包含哪些？

9 露天矿铁路运输

露天矿重型自卸汽车、电动轮自卸汽车等运输设备的发展，使得铁路运输所占比重明显减少。铁路运输主要缺点为：（1）基建投资大，建设速度慢，线路工程和辅助工作量大；（2）受地形和矿床赋存条件影响较大，对线路坡度、曲线半径要求较严，爬坡能力小，灵活性差。（3）线路系统、运输组织、调度工作较复杂；（4）随着露天开采深度的增加，运输效率显著降低。但在一定的条件下，露天矿铁路运输具有明显的优越性：（1）运输能力大，能够满足大、中型矿山运输要求；（2）能和国有铁路直接办理行车业务、简化装卸工作；（3）设备、线路比较坚固耐用，备件可靠，维修、养护较容易；（4）运输距离大，运输成本低。

综上，铁路运输适用于矿体储量大，面积广、运距长、运量大、地形坡度缓、高差不大的矿山或联合运输系统中的主要设备。在满足下列情况之一，可采用准轨铁路开拓运输方案：（1）露天坑坑底长轴方向大于1000m，边坡较规整，年采剥总量大于20000kt。（2）排土场运距大于5000m，比高或采深小于200m，采场至排土场、选厂之间适宜铁路布线。（3）采场总出入沟地形开阔，能布置铁路编组站。

9.1 铁路运输牵引动力学

9.1.1 电机车牵引力

电机车牵引力是指电机车电机牵引力和黏着牵引力。电机牵引力是单纯按电动机功率确定的牵引力，将电能转变为车轮回转的内机械功；黏着牵引力是单纯按黏着条件确定的牵引力，是在电机车钢轮的黏着作用下，走行部分将内机械功率变为牵引力的外机械功。也就是说，电机车牵引力大小受到两方面限制，一是牵引电动机的功率，二是电机车黏着重量。

（1）电机车电机牵引力。电机车按电网采用的电流制不同，可以分成直流电机车和交流电机车。当电机车所用的电动机为直流串激电动机，电机车的牵引力 $F_d = m\eta_d(U_g \cdot I_g)/v$。式中，$m$ 为电机车上全部牵引电机的数量，台；U_g 为每台牵引电动机的端电压，V；I_g 为每台牵引电动机的电枢电流，A；v 为电机车运行速度，m/s；η_d 为电机车效率，是指计算到动轮圆周上的牵引电机总效率，其值为牵引电动机效率 η_m 与传动装置效率 η_c 之积，即 $\eta_d = \eta_m \cdot \eta_c$；$F_d$ 为电机车的牵引力，N。

因为 $N_g = U_g \cdot I_g \cdot \eta_m/1000$，式中，$N_g$ 为一台牵引电机的轴功率，kW。电机车牵引力也可表示为 $F_d = 1000mN_g\eta_c/v$。牵引电机的端电压 U_g 是由牵引电网的电压而定，而牵引电压可看做是固定的，因此端电压也不变，电机电流取决于负荷大小。故牵引电机功率受机械强度、整流以及温升的限制。

牵引电机的机电特性可以直接说明电机车的牵引特性，包括电机车运行速度与牵引电流之间的关系、电动机效率与电流的关系、机车牵引力与电流的关系，即 $v = f(I_g)$、$\eta_d = f(I_g)$、$F_d = f(I_g)$。根据电动机的联接方式将以上关系绘制成机车牵引特性曲线，便于使用。

（2）电机车黏着牵引力 $F_n = 1000P_k\varphi_k$，式中，F_n 为电机车黏着牵引力，N；P_k 为电机车黏着重量，即全部主动轮上的轴荷重，kN，φ_k 为计算黏着系数。黏着系数 φ_k 受多种因素影响，如空气潮湿程度、轨面清洁度、轮轨材质以及线路状况等，一般由试验求得。黏着系数对提高机车牵引力有重要意义，撒砂是提高黏着系数的重要方法，也可通过改进线路质量等方法实现。

9.1.2 列车运行阻力

与井下电机车运输类似，露天矿列车运行阻力可分为基本阻力和附加阻力。列车运行阻力绝大部分与列车重量成正比，因此在牵引计算中习惯以列车、机车或车辆的单位重量所承受的阻力进行计算，称为单位基本阻力和单位附加阻力，单位为 N/kN。

9.1.2.1 基本阻力

列车运行基本阻力是指列车在空旷的平直线路上，风速不大于 5m/s，气温不低于 10℃，行车速度不小于 10km/h 做运输运行的列车所受到的阻力。基本阻力的大小取决于很多因素，而且难于用理论公式来考虑所有因素。因此，对电机车和车辆的单位基本阻力只能用试验方法来确定。通过试验总结出经验公式或曲线图像以备查用。以下给出了准轨电机车和矿车的单位基本阻力计算公式举例，具体可查阅相关资料。

固定线路条件下，机车黏重 150t 时，电机车带电运行的单位基本阻力计算公式为：$\omega_0' = 1.5 + 0.0014v^2$。半固定线路取固定线路计算值的 1.3 倍。移动线路按 $\omega_{01}' = 3.5 + 0.0027v^2$ 计算。

固定线路条件下，机车黏重 150t 时，电机车断电运行的单位基本阻力计算公式为：$\omega_{02}' = 4.18 + 0.0014v^2$。半固定线路取固定线路计算值的 1.3 倍。移动线路按 $\omega_{02}' = 6.18 + 0.0027v^2$ 计算。

载重量 60t 的车辆（空车自重 33.5t，重车 93.5t），在固定线路上的矿车单位基本阻力为 $\omega_0'' = 0.7 + \dfrac{12 + 0.3v}{0.25q} + 0.0002v^2$。

以上计算式中，ω 为基本阻力系数，上下标表示不同条件，N/kN；v 为运行速度，km/h；q 为车辆重量，空车 q 取自重，重车 q 取自重与载重量之和，t。

9.1.2.2 附加阻力

（1）坡道阻力。在坡道上运行时列车重力沿轨道方向的分力称为坡道阻力。列车单位重量（kN）受到的坡道阻力称为单位坡道阻力，等于坡道的千分率，$\omega_y = \pm i$。上坡为正，下坡为负。

（2）曲线阻力。曲线阻力与曲线半径、轴距、行车速度、载重量等有关，主要取决于曲线的曲率半径 R 大小。露天矿准轨列车的单位曲线阻力 $\omega_r = 630/R$。

上式适用于弯道长度 l_r 大于列车长度 l_c 的情况，否则，上式应乘以修正系数 l_r/l_c。

在牵引计算中，常利用 1N/kN 的单位曲线阻力相当于 1‰坡度，将曲线换算成假想的坡道，称为换算坡道，以 i' 表示，显然，$i' = \omega_r$。当实际坡道上有曲线时，可以假想实际坡道为一段直线线路的坡道，该假想坡道称为加算坡道。加算坡道的坡度 i_k 为实际坡道坡度与换算坡度之和，即 $i_k = \omega_r + \omega_y$。

（3）启动阻力。电机车、车辆停留时，滚动阻力增加使列车启动时的阻力增大，这部分阻力称为启动附加阻力。露天矿准轨铁路单位启动附加阻力 $\omega_{mp} = 3 + 0.4 i_{mp}$，$i_{mp}$ 为列车启动地段的加算坡度；当 $\omega_{mp} < 4N/kN$，为安全起见取 $\omega_{mp} = 4N/kN$。列车启动时的阻力等于启动附加阻力与启动基本阻力之和。

9.1.3 列车制动力和制动距离

列车制动力是通过一定的制动装置，可以根据需要由人控制的使列车减速、停止的外力，实质上也是列车阻力。列车总制动力 $B = 1000(K_1 \varphi_1 + \cdots + K_n \varphi_n)$，$K_i$ 为第 i 块闸瓦的实际压力，kN；φ_i 为闸瓦与车轮的摩擦系数；B 为列车总制动力，N。为便于计算，也经常采用单位制动力的概念。单位制动力是指单位重量（每 kN 重量）承受的制动力，即 $b = B/(P + Q)$，式中，P、Q 分别为机车重量和重车组重量，后者也称为机车牵引重量，kN；b 为单位制动力，N/kN。

制动距离是指列车在前方发现意外的停车信号施行紧急制动时直到列车完全停住其间所走行的距离。包括反应距离和实际制动距离。反应距离是司机在列车行进时发现临时的停车信号，或遇到其他意外必须立即停车而施行紧急制动时起，到列车的制动力发生作用为止所通过的距离，实际制动距离是闸瓦抱紧车轮后到列车完全停止、列车所走的距离。《金属非金属矿山安全规程》（GB 16423—2020）规定，准轨列车制动距离不大于 300m，窄轨列车制动距离不大于 150m。

9.1.4 列车运行方程式

（1）作用于列车的合力和单位合力。列车在线路上运行时，有三种运行工作状态，即给电运行、绝电运行和制动运行，也分别称为牵引、惰行和制动。作用于列车上的力有牵引力 F_k、列车运行基本阻力 W_0、附加阻力 W_y、W_r 及制动阻力 B，其代数和称为作用于列车的合力，合力可能为正、负和零。

列车给电运行时合力 $\overline{F} = F_k - W_0 - W_y - W_r = F_k - W$，列车绝电运行时合力 $\overline{F} = -W_0 - W_y - W_r = -W$，列车制动运行时合力 $\overline{F} = -B - W_0 - W_y - W_r = -B - W$，列车运行合力通式 $\overline{F} = F_k - B - W$。

列车的合力亦常按列车单位重量所承受的力计算，称为单位合力 $\overline{f} = \overline{F}/(P + Q) = f_k - b - \omega$。$f_k$、$b$、$\omega$ 分别为单位列车重量的牵引力、制动力、阻力。

（2）列车运行方程式。已知列车受到的合力，可得列车运动方程式 $F_k - B - W = (P + Q) \cdot (1000/g) \cdot (dv/dt)$，则列车运动的微分方程为：$dv/dt = \xi \cdot (f_k - b - w)$，$\xi = g/1000 = 127 km/h^2$，为加速度系数，即列车受到 1N/kN 的速度力所产生的加速度。考虑到列车的质量并非全部为纯平移运动，部分质量在平移运动的同时又做回转运动，即产生平移加速度的同时又产生回转加速度，多消耗了加速力，因此列车实际加速度系数小于 $127km/h^2$，可取 $120km/h^2$。

9.1.5 列车牵引重量的计算

牵引重量是不包含机车在内的列车重量，即重车组总重量。对于生产能力和运输距离都较大的深凹露天矿，列车牵引重量一般是按充分利用机车牵引力作为出发点来选型计算的。根据线路纵断面的变化大小，列车牵引重量的计算方法有两类：（1）按列车在限制坡道上以均衡速度运行计算；（2）按列车在上坡道上以不等速运行计算。

（1）按列车在限制坡道上以均衡速度运行计算。在露天矿铁路线路系统中，上坡道长度最长（列车有可能达到均衡速度）、坡道最陡（行车阻力最大），则该坡道可选定为限制坡道。列车在限制坡道（曲线要折算）上有可能达到均衡速度而以此速度等速运行。即 $dv/dt = 0$，或 $F_k - W = 0$。可知 $F_k - P(\omega_0' + i_p) - Q_c(\omega_0'' + i_p) = 0$，则列车的牵引重量为：

$$Q_c = [F_k - P(\omega_0' + i_p)]/(\omega_0'' + i_p) \tag{9.1}$$

式中，F_k 为电机车计算牵引力（轮周牵引力），是指电机车等速运行时的最大牵引力，按电机车运行时的黏着牵引力计算，kN；P 为电机车黏着重量，kN；ω_0' 为电机车单位基本阻力，N/kN；ω_0'' 为车辆单位基本阻力，N/kN；i_p 为线路限制坡度（包括曲线阻力的加算坡度）；Q_c 为牵引重量，机车牵引的重车组总重量，kN。

（2）按列车在上坡道上以不等速运行计算。露天矿铁路线路比较复杂、质量差、车站多、区间短、行车速度低。在上坡时利用惯性动能闯坡的可能性很小。如果在露天矿工作面线路上，会让站、装运站设在坡道上，这是列车启动最困难的条件，则对列车牵引重量必须进行启动验算。根据列车运行方程式，列车所受到的合力 $F_{kmp} - W = 0$，即 $F_{kmp} - P(\omega_0' + i_m + \omega_{mp}) - Q_c'(\omega_0'' + i_m + \omega_{mp}) = 0$，可知：

$$Q_c' = [F_{kmp} - P(\omega_0' + i_m + \omega_{mp})]/(\omega_0'' + i_m + \omega_{mp}) \tag{9.2}$$

式中，F_{kmp} 为列车启动时的牵引力，是指电机车启动时的最大牵引力，按电机车启动时的黏着牵引力计算，kN；i_m 为列车启动地点的计算坡道坡度（包括曲线阻力的加算坡度），‰；ω_{mp} 为单位启动附加阻力，N/kN；Q_c' 为受启动条件限制的牵引重量，kN；其他符号同前。

在开采深度不大的露天矿，多数情况下按上述两种方法计算出的牵引重量一般不至于引起电动机发热。但对于深凹露天矿，列车运行折返线路较长。在一个运输循环中，电机车运行时间增加或者有较长时间的重列车连续上坡的情况，就需要按照牵引电动机温升条件对牵引重量进行验算。验算方法为等效电流法，也称为均方根电流法。该方法是指在一个运输循环中的等效电流不大于牵引电机的连续制电流，计算过程类似于井下电机车温升条件验算。

（3）列车实际牵引重量及牵引车辆数。列车允许的最大牵引重量 $Q_{c, max} = \min(Q_c, Q_c', \cdots)$，列车允许最大牵引车辆数为：

$$N_{max} = Q_{c, max}/(q_1 + q_2) = \min(Q_c, Q_c', \cdots)/(q_1 + q_2) \tag{9.3}$$

式中，q_1 为车辆的自重，kN；q_2 为车辆的实际载重，kN。

上式计算出的车辆数取整后，即为允许最大牵引车辆数，据此再计算实际牵引重量。

露天矿铁路运输矿车的主要技术指标有载重、自重、轴重以及自重系数等。车辆载重有 30t、60t、90t 及 100t 等。露天矿矿车载重量的大小，对挖掘机和机车效率有直接影响，对新水平准备时间和排土线的能力也有一定影响。合理的矿车载重量应能使得挖掘机和机车效率最高，新水平准备时间快、排土线能力高，同时也应满足基建费用和经营费用最小的原则。根据矿山运输实践，矿车的合理吨位应综合考虑矿岩物理力学性质、运输量、运输方式、采装方式、铲斗容积和机车类型等因素。随着科技和采矿工业的发展，运输作业机械化、自动化程度的提高，矿车合理吨位有增大的趋势。

电机车型号按照机车黏着重量区分，主要有黏重 60t、100t、150t 等规格的电机车。电机车型号选取应与矿山生产能力、矿车规格相匹配，应以运输能力满足年运输量要求为原则。《有色金属采矿设计规范》（GB 50771—2012）规定，大型露天矿山铁路运输应选择 100~150t 电机车，中小型露天矿山应选择 20t 以下电机车。在考虑运输能力的同时，也应考虑机车牵引性能。当大型山坡露天矿以重列车下坡运行可采用 100t 电机车，深凹露天矿以重列车上坡运行可采用 150t 电机车。

9.2 露天矿铁路线路设计

9.2.1 露天矿铁路线路分类与等级

根据露天矿生产工艺过程的特点，采矿作业位置随工程和时间的推移而不断变化，工作面采掘线、推土场翻车线等经常处在移动状态，这些线路占露天矿线路总量的 40%~50%。由于经常移动，移动线路构造、技术标准、施工运营、养护等方面与民用铁路有较大的差别。露天矿铁路线路通常分为固定线路、半固定线路和移动线路三大类。露天矿运输干线、站线、采掘场非工作帮上的干线，辅助企业（如机修厂、火药厂、材料基地等）专用线及联络线都属于固定线路。采场移动干线（包括站线），平盘联络线路属于半固定线路。使用年限在三年以上的半固定线路，根据矿山的使用经验，应适当提高其技术条件，按固定线路考虑。工作面采掘线及排土场翻车线属于移动线路。由于采掘平盘联络线和排土平盘部分联络线的轨道常与采掘线、排土线交替使用，因此该部分半固定线路的设计可参照移动线路标准。

露天矿的不同线路，其最大通过运量及列车次数可能有很大差别，同为单线铁路，有的年运量达 800 万吨以上，有的则不足 400 万吨，显然应该有相应的线路技术标准与之匹配。为此，把露天矿的固定线路和半固定线路进一步划分铁路等级为 Ⅰ、Ⅱ、Ⅲ级，见表 9.1。露天矿铁路等级是一项重要的技术标准，新建、改建铁路的设计首先应确定铁路等级。在线路设计中，露天矿线路等级的划分以设计最大通过运量和列车次数作为主要依据。移动线路不分等级。

表 9.1 露天矿铁路等级

等级	指 标	准轨	窄 轨		
			900	762	600
Ⅰ	年运量/万吨·年⁻¹	>800	>150	100~150	—
	通过列车对数/次·昼夜⁻¹	>100	—	—	—

等级	指标	准轨	窄　轨		
			900	762	600
Ⅱ	年运量/万吨·年$^{-1}$	400~800	100~150	50~100	30~50
	通过列车对数/次·昼夜$^{-1}$	50~100	—	—	—
Ⅲ	年运量/万吨·年$^{-1}$	<400	<100	<50	<30
	通过列车对数/次·昼夜$^{-1}$	<50	—	—	—

9.2.2　区间线路平面设计

在露天矿铁路系统中，为了保证行车安全和提高线路的通过能力，线路被各个车站和信号所分为不同的区段，每个区段标为一个区间，一个区间可以容纳一个列车。整个线路区间在空间的位置是以铁路线路的平面和纵断面表示的。铁路线路的平面是线路中心线在水平面上的投影，铁路线路的纵断面是铁路线路中心线纵向展直后在铅垂面上的投影。

按照总平面布置和开拓运输系统的要求，根据一定的技术标准，结合地形、地质等条件把铁路标定在地面上或等高线地形图上，这项工作称为线路的平面设计。矿山铁路线路的平面是由直线和圆曲线组成，线路平面设计的实质就是研究两者各自的特点及其相互关系。区间线路平面设计要解决圆曲线基本要素的选取、缓和曲线的设置以及相邻曲线的连接等主要问题。《金属非金属矿山安全规程》（GB 16423—2020）对圆曲线最小半径及最小长度，平曲线轨距加宽值，加宽缓和曲线长度及其坡度等均有严格规定。

线路平面设计的原则为：（1）线路应尽量接近航空线，节省工程和运营费用。（2）线路应尽可能采用较长直线和较大的曲线半径，并使曲线转角总和最少。（3）在满足路基、桥隧、车站要求的条件下，应尽量降低填挖高度，减少土方工程量，使填挖数量大致平衡。（4）尽量避开不利地质地段，以减少大型人工建筑物，同时尽量减少耕地占用。（5）地面横坡较陡和地质复杂地段，要采用地质横断面定线。（6）平面设计应考虑线路纵断面和路基横断面的设计，以保证足够的路肩高度及合理的路基边坡。

综上，平面设计应结合实际工程地质条件，在平面图上和纵断面图上进行线路定线。线路定线就是把线路中心线在地形图及纵断面图上标定其合理的空间位置。合理的空间位置，应满足线路工程量少，运输运距短、运输条件好（弯曲道少、曲线转角大、行车安全等），线路运输系统与地面总平面布置配合协调及少占耕地等，以减少建设投资和运输经营费。

9.2.3　区间线路纵断面设计

线路纵断面设计，是在平面设计的基础上，根据纵断面的标高及地质，水文和其他情况，按照设计规范的有关规定，设计出合理的纵向坡度和路基标高。具体来说，线路纵断面设计主要解决纵向坡度、相邻坡段的连接（竖曲线）以及最大坡度的折减问题。在一定条件下，机车牵引重车组能以规定的计算速度等速通过的长大上坡坡度称为限制坡度。限制坡度是限制和决定牵引重量的坡度。在地形困难或高差较大地段，允许采用大于限制坡度的陡坡，但必须配备多台机车牵引以维持原来的牵引重量，或利用机车牵引力和积蓄的以不小于计算速度闯坡。以上两种情况下的陡坡坡度分别称为加力坡度和动力坡度。最大限制坡度与牵引设备、线路质量等有关。设计确定的限制坡度在曲线段及半固定线和移动线应考虑坡度折减，曲线段折减主要原因是曲线附加阻力引起的折减和曲线段黏着系数降低引起的折减。《金属非金属矿山安全规程》（GB 16423—2020）规定，直线段坡度不大于45‰，曲线段坡度不大于3‰。另外对竖曲线最小半径及竖曲线长度也做了相应规定。

平面设计和纵断面设计是一个非常复杂的有机整体，不可分割，两者要统筹兼顾。纵断面设计，既要满足运行要求，也要考虑尽量节省工程和运营费。当限制坡度确定以后，纵断面设计应考虑以下几个方面：（1）根据沿线洪水位和水文地质情况，考虑最低的路基设计标高。（2）考虑路基纵向和横向的排水、路基挡护结构的形式。（3）满足桥涵和立交道净空的要求。（4）坡段划分和考虑各种折减后的纵向坡度设计（拉坡）。

9.2.4 铁路线路定线

用平面图和纵断面图表示出铁路线路中心线的过程，称为定线。按照定线区域的地面平均自然纵坡坡度，可将定线区段分成自由导线地段和紧迫导线地段。前者也称为缓坡地段，是指线路采用的最大坡度大于地面平均自然纵坡的地段。自由导线地段线路位置不受高程障碍控制，主要矛盾是克服平面障碍。紧迫导线地段与之相反，线路位置主要受高程障碍的控制，定线时需要人为地将线路展长以争取高程。

在露天矿铁路定线时，首要考虑的问题是路线方向的选择，也就是定线方向。影响定线方向的因素包括限制坡度、地形地质条件、线路用途、运量、牵引设备类型以及线路行经的地点等。露天矿铁路线路的显著特征在于其受到采场开拓系统以及采剥方法的限制，线路方向与矿区总体布局、工业场地、排土场、车站位置等因素密切相关。因此，定线必须满足生产需求。定线之前，必须明确线路起终点（排土场、选矿厂等）及控制点（总出入沟等）的位置。定线设计应本着按起终点及中间各控制点最近距离之方向进行的原则，并考虑土石方工程量最小。

自由导线地段定线应尽量减少转角次数，使线路少偏离直线方向；在绕避平面障碍时，应从一个控制点直接引直线到达前方控制点；山区地形定线位置尽量接近地形线，以减少土石方工程量。在紧迫导线地段定线，一般应先绘制导向线。导向线是按照定线步距在地形图上绘制的折线，折线的纵断面剖面为不填不挖线。将导向线画直并选配适当的曲线半径，即可得线路平面。

9.2.5 设计方案的选优

线路设计方案的比选，可以解决设计中的重大问题。不同线路系统方案的比选，既可用于确定线路主要技术标准（如限制坡度、最小曲线半径等），也可用于局部方案的比选，如线路局部位置平、纵断面改善方案，路基加固与防护的不同措施方案，隧道与深挖方案，高桥与高填方案，平道口与立体交叉的方案等。另外，从设计的角度考虑，定线过程中可能会有不同的方案，必须进行比较选择其最优者。

方案比选应使各比选方案具有相同的基础，各方案均能满足运输需要，采用相同比例的线路平、纵断面图图纸，工程费和运输费的计算精度相同，经济指标一致等。

（1）方案选优的技术指标：1）线路长度；2）方案的展线系数；3）曲线偏角总和以及直线地段、曲线地段的总长度；4）采用的曲线最小半径和全线平均半径；5）限制坡度；6）克服高差的总和；7）隧道数目及长度；8）桥涵规格及数量；9）土石方工程数量；10）占用农田情况。

（2）方案选优的经济指标：1）工程费，包括路基工程、桥涵工程、隧道工程以及与线路长度成正比的建（构）筑物等。2）运营费，包括与行车量有关的运营费和固定设备维修费。工程费是铁路建设投资，运营费是指每年为完成一定的运输量所需的运营支出。经济指标比较时，两者不能相加。若某方案的工程费和运营费均较其他方案高，则其经济指标无疑最差。对于工程费较低而运营费较高的方案以及工程费较高而运营费较低的方案，可按照偿还期等方法进行经济比较。

9.3　露天矿车站设计

露天矿车站按用途划分为矿山站、排土站（或剥离站）、破碎站、工业场地站及坑内站等。矿山站一般设在采场附近，靠近运输量大的地方，为运送矿石和岩石服务。坑内矿岩通过该站分别发往选厂和排土场。矿山规模较大时，可单独设置排土站。车站的分布应能满足内外部运输的需要和运营期内通过能力的要求。露天矿车站设计的程序包括：

（1）按露天矿总体设计确定车站设计的依据。即车站位置、衔接干线数量及方向，作业量、车流性质等。（2）考虑地形、工程地质及水文地质条件，绘制车站示意图，并进行相应的车站设备数量计算。1）按车站作业性质及作业量，确定所需车站股道数及其相对位置；2）设计车站上下行咽喉区；3）检查车站咽喉区的通过能力，不足时应设计新的平行进路或调整车站作业以满足要求；4）在复杂情况下，车站配置图的选择应通过方案比较。（3）绘图。选定方案后，即编制标明全部线路、道岔、建筑物等无比例的详细示意图，再按比例将车站绘制到地形图上。

9.3.1　基础知识

9.3.1.1　车站股道（配线）

车站是铁路运输系统中办理各种作业的地方，车站线路分为正线、站线与特别用途线等。正线是连接并贯穿分界点的线路。站线包括到发线、调车线、牵出线和装卸线等。到发线是除正线外，另行指定列车到达或出发的线路；调车线是列车编组解体的线路；牵出线指正进行调车作业中，为不妨碍发车作业而设的线路；装卸线是为办理装卸货载而设的线路；特别用途线包括安全线、避难线、轨道衡等线路。

为了车站工作组织管理的便利，车站内每一股道和道岔都应有编号。正线和站线，由靠近站房的股道为起点顺序编号，正线用罗马数字，站线用阿拉伯数字。在复线铁路车站，应从正线起顺序编号，上行为偶数，下行为奇数。露天矿行车方向以列车去采场为上行，离开采矿场为下行。道岔用阿拉伯数字编号，以站房中心为界，上行端用偶数，下行端用奇数。车站线路结构如图9.1所示。

9.3.1.2　股道长度

车站股道长度分为全长及有效长度。全长是指股道一端的道岔基本轨接头至另一端的

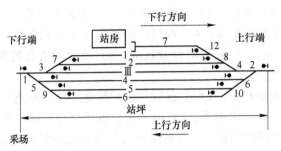

图 9.1　车站结构示意图

道岔基本轨接头的长度，尽头式股道的全长为道岔基本轨接头与车挡之间的距离。全长在铁路设计中用来计算铺轨长度。有效长度是指在停放列车时，不妨碍邻线上的列车安全通过的最大长度。有效长度起止点：（1）警冲标；（2）道岔的尖轨始端（无轨道电路时）或道岔基本轨接头处的钢轨绝缘节（有轨道电路时）；（3）出站信号机（或调车信号机）；（4）车挡（尽头式股道）。

到发线、折返线的有效长度，应根据列车长度确定。

$$L_F = n_J L_J + n_C L_C + L_A \tag{9.4}$$

式中，L_F 为到发线有效长度，m；L_A 为因列车停车不准时而附加的安全长度，一般为 25m；n_J、n_C 分别为机车和车辆数量；L_J、L_C 分别为机车和车辆长度，m。

9.3.1.3　车站咽喉

车站两端道岔汇聚处称为车站咽喉，简称咽喉区。车站咽喉是车站行车、调车作业最繁忙区域，是车站的要害部位。咽喉布置是否合理，对作业效率和安全关系很大，对工程费和运营费也有影响。所以，咽喉区的布置必须以安全、高效和经济为原则。

（1）车站咽喉设计要求。1）保证必要的平行作业，如调车作业一般不要占用正线，增加接、发平行进路等；2）保证行车进路交叉最少，特别应避免接车进路间的交叉；3）保证作业的机动性，即股道的连接灵活，保证各到发线必要时可以反方向接发车等；4）尽量减少道岔数量，特别应减少正线上道岔的数量，避免铺设多余的道岔；5）尽量缩短咽喉区的长度。

（2）车站咽喉设计步骤。1）分析咽喉设计的依据。如衔接干线的数量和方向，作业量和作业性质等；2）选择参考图；3）确定咽喉区平行进路的数目及股道的分组；4）根据上述要求，初步布置道岔和渡线；5）进行进路分析，以改善道岔和渡线的位置；6）计算咽喉区的长度和到发线的有效长度；7）验算车站咽喉区的通过能力。

9.3.2　露天矿矿岩站设计

地面车站的设置，应确保矿山采矿、剥离、辅助作业等生产运输任务和其他技术作业的完成，故应综合考虑运输量、地形、作业性质、开拓运输系统和总平面布置等因素确定。

矿岩站是露天矿采用铁路运输时的主要作业车站，除办理列车的到发作业外，通常还办理机车整备、检查、临修、车站走行、采矿列车部分的列检作业，如坏车的甩挂及通勤列车、救援车、排土犁、工程列车到站待班出动等，故一般布置在采场附近系统较集中的地方。

9.3.2.1 矿岩车站的配线

露天矿矿岩车站一般采用分方向布置车站线路,即车站到发线按空重方向分列正线两侧。

(1) 正线。取决于露天矿的线路系统。当车站位置已定,则可按区间干线及车站断面的连接定出正线。正线是不停站的通过列车运行线,其他线路分列两侧。

(2) 到发线。空、重列车到发线按左侧行车原则分列正线两侧。由于矿岩列车绝大部分在矿岩站停留、通过或办理其他作业,故到发线应紧靠正线。通勤列车到发线一般都设在车站到发线的最外股道,当车站作业量较大时,为避免通勤车与其他列车交叉,上下行可设在两侧;当车站作业量较小时,或一侧有机车整备不适合通勤列车停靠时,可设在重车线一侧,同时应考虑人流方向,尽量少跨越铁路。

(3) 列检线。机车车辆列检一般都是空列车,故列检线设在空车线外侧;当有几条空车干线时,列检线可设在空车线之间,以减少进路交叉,如果车站按线路分别设计时,则列检线应放在主要车流的一侧。

(4) 留置线。包括坏车停留线、修复车停留线、机车待班线以及杂业车的停留线均设在空车线一侧,留置线为尽头线。

(5) 站房(信号楼)。站房为车站值班员及其他管理人员的工作场所,一般设有道岔、信号的操作控制设备及继电器室等,为便于监督和掌握矿岩列车的作业,站房宜设在重车线一侧。

(6) 列检所。设在列检线一侧。

(7) 机车整备设施。电力机车的整备设施有给油、给砂及检查设备。

9.3.2.2 车站股道数量

车站内各种作业股道数量可根据要求的作业时间来确定,在计算时适当地考虑备用数量。

(1) 到发线数量。

$$M_{df} = \frac{N_1 \cdot T_1 + N_2 \cdot T_2 + \cdots + N_i \cdot T_i}{1440\eta} \tag{9.5}$$

式中,M_{df} 为到发线数量,股;N_i 为每昼夜占用到发线的各种列车(矿岩列车、通勤车以及其他列车)次数,次;T_i 为各种列车每次占用到发线的时间,包括接车、发车以及在站停车的时间,分;η 为时间利用系数。

(2) 电力牵引时列检线数量。

$$M_{lj} = \frac{N_0 t_0 (1 + \beta)}{1440\eta\gamma} \tag{9.6}$$

式中,N_0 为实动列车台数;t_0 为检修列车占用列检线时间,min;β 为列车重修率,取 0.15;γ 为列车的检修周期日,1~2d。

(3) 其他站线数量。如排土犁、救援列车、通勤车、工程车等的停放线、牵出线、安全线、坏车停放线等,可按需要设置。

9.3.3 露天矿坑内站

(1) 坑内站特点。1) 作业比较简单,主要为剥、采列车的接发作业,一般无列检、调车等作业；2）车站位于露天矿边帮上，站坪长度和宽度对扩帮工程量影响较大，故车站布置应力求紧凑；3）衔接方向多，各方向接发进路间敌对交叉多，对安全和车站通过能力均不利，设计中应注意正确处理；4）受地形和矿床赋存条件的限制，车站的平、纵断面比较困难。

坑内站设计应主要解决好两方面的问题，即车站咽喉的布置和敌对交叉的处理，确保接发列车安全。

（2）坑内车站的布置。露天矿坑内站以及山坡采场中的车站多属会让站性质，只进行会让、折返以及向工作面配车等作业。按干线列车到站通过方式（即列车运行是否改变方向），坑内站可分为折返式、通过式（直通式）及混合式三大类。折返站是利用折返端部使对向列车会让，而且通过折返进行展线，使列车（线路）升高或降低高程。直通式车站使两列对开列车会让时不改变方向。坑内站还可按干线数目、车站与所连接的工作平盘线路间的关系等特征做进一步分类。双干线折返站、双干线通过站如图9.2所示。

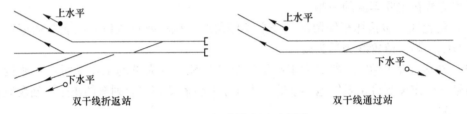

图9.2　坑内站布置示意图

9.3.4　铁路行车组织

9.3.4.1　联锁及联锁装置

列车进出站和调车工作是根据车站上的信号显示进行的，而列车的运行进路又依靠操作线路上的道岔来排列。因此，在道岔和信号机之间以及防护敌对进路的信号机和信号机之间，必须建立互相制约的关系，才能保证安全。这种制约关系称为联锁，能使车站内道岔与信号以及敌对信号相互实现联锁关系的信号设备称为联锁装置。联锁关系必须满足：（1）在开通某一进路前，必须先将该进路上的道岔扳到正确位置后，防护这一进路的信号才能开放。（2）当某一进路上的信号开放后，直到其关闭以前，所有该进路上的道岔应一律锁闭，不能扳动。（3）在某一进路及其信号开放后，一切与此进路敌对的信号机一律锁闭，不能开放。

根据露天矿铁路的特点，联锁装置实现的联锁方式包括非集中联锁和集中联锁两种。

（1）非集中联锁。道岔握柄分散在各个道岔处就地操纵，信号机的握柄集中在车站值班室内或分散在扳道房附近操纵。非集中联锁一般用于运输量少、站内作业较少、线路布置较简单、邻接区间采用电话、半自动闭塞的分界点。

（2）集中联锁。信号机与道岔的握柄均集中在车站值班室操纵。集中联锁一般用于运输量大，站内作业繁忙、线路布置复杂的大型车站。

9.3.4.2　闭塞与闭塞设备

闭塞的作用是使列车不在同一区间内相遇或尾追，即在单线铁路上，保证在同一区间，同一时间只允许有一个列车运行。闭塞的任务是保证列车在区间内运行安全和提高区间通过能力。实现闭塞功能的设备叫闭塞设备，露天矿铁路系统中常用半自动闭塞和自动闭塞方法。

A　半自动闭塞

半自动闭塞是依靠闭塞机与信号机发生联锁作用，在单线或复线铁路区段上调整列车运行的一种闭塞方法。列车占用区间的凭证是由出站信号机或通过信号机来显示的。出站信号机受到闭塞机的控制，只有区间空闲，双方分界点办理好闭塞手续后，信号机才能开放。列车出站后，为了保证行车安全，发出站的出站或通过信号机必须自动地关闭，闭塞机处于闭塞状态，信号机不能再开放，直到列车到达接车站和由接车站值班员发出列车安全到达的信号后，才能解除闭塞机的闭塞状态，出站或通过信号机才能第二次开放。

半自动闭塞方法与电话、路牌闭塞相比，具有以下优点：（1）能有效地保证列车的运行安全；（2）不需交接路签等行车凭证，缩短了办理闭塞手续的时间，从而提高了区间的通过能力。半自动闭塞虽有许多优点，但因露天矿运输的特殊性，这一闭塞方法在坑内铁路系统中较少应用，而在地面干线系统中有一定的应用。

B　自动闭塞

自动闭塞是完全根据信号机的显示来控制列车的运行，而信号的显示又完全由列车本身自动控制，是露天矿常用的一种闭塞方式。在自动闭塞区段，将一个区间划分成若干个闭塞分区，采用出站信号机的准许作为列车占用闭塞分区的凭证。信号机的开放和关闭均依靠列车自动进行，并且闭塞分区内是否留有车辆或线路故障也可由设备直接检测出来。这种方法的基础是轨道线路，即利用钢轨作为导体构成的线路，来传递各种不同的信息，使列车与铁路设备间构成自动的连续系统。

自动闭塞方法通过信号机把站区分为若干个闭塞分区，因此在每个站区内可以开行若干列车，提高了铁路通过能力。

露天矿铁路运输可用列车运行图管理。列车运行图是铁路运输的综合计划，是行车组织工作的基础。具体内容可查阅露天矿列车运行图及运输调度方面的文献资料。

9.4　露天矿铁路运输能力计算

露天矿铁路运输能力包括列车运输能力和铁路通过能力。列车运输能力是列车在单位时间（一昼夜）内完成装车、运行、卸车等作业所运送的矿岩量（t 或 m³），用 t 或 m³/（昼夜·列）表示。铁路通过能力是根据现有技术设备及采用的行车组织方法，在单位时间内所通过线路系统的最大列车数，用列（对）/班（昼夜）表示，铁路通过能力包括区间通过能力和车站通过能力。

9.4.1　列车运输能力及工作列车数

9.4.1.1　列车运输能力

露天矿铁路运输的特点是装车、重车运行、卸车、空车运行等作业重复地运行，列车由第一次开始装车至下一次装车为止的时间称为列车运行周期。

$$T_{ZQ} = t_Z + t_Y + t_X + t_J + t_{RQ}$$

式中，T_{ZQ} 为列车运行周期，min；t_Z 为装车时间，min；t_Y 为列车的重运、空运时间，$t_Y = 120L/v$，min；v 为列车的平均运行速度，km/h；L 为装、卸点之间的距离，km；t_X 为列车的卸车时间，min；t_J 为列车检查时间，min；t_{RQ} 为包括入换时间、车站停车时间等，min。其中，装车、运行、卸车以及检查时间等技术作业时间为生产时间，其他是非生产时间。非生产时间可通过优化行车组织予以缩短，从而加速列车周转，提高列车运输能力。

$$A = 1440K \cdot n \cdot q/T_{ZQ} \tag{9.7}$$

式中，A 为列车运输能力，t/（昼夜，列）；K 为工作时间利用系数，0.8~0.85；n 为机车牵引的自翻车数，辆；q 为自翻车实际载重量，t。

9.4.1.2　工作列车数

$$N_1 = Q_t/A \tag{9.8}$$

式中，N_1 为同时工作的列车数，列；A 为列车运输能力，t/（昼夜，列）；Q_t 为每昼夜的运输量，$Q_t = K_B \cdot Q/m$，t/昼夜；K_B 为运输生产不均衡系数，1.1~1.25；m 为列车每年工作日数，一般取 330~300d/a；Q 为年运输总量，t。

如果矿岩的运输不是使用同一线路，则运矿、运岩的列车数分别计算，两者之和为工作列车数。一般矿用机车分为工作、检修和杂作业三种。矿用机车总数为：

$$N = N_1 + N_2 + N_3$$

式中，N 为机车总数，台；N_1 为运输矿岩的机车数，台；N_2 为机车检修数，台，机车检修数可按机车检修系数 α 计算，80t 以上电机车取 0.15，窄轨电机车取 0.17；N_3 为杂作业机车数，据矿山规模、采区分布、杂作业量运输大小而定，一般 2~3 台。

需要的工作车辆数 $W = N_1 \cdot n(1+\beta)$。式中，n 为列车的自翻车数，辆；β 为车辆检修系数，20t 以上自翻车取 0.15，10t 以下矿车取 0.20~0.25。杂作业需要的车辆数根据辅助作业实际需要确定。

9.4.2　线路通过能力

9.4.2.1　区间通过能力

区间通过能力应按限制区间确定。限制区间即线路长度最大、坡度最陡、线路数目最少且要求通过列车数量最多的区间。区间通过能力取决于连接分界点的线路数目和每一列车占用区间的时间，也取决于区间的长度、平面、纵断面及机车车辆和列车载重量等因素。

（1）单线区间的通过能力。

$$N_0 = (n \cdot T)/(t_1 + t_2 + 2\tau) \tag{9.9a}$$

式中，N_0 为单线区间通过的能力，对/昼夜；T 为每班工作时间，min；t_1 空车运行时间，min；t_2 为重车运行时间，min；τ 列车间隔时间，min，与闭塞方式和区间线路数目有关；n 为昼夜工作班数。

（2）双线区间通过能力。

$$N_{S1} = (n \cdot T)/(t_Y + \tau) \tag{9.9b}$$

式中，N_{S1} 为采用半自动闭塞双线区间通过能力，对/昼夜；t_Y 为列车在区间的运行时间，

min；τ 为准备进路和开放信号时间，电气集中闭塞为 0.3min，人工板道为 2.0min。

$$N_{S2} = (n \cdot T)/t_0 \tag{9.9c}$$

式中，N_{S2} 为采用自动闭塞双线区间通过能力，对/昼夜；t_0 自动闭塞区段列车间隔时间，min。

9.4.2.2 车站通过能力

车站通过能力取决于股道、上下行咽喉能力的最小值。由于露天矿坑内站作业单纯，为了减少车站长度，一般除正线以外不设站线，仅需计算车站咽喉通过能力。车站通过能力是指单位时间内通过车站咽喉区道岔的列车数（或列车对数）。

$$N_{Z} = \frac{1440K_{Y} - \sum_1^m t_j}{\sum_1^n t_i \cdot N_i} \tag{9.10}$$

式中，N_{Z} 为车站咽喉道岔的通过能力，对/昼夜；K_{Y} 为咽喉道岔的时间利用系数，一般取 0.7~0.8；$\sum_1^m t_j$ 为车站内影响咽喉道岔接发作业所占用的时间，min；N_i 为通过咽喉道岔的列车到发、调车等的通过次数；t_i 为通过咽喉道岔的列车到发、调车等占用咽喉道岔的时间，min/次。$\sum_1^n t_i \cdot N_i$ 的物理意义也可理解为每对列车平均占用咽喉道岔的时间。

复习思考题

9-1 何谓露天铁路运输能力，主要影响因素有哪些？

9-2 线路纵断面设计时，若填挖方量较大，如何进行方案比较？

9-3 露天矿铁路运输系统中，列车运行阻力主要有哪几种类型，计算原则是什么？

9-4 试说明自由导线定线和紧迫导线定线的主要区别及适用条件。

9-5 铁路线路技术等级可分为几级，分级依据是什么？

9-6 露天矿铁路运输系统中，车站有哪些类型？简述各自作用。

9-7 露天矿铁路运输行车组织中，保证进路畅通和区间行车安全的措施是什么？

9-8 论述露天矿铁路运输与井下有轨运输电机车牵引质量计算的异同。

10 露天矿公路运输

扫一扫
看视频

汽车运输在国内外露天开采中已得到广泛应用，但单一自卸汽车运输方式只有在一定的条件下使用才能获得最优经济效果。与铁路运输相比，自卸汽车运输的优点为：(1) 机动灵活，调动方便，对各种地形条件适应性强，特别有利于不规则矿体，分散矿体的分采和多金属矿石的开采。(2) 转弯半径小，可达 10~15m；爬坡能力大，可达 10%~15%；在高差相同的条件，运距大大缩短，减少基建工程量，加快建设速度。(3) 与挖掘机密切配合，使挖掘效率提高，若用于掘沟可提高掘沟速度，加大矿床开采强度，简化排土工作。(4) 运输组织、道路修筑、维修养护工作简单。(5) 线路工程和设备投资一般比铁路运输低。自卸汽车的缺点为：(1) 合理的经济运距较小，汽车出勤率较低，运输成本较高；(2) 受气候条件影响较大，在风雨冰雪条件行车困难；(3) 道路和汽车的维修、保养工作量大，轮胎使用寿命短，消耗量大、费用高。

可见，对于地形复杂，山高坡陡，沟谷纵横的丘陵地带，走向长度较小、分散和不规则的矿体，多品种矿石分采的矿体以及要求加速矿山建设和开拓准备新水平的露天矿，采用汽车运输较为适宜。《有色金属采矿设计规范》(GB 50771—2012) 规定，具备下列条件之一者，宜采用单一公路开拓汽车运输方案：(1) 矿体赋存条件和地形条件复杂。(2) 矿石品种多，需分采分运。(3) 矿岩运距小于 3000m (大于 3000m 应进行技术经济比较确定)。

汽车运输既可单独作为主要运输类型，也可与其他运输方式配合组成联合运输系统。近年来，国内外大型露天矿山大多采用公路—半移动式或固定式破碎站—带式输送机联合开拓运输方案，甚至已采用铁路开拓的矿山也改为以上联合运输方式。可见，汽车运输已成为联合运输系统中的主要运输设备。

10.1 自卸汽车行驶动力学

10.1.1 自卸汽车的牵引力

自卸汽车有机械传动、液力传动以及电传动的电动轮自卸汽车，适用的载重量分别为 30t 以下、30~80t 和 80t 以上。其中，电动轮自卸汽车主要是利用柴油发动机同轴驱动发电机发出电能，传输到安装在车轮中牵引电动机，来驱动其行驶。露天矿自卸汽车要求适应小曲率半径，多采用前后轴距较小的四轮结构。

当发动机发出的扭矩经传动系统而作用在驱动轮上，使车轮与路面接触中心点产生一轮周切线力，这个力是车轮对路面所施加的作用力。

(1) 驱动轮扭矩 M_Q。驱动轮扭矩的大小主要取决于发动机功率和变速器及主传动装置的传动比，可表示为

$$M_Q = M_f \cdot i_b \cdot i_z \cdot \eta_c \tag{10.1}$$

式中，M_f 为发动机扭矩，N·m，与发动机功率及转速有关；i_b 变速器传动比；i_z 为主传动器传动比；η_c 传动系统效率。

（2）自卸汽车轮周牵引力。驱动轮扭矩对路面施加轮周切线力的同时，路面也将与轮周切线力大小相等，方向相反的反作用力作用给车轮，此反作用力即为驱动自卸汽车行驶的外力，称为汽车牵引力，也称作轮周牵引力。

$$P_Q = M_Q / r_C \tag{10.2}$$

式中，P_Q 为轮周牵引力，N；r_C 为变形后的车轮半径，m，与胎压、路面质量以及轴荷大小有关，一般取车轮半径的 0.93~0.95 倍。

由以上分析可知，如果已知发动机的特性曲线，则可求得汽车牵引力与其行驶速度之间的函数关系。该函数关系即为汽车的牵引特性曲线。

（3）自卸汽车黏着牵引力。轮周牵引力除了发动机功率限制外，还要受轮面与路面的黏着条件限制。即为防止驱动轮空转，轮周牵引力不应大于黏着牵引力，黏着牵引力为：

$$P_\varphi = \varphi \cdot G_n \tag{10.3}$$

式中，φ 为轮胎与路面的黏着系数，黏着系数与道路类型、路面类型以及路面状态有关，固定线大于移动线，碎石路面大于沥青和混凝土路面，清洁干燥路面大于潮湿覆冰路面；G_n 为汽车的黏着重量，N，一般按照汽车总重量的 70% 取值。

10.1.2 自卸汽车的运行阻力

路面类型可以分为平直路面、曲线路面、坡道路面及曲线坡道路面等。运行阻力包括车轮沿路面行驶的滚动阻力、坡道阻力、空气阻力、惯性阻力和曲线阻力。运行阻力大小与自卸汽车的构造、路面状态和汽车的运行状态、速度等因素有关。

$$W = W_g + W_p + W_q + W_{gx} + W_k \tag{10.4}$$

式中符号分别代表行驶总阻力、滚动阻力、坡道阻力、曲线阻力、惯性阻力和空气阻力。其中滚动阻力和空气阻力可看做基本阻力，其他为附加阻力。

（1）滚动阻力。主要由车轮滚动时轮胎与路面接触处的变形而产生。此外，车轮轴承内部存在的变形和摩擦也需要消耗发动机一定的功率。

上坡时，滚动阻力为：

$$W_g = \omega_g \cdot G \cdot \cos\alpha \tag{10.5}$$

式中，α 为道路坡度角，（°）；ω_g 为单位滚动阻力，也称为滚动阻力系数；G 为汽车总重量，为自重与载重之和，也可理解为作用在车轮上的总载荷，N。

滚动阻力的大小与自卸汽车的总重量、轮胎结构、气压与路面的性质有关。

（2）坡道阻力。汽车在坡道上行驶时，其自重沿路面方向的分力所形成的行驶阻力。

$$W_p = G \cdot \sin\alpha \tag{10.6}$$

当线路坡度较小时，$W_p = G \cdot i$。

（3）曲线阻力。自卸汽车在线路曲线段上行驶时产生的行驶阻力，可按下式近似计算：

$$W_q = G \cdot i_z (1 - R / R_{max}) \tag{10.7}$$

式中，R 为线路的平曲线半径，m；R_{max} 为线路的最大平曲线半径，一般 200m；i_z 为曲线坡度折减值，一般取 30‰。当道路平曲线半径 R 足够时，曲线阻力一般较小，故可以省略。

（4）惯性阻力。自卸汽车以不均衡速度行驶时产生的行驶阻力。可按下式近似的计算：

$$W_{gx} = (G/g) \cdot \delta \cdot (dv/dt) \tag{10.8}$$

式中，δ 为自卸汽车回转质量的惯性阻力系数，可取 1.05~1.08；g 为重力加速度；dv/dt 为行驶加速度。

（5）空气阻力。自卸汽车行驶时，空气与车体表面相互摩擦，同时车前部受到迎面气流的压力，而车身后因空气涡流而产生真空度，故而形成自卸汽车行驶的阻力。

$$W_k = k \cdot s \cdot v^2/3.6^2 \tag{10.9}$$

式中，k 为空气阻力系数，0.06~0.075；s 为自卸汽车行驶时的迎风面积，m^2；v 为行驶速度，km/h，当 $v \leqslant 10 \sim 15$km/h，$W_k = 0$。

10.1.3　运动方程式及动力因素

（1）运动方程式。运动方程式表示汽车在行驶中轮周牵引力和各种阻力之间的关系式，也就是说，当自卸汽车在公路上行驶时，必须不断地克服行驶中所遇到的各种运行阻力，为克服这些运行阻力，自卸汽车要有足够的轮周牵引力。牵引力与阻力的平衡关系为：

$$P_Q = W = \sum W_i = W_g + W_p + W_q + W_{gx} + W_k \tag{10.10}$$

（2）动力因素。自卸汽车在行驶中，滚动阻力和坡道阻力是不随运行速度大小变化的，而牵引力和空气阻力则是运行速度的函数，把 $P_Q - W_k$ 称作克服空气阻力的剩余牵引力。单位重量剩余牵引力是评价自卸汽车牵引性能的主要指标之一，也称自卸汽车的动力因素。

$$D = \frac{P_Q - W_k}{G} = \omega_g \cos\alpha + \sin\alpha + \frac{\delta}{g}\frac{dv}{dt} \tag{10.11}$$

当线路坡度较小时　　$D = \dfrac{P_Q - W_k}{G} = \omega_g \cos\alpha + \sin\alpha + \dfrac{\delta}{g}\dfrac{dv}{dt} = \omega_g + i + \dfrac{\delta}{g}\dfrac{dv}{dt}$

当自卸汽车等速运行时　　　　　　$D = \omega_g + i$

若空气阻力不计，则动力因素反映了单位重量牵引力与单位滚动阻力、线路坡度之间的关系。对于一定型号的自卸汽车来说，其动力因素大小随着行车速度 v 变化，表示动力因素 D 和行驶速度 v 之间的关系曲线称为汽车动力特性曲线。若 D 已知，即 $\omega_g + i$ 已知，则可利用动力特性曲线确定汽车的最大行驶速度。如果超过此速度，则不能行驶，应换入低档行驶。

当已知单位滚动阻力、动力因素以及行车速度时，可根据动力特性曲线求出汽车所能克服的最大坡度。

露天矿出入沟道路的最大坡度，是以发动机速度不低于第Ⅱ挡做等速行驶为条件，依据轮胎和路面间的黏着条件来决定的。采用第Ⅱ挡可使汽车不但能以低挡位在该坡道上起动，并且还有必要的储备。

10.1.4 自卸汽车的制动力与制动距离

汽车的制动性是指汽车在公路上行驶中被强制降低运行速度乃至停车或在长下坡时保持一定速度的能力。汽车制动时，发动机已脱开传动系统，因此牵引力为零，汽车除受到各种原有阻力外，还受到由制动力矩所引起的路面作用于车轮的制动力。为避免车轮滑行，汽车最大制动力必须受到黏着条件限制。即

$$B_z \leqslant k_z \cdot G \cdot \varphi \tag{10.12}$$

式中，B_z 为制动力，N；φ 为黏着系数；k_z 为制动效果系数，可取 0.95；G 为汽车总重，N。

制动距离是自卸汽车开始制动到完全停止，汽车依靠惯性行驶的距离。

$$S = kv^2 / [254(0.95\varphi + \omega_g + i)] \tag{10.13}$$

式中，k 为考虑汽车旋转部分具有旋转动能，上式应考虑大于 1 的系数，$k = 1.3 \sim 1.4$；ω_g 为车辆的单位滚动阻力；φ 为黏着系数；i 为线路坡度。

如果考虑司机准备制动时间内的空走距离，则总制动距离等于空走距离和上式计算的有效制动距离之和。

10.2 露天矿公路线路设计

露天矿自卸汽车运输的经济效果，很大程度上取决于矿山运输道路的合理布置、路面质量和状况。自卸汽车在路面良好的公路上行驶时，可以减少滚动阻力，提高行驶速度，降低燃料消耗，从而延长自卸汽车的使用年限，获得更好的经济效果。

10.2.1 公路线路分类及技术等级

矿用运输公路通常具有断面形状复杂、线路坡度陡、转弯多、运量大、曲线半径小、相对服务年限短、行驶车辆载重量大的特点。根据有关资料统计，露天矿山陡坡坡长占道路全长的 60%~70%，弯道占道路全长的 35%~45%。此外，道路运行强度大，车辆行车密度大，轴荷大。因此，对矿用运输公路的基本要求是：（1）公路结构简单，并在一定服务年限内保持相当的坚固性和耐磨性；（2）路面平坦抗滑，与轮胎有足够的黏着力；（3）不因降雨、冰冷等而改变质量；（4）有合理的坡度和曲线半径，保证行车安全。

矿用运输公路可按用途、运输性质、服务年限进行分类。

（1）按用途分类：生产公路，在露天矿开采过程中主要用作运输矿岩的公路；辅助公路，露天矿中一般用途的公路。

（2）按运输性质分类：运输干线，从露天矿场出入沟通往卸矿点（如矿仓、破碎站等）和排土场的公路；运输支线，由露天矿场各开采水平与采场运输干线相连接的公路，及由各排土水平与通往排土场运输干线相连接的公路；辅助线路，为通往分散布置的辅助性设施（如炸药库、变电站、检修站及尾矿坝等），行驶一般载重汽车的公路。

（3）按服务年限分类：固定公路，指采矿场出入沟及地表永久性公路，服务年限 3 年以上；半固定公路，通往采矿场工作面和排土场作业线的公路，服务年限为 1~3 年；

238

临时性公路，指采掘工作面和排土场线的公路，随采掘线和排土线的推进而不断地移动。因其经常移设，临时公路一般不修筑路面，只需平整压实即可。

露天矿公路开拓线路可分为生产干线、生产支线和联络线。与按照运输性质分类相类似，生产干线是指采场各开采工作面通往选矿厂或卸矿点、排土场的共同道路；生产支线是指采场各开采作业面或排土场各排土水平与生产干线连接的道路，以及由台阶不经干线直接到卸矿点或排土场的道路；联络线是指通往露天生产场所行驶自卸汽车的其他道路。

矿用运输公路按线路类别、行车密度、行车速度和年运输量可分为三个技术等级。矿用运输公路等级见表10.1。

表10.1 矿用运输公路等级

道路等级	年运量/万吨·年$^{-1}$	单线行车密度/辆·h^{-1}	行车速度/km·h^{-1}	适用条件
一	>1300	>85	40	生产干线
二	240~1300	25~85	30	生产干线、支线
三	<240	<25	20	生产干线、支线和联络线

道路等级的采用应具有一定的灵活性，除考虑交通量指标外，还应从矿山实际出发，根据道路性质及服务年限、车型、开采条件、地形条件等因素综合考虑是否提升或降低道路等级。例如，按交通量可采用二级道路，若交通量接近上限，且道路服务年限较长，矿山开采技术条件及地形条件较好，剥离量及道路工程量增加不多的前提下，道路等级可升高一级，反之，可降低道路等级。

10.2.2 公路线路的平面设计

公路线路在平面上是由直线路段和曲线路段组成，因而在平面设计上要解决的问题有平曲线要素、曲线超高加宽、行车视距、超高缓和段长度、相邻平曲线的连结、回头曲线等问题。

10.2.2.1 平曲线要素

平曲线要素一般常用转折角、平曲线半径、切线长度，曲线长度、外矢矩（交角点和圆曲线中点的距离）等五个要素表示。

（1）平曲线半径是指曲线路段的中心线在平面上所对应的半径。根据汽车结构特征（轴距、前后轮的转弯半径）及曲线超高值、设计行车速度等确定的平曲线半径称为最小平曲线半径。

$$R_{\min} = v^2 / [3.6^2 g(\mu - i)] \tag{10.14}$$

式中，μ 为路面与车轮之间横向黏着系数；i 为行车部分的横向坡度，一般取 2%~6%；v 为行车速度，km/h。

露天矿各级道路最小曲线半径应符合表10.2的规定。

表10.2 露天矿道路的最小圆曲线半径

矿山道路等级	一	二	三
最小圆曲线半径/m	45	25	15

注：铰接式汽车专用道路最小圆曲线半径可按10m设计。

（2）在平曲线半径和转折角均已知的情况下，可以按几何关系计算平曲线其他要素。

10.2.2.2 超高横坡

当汽车在曲线路段以一定速度行驶时，因离心力的作用，有促使汽车向曲线外侧滑移或倾覆的危险。为克服离心力作用，通常将曲线外侧路面升高，确保汽车按一定速度安全、平稳通过曲线路段。即在道路外侧设置超高，使平直公路的双向倾斜路面逐渐过渡到单向倾斜路面，将转弯内侧倾斜的单向坡面倾角的正切称为超高横坡。

$$i_H = v^2 / (3.6^2 gR) - \mu \tag{10.15}$$

超高横坡的最大值应是自卸汽车在曲线超高路段降低速度行驶时，不会顺坡向内侧下滑的极限坡度。在设计时，应按设计行驶速度、平曲线半径、路面类型和气候条件等因素加以确定。一般规定在 2%~6% 之间，最大不超过 10%。

按照现行《有色金属采矿设计规范》（GB 50771）的规定，当设计速度大于 15km/h、采用的圆曲线半径小于表 10.2 的规定时，应按《厂矿道路设计规范》（GBJ 22）的有关规定在圆曲线上设置超高。可见表 10.2 亦为不设超高的最小圆曲线半径。

10.2.2.3 曲线加宽

当汽车沿曲线路段行驶时，前后车轮画出不同的半径曲线，后轴内侧车轮所经曲线的半径最小，前轴外侧车轮所经的曲线半径最大。因此汽车在曲线上行驶时所占行车部分的宽度将增大，所增大部分称为曲线加宽。

在双车道曲线部分两辆对开汽车错车时，曲线加宽计算式为：

$$\begin{cases} e = L^2 / R & R \geqslant 15m \\ e = 2(R - \sqrt{R^2 - L^2}) & R < 15m \end{cases} \tag{10.16}$$

以上公式基于汽车在曲线上的几何位置，而没有考虑与行车速度的关系，即关于汽车行车速度引起的摆动偏移修正值，通常采用经验修正值：

$$e_j = 0.1v / \sqrt{R} \tag{10.17}$$

则双车道曲线部分车道的宽度为：

$$B = B_0 + e + e_j = B_0 + e + 0.1v / \sqrt{R} \tag{10.18}$$

式中，e 为双车道曲线部分几何加宽值；L 为自卸汽车后轴至前保险杠的距离；B_0 为双车道直线段行车的宽度。

按照《有色金属采矿设计规范》（GB 50771）的规定，当圆曲线半径等于或小于 200m 时，应按照现行国家标准《厂矿道路设计规范》（GBJ 22）的有关规定在圆曲线内侧加宽路面。单车道可折半选取。

10.2.2.4 线路连接

线路连接包括直线与曲线段的连接、相邻平曲线的连接。

（1）直线段与曲线段的连接。为使汽车顺利通过曲线段，在直线段与曲线段之间应设置缓和曲线。缓和曲线指的是平面线型中，在直线与圆曲线、圆曲线与圆曲线之间设置的曲率连续变化的曲线。缓和曲线的作用包括缓和曲率、缓和超高和缓和加宽。曲率、超高、加宽的连续变化能提高车辆行驶稳定性。缓和曲线段的长度按下式计算：

$$L_{Q1} = 0.035v^3 / R \tag{10.19}$$

当缓和曲线设置超高时，其加宽缓和长度等于超高缓和长度，亦即缓和曲线长度应等于超高缓和段长度。超高缓和长度按下式计算：

$$L_{Q2} = B_0 \cdot i_H / \Delta i \tag{10.20a}$$

式中，Δi 为路面外缘超高缓和段的纵坡与线路设计纵坡之差，计算时取 $1\% \sim 2\%$。

上式是按道路内侧边旋转的方法设计超高时，计算出的超高缓和段长度。如果采用按道路中线旋转的方式设计超高，则超高缓和长度的计算公式为：

$$L_{Q3} = \frac{B_0}{2} \cdot (i_H + i_0) / \Delta i \tag{10.20b}$$

式中，i_0 为路拱横坡度。

按以上公式计算的超高缓和段长度不小于 10m，实际中一般取 $10 \sim 30$m。

（2）两相邻平曲线的连接。两相邻的同向平曲线如均不设超高或所设超高横坡相同时，可直接连接。当两相邻同向曲线间的直线长度较短时，宜改变半径合并为一个单曲线或复曲线。如改变半径有困难时，可将两曲线间的直线段按两曲线的超高设置单向横坡，加宽可将两曲线的切点以直线相连。两相邻的同向曲线所设超高横坡不同时，中间需按两相邻超高横坡之差设置超高缓和长度。两相邻反向曲线均不设超高和加宽时，中间宜设不小于计算汽车长的直线段。在困难条件下，可不设直线段，但应减速行驶。两相邻反向曲线均设超高时，中间应有设置两个缓和长度的直线段，困难条件下可减少缓和段长度。

10.2.2.5 行车视距

视距是指司机可能看到的前方道路上的障碍物的最短距离。行车视距分为停车视距和会车视距。前者指驾驶员发现路面上障碍物时，采取措施使车辆在障碍物前停住的距离。后者指对面来车时，双方采取制动措施使车辆在安全距离外停住或不停车会让的距离。停车视距包括反应距离、安全距离和制动距离。

从司机看到障碍物到开始制动或把车转向经过的时间称为司机反应时间，在此时间内汽车运行的距离称为反应距离。从汽车开始制动到完全停止时所经过的距离称为制动距离。为防止汽车在障碍物前不能停住而考虑的安全距离，一般取汽车全长或取安全距离 $3 \sim 5$m。

会车视距为停车视距的两倍。道路设计中的视距一般应满足会车视距的要求。在工程困难或受限制的地段，可采用停车视距。但必须设置分道行驶设施或限速、鸣笛标志。无论是道路的平面还是纵断面，视距必须加以保证。道路视距条件直接影响行车安全和行车速度。平面视距不满足安全规程要求时，横净距内的障碍物应予以拆除。

10.2.2.6 回头曲线

在山区或露天矿坑内布置线路时，由于地形条件或采场帮坡限制，用锐角转折迂回修筑公路，将弯路布置于夹角之外，称为回头曲线。回头曲线主要应用于矿山道路山坡定线以及露天矿采用回返开拓坑内定线的情况。回头曲线根据地形条件可以有不同的形状，按图形的对称性分为对称回头曲线（图中 10.1（a）和（b））和非对称回头曲线（图 10.1（c）和（d））。设计中多采用对称回头曲线，对称回头曲线按其主曲线与辅助曲线间有无直线插入段分为有直线插入和无直线插入对称回头曲线。主要组成因素有：主曲线 AB，辅助曲线 CD 和 EF，线路转角 α，辅助曲线半径 r，主曲线半径 R，直线插入段 BC、AE 等。回头曲线组成因素之间可利用几何关系进行计算。回头曲线能否布置的关键，是主曲线之外的上下两线（图 a 中的曲线 *BCD* 与曲线 *AEF*）相隔最近处距离是否够用。这与辅助曲线外矢距、回头曲线转角、辅助曲线转角点到主曲线转角点距离等有关。

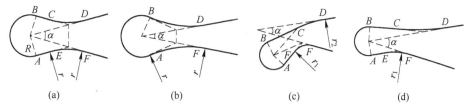

图 10.1　回头曲线结构图

（a）（b）对称回头曲线；（c）（d）非对称回头曲线

（1. 为使汽车在上坡时不致剧烈发热，回头曲线范围内的纵坡，应尽量设计为具有同一坡度的缓坡；

2. 两相邻回头曲线的辅助曲线起点之间的距离应尽可能长一些，以改善运行条件；

3. 为防止洪水破坏路基，保持路基稳固，排水设计一般采用截水沟和边沟排水）

　　露天矿各级道路采用回头曲线时，技术指标应符合相关设计规范要求。采用回头曲线展线时，关键在于选择回头曲线的位置及确定合适的主曲线半径。山坡露天布置回头曲线时，宜选择坡度较缓较开阔的地段，以便布置路基和边沟。凹陷露天矿回头曲线布置应考虑减少扩帮工程量，条件许可可将回头曲线布置在固定帮平台宽阔处。在运输干线上需接运输支线的回头曲线尽量采用非对称回头曲线，使干线尽可能顺直，以利干线运行条件。回头曲线加宽值内外侧车道应分别计算和设置，以充分利用内外侧加宽面积，这点与普通平曲线仅在内侧加宽的方法不同。

10.2.2.7　线路平面图的标示

　　线路平面图中应标出比例尺（1∶500，1∶1000，1∶2000）、直线路段方向和长度、交角点序号、平曲线要素、百米标以及地形素描。

　　道路平面设计还包括转车场的设计，位于各种卸载点、停车场、车库以及其他转车处。场地坡度要求为平坡或不大于2%的缓坡。转车场可设计成回转式、T型、L型等，回转式适用于生产道路，其他形式一般用于受地形条件限制的联络线和辅助线。

10.2.3　公路线路的纵断面设计

　　线路的纵断面是通过线路中线的竖向剖面，每一条线路经过的地段，都有高低起伏，即由上坡段、下坡段和平道段组成，上、下坡段的连接一般用圆弧曲线，称为竖曲线。纵断面设计涉及最大允许纵坡，纵坡折减，坡段长及竖曲线等问题。

　　（1）最大允许纵坡。线路纵坡是露天矿公路主要技术指标之一。最大允许纵坡要考虑采剥工艺特点、地形条件、道路等级、汽车类型、行驶速度、车流密度等因素，同时还应考虑行车视距、平曲线半径、路基、路面宽度及空重车行驶方向等因素。最大纵坡是为了使卡车按一定速度在该坡道上行驶的设计控制值，是一般情况下的极限值，见表10.3。在满足开采工艺和工程量增加不大的情况下，最大纵坡应少用或不连续使用。条件允许时尽量采用较缓的坡度，尤其是针对运量较大、服务年限较长的情况。值得说明的是，设计规范中规定的最大纵坡仅为道路设计的允许极限坡度，并非合理经济坡度。合理的道路纵坡坡度需经过技术经济比较后确定。

表 10.3　最大纵坡坡度

道路等级	一	二	三
最大纵坡坡度/%	8	9	10

注：1. 铰接式汽车专用道路的最大纵坡不宜超过 15%。

    2. 深凹露天矿最底部一个台阶的最大纵坡坡度可增加 1%。

    3. 重车下坡地段，最大纵坡应减少 1%。

采场移动坑线的最大坡度，应根据采剥工艺要求并考虑尽量缩短坑线长度确定，一般不超过 12%。

（2）纵坡折减。纵坡折减包括曲线折减和高原地区折减两部分。平曲线地段有纵坡时，其最大纵坡方向不再沿着线路中心线方向，而是线路纵坡、横坡两个坡度方向构成的平行四边形的对角线方向。其合成坡度不应超过最大纵坡坡度，故应减去折减值作为曲线最大纵坡坡度。

当平曲线半径小于等于 50m 时，该平面曲线上的纵坡应按规范要求进行折减设计。平曲线半径越小，纵坡坡度折减值越大。纵坡折减后纵坡小于 4% 时采用 4% 坡度。高原地区海拔高，空气稀薄，汽车发动机功率降低而影响到爬坡能力，对于海拔 3000m 以上地区，道路设计要折减纵坡 1%~3%。

（3）坡长限制及缓和坡段。当纵坡大于 4% 时，应在规定的限制坡长处设置不大于 3% 的缓和坡段，缓和坡段长度一般不应小于 40m。回头曲线一般不宜作为缓和坡段。限制坡长和缓和坡段长度见表 10.4 和表 10.5。

表 10.4　限制坡长　　　　　　　　　　　　　　（m）

纵向坡度/%	道路等级		
	一	二	三
4~5	700	—	—
5~6	500	600	—
6~7	300	400	500
7~8	200	250 或 300	350 或 400
8~9	—	150 或 170	200 或 250
9~10	—	—	100 或 150

注：当受地形限制，或需要适应开采台阶标高时，限制坡长可取大值。

表 10.5　缓和坡段长度

道路等级	一	二	三
缓和坡段最小长度/m	80	60	40

对由不同纵坡（其值大于 5%）组合的连接坡段（称为综合纵坡），其累计换算坡长大于 700m 时，也应设置缓和坡段，换算坡长按下式计算：

$$L_{\mathrm{H}} = \sum_{i=1}^{n} r_i l_i \tag{10.21}$$

式中，L_H 为换算坡长，m；l_i 为综合纵坡的第 i 个坡段的长度，m；r_i 为第 i 个坡段换算系数，可取 1.0~5.3，坡段坡度越大，取值越大。

上式的物理意义是将综合纵坡中大于 5% 的坡段折算成相当于 4%~5% 纵坡的限制坡长。

由于露天矿汽车运输距离较短，缓和坡段的设置位置、坡度和坡长对行车安全与工程造价有很大关系。缓和坡段的设置位置、坡长以及坡度应综合考虑地形条件、矿山运输系统工艺需要，在满足安全要求的基础上设法争取高程。

（4）最小竖曲线半径。在两相邻不同坡度的直线段相交点（变坡点），设置竖曲线给予缓和，减少震动，保证汽车行驶平稳安全。在道路设计时，当纵坡凸形变坡点相邻坡度的差不小于 2%，以及当凹形变坡点相邻坡度的差不小于 3% 时，其竖曲线最小半径可按表 10.6 设计。两种竖曲线设置的主要目的存在一定差异，因此两者计算方法各异，得出的最小半径也不同。凸形竖曲线最小半径的计算是基于视距的计算方法，凹形竖曲线的视距一般能充分保障，其最小半径的计算则是基于最大离心加速度的计算方法，离心加速度一般取 0.5~0.7m/s²。

表 10.6 竖曲线最小半径

竖曲线形状	最小半径/m		
	一	二	三
凹形	250	200	150
凸形	750	500	250

（5）道路分岔的纵坡设计。岔线与干线纵坡应保持同向并采用相同的坡度值，并均设置一段平缓坡段以改善运行条件。困难条件下，岔线从分岔点开始可以采用不同的同向坡度值，但坡度差应符合设计规范要求。道路分岔角度越大，允许的坡度差越大，可在 1%~2.5% 之间取值。当岔线与干线有不同坡向要求时，应在岔线上插入一段与干线坡向、坡度相同的短坡段，其长度应满足设置竖曲线的要求。

（6）线路纵断面图标示。比例尺根据地形选用纵 1:100，横 1:1000，或纵 1:200，横 1:2000，图中标注出线路平面、公里标、百米标，地面标高、设计坡度、填挖高度、地面线以及地貌等。坑内道路一般不绘制纵断面。道路干线均应绘制纵断面图。

10.2.4　矿用公路定线

10.2.4.1　定线原则

（1）必须满足开拓运输系统和矿区总平面布置的要求，保证露天矿的各个生产工艺过程形成有机整体。

（2）符合矿山道路设计规范的规定，并保证要求的运输能力和行车安全。

（3）避免反向运输和减少空重车的交叉，力求达到线路短，线型好，平、纵、横三面安排合理。

（4）尽量减少土石方、排水、防护设施工程量，以降低投资。

（5）应尽可能采用挖方路基，避免填方，使道路有坚实、均匀及稳固的基础。

10.2.4.2 定线工作内容

定线步骤包括拟定线路系统、方案比选和确定线位等内容。

拟定线路系统主要是根据已确定的露天矿开采境界、开拓运输系统及矿区总平面布置，进一步拟定线路的大致形式、位置和走向以及解决线路平面和高程的总体关系，为确定具体线路创造条件。拟定线路系统应依据采矿设计提供的开采境界、年末图、终了平面图、基建终了平面图以及地形地质图，结合总平面布置确定的破碎站、排土场、转载站以及工业场地等设施的位置和高程来确定。应重点考虑以下几点：

（1）充分研究线路系统中的控制点，一种是位置及高程都不宜改变的固定控制点（如固定破碎站、采场各水平出入口等），另一种是位置固定，高程可以变动或位置可变、高程固定的活动控制点（如排土场、转载站、半固定破碎站等）。

（2）固定控制点是拟定线路系统的出发点。应在满足固定控制点要求的基础上，对活动控制点进行合理安排和调整。

（3）拟定排土场线路系统时，在条件允许时，初期应尽可能减小运距和垂直爬升高度。

（4）山坡露天地形陡峭使得上下水平出车线相互干扰，或者深凹露天开采范围狭小时，可考虑采用间隔水平布置出入沟及采场移动坑线相配合的方法拟定线路系统。

（5）总出入沟位置及标高应综合考虑地形条件、采场推进方向、矿岩卸载点位置和标高等因素。

方案比选主要针对局部问题进行不同方案的比较。包括回头曲线布置方案比选、艰难路段的纵坡调整方案比选、曲线半径方案的比选、路基防护方案的比选等。

确定线位是指在平面上安排线路位置，自上而下，或自下而上进行均可。主要的控制因素是道路的纵坡。凹陷露天矿可以自下而上确定线位，并根据台阶高度、平盘宽度、坡面角等工艺数据逐段验算，确保道路与采场边坡的空间位置吻合。

定线方法与铁路定线相似，采用"零点法"确定线位。即按拟定的线路走向和道路纵坡，沿地形等高线或在采场内部沿矿床底板等高线，用分规寻找道路中心线的填挖高度等于"零"的各点，再按规定的技术标准将各点连成直线并绘出纵断面进行拉坡。必要路段还需采用横断面校正，最后确定线位。由于露天矿道路路基按要求大部分应处在挖方地段，故"零点线"多为路基的边沿线而不是道路中心线。因此，零点法定线结果需要做必要的调整。定线的关键在于充分利用地形条件，灵活使用道路设计规范的规定，准确选择零点线的位置。

自由导线地段定线时，固定控制点之间尽可能接近直短方向，避绕平面障碍时应考虑减少工程量。减少转角度数和转角次数。山区地形时以接近地形线为宜。紧迫导线定线时，应用足坡度，争取高程，即用最短的线路长度克服预定的高程。结合地形、地质条件展长线路，使工程量最小。避免设置反向坡度。

10.2.5 露天矿公路的路基、路面设计

10.2.5.1 公路路基设计

路基是按照一定要求，在天然地面或露天矿场内填高挖平，为车辆行驶铺平道路的结构物。路基工程包括路基本体、路基防护和加固建筑物、地面与地下排水设施等。矿山道

路路基分为填方路基（路堤）、挖方路基（路堑）及半填半挖路基。

（1）技术要求。路基应具有足够的强度；路基应具有抵抗自然破坏的能力，保持强度的稳定性；路基应具有足够的整体稳定性。

路基横断面设计的主要参数为路基宽度、横坡以及边坡等。

（2）路基宽度。路基宽度由路面宽度和路肩宽度组成。路面宽度（行车部分宽度）与自卸汽车外形尺寸和行车速度直接有关。路肩宽度与车型以及路基填挖方性质有关。确定路面宽度、路基宽度的主要依据为卡车类型，见表 10.7、表 10.8。

表 10.7 露天矿山道路路面宽度

卡车类型		一	二	三	四	五	六	七	八	九	十
计算车宽/m		2.3	2.5	3.0	3.5	4.0	5.0	5.5	6	7	7.5
双车道 路面宽度/m	一级	7.0	9.0	11.0	12.0	14.5	18.0	20.0	24.0	28.0	30.0
	二级	6.5	8.5	10.5	11.5	13.5	16.0	18.0	22.0	26.5	28.5
	三级	6.0	8.0	10.0	11.0	12.5	14.0	16.0	20.0	25.0	27.0
单车道路面宽度/m	一、二级	4.0	5.0	6.5	7.0	8.0	9.0	10.0	12.5	15.0	16.0
	三级	3.5	4.5	6.0	6.5	7.5	8.5	9.5	12.0	14.0	15.0

注：当实际车宽与计算车宽差值大于 15cm 时，应按内插法以 0.5m 为加宽量单位调整路面的设计宽度。

表 10.8 露天矿山道路路肩宽度

车宽类型		一、二	三	四、五	六、七	八	九、十
路肩宽度/m	挖方地段	0.50	0.75	0.75	1.00	1.00	1.50
	填方地段	1.00	1.50	2.00	2.50	3.00	5.00

采场内运输平台的宽度为矿山道路路面与路肩宽度之和。

10.2.5.2 公路路面设计

在露天矿作业中，运矿汽车能否正常高效作业，很大程度上与矿山公路的状态有关。即除了正确的公路定线和设计路基之外，主要取决于公路路面的质量。

A 路面分类及等级

路面是用各种材料铺于路基顶面行车部分的层状结构物，作用是承受车辆荷载和车轮转动的磨耗。路面在荷载作用下，按其工作特性及荷载理论依据的不同可分为柔性路面和刚性路面。柔性路面不能抵抗很大的挠曲，其强度在很大程度上取决于土壤基础的强度，路面相邻各层与土壤基础在刚性上相差较少。常用的柔性路面有沥青碎石路面，碎石、土和其他结合料处置的粒料路面，块料铺砌路面及各种加固土路面。刚性路面是铺筑在弹性土壤基础上的板体路面，板体与土壤基础的刚性相差很大，具有一定的抗弯能力。混凝土路面和钢筋混凝土路面属于刚性路面。矿山道路路面按技术性质分为四级，如表 10.9 所示。路面等级的选择与线路使用期限、等级、类别等道路条件以及汽车载重量有关。

表 10.9 公路路面等级

路面等级	路面类型
高级路面	水泥混凝土路面，整齐块石及条石路面，沥青混凝土路面，热伴沥青碎石混合料路面

路面等级	路面类型
次高级路面	沥青贯入碎石路面，沥青碎石表面处治路面，冷拌沥青碎石路面
中级路面	泥结、水结、干结及级配碎石路面，沥青灰土表面处治路面
低级路面	粒料加固土路面

B　路面结构

路面结构是指组成道路路面的层次。路面结构有单层和多层的型式。在路基上只铺一层的称为单层结构。多层路面包括面层、基层及垫层。面层又称铺砌层（包括磨耗层和保护层），是直接随车辆滚压的层次，厚度一般为 1~3cm。基层又称承重层，是路面承受行车荷载，保证路面力学强度和结构稳定性的主要层次，其材料的选择应根据确定的路面等级和施工技术条件确定。垫层又称辅助基层，是在路基水、温条件不利的情况下，设于基层和土基间的层次，可以防止不均匀沉陷、冻胀以及翻浆等现象。

露天矿生产干线和永久性联络线应选择泥接碎石路面。采掘、排土工作面的生产支线和临时性联络线的路面材料宜就地取材。矿山运输用道路若使用沥青或混凝土路面，不仅造价昂贵且使用效果不好，撒料遇水易使车轮打滑，路面破损不易修复，特别是坡道更不应使用。

10.3　露天矿公路运输能力

10.3.1　道路通过能力

道路通过能力是指在安全条件下，道路允许通过的最大汽车数量或运输量。主要取决于行车道数目、道路状态和行车速度，一般选择车流最集中的咽喉区段（如采场与废石场的出入口、小半径的回头曲线、车流量很大的公路交叉点等）进行计算。

$$N = 1000v \cdot n \cdot k / S_0 \qquad (10.22)$$

式中，N 为道路的通过能力，辆/h；v 为汽车在计算区段内的运行速度，km/h；n 为行车道条数（单线 $n = 0.5$，双线 $n = 1$）；k 为车辆行驶不均衡系数，一般 $k = 0.5 \sim 0.7$；S_0 为车辆行驶间的安全距离，m。安全距离即为车辆间隔，应按照制动距离加 10~20m 安全间隔计算。

10.3.2　自卸汽车的运输能力

自卸汽车运输能力是指单位时间自卸汽车的运输矿岩量，取决于载重量、运行周期时间和时间利用系数。

$$A_{ws} = \frac{60 q_a}{T_z} \cdot T \cdot K_1 \cdot \eta \qquad (10.23)$$

式中，A_{ws} 为自卸汽车的实际生产能力，t/台·班；q_a 为汽车载重量，t，自卸汽车选型应与挖掘机选型相匹配，汽车载重量与挖掘机铲斗装载量的比例宜为（3:1）~（6:1），为发挥汽车运输的经济效益，运量大运距短的矿山，应选择载重量大的设备，反之，选择载重量小的设备；η 为汽车工作时间利用系数，取 $0.8 \sim 0.9$，一班工作时宜取 0.9，二班工作时宜取 0.85，三班工作时宜取 0.8；T 为班作业时间，h；K_1 为汽车载重利用系数，与道路技术状态、汽车车厢容积与装载机铲斗容积之比等因素有关，一般为 $K_1 = 0.85 \sim 1.0$，按充分利用汽车载重量考虑，载重量利用系数不宜小于 0.9，否则应加大自卸汽车的车斗容积；T_z 为汽车运行周期时间，min。

$$N = \frac{K_2 Q}{HCA_{ws} K_3} \tag{10.24}$$

式中，N 为生产所需的自卸汽车数量；K_2 为运输不均衡系数，取 $1.05 \sim 1.15$；Q 为矿山年运输量，t/a；H、C 分别为年工作日数、每日工作班数；A_{ws} 为自卸汽车班生产能力，t/台·班；K_3 为出车率，运矿汽车出车率宜为 $65\% \sim 85\%$。

复习思考题

10-1 露天矿公路运输中，在直线段与曲线段之间为什么要设置缓和曲线？

10-2 公路运输线路设计时，应考虑超高横坡和道路加宽，试说明原因。

10-3 回头曲线的特点是什么，如何设计？

10-4 公路线路技术等级可分为几级，分级依据是什么？

10-5 露天矿公路运输中，行车视距可分为哪两类？解释各自含义及两者数值上的关系。

10-6 分析设置限制坡长和缓和坡段的原因，并说明应如何设计。

10-7 露天矿汽车运输系统中，为什么要进行道路纵坡折减？说明纵坡折减的方法。

11 矿山其他运输设备和矿山供电系统

扫一扫
看视频

按照功能结构特征可以将运输设备分为连续运作式运输设备和周期性动作式运输设备。机车运输、卡车运输等均属于周期性动作式运输设备，矿山连续动作式运输设备主要包括架空索道和带式输送机等。

11.1 架空索道运输

11.1.1 架空索道的种类、特点及应用范围

架空索道是利用架设在空中的钢丝绳输送货物或人员的运输设备。运输容器在牵引钢丝绳（牵引索）的作用下，沿着架设在空中的钢丝绳轨道（承载索）运行。即用承载钢丝绳作为货车运行的导轨，货车由牵引钢丝绳牵引运行。

11.1.1.1 架空索道的种类

（1）按用途分为运输散粒物料或成件物品的货运索道和运输人员的客运索道。

（2）按牵引钢丝绳的动作方式分为牵引钢丝绳做无极牵引的循环式架空索道和牵引钢丝绳作有极牵引的往复式架空索道。前者运输容器始终沿环形线路连续向同一个方向循环运行，后者运输容器做周期性的间断往复运行。

（3）按组成索道的钢丝绳数目可分为多线索道、单双线索道和单线索道。三根或四根钢丝绳组成的多线索道，多用于客运索道。双线索道有两根平行架设的钢丝绳，一根承载索（轨索），一根牵引索。单线索道只有一根传动钢丝绳，该传动索既是承载索又是牵引索。

11.1.1.2 架空索道的特点

（1）优点：1）对地形适应性强；爬坡能力大，单线索道最大坡度达35°，双线27°；受气候影响较小，但在寒冷地区较长距离运输湿精矿易于冻结，应有防冻解冻措施。2）运距短，基建、经营费用低、能量消耗少。3）运营及装、卸设施简单，易于实现机械化和自动化。

（2）缺点：相比铁路、公路、皮带等运输方式，生产能力受限；设备环节多；高空作业条件差；换绳比较困难；由于抱索不可靠，时常会发生掉斗事故。

11.1.1.3 适用范围

矿山采用循环式索道，运量不大于150t/h采用单线循环索道，运量大于150t/h时应采用双线循环索道。对于跨越山谷、河流等天然障碍物的大跨度索道应采用双线循环式。索道在中小型金属矿山得到一定范围使用，但有被长距离输送皮带取代的趋势。

11.1.2 架空索道的主要组成结构、工作原理及技术参数

11.1.2.1 组成结构

双线货运架空索道由驱动机、牵引索、承载索及拉紧装置、货车、装载站、卸载站、锚固和拉紧承载索的锚固站和拉紧站等组成，如图 11.1 所示。索道线路转弯处应设置转角站，分段驱动时应设置中间驱动站。

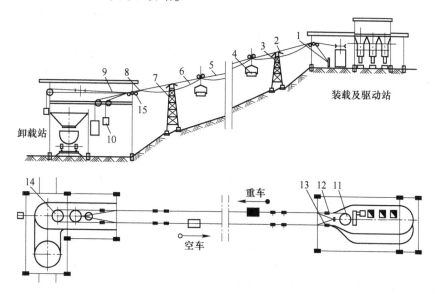

图 11.1　循环式双线索道示意图

1—承载索锚接处；2—摇摆鞍座；3—托索轮；4—货车；5—承载索；6—牵引索；7—支架；8—偏斜鞍座；
9—扁轨；10—承载索拉紧重锤；11—驱动轮；12—接合器；13—脱开器；14—牵引索拉紧滑轮；15—滚轮组

（1）驱动机。矿山应选用摩擦式驱动装置，由电机带动摩擦轮，牵引钢丝绳绳环移动。单线时驱动传动索，双线时驱动牵引索。摩擦式驱动装置的抗滑安全系数正常运行时不小于 1.5，在最不利载荷下启动或制动时不小于 1.25，并按下式校核：

$$t_{max}(e^{\mu\alpha} - 1)/(t_{max} - t_{min}) \geq 1.25 \tag{11.1}$$

式中，t_{max}、t_{min} 分别为最不利载荷情况下，启动、制动时驱动轮入侧或出侧、出侧或入侧牵引索的最大、最小拉力，N；μ 为牵引索与驱动轮衬垫之间的摩擦系数，采用中等硬度聚氯乙烯或高硬度丁腈橡胶衬垫时，可取 0.2，或以厂家数据为准；α 为牵引索包角，rad。

单线循环式索道宜选用卧式驱动装置，多传动区段索道宜采用一台卧式驱动装置同时传动两个区段；双线循环索道，高架式站房宜采用立式驱动装置，单层站房宜采用卧式驱动装置。驱动电机宜选用交流电机，但侧型复杂、运动速度高或负荷较大的索道宜选用直流电机。

（2）货车。货车是货运索道运输容器，亦称顶轮吊斗料车、矿斗等。根据矿石特性选用翻转式矿斗或底卸式矿斗，黏结性矿石应优先选用后者。单线、双线循环式索道矿斗容积分别为 0.25～1.25m³、0.5～2.5m³。

矿斗由料斗、吊架、吊杆、导架、运行小车及夹索钳等组成。小车车架上装有单行前后排列的行走顶轮，顶轮踏面上有环形凹槽。矿斗运行小车在承载索或架空扁轨上运行

时，索面或轨面与凹槽底部圆弧接触。通过偏斜鞍座导板或承载索连接套筒时，板面或套面与凹槽侧边接触并扣住，确保承载索不会滑脱。夹索钳是抱索器的执行机构，安装在矿斗上。

抱索器类型有弹簧式抱索器、重力式抱索器、鞍式抱索器等，按照运行速度、爬坡角度以及承载能力选择。

（3）牵引索及抱索器。抱索器连接矿斗和牵引索，以牵引矿斗前进。结挂器和脱索器能够挂接和脱开矿斗。在装料站和卸料站站口附近，设有脱索器和结挂器，可实现矿斗脱索和结挂功能，即进站时矿斗脱开牵引索，出站时矿斗结挂牵引索。当矿斗进入站口时，牵引索进站后倾斜向上，脱索器使抱索器（夹索钳）与牵引索分开，完成脱索过程。当矿斗出站口时，牵引索出站后倾斜向下，结挂器使抱索器（夹索钳）夹住牵引索，完成结挂过程。

（4）站房设备。站房设备包括装矿站点、卸矿站点、中间站点，中间转角站、中间传动站点等。牵引索驱动装置和拉紧装置分别安装在两个端点站内。装载站和卸载站料仓的有效容积应根据索道长度、运输能力、工作制度、检修和处理故障时间以及相关车间或运输工具的生产要求确定。装料仓出料口导槽应正对停放在架空扁轨上的空矿斗，以便开启闸门装矿，卸载料仓处于扁轨下方适当位置，重矿斗进站后可自动翻斗卸矿。端点站内除了设有矿斗运行扁轨，还设有停放矿斗和检修矿斗用的架空扁轨。

（5）承载索。装载站与卸载站相距不远时，空重车侧各用一根承载索，承载索一端锚固，另一端用重锤拉紧。在两个端点站和各个中间站站口，承载索向下倾斜，不再承担承载作用，而由架空扁轨替代承载索，扁轨安装在屋架下的弓形支座上。偏斜鞍座设在端点站和中间站站口，以承托承载索使其得以偏斜向下，将其锚固或拉紧，并将承载索与扁轨衔接。

承载索应选用密封钢丝绳，其公称抗拉强度不宜小于 1370MPa，承载索抗拉安全系数不得小于 3.0。牵引索应选用线接触或面接触同向捻带绳芯的股捻钢丝绳，公称抗拉强度不宜小于 1670MPa，其抗拉安全系数不得小于 4.5。单线矿用索道牵引索和承载索合二为一，称为传动索或运载索。除了钢丝绳类型、规格以及抗拉安全系数与双线索道牵引索相同外，运载索表层钢丝直径不得小于 1.5mm。

（6）拉紧索。拉紧索应选用绕性好、耐挤压的股捻钢丝绳，公称抗拉强度不宜小于 1670MPa，抗拉安全系数不得小于 5.0。

（7）支架。为减少钢索垂度和升角，平均每隔一定距离设有支架。在支架顶部两侧挑梁上装有弓形摇摆鞍座，用来承托承载索，减少矿斗经过支架时承载索受到的附加应力。支架腰部两侧在适当高度装有拖索轮，拖索轮左右两侧设有拖索架。承载索通过鞍座支撑在支架上，中间支架使用摇摆鞍座，站口支架使用偏斜鞍座。

11.1.2.2 工作原理

在装载站，装满矿石的吊斗车沿着架空环形扁轨推送至结挂器处，挂索后在牵引索拖动下越过偏斜鞍座，在重车侧承载索上行进。吊斗车到达卸载站后，越过偏斜鞍座，脱索、卸料，沿架空环形扁轨送至结挂器处，挂索后在牵引索拖动下越过偏斜鞍座，在空车侧承载索上行进。吊斗车到达装矿站，越过偏斜鞍座，脱索，沿环形架空扁轨行至装矿处进行装矿。装满矿的吊斗车再次被送往重车侧承载索行进，如此循环，完成运输任务。

11.1.2.3 技术参数

索道主要技术参数包括小时（日）运输量，矿石堆积密度，料斗容积，料斗运行速度、料斗间距，牵引（传动）索规格（钢丝绳型号规格）、承载索规格（空、重车侧钢丝绳规格），支架数量及最大高度，中间站布置及拉紧区段数，电动机功率，线路全长、线路高差、线路最大跨度、线路最大坡度等。

A 拉紧区段长度

索道侧型是指连接各鞍座点的线型，即将承载索支撑在空中，构成的两个或多个相互联系的悬索曲线，是承载索索底的纵剖面，又称索道纵断图。索道侧型与地势的侧型及支架分布有关。承载索长度受其强度和耐久性限制，也与索道侧型有关。对于比较平坦的索道侧型，采用密闭式钢丝绳时，承载索最大长度 L_{max}，即拉紧区段长度为：

$$L_{max} = 0.175F_c/(q_{ch} + 1.3Q'/\varepsilon) \tag{11.2}$$

式中，q_{ch} 为承载索单位长度重量，kg/m，$q_{ch} = d^2/175$；d 为钢丝绳直径，mm；Q' 为吊斗料车重量，kg；ε 为吊斗料车间距，m；F_c 为拉紧荷重的重量所产生的承载索初张力，N。承载索初张力即为拉紧重锤的重量。

承载索的破坏主要由金属疲劳引起，为限制引起疲劳的交变应力，必须限制承载索受到的总摩擦力，包括拉紧滑轮的摩擦阻力和全部鞍座上的摩擦阻力。承载索的总摩擦力不得超过承载索初张力的30%。

式（11.2）计算的承载索最大长度为索道侧型较为平坦的拉紧区段最大可能长度。索道侧型凹陷地区，支架上的压力减小，拉紧区段的可能长度增加。在索道侧型凸起地区，由于支架压力增大，拉紧区段的可能长度降低。拉紧区段长度一般在 1~2.5km 范围内变动。计算拉紧区段长度的目的是在装载站和卸载站之间判断是否设置中间站（中间拉锚站），当装卸站点间距离大于一个拉紧区段长度时，应设置中间站将装卸站点之间划分成多个拉紧区段。中间站由支架（钢筋混凝土或钢结构）、拉锚装置、衔接轨道以及偏斜鞍座等组成。

装卸站点之间，即两个端点站间的索道线路尽量设计成直线方案，可使线路最短，减少中间站数量及基建工程，且便于索道运营。若地形坡度大，超过承载索最大倾角许可值或跨越建（构）筑物防护设施费用过高，导致直线方案投资高于折线方案，应采用折线方案。折线方案应设置中间转角站，中间转角站的衔接轨道应为曲线形，且应设置滚轮组引导牵引索转向。

B 牵引区段长度

若两端点站间距离过远，一根牵引索无法满足要求时，可设置两根或两根以上牵引索，分成多个牵引区段。牵引区段之间的衔接处，应设置中间牵引站。中间牵引站可以与转角站合并。中间牵引站除了设有承载索拉锚装置、衔接轨道以及偏斜鞍座外，还应设置脱索器、接挂器以及牵引索的驱动装置和拉紧装置。

牵引区段长度受牵引索强度限制。驱动装置应选用摩擦式驱动装置，为减少牵引索弯曲应力，牵引索直径与驱动轮直径之间存在一定的比例关系，因此牵引索直径和强度受限。

$$F'_{max} = F'_{min} + 9.8q_{zh}h_q \pm 9.8q_{zh}l_q\omega_0 \tag{11.3}$$

式中，F'_{max} 为牵引索最大张力，N；F'_{min} 为牵引索最小张力，N；q_{zh} 为重车侧线路上的均布重量，kg/m；l_q 为牵引区段或最大高差段的水平长度，m；h_q 为牵引区段高差或最大高差（按照计算方向定正负），m；ω_0 为吊斗料车运行阻力系数，动力运行时为 0.006，制动运行时取 0.0045；± 为高差符号，当计算方向与斗车运行方向相同时取正，反之取负。取 $F'_{min} = 10780q_q$，q_q 为牵引索单位长度质量，kg/m。

$$F_{max} = F_{po}/m \tag{11.4}$$

式中，F_{max} 为牵引索能承受的最大张力，N；F_{po} 为牵引索破断拉力，N；m 为牵引索抗拉安全系数，取值不小于 4.5。

利用式（11.3）和式（11.4）可确定牵引索规格，或在已知牵引索规格情况下，确定牵引区段长度。

对于单线索道，传动区段长度受传动索强度限制。传动索最大张力可按公式（11.3）计算，一般取 $F'_{min} = 88Q'$，$q_{zh} = Q'/\varepsilon + q_d$，$q_d$ 为传动索每米长度重量。当拖索轮为滚动轴承时，动力运行时 $\omega_0 = 0.006$，制动运行时 $\omega_0 = 0.008$。传动索直径 22~36.5mm。

单线索道、双线索道的运输能力通常分别为 50~100 万吨/年，100~150 万吨/年。料斗容积分别为 0.2~0.5m³，0.5~1.0m³。运行速度分别为 2.0~2.5m/s，2.0~3.15m/s。

C 料斗运行速度

矿山单线循环式索道最高运行速度不超过 4.5m/s，双线循环式索道最高运行速度 5m/s。在发车位置设置有保证斗距或发车间隔时间的发车设备，若间隔时间为 30s，车速 3m/s，则线路上每隔约 90m 就有一个矿斗，依次完成装、运、卸的过程。

11.1.3 选择索道线路的基本原则

(1) 尽量避免与矿区、铁路、公路和居民区交叉，否则需设置保护网、保护桥以及拦网等保护设施，增加支架高度。索道净空尺寸包括跨越或穿越有关设施、区域的最小垂直净空尺寸以及矿斗与内外障碍物之间的最小水平净空尺寸，数值应符合规范要求。

(2) 起、终点站的线路应为直线，即索道线路的水平投影应为直线，避免设置中间转角站。在线路坡度大于允许爬坡角等情况下应考虑折线方案，但应进行方案比较。

(3) 当索道起、终点高差大于一个传动区段所允许的高差时，须设置中间传动站。

(4) 索道线路应避免通过大的凸起地形、岩溶及其他不良工程地质区段。

(5) 线路侧型应力求平滑，避免过大过多的起伏。

(6) 应减少索道线路与主导风向的夹角。

(7) 弦倾角、弦折角及靠贴安全系数等基本参数，应符合相关规范要求。

11.2 带式输送机运输

11.2.1 带式输送机基本原理

相比铁路、公路运输，带式输送机运输具有结构简单、输送物料种类广泛、输送能力大、输送距离长、地形适应性强、输送倾角大、装卸载灵活以及费用低等优点，同时噪声小、可靠性高、环保。作为地下矿山坑内运输的重要运输方式，带式输送机运输得到越来越广泛的应用。另外，露天矿山矿岩年运输量超过 3000kt、汽车运距大于 3000m 时，应考虑采用移动式破碎站—带式输送机开拓运输方案，或公路—（半移动式或固定式）破碎站—带式输送机联合开拓运输方案。露天矿采场内固定式带式输送机一般布置在非工作帮或斜井内，条件具备时应采用大倾角带式输送机。露天矿山和地下矿山带式输送机运输设计基本类似。

11.2.1.1 工作原理

带式输送机是连续输送机的一种，是以输送带为牵引和承载构件，利用托辊支撑，通过驱动滚筒与胶带之间的摩擦力来传递牵引力，如图 11.2 所示。

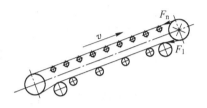

图 11.2 钢绳芯胶带输送机示意图

带式输送机的输送带既是承载件也是牵引件，电机驱动传动滚筒转动，依靠输送带与滚筒之间的摩擦力来驱动输送带运行，达到输送物料的目的。该摩擦力即为牵引力。若摩擦力小于输送带运行阻力，则输送带打滑，滚筒空转，达不到物料输送目的。输送带与传动滚筒刚接触的点称为趋入点，离开传动卷筒的点称为背离点。两点之间圆弧对应的角度称为包角。

带式输送机有动力和制动两种工况。动力工况时原动机驱动滚筒克服运行阻力，趋入点输送带横断面张力最大，背离点输送带张力最小。制动工况时一般为向下输送，物料重力在运行方向的分力大于运行阻力，电机制动使输送带匀速运行，输送带张力情况相反。

包角范围内，输送带最大张力 F_n 与最小张力 F_1 符合以下关系，称为驱动原理公式。

$$F_n \leqslant F_1 e^{\mu\varphi} \tag{11.5}$$

式中，μ 为输送带与传动滚筒的摩擦系数；φ 为包角，rad；$e^{\mu\varphi}$ 为欧拉系数；e 为自然对数底。

单滚筒输送机驱动装置可能传递的最大牵引力：

$$F_q = F_n - F_1 \leqslant F_1(e^{\mu\varphi} - 1) \tag{11.6}$$

可见，可以通过增大摩擦系数、增大包角（采用增面轮）来增大牵引力。增大张力 F_1 也可增大牵引力，F_1 由拉紧装置的拉力产生，张紧装置拉力过小，F_1 太小导致牵引力不足，反之，输送带张力增大，滚筒直径及输送带规格增大，设备投资增加。

尽管输送带在传动滚筒上有蠕缩现象，但驱动原理公式仍然成立。如果取最大值 $F_n = F_1 e^{\mu\varphi}$，由于输送带受到振动或其他因素影响，很难保证传动滚筒不发生空转。为保证驱动过程中，输送带不在传动滚筒上发生全面蠕缩打滑，影响输送机正常运转，应取 $F_n < F_1 e^{\mu\varphi}$，一般取 $F_n = F_1 e^{\mu\varphi}/1.2$，式中，1.2 为安全系数。

输送带垂度（挠度）。为了减少输送带运行中的抖动和阻力，设置上下托辊限制输送带垂度。输送带承载段张力最小处的输送带垂度不应超过承载段上托辊间距的 0.025 倍。通过限定输送带承载段张力最小处的张力值来进行垂度校核。

输送带强度。输送带上张力最大处的张力不应大于输送带强度，并应考虑安全系数。

输送带各点张力计算。首先计算 F_n、F_1；考虑各张力点间的阻力变化特点，利用张力逐点计算法计算输送带各点张力。阻力包括回程段运行阻力、承载段运行阻力、清扫器阻力、物料加速阻力、改向滚筒阻力、卸料装置阻力、凸弧段附加阻力等。其中，输送带承载段和回程段的运行阻力、改向滚筒阻力、凸弧段附加阻力等可按照阻力系数计算。

拉紧张力。拉紧装置应提供适当的拉紧张力，即满足传动滚筒不空转打滑、输送带不产生过大垂度，并使得传动滚筒趋入点和背离点的输送带拉力 F_n 和 F_1 获得适当的大小。拉紧装置产生的拉力 F_0 与拉紧滚筒上输送带两边的拉力 F_i 和 F_{i+1} 平衡，即满足 $F_0 = F_i + F_{i+1}$。按照拉紧张力的大小，可计算出拉紧重锤的规格。

采用带式输送机运输矿石、废石和其他物料时，应符合《金属非金属矿山安全规程》（GB 16423）、《带式输送机安全规范》（GB 14784）、《带式输送机工程技术标准》（GB 50431）的有关规定。带式输送机不应用于运送过长的材料和设备。

11.2.1.2　布置形式

布置方式主要有水平式、倾斜式以及凸弧段、凹弧段布置等几种方式。

无论是整体倾斜还是局部倾斜，其倾斜角均有一定限制，避免物料滚落。带式输送机运输物料的最大坡度应根据输送物料的性质、作业条件、胶带类型、带速及控制方式等因素综合确定。《有色金属采矿设计规范》规定，向上运输不应大于 15°；向下运输不应大于 12°，向下输送倾角为向上输送倾角的 80%；物料流动性较大时，应减少带式输送机倾角；向上输送物料、要求坡度更大时，应该采用大倾角带式输送机。

凸弧段曲率半径的最小值与带宽成正比。输送带横向弯曲呈弧形后，纵向弯曲刚度增大。为限制弯曲应力，曲率半径应限定最小值。输送带愈宽，纵向弯曲刚度愈大。凹弧段曲线应与空输送带的自然曲率一致或略大，为简化布置，可将其看成圆弧线计算其曲率半径。

11.2.1.3　功率

输送带最大张力与最小张力之差，即为牵引力，故传动滚筒轴功率为：

$$P_1 = (F_n - F_1)v/1000 \tag{11.7}$$

式中，P_1 为传动滚筒轴功率，kW；F_n、F_1 分别为传动滚筒包角范围内的输送带最大、最小张力，N；v 为带速，m/s。

$$P_M \geq KP_1/\eta \tag{11.8}$$

式中，P_M 为电动机额定功率，kW，按式（11.7）计算结果查阅电动机手册选用电机及其额定功率；η 为传动效率；K 为功率备用系数，$K = 1.7/k$；k 为电机启动转矩与额定转矩之比。

若带式输送机在动力工况下运转，运输距离较长且带速较高时，需进行满载启动验算。须分别计算静功率和动功率，静功率为输送机正常运行时的功率，即 $P_J = P_1/\eta$；动功率 P_D 为带式输送机满载启动时的功率，即物料、输送带、托辊、滚筒转动及电动机转子、减速器齿轮等产生加速度所消耗的功率。可用下式进行满载启动验算：

$$P_M \geq (P_J + P_D)/(K_V^2 k) \tag{11.9}$$

式中，K_V 为电压降系数，取 0.9。

若不满足以上条件，应选择较大额定功率的电机，重新进行满载启动验算。若为制动工况，倾角较小时，应做动力运行空载启动验算。

11.2.1.4　制动力矩

滚筒轴上所需的制动力矩　$M_t = 413D_0(6.35 \times 10^{-3}Qh - P_1)/v \tag{11.10}$

电动机轴上所需的制动力矩　$M_t' = M_t\eta/i \tag{11.11}$

式中，D_0 为传动滚筒直径，m；Q 为带式输送机生产率，t/h；h 为带式输送机头尾高差，m；v 为带速，m/s；i 为传动比；η 为传动效率，取 0.95。

据此确定逆止器或制动装置的制动力矩，进而选择合适的逆止器或制动装置。

11.2.2　结构组成

带式输送机由输送带、驱动装置、传动滚筒、改向滚筒、托辊、受料卸料装置、拉紧装置、清扫器、止逆器、制动器、机架以及控制装置组成。

11.2.2.1　输送带

输送带是带式输送机的工作机构，用以承载和输送物料。输送带由带芯、芯胶及上、下覆盖层组成。带芯是承拉构件，使输送带具有一定的抗拉强度和刚度。芯胶是带芯的黏结层，缓冲和吸收冲击，保持输送带整体性。上、下覆盖层分别位于承载面和非承载面一侧，上覆盖层承受物料冲击、磨损和腐蚀。输送带覆盖层应根据输送物料松散密度、粒径、磨耗性、受料高度等因素确定。硬质岩石输送应选用"H"级，软质岩石可选用"L"级。输送带按照承拉构件特点可分为钢丝绳芯输送带以及织物芯输送带，织物芯可分为帆布芯、尼龙帆布芯、聚酯帆布芯等。钢丝绳芯输送带适用于长距离、大运量、高带速条件下物料输送，尼龙芯、聚酯帆布芯输送带适用于中长距离，普通帆布芯适用于短距离输送。另外输送带按照使用环境的要求，也有阻燃输送带。工作环境温度低于−25℃时，应选用耐寒输送带。

输送带参数包括输送带宽度、带速、抗拉提强度、织物芯输送带许用层数、物料堆积密度、覆盖层厚度、单位长度输送带质量等。

输送带接头处理方法包括机械接头、冷粘法、热硫化法。机械接头寿命短，不适宜高带速、长距离输送，冷粘法可实现较高的接头强度，热硫化法接头强度高，是理想的接头方法。

（1）输送带带宽。根据输送带上物料流理论横截面积 S_0，可计算其理论输送量为：

$$Q = 3600S_0 v\rho c\xi \tag{11.12}$$

S_0 与带宽和动堆积角有关，令 $3600S_0 = aB^{b+v}$，则 $Q = aB^{b+v}v\rho c\xi$，可得输送带带宽值：

$$B = \left(\frac{Q}{av\rho c\xi}\right)^{1/(v+b)} \tag{11.13}$$

式中，a、b 为与动堆积角和带形有关的系数；Q 为带式输送机的生产率，t/h；v 为带速，m/s；ρ 为物料堆积密度，t/m³；c 与输送机倾斜段最大倾角有关的系数；ξ 与带速有关的系数。

应选取与带宽计算值相近且不小于该值的标准带宽。对于大块散装物料，还应采用物料粒度 α 及输送带堆料宽度 B' 核算带宽。其中，运输物料的最大块度 α 不应大于 350mm。

$$B \geq 2\alpha + 200 \quad 且 \quad B \geq B' + 200 \tag{11.14}$$

（2）带速。带速取决于物料性质、运输量、运距、输送带张力等因素，可按照物料特性和种类、带宽进行选取。物料特性包括磨损性、粒度及脆性等。输送量越大、输送带越宽时，应选择较高带速；较长的水平式带式输送机可选用较高带速；输送机倾角越大、长度越小，带速应越低，向上运输可选用较大带速，反之选用较小带速。易滚动、粒度大、磨损性强、易扬尘以及环境条件要求较高时，带速应较低。采用卸料车卸载时，带速不超过 2.5m/s，犁式卸料器卸载时，带速不宜超过 2m/s。用于手选抛废的带速宜为0.3m/s。

11.2.2.2　托辊

托辊的作用是支承输送带，减小运行阻力，限制输送带垂度，确保平稳运行。托辊数量较多，成组安装在输送机上。根据托辊组的功能和位置，分为承载托辊组和回程托辊组。按照托辊组的结构型式分为固定式托辊组和悬吊式托辊组。采用防跑偏托辊组可以防止由于输送带制造偏差、物料偏心堆积、机架变形、输送带张力分布不均等原因导致的输送带跑偏现象。在输送机受料点处，安装减震托辊组（缓冲托辊）可起到减缓冲击作用。

托辊直径、长度、间距与输送带带宽、限制带速、承载能力以及输送带垂度等因素有关。

11.2.2.3　传动滚筒和改向滚筒

改向滚筒不传递力，主要用于改变输送带的方向，完成拉紧、返回等功能。驱动滚筒传递圆周牵引力，驱动滚筒表面与输送带之间应有足够的摩擦系数。滚筒直径与带宽等因素有关。

11.2.2.4　驱动装置

驱动装置由电机、减速器和联轴器组成。带式输送机为匀速运行设备，不需变速驱动，使用四电极、六电极型三相交流异步电机，小功率带速低时可使用八电极型电机。减速器类型主要有蜗轮蜗杆、平行轴斜齿轮减速器等，后者适用于大功率、大运量输送机。

11.2.2.5　拉紧装置

为了使输送带具有足够的初张力，保证输送带与驱动滚筒间产生足够摩擦力防止打滑，限制输送带垂度，保持输送机正常平稳运行，应设置能产生适当张力的张紧装置。拉紧装置可分为螺旋式拉紧装置、车式重锤拉紧装置以及垂直式拉紧装置等类型。矿山带式输送机拉紧装置的布置根据拉紧力、拉紧行程、拉紧装置对输送带张力的响应速度综合确定，一般应布置在输送带张力最小或靠近传动滚筒松边；一般应采用电动绞车和液压自动拉紧装置，短距离输送机可采用重力拉紧或螺旋拉紧等固定拉紧装置。自动拉紧装置具有响应功能，即开车前、停机后、运行中可以使滚筒车架发生位移，拉紧力可以发生变化。

11.2.2.6　受料装置和卸料装置

受料装置包括头部漏斗、溜槽和导料栏板等，将物料导入输送机皮带。卸料装置包括犁式卸料器、卸料车、可逆配舱带式输送机等。矿山带式输送机装卸料点必须设置与带式输送机联锁的空仓、满仓等保护装置以及声、光信号。另外，应设置安装、维修设备以及除尘设施。

11.2.2.7　清扫器

由于物料本身及环境等影响，若物料黏结在输送带承载面，而被带回空载段，可能会引起输送带强烈磨损，同时在下托辊上形成积垢，使输送带跑偏，损坏输送带。被带回空载段的物料从输送带上掉落，也会造成维护和清理困难。在输送带空载段，与输送带承载面接触的滚筒也容易黏结物料。因此带式输送机应设置清扫器，消除以上不利因素，确保输送机正常运行。输送带清扫器可分为承载面清扫器和回程面清扫器。承载面清扫器也称为头部清扫器，装设于输送机头部卸料滚筒下方，用于清扫卸料后仍然黏结在输送带工作面上的物料。回程面清扫器也称为空段清扫器，装于尾部滚筒前的空载段，用于清扫输送带下分支非工作面上的物料。清扫器分为刮板式、喷水式、旋转式、振动式以及气压式等类型。

　　输送带翻转装置，是将回程段的输送带翻转180°的装置。在机头卸料点回程段之后，使输送带的承载面翻转向上，而在机尾处又把承载面翻转朝下。通过翻转避免输送带脏面与回程分支托辊组接触，减少回程段承载面与下托辊之间的磨损。该装置主要用于黏性物料输送以及输送机双向输送物料（回程输送带也输送物料）的情况。

11.2.2.8 止逆和制动装置

　　由于倾斜带式输送机在停车时可能会发生倒转或顺滑的情况，止逆装置是防止带式输送机逆转的安全装置，制动装置是保证带式输送机按要求正常停机和驻车定位的安全装置。电气制动和液压制动是停机制动的方式，机械制动可在失电状态使用。

11.2.3 矿用带式输送机类型

　　（1）普通带式输送机。矿山最常用的一种带式输送机。胶带内以帆布层作为承载构件。特点是帆布层强度小，输送距离受到很大的限制。

　　（2）钢绳芯胶带输送机。胶带内以钢丝绳代替了帆布层作为承载构件，如图11.3所示。胶带强度较大，单机输送距离长，输送能力大。主要用于平硐、斜井和地面长距离输送矿岩等散状物料。

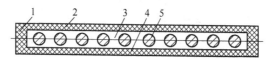

图11.3　钢绳芯胶带结构图（横剖面）

1—边胶；2—上覆盖胶层；3—中间胶层；4—下覆盖胶层；5—钢丝绳

　　（3）钢绳牵引带式输送机。以两根钢丝绳作为牵引构件，胶带仅作持送构件。输送距离长，胶带寿命长，功率消耗小，结构简单，安装、使用方便。驱动机构和拉紧装置较复杂，易发生"脱槽"事故，牵引钢丝绳使用寿命较短。输送能力比钢绳芯胶带输送机小。

　　（4）大倾角带式输送机。输送物料的倾角超过普通带式输送机的最大倾角，包括深槽带式输送机、花纹带式输送机、波状挡边带式输送机、圆管式带式输送机、压带式输送机等。

11.2.4 长距离带式输送机

　　长距离带式输送机一般采用钢绳芯带式输送机，带宽一般不超过2m，带速可达5m/s以上，甚至高达12m/s以上。不同于场内运输的短距离输送，长距离带式输送机运输距离一般在数千米、数十千米以上，为满足驱动要求，普遍采用多点驱动方案。

11.2.4.1 多点驱动方式

多点驱动包括多传动滚筒驱动、中间输送带摩擦驱动以及中间托辊驱动。钢绳芯胶带输送机多采用多滚筒分别驱动方式，如图 11.4 所示。

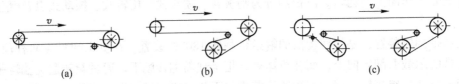

图 11.4　多滚筒分别驱动示意图

(a) 头尾单滚筒分别驱动；(b) 头部双滚筒分别驱动；(c) 三滚筒分别驱动

中间输送带摩擦驱动是依靠安装在带式输送机中间的摩擦驱动机（短带式输送机），通过物料输送带重量及压紧弹簧的作用，使主输送带与中间摩擦传动带间产生摩擦力而起作用。中间托辊驱动是每隔一定数量的普通托辊设置驱动托辊来实现的。这两种驱动方法输送带的张力并不增加，理论上输送距离可以无限长，但基建投资大、驱动分散且管理不便。

11.2.4.2 多滚筒分别驱动的牵引力分析

头部双驱动牵引力分析如下：

设第一驱动滚筒（图 11.4（b）中最右侧驱动滚筒）牵引力为 F_{q1}，第二驱动滚筒牵引力为 F_{q2}，则总牵引力 $F_q = F_{q1} + F_{q2}$。按照驱动原理公式（11.5）、式（11.6）给出的输送带张力与牵引力关系式，可推导出：

$$F_{q1} = \frac{e^{\mu_2\varphi_2}(e^{\mu_1\varphi_1} - 1)}{(e^{\mu_1\varphi_1}e^{\mu_2\varphi_2} - 1)}F_q$$

$$F_{q1}/F_{q2} = e^{\mu_2\varphi_2}(e^{\mu_1\varphi_1} - 1)/(e^{\mu_2\varphi_2} - 1) \tag{11.15}$$

令 $\mu_1 = \mu_2 = 0.35$，$\varphi_1 = 150°$，$\varphi_2 = 210°$，则 $F_{q1}/F_{q2} = 2.08$，头部双滚筒分别驱动 $F_{q1}/F_{q2} = 2$。

头尾分别驱动方式也可得出类似结论。头尾双滚筒承担的牵引力之比为 $F_{q1}/F_{q2} = 2$。头尾三驱动方式中，头部双传动滚筒、尾部传动滚筒的牵引力关系为 $F_{q1} = 2F_{q2} = 2F_{q3}$。

井下带式输送机宜采用单滚筒驱动。功率较大采用双滚筒驱动时，功率分配比宜取 2 : 1。

11.2.4.3 输送机通廊及转运站

在地面或架空栈桥上布置带式输送机时，经常设置通廊提供支撑，同时方便通行电气等管线通道。输送机与通廊的距离根据作业及安全等要求确定。

转运站是两条带式输送机相互交接的场所，多采用两层布置方案。前一条带式输送机的头部布置在转运站上层，转运站下层布置有后一条带式输送机的尾部。按前后两台带式输送机的转载方向，可分为同向和垂直两种，分别称为直线转运站和直角转运站。为满足总平面布置要求，转载方向也可在一定范围内变动。若总体高差受限需同层转载，称为单层转运站。

11.2.5　矿岩运输对带式输送机的其他要求

（1）启动和制动时的加、减速度。水平输送时，加、减速度宜取 0.1~0.3m/s²，运距长时取小值，运距短时取大值；向上输送时，加、减速度宜取 0.1~0.3m/s²，倾角大时取小值，倾角小时取大值；向下输送时，加速度宜取 0.1~0.2m/s²，减速度宜取 0.1~0.3m/s²。

（2）钢绳芯带式输送机的驱动滚筒直径不应小于钢丝绳直径 150 倍，不应小于钢丝直径的 1000 倍，且滚筒最小直径不应小于 400mm。滚筒与胶带表面的比压不超过 1MPa。

（3）输送带安全系数依据胶带类型、工作条件、接头性质以及启制动性能等因素确定。按静载荷计算时，钢丝绳芯输送带安全系数不小于 7，棉织物芯输送带不小于 8，其他织物芯安全系数不小于 10。按启动、制动时的动荷载计算，动荷载安全系数不小于 3。

（4）带式输送机的地面线路布置应根据地形条件、工艺布置，减少中间转载环节、合理分段。井下线路尽量采用直线布置。带式输送机最高点与顶板距离不小于 0.6m；带式输送机与其他设备突出部位、支护的间隙不小于 0.4m。带式输送机运输巷道应设人行道，净高不小于 1.9m，有效宽度不小于 1.0m，坡度大于 10°应设踏步。

（5）保护装置。防胶带撕裂、断带、跑偏保护装置，制动装置和逆止器，胶带清扫装置，防止过速、过载、打滑、大块冲击等保护装置，以及信号、电气联锁和停车装置。

11.2.6 运输设备选型的有关问题讨论

尽管矿山运输设备的种类很多，但在进行选型计算时有其共性，也有其差异性。有必要对其存在共性和差异性进行讨论。

11.2.6.1 运输设计生产率和运输设备运输能力

A 运输设计生产率

矿山运输设计生产率是选择运输设备的原始数据，由采矿设计提供。是由矿山生产规模和工作制度所决定的单位时间运输量。

$$Q_0 = K \frac{A}{t} \tag{11.16}$$

式中，A 为设计日产量，t/d；t 为日运输小时数，h；Q_0 为运输设计生产率，t/h；K 为运输不均衡系数。运输不均衡系数是选择设备时必须考虑到能够适应最大可能的尖峰货载量。

B 运输设备运输能力

运输设备的运输能力是指运输设备在单位时间内所能运输的货载量。由于连续动作式运输设备与周期动作式运输设备的功能结构不同，则计算方法各异。

（1）连续动作式运输设备运输能力。连续动作式运输设备运输能力的基本计算公式如下：

$$Q = 3.6qv \tag{11.17}$$

式中，Q 为连续动作式运输设备的运输能力，t/h；q 为单位长度上的货载质量，kg/m；v 为运送货载的运行速度，m/s。

可见，连续动作式运输设备能力与运输距离无关，主要取决于运送货载的运行速度和单位长度上的货载质量。运行速度取决于运输设备种类以及工作条件，如带式输送机与架空索道的运行速度各异，不同工作条件下的带式输送机运行速度也不同。货载量取决于运输设备的构造，如带式输送机取决于输送带宽度，架空索道输送取决于矿车容积及矿车间距等。

带式输送机的货载是均匀分布输送带上的，理论上可以确定运送物料的理论截面积 F_0。但在实际运输过程中，物料分布不可能完全达到理论截面积，因此在计算时应考虑装满程度，用实际截面积 F 与理论截面积之比表示装满程度，称为装满系数 φ。设物料松散密度为 γ（t/m^3），货载量 q 可表示为：

$$q = 1000F_0\varphi\gamma$$

当运输容器的货载质量为 G，在运输线路上以等间距运行，容器间距为 a 时，其货载量 q 可表示为：

$$q = \frac{G}{a}$$

（2）周期动作式运输设备的运输能力。周期性运输设备的特点是按照一定的工作方式做周期性往返运行，把一定质量的货载由容器从一处运送到另外一处，卸载后空容器返回原处，完成一个循环。往返一次的运输量可由下式确定：

$$Q_c = nG$$

式中，G 为每个容器的货载量，kg；n 为一组容器的容器数；Q_c 为周期运输量，即往返一次的运输量，kg。

可知，每小时的运输量，即运输能力为：

$$Q = 3.6 \cdot \frac{Q_c}{T} \tag{11.18}$$

式中，T 为往返一次的周期时间，s；Q 为小时运输量，t/h。

式（11.18）即为周期性动作式运输设备运输能力的基本计算公式。一次运输量取决于运输设备构造及容器结构尺寸，如机车运输取决于矿车载重量及车组矿车数，卡车运输取决于载重量，耙矿设备取决于耙斗容积，矿井提升取决于容器数量及容器规格尺寸等。运输往返周期时间包括运行时间和调整时间，调整时间与设备类型有关，如卡车、机车的调车时间、装卸载时间等。对于特定设备，调整时间一般是固定的。而运行时间在运行速度一定的前提下，取决于运距大小。

由式（11.17）和式（11.18）可知，连续动作式运输设备的运输能力与运距无关，周期性运输设备的运输能力随着运距增大而降低。这是两者在设备运输能力方面最主要的区别。

C 运输设计生产率与运输设备运输能力

运输设备应满足生产需求，其运输能力应不小于设计运输生产率，即：

$$Q \geqslant Q_0$$

为了计算方便，通常用 $Q = Q_0$ 来计算选定运输设备的技术参数，如 F_0、G、v 等。

11.2.6.2 运输设备运行阻力和牵引力问题

运输设备选型计算中的牵引力计算实质是运输设备运行阻力计算问题。

按照功能结构特征，可以将运输设备看成是一个有机系统。该系统由四个主要元素或元件组成。（1）承载元件，其作用是承载货载并与货载一起移动的机构或容器；（2）牵引机构，克服货载运输阻力的动力元件；（3）导向机构，是指承载元件和牵引机构的导向元件，货载沿着导向机构或相对于导向机构运输；（4）传动装置，使得货载能够移动的传动机构。运输设备一般情况下不可能用简单的摩擦系数来计算其运行阻力，原因主要在于运输设备的运动是由组合件构成的复杂运动，往往不是简单的滚动或滑动。运输过程中受到的阻力往往与运输设备结构、尺寸及运行状态等因素有关。为了简化计算，一般引入阻力系数的概念。阻力系数是运输设备运输过程中产生的阻力与运输设备的计算重力之比。

A　带式输送机的托辊运行阻力

假设计算时省略输送带与托辊之间的滚动摩擦和输送带的刚度影响，托辊运行阻力主要考虑托辊轴承产生的摩擦阻力。按照托辊轴承摩擦力矩与在输送带上施加的张力矩相平衡原则，可得出托辊运行时的阻力系数为：

$$\omega = f\frac{d}{D} \tag{11.19}$$

式中，ω 为托辊阻力系数；f 为托辊轴承摩擦系数；d 为托辊轴直径，m；D 为托辊直径，m。

可看出托辊阻力系数与其结构尺寸 d、D 有关，减小托辊轴径可以减小阻力系数，增加托辊直径亦可减小阻力系数，同样降低轴承摩擦阻力系数也可达到相同效果。

B　矿车运行阻力

假设沿水平直钢轨做等速运行时，阻力包括轴承摩擦力、车轮的滚动摩擦阻力以及轮缘与钢轨侧边的摩擦阻力。对一根轮轴做力矩平衡分析，理论上可得阻力系数为：

$$\omega = C\frac{2K + \mu d}{D} \tag{11.20}$$

式中，D 为车轮直径，m；d 为轴颈直径，m；K 为车轮滚动摩擦系数；μ 为轴颈与轴承间的摩擦系数；C 为考虑车轮轮缘与钢轨侧边摩擦力的校正系数，一般取 1.5~1.7。

以上讨论的阻力系数计算仅为理论分析，实际上影响运输设备阻力系数的因素很多，通常不能用理论公式概括。牵引计算时使用的阻力系数，是通过试验获得的。

11.3　矿山供电设施及电气设备

11.3.1　矿山供电要求

11.3.1.1　电力负荷

A　供电可靠性及电力负荷分级

重要负荷一旦中断供电，可能发生淹井、中毒或坠罐等事故。采掘、运输、压气及照明等中断供电，也会造成经济损失或人身事故。根据供电可靠性要求，矿山电力负荷分为三级。

中断供电将会造成人身伤亡或重大设备损坏、重大产品报废、用重要原料生产的产品大量报废、企业的连续生产过程被打乱而需要长时间才能恢复，造成重大损失，属一级负荷。例如，因事故停电有淹没危险的矿井主排水泵，有火灾爆炸危险矿山（高硫矿床）或危险性气体危及健康的矿井（铀矿）主扇，无平硐等其他安全出口的副井提升机等。中断供电而造成主要设备损坏、大量产品报废、连续生产过程被打乱需较长时间才可恢复，使企业大量减产，造成较大损失的情况，属二级负荷。例如，露天和地下矿山生产系统的主要设备，因事故停电有淹没危险的露天矿主要排水设备、采场的生产负荷、生产及消防用水水泵、地下采场及生产车间照明等。不属于一级和二级负荷的为三级负荷，如小型矿山的用电设备（属于一级负荷的除外），以及矿山的机修、仓库、车库等辅助设施的供电等。

B　矿山电源数量

确定矿山电源数量时，要根据矿山用电负荷的性质和容量、企业规模及其重要性，结合本地区电力系统的供电条件综合考虑。

（1）具有一级负荷的矿山应有两个独立电源供电。两个独立电源，应具备下列条件之一：

1）在发生任何一种故障时，两个电源的任何部分应不致同时受到损坏，如分别由两个发电厂或两个变电站供电，或由一个发电厂或变电站供电时，矿山应再建一个自备发电厂（站）；

2）在发生任何一种故障时，当保护装置动作正常时，应立即切断故障电源，保证有一个电源不中断供电；在发生任何一种故障，且主要保护装置动作失灵时，造成两个电源同时中断供电后，应能在有人值班的处所完成各种必要的操作，迅速恢复其中一个电源的供电。

具有一级负荷的大中型矿山，任一电源的容量除应保证全部一级负荷用电外，还应满足全部或大部分二级负荷。一级负荷的小型矿山，任一电源的容量至少应保证全部一级负荷。

（2）无一级负荷的矿山，可由一个电源供电。无一级负荷的大中型矿山，如果由两回电源线路供电时，任一回电源线路应保证全部二级负荷用电。

矿山企业应首先考虑由地区电力系统供电。根据地区电力系统具体条件，可采用电力系统某区域变电站供电，或由临近其他企业总降压变电所供电，也可由附近发电厂直接供电。

下列情况可考虑建设自备发电厂（站）：偏远地区的小型企业，由地区电力系统供电技术经济不合理时；具有一级负荷的矿山企业，从地区电力系统取得第二独立电源技术经济不合理时。根据用电负荷大小及能源条件来确定建设火力发电厂或柴油发电站。

C　矿山电力负荷的估算

一般根据用电设备资料采用需要系数法计算，适用于初步设计和施工图设计阶段。方案设计或可行性研究阶段，电设备资料不全时，可采用单位产品耗电量法估算。生产矿山在考虑矿区规划时，用单位产品耗电量法估算比较合理。

$$P_{js} = W_d M / T_{max} \tag{11.21}$$

式中，P_{js} 为负荷估算值（有效功率），kW；W_d 为单位产品耗电量，kW·h/t；M 为矿山产品的年产量，t；T_{max} 为年最大负荷利用小时数，h。

单位产品耗电量指标的选取，应首先参考矿山规模、开拓方案、机械化程度与之相近的已有矿山，并参照设计手册中所列指标后，综合确定。应注意的是，地下矿山涌水量相差很大，涌水量特别大的矿山，排水用电负荷占到总负荷的40%~50%以上，因此实际单位产品耗电量指标波动也很大，确定时应特别谨慎，一般按指标上限值的1.3~2.0倍选取。

$$W_n = W_d M \qquad (11.22)$$

式中, W_n 为全矿年生产耗电量, kW·h。

11.3.1.2 电压等级

(1) 地面变电所电源进线电压。常用电源电压等级为 6kV、10kV、35kV、60kV、110kV。由于电压等级、输送容量及输送距离之间存在一定的制约关系, 在确定电源电压时, 应根据当地电力系统电压等级、矿山用电负荷以及输送距离, 经方案比较后确定。矿山企业一般选用 35~110kV, 特大型矿山企业可以考虑选用 220kV, 小型矿山也可选用 6~10kV。当两种供电电压方案在经济技术上接近时, 或者矿山企业负荷有发展时, 宜优先选用较高的电压等级。

(2) 矿山供配电电压和电气设备额定电压。1) 高压不高于 35kV。2) 低压不高于 1140V。3) 照明电压: 运输巷道、井底车场不高于 220V; 采掘工作面、出矿巷道、天井和天井至回采工作面之间不高于 36V。行灯电压不高于 36V。4) 手持式电气设备不高于 127V。5) 牵引电网电压: 交流不高于 380V; 直流不高于 750V。

11.3.2 矿山供配电系统

11.3.2.1 供电系统方案技术经济比较

确定供电系统时, 对供电电源、电压、供电系统的主接线、总降压变电所以及车间变电所的位置和数量、变压器台数和容量、线路定线等提出不同方案进行比较, 确定最优方案。

(1) 技术比较: 供电可靠性; 供电质量, 主要指高电压的水平; 运行、维护、操作、检修及管理等条件; 施工条件、建设进度; 主要材料、设备可靠程度; 建设用地。

(2) 经济比较: 基建投资; 年运营费用, 包括折旧费、维护费、人员工资、年基本电价费、年电能消耗费等。

11.3.2.2 总降压变电所

当外部电源供电电压为 35kV 或以上时, 矿山应设置总降压变电所, 将电源电压降至 6~35kV, 再通过 6~35kV 配电线路对全矿各车间变电所及其高压用电设备配电。

主变压器台数及容量应根据矿山所在地区供电条件、矿山电力负荷的性质、用电容量和运行方式等条件确定。有一级负荷的矿山企业, 当两路电源均须经主变压器变压后供电时, 应选用两台主变压器。无一级负荷或虽有一级负荷但备用电源不需经主变压器变压时, 大、中型矿山一般选用两台主变压器, 小型矿山可选用一台主变压器。技术经济合理时, 总降压变电所也可选用三台或三台以上主变压器。若总降压变电所选用两台或两台以上主变压器时, 当一台停止运行, 其余变压器的容量, 应保证全部一级负荷和二级负荷的用电需求; 如为一台主变压器时, 宜留有全部负荷的 15%~25% 的裕量。

总降压变电所是全矿供电中枢。大型地下矿山总降压变电所一般设在主井井口附近, 大型露天矿一般设在工业场区, 大中型采选联合企业一般在选厂附近。

11.3.2.3 露天矿山电力系统

采场高压电源一般引自矿山总降压变电所。因露天采场电力线路易出故障, 大中型露天采场供电线路不少于两回路, 小型矿山可单回路供电。采场由两回路或多回路供电时,宜采用分列（或开环）运行，既便于继电保护的整定，又可缩小事故范围，便于查找故障。有淹没危险的凹陷露天矿主排水泵，必须两回路电源线路供电，一回路停电，另一回路能承担最大排水负荷。采场内移动式低压用电设备的电源，引自移动变电所内的配电变压器。

采矿场选用双回路供电时，每回路供电能力应均能供全负荷。采用三回路供电时，每个回路的供电能力不小于全部负荷的50%。向露天采场、排土场供电的6kV~35kV系统，不得采用中性点直接接地方式；当6kV~35kV系统采用不接地、经消弧线圈接地或高电阻接地时，单相接地故障点的电流不大于10A；当6kV~35kV系统中性点经低电阻接地时，单相接地故障点的电流不大于200A。采矿场和排土场的手持式电气设备电压不大于220V。

11.3.2.4 地下矿山电力系统

A 电源

根据生产规模、涌水量、采矿方法等条件，设置必要数量的主变电所、采区变电所和其他变（配）电所。主变电所电源一般引自地面总降压变电所或设在井口附近的高压配电所。采区变电所和其他变（配）电所，一般由井下主变电所供电，也可由附近的地面变（配）电所经风井或钻孔供电。当矿井不深，负荷不大时，电源可引自地面中性点不接地的低压配电系统的架空线路或露天变电所。

由于井下电缆敷设环境及运行条件差，维护更换困难，故井下主变电所或主水泵房的电源线路，不得少于两回路。当任一回路停止供电时，其余回路的供电能力能够承担全部负荷。

B 井下配电电压

井下高压电网的配电电压不超过35kV，一般为6~35kV。井下低压电网的配电电压一般采用380V、660V和1140V。从运行角度来看，在满足同样电压降和输送距离的条件下，660V电缆截面约为380V电缆截面的三分之一，即使用同样的电缆截面时，660V送电距离可增至三倍。故而可减少采区变电所的移动次数，甚至减少供电层次（不需采区变电所），降低电能损耗。同样，1140V配电电压的经济效果更明显。

C 井下配电方式

井下设主变电所时，其电源引自地面总降压变电所或井口高压配电所，两回电缆经竖井、斜井或平硐送至井下主变电所。当井下有一级负荷时，两回线路必须分别接至不同的电源。对于高压电动机采用放射式供电，对牵引变流所或采区变电所可视具体情况采用放射式或电缆干线式（树干式）供电。这种方式适用于大、中型矿山井下供电。井下主变电所结构如图11.5所示。

矿床距离地表较近可不设主变电所，直接经地面变电所以380V（或660V、1140V）电压用电缆经平硐或钻孔向井下用电设备或配电点供电。地面变电所电源引自矿山总降压变电所或地面高压配电所，或地区变电所。这种供电方式用于井下设备少，负荷不大的小型矿山，结线简单、可靠，不需要在井下开凿变压器硐室，节省投资。对井下直接供电的地面变电所结线结构如图11.6所示。

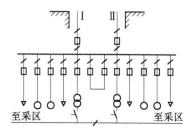

图 11.5 井下主变电所结线图

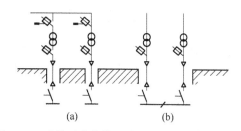

图 11.6 对井下直接供电的地面变电所结线示意图
(a) 设在不同地点的两个地面变电所采用干线供电;
(b) 同一地点设置两台变压器的地面变电所对井下供电

D 井下主变电所

井下主变电所是带有电力变压器、兼做低压配电用的高压配电所,作用是对井下高压用电设备及井底车场低压用电设备进行配电。若无电力变压器,则称为井下主配电所或某阶段高压配电所。选址靠近负荷中心,且位于电缆进出线方便、通风良好、运输方便、岩层稳固的部位。因排水设备负荷较大,主变电所常毗邻水泵房设置在副井井底车场。

E 采区变电所

采区变电所设有电力变压器、高压开关、保护装置、低压配电、照明变压器等变配电设备。通过电力变压器将井下主变电所或地面高压配电所的高压电源转换成适合采掘工作面用电设备的低压电源,并直接或通过配电点向采掘工作面用电设备供电。

基于安全考虑,井下配电变压器(包括主变电所和采区变电所)不得采用中性点直接接地方式。采区负荷中心随着采矿阶段的延深和采掘工作面的推进而变动。本着高压应深入负荷中心的原则,采区变电所应尽量靠近采区。因此,采区变电所的位置应根据采矿方法、上下中段的关系以及采掘速度等因素确定,还应考虑便于维护、设备运输以及进出线方便、通风良好等条件。一般设在阶段运输巷道中,或上、下山与运输巷道交叉处,如图 11.7 所示。实际布置方面,既有一个阶段设多个采区变电所的情况,也有多个阶段设置一个采区变电所的情况。

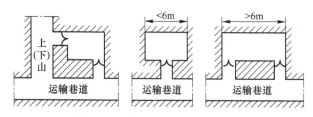

图 11.7 采区变电所位置示意图

采区变电所有一级负荷时,应选两台变压器,无一级负荷时,可选一台变压器。由于采掘工作的推进会影响采区变电所计算负荷的大小,每个采区变电所在运行期间,其负荷将有一个递增、稳定、递减的过程,在选择变压器台数和容量时,应综合考虑,以满足生产需要。

F 采掘工作面的供电

采掘工作面用电设备的电源一般引自采区配电点(或引自采区变电所)。配电点位置随着采掘工作的推进需定期搬迁，配电点至受电设备的移动电缆长度一般不超过 100m，超过时配电点应搬迁。采矿工作面用电设备主要有凿岩台车、电耙绞车、局扇以及装载机械等，电控设备一般装在机架上或特制的移动架上随机移动，也可装在位于配电点的动力配电箱内，采用带有控制芯线的矿用移动电缆将控制按钮安装在机架上。

11.3.3   供电系统举例

11.3.3.1   深井供电系统

深井供电系统适用于矿体埋藏深、用电负荷大的情况，高压经井筒直接输送井下。深井供电系统采用三级供电，如图 11.8 所示。

（1）地面变电所。两回路 35kV 电源线引至地面变电所 35kV 母线，经两台 35/6kV 变压器接到 6kV 母线两端。提升机、风机、空压机、井下中央变电所等高压用户用电设备分设在两回路不同的母线上。

（2）井下中央变电所。井下有排水、通风等一级负荷，沿井筒敷设的 6kV 高压电缆，不得少于两回路供电，并应接于井下中央变电所的不同母线上。当一回路损坏时，另一回路仍能负担井下全部负荷。主水泵一般采用高压供电，应分别连在不同母线上。井下变电所一般设置两台动力变压器，供给井底车场及附近井巷和硐室的低压动力。照明变压器供照明用电。电机车直流电由井下中央变电所变电和整流后供给，也可在井底车场另设变流所。

（3）采区变电所。采区变电所进线引自中央变电所高压母线。设置降压变压器将低压电网电缆送到工作面配电，再分别送至采掘工作面用电设备。

11.3.3.2   浅井供电系统

矿体埋藏较浅（距地表 100~150m 以内），涌水量不大，负荷较小的矿山，适用浅井供电。采用两级供电，高压电缆不下井，如图 11.9 所示。在井底车场设置配电所，接受地面变电所电缆送来的低压电。配电所向井底车场及附近巷道低压动力及照明供电。井下架线式电机车直流电源由地面供给。采区供电从采区地面上向下打钻孔供电，沿钻孔敷设电缆。

11.3.4   矿用电气设备

井下工作条件与地面有很大差别，因而对矿用电气设备的结构有特殊要求：（1）具有坚固的封闭式外壳，以抵御外力的损坏；（2）防腐防锈、防潮性能；（3）爆炸危险场所的电气设备，其外壳结构还必须具有耐爆和隔爆性能。

矿用电气设备可分为矿用一般型电气设备和防爆电气设备。防爆原理是隔离设备热源部件与外部环境的接触。包括：（1）隔爆型。具有隔爆外壳，将正常和故障状态下产生的电火花、电弧、高温的零部件放在隔爆外壳中，即壳内与壳外的爆炸性混合物（可燃气体、爆炸性粉尘）隔离。（2）增安型。正常运行时不会产生电弧、电火花或高温。（3）本质安全型。具有本质安全型电路（正常工作或规定的故障状态时产生的电火花不能点燃爆炸性混合物的电路）。（4）正压型。在壳内部充入保护气体，并使气体的压力高于周围爆炸性环境的压力，以阻止外部爆炸性混合物进入。（5）充油型。将电气部件浸在油中（将电气设备中可能出现的火源与周围环境的爆炸性气体混合物隔离）。（6）充砂

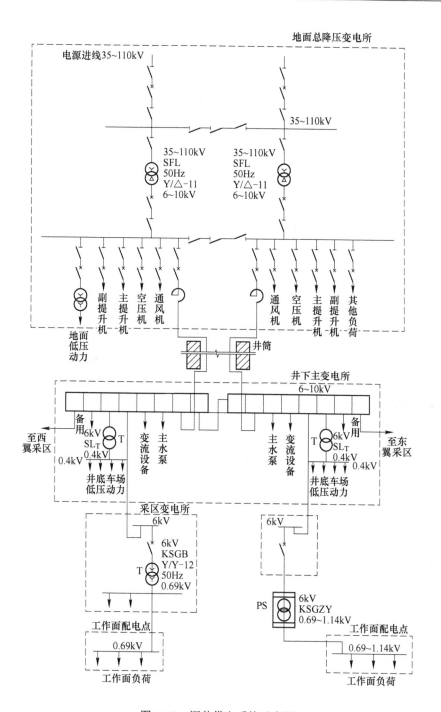

图 11.8 深井供电系统示意图

型。在外壳内充填沙粒隔离熄灭壳内产生的火花、电弧，把火源与爆炸气体混合物隔离。
（7）无火花型。不产生火花、电弧和危险温度。（8）浇封型。整台设备或其中部分浇封
在浇封剂中，在正常运行和认可的过载或认可的故障下，不能点燃周围的爆炸性混合物。
（9）气密型。具有气密封外壳，能防止壳外气体进入壳内。

　　由于防爆型电气设备散热条件差、体积大、价格昂贵，矿山井下均采用防爆设备不经

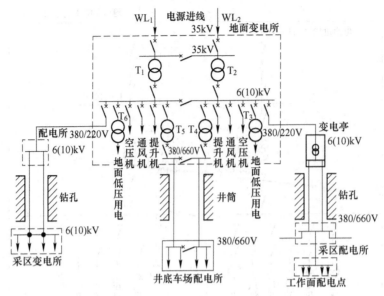

图 11.9   浅井供电系统

济。应根据井下环境爆炸危险程度不同，选用矿用电气设备。无爆炸、火灾危险场所，选用矿用一般型电气设备。平时没有爆炸、火灾危险，但有时可能出现爆炸、火灾危险的场所，可采用增安型电气设备；经常有爆炸、火灾危险性场所，应采用不包含增安型的防爆电气设备。

复习思考题

11-1 简述架空索道运输的特点及适用条件。

11-2 简述带式输送机分类及工作原理。

11-3 论述矿山防爆电气工作原理以及主要类型，金属矿山如何选用电气设备。

11-4 论述矿井供电系统的类型及主要组成。

11-5 论述矿山架空索道运输的设计步骤和内容。

11-6 论述矿山带式输送机运输的设计步骤和内容。

12 矿山智能装备

扫一扫
看视频

12.1 概　述

12.1.1 智能矿山

随着第四次工业革命智能化时代的到来，自动化、数字化、智能化技术在矿山得到了越来越普遍的重视和广泛应用。矿山在智能化建设的过程中，按照技术应用侧重点可以分为自动化矿山、数字化矿山、智慧矿山、智能矿山等。

数字矿山（digital mine）是指将矿产资源开发过程中所涉及的对象、环境以及采矿生产过程各种要素的动态和静态信息全部数字化，利用计算机技术进行建模、仿真和评估，通过网络技术建立物理矿山的虚拟映射关系，并对数据进行储存、传输、表达和深加工，实现对矿山生产全过程的持续优化。

自动化矿山（automation mine）是指利用通信技术、定位技术、导航技术、软件技术和自动化的矿山装备，实现矿山主要生产环节的自动化运行或远程遥控作业，提高矿山作业效率和改善操作人员的作业环境和安全条件。

智能矿山（intelligent mine）是将数字化、自动化、智能化等技术与矿山生产经营过程相结合，实现矿山行业智能化生产和管理的综合系统。对矿山地质与测量、矿产资源储量、采矿、选矿、资源节约与综合利用、生态环境保护等生产经营要素实现数字化、自动化和协同化管控，并且其运行系统具备感知、分析、推理、判断及决策能力的现代化矿山。

智能开采是指以智能采矿装备为核心，以数字通信网络为载体，以智能设计与生产管理软件系统为平台，通过对矿山生产对象和过程进行实时、动态、智能化监测与控制，实现矿山开采的安全、高效和经济效益较大化。矿山智能开采技术是由一系列互相依存、彼此衔接的功能模块，通过实时的数据流融合在一起，最终形成的有机整体。其核心要素包括矿山生产规划、矿山生产系统运行、矿山运行状态监控和智能化开采装备。按照国际通用的 IT 五层技术架构，智能开采技术的核心要素分别对应决策支持层、经营管理层、生产执行层、控制层和设备层，五个层次呈金字塔结构，设备层位于塔底。

12.1.2 矿山智能装备

矿山生产过程的高度自动化、信息化是智能矿山的终极目标。信息技术在现代矿山的应用已相当普及，智能矿山建设的重点在于矿山装备的远程遥控和自动化操作方面。

矿山智能装备是智能矿山总体架构的一部分，在矿山应用具备自主作业功能的智能装备进行相应作业，可以降低人员劳动强度，提高生产安全性和生产效率。

12.1.2.1 矿山智能装备种类

按照开采方式、生产场所以及生产工序，矿山智能装备可以分成露天采矿智能装备、地下采矿智能装备以及选矿智能装备。

露天采矿智能装备主要包括智能潜孔钻机、智能牙轮钻机、智能装药车、智能挖掘机、智能卡车等。地下采矿智能装备主要包括智能凿岩台车、智能锚杆台车、智能铲运机、智能卡车、智能装药车等。选矿智能装备主要包括智能破碎机、智能摇床、智能高效磨机、智能浮选机、智能高梯度磁选机、浓密机等。

12.1.2.2 采矿生产过程的智能控制

A 采矿装备的智能控制

针对矿山凿岩、装药、出矿、支护、溜井放矿、运输等作业地点分散、动态性强的作业，采矿装备智能控制系统能够完成采矿装备运行状态监控、装备高精度定位、无轨装备作业过程远程操控、破碎及放矿装备作业过程远距离控制、溜井料位实时监控、有轨装备远程控制、斜坡道信号自动控制、采矿生产调度等功能，实现生产区域、危险区域设备自主运行、作业现场无人化。

(1) 采矿装备状态监控系统。通过对作业装备动力系统、传动系统、制动系统、作业执行机构等工况参数的实时采集和分析，实现对装备运行状态的实时监控。

(2) 采矿装备高精度定位系统。配备位置显示软件、定位引擎软件、定位基站、定位终端，实时监测有轨、无轨装备移动作业过程，精确反馈装备位置及行驶信息，连续化描述装备运行轨迹。车载显示终端系统可以实现全局装备位置及工况信息的实时推送。定位基站和定位终端通信并上报终端数据，定位引擎软件解析数据，还原终端的二维平面或三维立体坐标。

(3) 采矿无轨装备远程操控系统。通过固定网络通信设备、远程操控台、控制服务器、车载无线通信终端、车辆定位装置、车载控制器、数控执行机构、无线视频摄像机、电缆、光缆、接线盒、避雷器、软件等，实现工况条件不佳作业区域矿用铲运机、矿用卡车、装药车全部作业工序（寻孔、装药、铲装、运输、卸载）及行驶的视距遥控与地表远程遥控。

(4) 采矿无轨装备精细化管理系统。涵盖矿山主要无轨设备（铲运机、卡车）的全流程作业管理系统，配备车辆标识卡、车辆定位基站、车载传输终端、车载存储设备、作业分析和管控软件，具备装备运行路线追踪、违规作业识别、危险驾驶行为识别（疲劳驾驶、超速、急转、急停、闯限）、装备作业量和作业效率统计等功能。

(5) 有轨运输过程远程控制系统。主要涵盖生产运输管理平台（包括派配调度系统、机车远程驾驶平台、机车装载控制系统、生产运输精细化管理）、数据支撑系统（井下车辆移动通信系统、信集闭系统）、生产状态检测系统（井下目标高精度定位系统、远程放矿系统、轨道衡自动称重系统），支持远程遥控驾驶和智能化无人驾驶，实现矿石品位配比、最优运力调度、机车无人驾驶、自动装载、自动卸载、自动称重、机车安全预警及生产数据精细化管理等功能。

(6) 矿山装备碰撞预警系统。采用射频技术（RFID）、瞬变电磁感应（TEM）、无线脉冲检测（IR）等技术手段构建矿山装备碰撞预警系统，配备可视化车载预警终端、车载信号发射机、车载信号接收机、标识终端，实现装备行驶、作业过程中装备-装备、装备-人员、装备-固定设施间碰撞事故的预警。

B　采矿固定设施运行过程自动控制

针对矿山的供电、压风、通风、排水、充填、提升等位置固定、设备运转规律性强且操控方式相对简单的作业，通过采用固定设施自动控制系统，实现现场无人化操作。进而通过智能控制算法保证系统连续高效运转，实现无人值守。

12.1.3　矿山智能装备发展现状

绿色开发、深部开采和智能化采矿是未来金属矿产资源高效开发的三大主题。深部开采面临的岩体高应力、高温地热等不利因素导致矿床开采条件复杂化和井下工作环境恶化，在降低生产效率的同时也使得深井开采的安全健康问题更为突出。智能化开采是提高生产效率和实现本质安全的必由之路，智能装备是实现智能化开采的基础。

12.1.3.1　国外智能装备现状

自 20 世纪 90 年代开始，芬兰、瑞典、加拿大、南非、澳大利亚、智利等国家先后制定了"智能化矿山"或"无人化矿山"等智能采掘发展规划。

1992 年加拿大国际镍业公司弗如德·斯托镍矿（the Frood-Stobie Mine of the International Nickel Company of Canada）构建了一种基于有线电视和无线电发射技术相结合的地下通信系统，利用宽带网络与矿井生产阶段无线电单元相结合传输多频道的视频信号。工人在地面中央控制室可直接操控采矿设备，实现了井下固定设备的自动化作业和移动设备的无人驾驶，井下基本上不需设置作业人员。

瑞典卢基矿业公司（LKAB）基律纳铁矿（the Kiruna mine）位于瑞典北部，以品位超过70%的铁矿石而著名，资源储量18亿吨。自 20 世纪初开采，距今已有百余年开采历史。开采方式从早期露天开采转为地下开采，竖井+斜坡道联合开拓，电机车牵引底卸式矿车运输，高分段无底柱崩落法采矿，凿岩、装运、提升及支护等生产工艺实现智能化。配备三维电子测定仪的智能凿岩台车具备无人驾驶、激光钻孔精确定位和遥控凿岩等功能，可实现24h连续循环作业。矿石经无人驾驶电机车运至井下破碎站，破碎后经智能胶带运输至箕斗井底场提升至地表。底卸式矿车和箕斗的装、卸载过程采用远程遥控，实现自动化连续作业。铲运机的品位测定仪采集矿石品位信息，传送到中心计算机处理，优化机车调度，实现自动配矿。巷道支护采用遥控混凝土喷射机和锚杆台车联合施工。基律纳铁矿是地下矿山全工艺智能采矿的典型案例。

智利国家铜业公司（Codelco）埃尔·特尼恩特（EL Teniente）铜矿，是全球最大的地下铜矿，位于圣地亚哥以南 80 公里的安第斯山，海拔 1983~2628m。EL Teniente 铜矿采矿方法为自然崩落法，日出矿量 10 万吨，在铲运机自动化出矿方面颇具特色。矿山采用山德维克（Sandvik）的 Auto Mine 系统，也称为地下矿山自动化矿石运输系统，控制室设在地表，距矿区约 15km。控制室一人负责操作铲运机，另一人负责生产计划和协调工作。铲运机的遥控等待、自动及遥控等模式可由操作人员随时在线切换。Auto Mine 系统被广泛应用于加拿大、芬兰、智利、南非及澳大利亚等国的地下矿山无轨运输系统，可实现以下功能：（1）铲运机自动行驶及卸矿、远程遥控铲斗装矿；（2）一个操作员可远程控制数台铲运机及卡车；（3）运行状态及生产监控、交通控制、导航系统无须基础设施；

（4）与外部系统接口兼容；（5）适用于不同应用场景，具有灵活的作业区域隔离系统。

地下金属矿山无轨设备开采占比越来越大，矿业发达国家采用无轨化开采占比达到85%以上。通过使用智能化的无轨设备以及对现场信息的实时采集、分析和处理，地下金属矿山的开采越来越透明化和智能化。

12.1.3.2　国内智能装备发展现状

国内自1999年提出"数字矿山"概念以来，矿山智能装备在有色、冶金及煤炭等行业得到广泛关注和工程实践应用。"十二五"期间科技部"863"项目"地下金属矿智能开采技术"研制出"智能中深孔全液压凿岩台车""地下高气压智能潜孔钻机""地下智能铲运机""地下智能矿用汽车"和"地下智能装药车"五大智能化无轨装备，以及泛在信息采集系统、井下无线通讯系统、地下金属矿开采智能调度与控制系统、设备精确定位与智能导航系统以及智能采矿爆破控制系统五大智能化支撑平台。五大智能化无轨装备均可在调度与控制系统的指挥下实现全无人作业和自主行走，且分别具备凿岩台车高精度定位作业，潜孔钻机智能接卸杆和防卡杆，铲运机自动换挡与无人驾驶、高精度自动称重、定点卸载，矿用汽车混合动力驱动与智能行驶、装药车自主寻孔与智能耦合装药等功能。智能化支撑平台为无轨装备的自动化、智能化和无人化作业提供了技术支撑。首钢杏山铁矿、山东黄金集团三山岛金矿、中金岭南凡口铅锌矿、铜陵有色金属集团股份有限公司冬瓜山铜矿、云南铜业普郎铜矿、西部矿业股份有限公司锡铁山铅锌矿等地下金属矿山，均为国内智能矿山的典型案例。图12.1（a）为首钢杏山铁矿电机车自动化系统，图12.1（b）和（c）为三山岛金矿铲运机远程遥控系统。

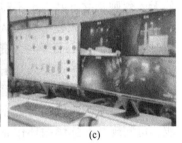

(a)　　　　　　　　　　(b)　　　　　　　　　　(c)

图12.1　首钢杏山铁矿电机车自动化系统及三山岛金矿铲运机远程遥控系统

12.1.4　矿山智能装备关键技术

对矿山开采来说，常规的、重复性的作业应全部由采掘设备自动完成，无需操作人员操作，人员只进行采掘作业条件的准备、特殊情况处置及现场巡查。因此，从矿山采掘智能化的需求出发，对矿山智能装备有如下要求：

在凿岩工序，智能凿岩设备应具备作业前工作面作业条件的判断，自动移机支机，自动布孔设计，自动凿岩等功能。装药环节，装药车能够自动识别炮孔，按爆破设计自动装药。出矿环节，智能铲运机能自动对矿石进行铲装、运输，自动卸载到采场溜井内；能自动对爆堆进行智能识别，调整优化铲装动作；自动对路面进行监控，及时处理运输过程中掉落的岩块；与无人驾驶运输卡车配合运输时，铲运机能自动将矿石卸载进车厢，并确保卡车装满系数达到规范要求。自动识别超限大块，自动进行处置，或将信息传递给需配合处理大块的碎石设备。

出渣环节，铲运机自主完成出渣作业，包括铲装、运输，以及卸载。

自动化出矿、出渣环节，可通过自动化出矿系统（automated extracted ore system）完成。该系统由铲运机自动化控制系统、采区无线通信系统、远程数据传输网络系统和远程遥控终端组成，利用操控软件在无人干涉或有限干涉状态下完成铲装、运输、卸矿等。

要实现上述各工序的自动作业，需要利用智能扫描及分析设备对井下巷道、硐室、采空区等空间进行数字化描述，并对围岩性质、构造、稳固性及顶板事故风险等进行辨识和判断，及时更新矿山三维立体模型数据，与智能装备共享环境感知数据。所有人员及设备实现实时定位，能相互通信、信息共享、传递工序间配合作业的指令等，集控中心统一指挥调度，实现采掘装备多机联合作业。实现采掘智能化需求的关键技术归结如下。

（1）井下移动设备定位与导航（mine mobile equipment positioning and navigation）。井下环境特殊性决定了实现井下设备的实时高精度定位具有一定技术难度，如缺乏 GNSS 定位技术支撑、开采粉尘大、环境噪声多、照明条件差以及采场变动复杂等。因此，井下设备定位导航技术是矿山智能化发展的关键技术。采掘设备精确定位是其实现自动作业的前提，如凿岩设备只有"感知"到自身的精确位置，才能按炮孔设计进行凿岩，保证凿岩精度。精确定位能通过扫描、比对设备周边已经数字化的空间环境及测量控制点获得。井下移动设备定位与导航，是指井下移动设备在定位系统和导航系统的控制下，沿着已经记录并储存的目标路线行驶，通过定位将自身位置与目标路线对比或实时识别路线，以控制运行设备转向，使其在目标路线上行走，完成作业的过程。

井下设备定位系统以环境感知传感器为基础硬件，借助信息采集与融合、导向定位算法以及三维地图构建等软件技术实现定位。环境感知传感器是实现井下设备精确定位的关键设备元件。井下环境感知传感器包括无线通讯系统、惯性传感器、视觉传感器、激光扫描传感器以及其他环境传感器。无线通信通过组建 WAN 进行定位，需要提前铺设传感器节点，精度为米级至分米级。惯性传感器包括线加速度计和角速率陀螺仪，可以单独使用，也可以组合使用以弥补单独使用时存在的不足，如惯性测量单元（IMU）和惯性导航系统（INS）。惯性传感器是井下环境中设备定位导航的重要部件，具有完全自主、不受烟尘干扰、短时精度高（亚米级）和实时性强等优点，缺点是测量误差会随着时间积累，需对其进行修正。视觉传感器一般指单目、多目相机、RGB-D 相机和事件相机，主要特征是提取图像特征及测量深度，定位精度取决于算法。视觉传感器通过获取巷道环境的图像特征、识别巷道内的人工信标信息，基于三角测距原理及相机投影模型测量环境中目标的深度距离进行定位，精度为分米级。激光雷达是主要的井下环境感知传感器，通常由激光发射器、接收器和信号处理单元组成。激光雷达的测量精度高、测量范围广且在暗光环境下测量不受影响，精度厘米级。其他传感器包括里程计（光电编码传感器）、角度传感器及磁场感应传感器等辅助传感器。

井下定位最初是以单一传感器获取外部数据，存在数据单一、受外界环境影响大以及自身性能缺陷等问题，不能满足矿山井下对高精定位的要求。井下开采设备的自主定位需要依赖多种环境感知传感器，以便获得更高的定位精度和算法稳定性。由于井下环境的复杂性以及采掘工作面的延深、推进所带来的空间变化，井下设备定位技术的环境适应性是关注的重点。

目前，井下移动设备定位技术多采用激光传感器为主的多种传感器相互协作的技术方案。

（2）作业环境智能识别。作业环境智能识别也是采掘设备能够自动作业的前提，只有采掘设备在"看清"其作业对象及环境后，才能够进行准确分析判断和操作。地下矿山需要智能识别的作业环境主要有爆堆、运行线路、矿岩装卸点、凿岩工作面、装药工作面、撬毛工作面、支护工作面、二次破碎大块、路面条件等。

（3）网络全面覆盖及信息及时传输。由于爆破作业等因素影响，采掘工作面网络全面覆盖是难点，可通过自动移动的设备来实现网络全面覆盖。采掘设备为移动设备，为保证运行安全，要求信息传输具有低时延、大流量的性能。井下通信技术应具备高速率、低延时、大容量以及高可靠特征。

（4）遥控技术。无论是自动化开采还是智能化开采，远程遥控都是其核心技术。遥控技术是一种比较成熟的控制技术，也是地下矿山发展的一个方向，应用领域包括凿岩遥控、装药遥控、出矿遥控等。采掘设备的遥控操作模式可分成视距控制、视频控制和远程控制三种模式，适用于不同的采矿场景。

视距控制（line-of-sight control）适用于不允许人员进入的采场出矿场景。操作人员通过直接观察和遥控手柄控制设备（铲运机）完成装矿，并将设备（铲运机）移出采场。

视频控制（tele-operation control）适用于不允许人员进入采场出矿且无法直接观察设备的场景。操作人员在一定距离内通过视频监视器和遥控手柄完成装矿，并将设备移出采场。

远程控制（remote control）指在远离采矿作业区的井下或地表控制室，操作人员远程控制采矿设备或监视设备的自主运行。

（5）执行机构的精确控制。对矿山智能设备执行机构的位移进行精确控制是智能设备最基础的要求。矿山智能设备执行机构位移多数由相关的控制油缸位移或液压回转马达的偏转角度来决定。含有电液控制阀的液压系统称为电液控制系统，具备电子控制和液压传动混合驱动的技术优势，为实现设备远程控制或集中控制提供了技术基础。如对于智能凿岩台车来说，其执行机构（钻臂）的位移是由可编程逻辑控制器 PLC 或电脑控制的电液系统来完成的，可方便地实现设备远程控制或集中控制。

12.2　智能凿岩机械

凿岩设备主要历经了气动凿岩机、液压凿岩机、全液压凿岩台车、电液控制台车、全电脑台车等类型，属种类最多的采掘设备。目前使用的既有气动凿岩设备，也有全电脑台车。

液压凿岩台车从诞生以来，经历了半液压、全液控，电液控制及远程遥控、全电脑控制等不同阶段。半液压、全液压台车效率虽然较气动凿岩台车有很大提升，但控制原理及液压控制系统比较复杂和烦琐，实现逻辑控制难度较大。电液控制凿岩设备简化了液压控制系统，将较复杂的逻辑控制用可编程逻辑控制器（PLC）实现，液压回路简单，同时将复杂的手柄操作集成为方便的操作台操作。电液控制凿岩设备通过增加无线收发模块，可以方便地实现远程遥控。因此，用 PLC 控制的凿岩设备可以实现远程遥控或集中控制，这是全液控设备无法实现的优点，也是实现凿岩智能化的前提。电脑凿岩台车具有强大的通信功能，可附带各种通信接口，为实现设备联网、凿岩设备智能化提供了基础。

12.2.1 智能凿岩台车

12.2.1.1 凿岩机器人

计算机控制作业过程的钻车称为凿岩机器人（rock-drilling robot），即将机器人技术引入液压凿岩台车，也称为全电脑控制的凿岩台车。凿岩机器人能够根据岩石状态和变化自动调节凿岩参数，完成凿岩参数与岩性的匹配，实现最优钻进速度。另外，可以精确控制炮孔深度、角度和位置，提高炮孔底部的共面性精度和采矿断面轮廓精度，减少超挖。

普通凿岩台车通过人工控制阀组的方式实现钻臂的运动和凿岩机的正常工作。凿岩机器人可以通过人机交互平台向控制系统发送指令的方式实现炮孔自动定位和自动钻进，人工干预程度较少。20世纪60年代，液压凿岩设备在欧洲问世，20世纪70年代，开始进行计算机控制的定位和钻孔试验。凿岩过程中，通过采用显示器、传感器、电液控制等工作组件，人员只需承担预设和爆破设计调整、监控凿岩过程等方面的作业。20世纪80年代后，凿岩台车的钻臂定位、钻孔过程已经完全实现了自动化。

凿岩机器人的计算机系统构成如图12.2所示，工作流程方框图如图12.3所示。

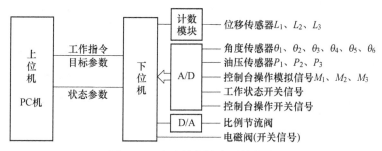

图 12.2 电脑控制钻车系统构成

上位机（upper computer）是直接发出操控命令的计算机，一般是 PC/host computer/master computer/upper computer，屏幕上显示各种信号变化（液压、水位、温度等）。下位机（lower computer）是直接控制设备并获取设备状况的计算机，一般是 PLC/single chip microcomputer/slave computer /lower computer。上位机发出的命令首先给下位机，下位机再根据此命令解释成相应时序信号直接控制相应设备。下位机不时读取设备状态数据（一般为模拟量），转换成数字信号反馈给上位机。这种相互联系可以理解为主机和从机的关系，两者都需要编程，都有专门的软件开发系统。

上位机主要用于车体定位、布孔、过程监控和过程管理，下位机主要进行过程控制。上位机下传的工作指令包括自检、车体定位、电脑导向、自动移位、自动凿岩、结束任务、传感器标定、油缸（马达）调试、设置工作参数等。自动作业时的目标参数包括各关节角度变量（$\theta_1 \sim \theta_6$）、钻臂与推进器的伸缩位移变量（L_1、L_2）、钻孔深度（L_3）。传感器标定时的目标参数为待标定的传感器序号。油缸（马达）调试时的目标参数为待调试的油缸序号。设置工作参数时的目标参数为所有工作参数。

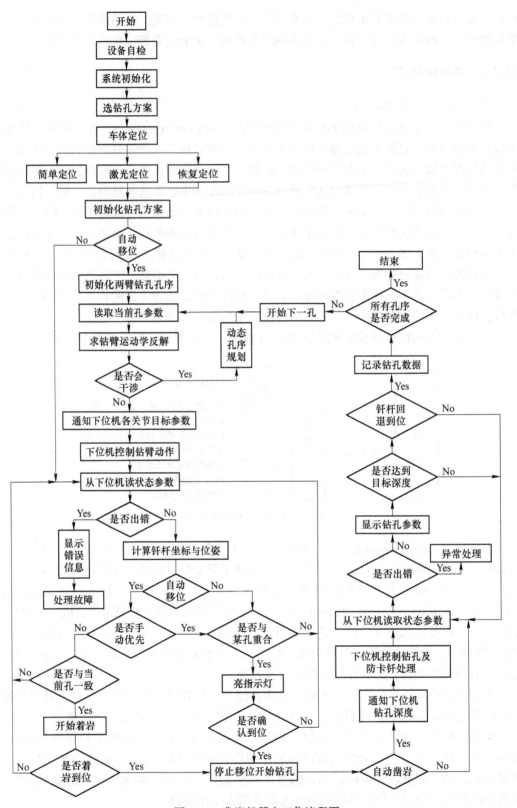

图 12.3 凿岩机器人工作流程图

下机位上传的状态参数主要包括各关节的角度值（$\theta_1 \sim \theta_6$）与位移变量（L_1、L_2），钻杆钻进深度 L_3、油压传感器 $P_1 \sim P_3$ 以及人工干预状态、错误信息等。

12.2.1.2 智能凿岩台车关键技术

凿岩台车的智能化，可划分成纯手动化操作、凿岩半自动化、全自动化以及全智能化四个阶段。半自动化阶段，通过输入爆破方案到凿岩终端，实现炮孔自动定位和钻进。由控制终端集中管控的全自动化凿岩台车，可实现自主行走、自动定位、位姿控制、多钻臂孔序规划、凿岩机自动钻进及自动换钎等功能。全智能化凿岩台车除了能够完成全自动化阶段的功能以外，还能结合 5G 等智能化关键技术，实现凿岩机械故障诊断、远程操作以及远程监控等高端功能。智能凿岩台车的关键技术分述如下。

A 控制系统

控制系统是智能凿岩台车的核心，作用是接收传感器实时采集的信息和来自于计算机的指令，将汇总后的数据进行处理，控制阀组定量执行动作，达到最终的操纵目的。通过控制系统能够完成自动定位、自动钻孔、超前地质分析、爆后轮廓重建等工作。

B 自动定位

凿岩台车的自动定位包括车体定位和钻孔定位。车体定位是指凿岩台车在开始工作前确定车体坐标与巷道断面坐标的关系。车体定位完成后，钻臂作业空间能覆盖所有目标炮孔，避免再次移动凿岩台车。要实现凿岩台车的自动定位，需要建立凿岩台车的运动学模型，确定车体坐标与巷道断面坐标的变换矩阵。

钻孔定位是指针对炮孔的目标位姿，依靠机器人逆向运动学求解其各个关节的运动量，各关节按指定运动量运动到预定钻孔位置，同时钻杆在空间中的姿态角度也需符合预定要求。影响钻孔定位精度的主要误差源有结构参数、关节间隙、挠度、传感器等。为满足现场定位精度要求，还需要进行补偿。

车体定位相当于以钻凿断面上一个直眼孔作为示范来指导全断面所有炮孔的钻孔定位任务。因此车体定位的结果将直接决定钻孔定位的精度。车体定位过程中发生的偏差，将造成后续所有钻孔定位的整体偏差。

C 电液控制

钻孔定位的精度取决于钻臂能否精准到达预定位置，而对钻臂运动的控制是通过液压系统实现的。凿岩台车的钻臂定位和调整均通过控制回转液压油缸、俯仰角液压油缸、翻转油缸、摆角油缸等各类油缸的伸缩量达到目的。普通凿岩台车是依靠人工控制阀组来实现，自动控制的凿岩台车一般安装比例电磁阀，可通过手柄或信号传输控制实现。比例电磁阀属于电磁式电液比例控制阀，其结构和工作原理不同于开关电磁阀，是通过比例电磁铁实现输入和输出的比例控制。比例电磁阀根据输入的电信号，连续和按比例地对油液压力、流量等参数进行控制，可实现对液压参数的遥控及复杂的控制功能。

D 自动钻进

自动钻进可按照钻杆沿直线方向凿入岩石推算出钻头最终达到的位置，判定炮孔深度是否达到目标值。实际钻孔过程中，钎杆会发生弯曲，导致炮孔偏斜，随着钻孔深度增加，偏斜量会进一步加大。因此，自动钻进过程中，除了关注孔口定位精度和钎杆轴线的角度精度以外，还应控制钎杆弯曲导致的炮孔偏斜。故要求在自动钻进过程中，根据岩性等随时进行调整，避免爆后平面的不平整和超欠挖。

E　孔序规划

单臂凿岩台车控制系统可通过确定钻孔的钻凿顺序，使得凿岩作业时间最短。多臂凿岩台车控制系统应自主决定所有炮孔的多钻臂分配问题，这一过程称为孔序规划。孔序规划还需保证多钻臂之间以及钻臂与井巷壁之间不发生碰撞，且所有钻臂能够同时完成凿岩任务。孔序规划不是单纯的最短路径问题，还要考虑关节变量的变化时间。孔序规划方法包括蚁群算法和遗传算法等。

F　凿岩工作参数自动匹配及卡钎处理

a　凿岩工作参数的自动匹配（自寻优控制）

凿岩机在冲击回转凿岩过程中，冲击能、回转力矩、钻进速度、推进力大小等凿岩工作参数对钻进效率产生影响。人工操纵凿岩过程时，凿岩工作参数的调整主要依赖操作熟练程度。使用自动匹配系统后，凿岩机工作参数可以根据岩层情况的变化，自动进行相应匹配。

对液压凿岩机工作参数进行自动控制，目的是使得钻进速度最快，称为自寻最优控制。自寻优控制不包括液压凿岩钻车钻臂定位系统的计算机控制。采取自寻优控制后，推进力、回转速度等参数可以自动跟随岩石及其他随机因素的变化而进行调整，保持最优凿岩工作参数，提高钻进速度。

b　自动防卡钎系统

凿岩机在凿岩过程经常会发生卡钎问题，卡钎现象会降低生产效率，影响正常钻进作业。自动防卡钎系统可以通过凿岩工作参数变化预判卡钎发生，并做出响应，防止卡钎事故。液压凿岩机自动防卡钎系统同时具备预防卡钎和消除卡钎的功能。

卡钎现象按照形成原因分为三类：一是由于排渣不畅或者岩石性质变化引起的缓慢卡钎现象；二是裂隙导致的卡钻；三是岩溶导致的卡钻。卡钎事故的实质是回转液压马达提供的回转动力矩不能克服回转阻力矩，导致回转工作油压发生升高或降低。因此，防止卡钎应处理好回转、推进以及冲击之间的关系，即与回转工作油压、推进油压以及冲击油压的控制密切相关。自动防卡技术可归纳为两种方法：一是利用回转马达的工作油压作为反馈信号，当压力升高超过某一设定值（防卡钎压力）时，系统会自动使凿岩机改为轻推和轻冲，甚至使凿岩机回退和停止冲击，直至回转油压降至低于防卡钎压力时，凿岩机恢复正常轴推力和正常冲击；另外一种方法是当回转油压超过其正常值时，由回转油压升高信号控制推进油压，使推进油压随着回转油压的升高而无极降低，实现自动防卡。

不同的卡钎事故在回转、推进压力信号变化上存在明显差异，这为自动防卡钎系统的设计提供了依据。通过在线测试和监测推进压力或速度，可以预防岩溶卡钎。如果推进轴推力突然降低或推进速度突然增大，则可以判定钎头凿入岩溶。可自动使凿岩机轻推轻冲击慢速推进，使钎头顺利穿越岩溶卡钎区域。如果出现回转工作油压超过防卡油压时，则采取使凿岩机回退的方法，避免卡钎。对于突然卡钎（裂隙卡钎），表现为回转压力和推进压力突然升高到最大值，可控制凿岩机回退，当回转压力下降，凿岩机再次推进，可使钎头穿越裂隙卡钎区域。通过在线测试和监测回转工作油压，当其超过正常值时，利用回转工作油压逐渐升高信号控制推进压力无极下降，顺利穿越缓慢卡钎区（岩性变化或排渣不畅）。

有效的卡钎处理措施为轻推、轻打、减慢转速等，因此涉及凿岩工作参数的调整。对智能凿岩台车而言，能够根据实时采集到的回转、推进压力信号变化自动判别卡钎的发生及所属形式，通过液压系统调节工作参数，可实现自动处理，并保留手动干预功能。

防卡钎技术已在各类液压凿岩台车中广泛应用，该系统对于实现凿岩自动化和智能化，提高生产效率和降低工作强度具有重大的现实意义。

G　自动换钎控制系统

凿岩台车在工作过程中需要连续换钎，以满足孔深要求。换钎作业包括换钎接杆作业和卸钎杆作业。接杆作业是将后续钎杆的前端与先前钎杆的尾部螺纹连接，以便持续进行凿岩作业，卸钎杆作业与接杆作业流程相反。凿岩钻机自动换钎机构包括钎库控制模块、钎杆控制模块、接/卸钎杆控制模块、中心轴控制模块、推进压力控制模块和动力机构等六大模块。采用电液控制方式，通过在 PLC 中设定运行程序，可实现全自动换钎。当自动换钎系统检测到接杆信号且凿岩机达到接杆位置时，利用机械爪抓取钎库中的钎杆，并摆向钻孔中心位置，将新钎杆与旧钎杆相接，完成接杆作业。

H　无线通信

凿岩作业的远程化、无人化施工，离不开无线通信技术。基于无线通信、视频传输和自动化控制的三山岛金矿凿岩台车远程遥控系统，是国内智能凿岩的典型案例。车载CPE 发送台车状态和现场视频等信息，由工作区域 5G 基站接收并传输到地表控制室；同时，地表控制室的指令由光纤传输到工作区域 5G 基站，经车载 CPE 接收，实现台车的远程控制。

12.2.2　地下高气压智能潜孔钻机

我国在“十二五”国家高新技术研究发展技术（“863”计划）项目中，完成了地下高气压潜孔钻机智能化的相关关键技术。主要包括“井下凿岩装备高精度自主寻孔与定位技术”“潜孔凿岩参数自主寻优控制技术”“大容量钻杆库及全自动接卸杆技术”“多站点分布式 PLC 组群和嵌入式上位机智能数据采集与智能控制技术”等关键技术。项目开发的样机具有路径规划和导航控制能力的行走系统，可根据中央调度系统的孔位指令自主完成炮孔定位。开发的远程操控台具有镜像操控、虚拟显示、PLC 参数显示和音频、视频环境复现功能。支持多客户端操作和监控，全开放的接口技术可无缝接入矿山六大系统与数字矿山系统，支持二次开发与技术移植，是一种智能化的高端凿岩产品。

主要技术经济指标：钻孔直径，100mm ~ 165mm；钻杆长度，1500mm；钻孔深度，≥60m；钻孔速度，0.92m/min；推进行程，1893mm；补偿行程，850mm；推进力，0 ~ 17kN；凿岩风压，1.38MPa；行走压力，28MPa；转弯半径，3781mm（内），6181mm（外）；转向角度，360° 原地转向；整机功率，45kW + 5kW；外形尺寸与质量，长11350mm×宽 2050mm×高 3000mm，11500kg。

主要智能化功能：自主智能行驶，轨迹偏差≤0.18m，速度≥1km/h；自主智能定位，定位偏差≤0.1m；自主智能凿岩；全自动控制钻杆库，储杆 41 根，自主工作钻杆库换杆时间≤40s；操控方式，全自主智能模式+远程全功能操控；自动纠偏，凿岩成孔偏差不大于 1%；通信能力，100Mb/s；

这些关键技术已经应用到国内同类智能化装备的研发制造以及矿山装备的智能化升级

建设过程中，能够实现地下采场复杂作业条件下智能行走、智能定位、智能凿岩、智能接卸钻杆、自主包容寻优和自主频率匹配等智能控制功能，具备无人化全自主作业能力。

地下高气压智能潜孔钻机的智能控制系统主要包括以下几个方面。

12.2.2.1 远程通信控制技术

采用 Wi-Fi 通信系统等技术，通过潜孔钻机车载通信工控终端，实现潜孔钻机工况状态实时采集、分析、存储与控制输入输出。Wi-Fi 远程通信技术原理如图 12.4 所示。集线器 Hub 的作用是将远程控制台（PC）、车载工况机（PC）分别与 CANET 模块连接；CANET 模块是以太网（Ethernet）与 CAN-bus（控制器局域网总线技术，属于工业现场总线的范畴，是自动化领域最有前途的现场总线技术）的数据转换器，通过以太网和 CAN 网络之间数据的转换，实现远程控制台（PC）、车载工况机（PC）与可编程逻辑控制器（PLC）之间的通信；CANET 模块与 PLC 通过 CAN-bus 总线连接；通过井下 Wi-Fi 通信系统，实现地表与钻机的远程通信与控制。

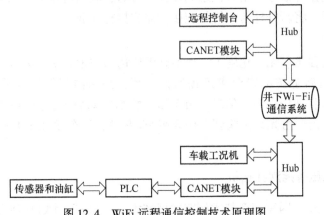

图 12.4 WiFi 远程通信控制技术原理图

12.2.2.2 智能控制系统

（1）传感器数据的分析与处理。通过专用的数据采集通道对环境信息、设备装备监测信息进行采集，从而获得具有针对性的数据，实现精确的控制与输出。

（2）信息的存储和管理。利用信息采集与控制通用数据管理专用模块，实现通信数据的存储和管理。

（3）智能控制系统结构。包括外部服务模块、通信模块和主控逻辑模块，如图 12.5 所示。OPC（OLE for process control），即应用于过程控制的 OLE（object linking and embedding，对象连接与嵌入，是一种面向对象的技术）。OPC 为工业控制领域提供了一种标准的数据访问机制，其实质是在硬件和软件之间建立一套数据传输规范，解决应用软件与各种设备驱动程序的通信。硬件供应商只需考虑应用程序的多种需求和传输协议，软件开发商也不必了解硬件的实质和操作过程，数据交互对两者来说都是透明的。

（4）智能控制系统主程序。如图 12.6 所示。主程序执行开机初始化，初始化完成后进入下一步；接收数据，进行电源相序、电压及液压油位、油温等初始工作状态判断。如果初始工作状态正常则程序执行下一步，否则，报警停机；接收 PLC 报文，提取本地或者远程选择。如果选择本地，则程序接收本地工控机命令，如果选择远程，则程序接收远程控制台命令。本地或远程模式确定后，执行全自动作业程序：1）执行自动行走子程

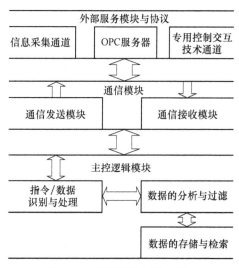

图 12.5 智能控制系统结构

序；2）执行自动定位子程序；3）当已接杆数等于 0 且推进位移小于开孔深度时，执行自动开孔子程序；4）执行自动凿岩子程序；5）当回转头处于下极限时，执行自动接杆子程序；6）重复自动凿岩和接杆，当达到目标钻孔深度时，执行自动卸杆子程序；7）执行自动收机子程序。关闭所有电磁阀、清空所有标志位、关闭电源；程序结束。

（5）智能控制系统软件。智能控制系统软件（潜孔钻机操控平台）主要包括智能操作、运行监测、运行模式、执行过程监测、智能参数设置、性能优化、执行确认等几个模块。智能操作用于实现相应智能动作；运行监测用于显示环境温度和湿度、油路压力、电流、电压等参数；运行模式用于显示潜孔钻机运行状态；执行过程监测用于监测和显示相应传感器参数；智能参数设置用于设置相应智能动作参数；性能优化包括最优凿岩参数自动匹配和故障诊断，用于优化凿岩参数，提高凿岩效率；执行确认用于执行和取消相应的智能动作，当机器出现故障时，急停可以防止人员受伤和机械设备损坏。

12.2.2.3 智能凿岩动作

将智能控制系统安装于车载工控机（PC）和远程地表操作平台（PC），通过 Wi-Fi 等远程通信控制技术，实现对潜孔钻机远程控制，完成智能凿岩动作。

智能凿岩动作的实现，离不开井下环境信息的仿真模拟、传感器的信息采集处理、车体的导航及运动控制。环境仿真模拟主要是对井下环境信息进行精确描述以建立仿真模型。利用传感器模块感知潜孔钻机工作所需的各种传感数据来完成信息采集处理工作。大量的全局环境信息通过导航决策进行接收和处理，实现反应式导航。传感器采集的信息主要通过运动控制进行处理，得到潜孔钻机的实时运动状态，从而实现潜孔钻机的智能行为。智能动作包括自动行走、自动定位、自动调平、自动接杆、自动开孔、自动凿岩、自动卸杆和自动收机。

自动行走：PLC 控制行走电磁阀开关和行走液压马达运转以实现潜孔钻机的前行、后退、斜移和原地转向等动作。

自动定位：PLC 控制俯仰油缸、偏摆油缸、起落油缸和补偿油缸的位移伸缩量，以满足钻臂行程要求。再控制回转马达阀开关，使推进器导轨回转角度满足要求。

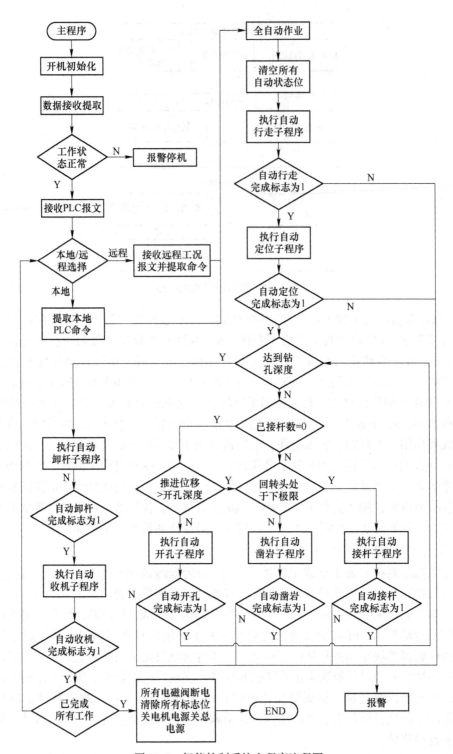

图 12.6 智能控制系统主程序流程图

自动调平：PLC 控制支腿油缸伸出量，限制车体角度传感器读数不超过设定值（0°±1°）。

自动接杆：选择钻杆库后，PLC 控制上卡油缸、下卡油缸、搓动油缸、夹持油缸、大臂油缸、小臂油缸、推进油缸和回转马达，实现卡杆、搓动、抓杆、送杆、接杆等动作。

自动开孔：PLC 控制空压机、水泵电机和冷却风扇的启动。当风压满足要求后，开启冲击器润滑，调整回转马达及推进器流量阀，以满足回转速度和推进速度要求。比对预定开孔深度，判断钻孔深度是否满足要求，如果满足要求则停止开孔，反之则继续开孔。

自动凿岩：自动凿岩与自动开孔控制流程类似，区别在于调整回转马达与推进器流量阀时，回转速度和推进速度要求不一样。不同岩石条件下凿岩参数不同，建立凿岩数据模型可得到参数间的关系，求得钻机最优回转速度和推进速度，提高凿岩效率，降低卡钻概率。

自动卸杆：是自动接杆的逆过程，控制原理类似。通过 PLC 控制动作油缸及动力马达，实现卡杆、搓动、抓杆、送杆、卸杆等动作。

自动收机：通过 PLC 控制左、右顶撑油缸缩回；控制回转马达阀开关，使导轨回转角度恢复到初始位置；控制俯仰油缸、偏摆油缸、起落油缸和补偿油缸伸缩，恢复到初始位置。

12.3 智能装药车

12.3.1 地下装药车

装药车（混装车）是在爆破作业现场，向炮孔内装填成品炸药的机械或者装填炸药原料在现场混制成炸药并装入炮孔的机械。前者称为装药车，后者称为炸药混装车。装药车（混装车）一般是指乳化炸药、铵油炸药车或重铵油炸药混装车。按照使用环境，有露天装药车和地下装药车之分，地下装药车的研制和应用滞后于露天装药车。井下实现机械装药难度较大，主要原因在于工作空间狭小，炮孔直径小，输送距离长，炮孔方向多为上向和水平，对炮烟所含的有毒有害气体浓度有严格的阈值限制。尤其是中小直径炮孔中装填的乳化炸药，装药直径对爆轰波传播稳定性有极大影响，必须具备较小的临界爆轰装药直径和稳定的传爆性能。

地下装药车（混装车）属于地下矿山辅助车辆，矿山辅助车辆是相对凿岩、装载、运输三大主体生产设备而言的，大多采用无轨自行方式行驶。地下辅助车辆除了装药车以外，还包括撬毛、喷锚支护、二次破碎、人员与材料运送、管缆铺设以及加油维修等车辆。

我国地下装药车先后经历了装药车和混装车两个阶段。1977 年、1986 年马鞍山矿山研究院和长治矿山机械厂共同研制了 BC-1 型和 BC-2 型装药车。1992 年北京科技大学、马鞍山矿山研究院和嘉兴冶金机械厂研制了 DYZ220 型地下装药车，既可装填粉状炸药又可装填粒状炸药。此后，北京矿冶研究总院研制了 BCJ 系列中小直径乳化炸药混装车，利用"水环润滑原理"实现乳胶基质在小直径软管内的长距离输送及装入炮孔时即时混合敏化，采用计算机控制，装药准确、操作简单、安全。国外地下现场混装乳化炸药装药车出现于 20 世纪 90 年代，较早研制、生产或使用此类装备的厂家和公司包括澳大利亚

Orica 公司、法国 EPG 集团公司、挪威 Dyno Nobel 公司和南非 AECL 公司等。

地下装药车是集原料运输、炸药混制、炮孔装填于一体的机电一体化高科技产品，具有成本低廉、结构紧凑、自动化程度高、适用范围广、劳动强度小等特点。地下装药车相对于手工装药来说，优势明显，主要体现在以下几个方面。

（1）装药效率高，爆破效果好。采用地下装药车装药，大直径炮孔装药效率200～300kg/min，中小直径炮孔装药效率 15～160kg/min。炮孔装药填塞时间短，缩短装药时间，提高爆破作业整体工作效率。

相比药卷等包装产品，散装药炮孔装填流畅均匀，装药耦合性好，不会出现手工装填药包、药卷的卡孔现象。机械化装药工艺能够最大限度提高炸药的爆轰能量，提高炸药能量利用率，炮孔利用率可以达到96%以上，提高爆破效果，爆破后块度均匀，大块率低。

（2）安全可靠。装药车汇集原料运送、炸药混制、炮孔装填等作业为一体，把混制炸药的半成品或原材料运至工作现场进行制药、装药。原料或半成品不具有雷管感度，在爆破现场进行混制，安全程度高。特别是乳胶基质远程配送系统与重铵油炸药现场机械装药，在安全方面更具优势，在用户的场地范围内只需存放非爆炸性原材料或者半成品，无需贮存炸药。

（3）计量准确，自动化程度高。装药车自动化主要体现在炸药配方、组成的调整控制和炮孔装药计量控制两个方面。装药车在制药和装药的过程中实现车载自动控制，装药计量准确，计量误差可控制在2%。装药车可按照爆破设计要求，在装药前或者装药过程中调整炸药组成，以适应抵抗线、岩性等变化对装药的调整需要。

（4）生产成本低，经济性好。爆破效果提高可以改善和优化孔网参数，减少炮孔数量，降低凿岩成本。对炮孔装药计量误差的控制使得装药车装药精度远大于人工装药，避免超装药量。利用原材料或半成品现场混制炸药，炸药成本降低50%以上。装药车及其地面辅助设施相较于同规模炸药厂，基建投资节约60%以上，节约占地95%以上。

12.3.1.1　适用范围

不同的采掘作业场合，对炸药种类有不同的要求。按照炸药种类，地下炸药混装车可以分成地下铵油炸药装药车（散装炸药：粉状和粒状炸药）、乳化炸药混装车。

地下铵油炸药装药车是将散装炸药输送装药系统放置于带有升降平台的专用运输设备上，工作时启动动力系统和输送系统，将散装炸药直接注入炮孔，堵塞并连接后即可起爆。在装药现场不存在炸药的现场混制，使用的是散装的粉状或粒状成品炸药。可见，井下爆破如果装填粉状或粒状的成品铵油炸药应选择此类散装炸药装药车。

地下乳化炸药混装车在地表装载乳胶基质（乳化炸药半成品）及敏化剂等添加剂，驶入井下装药作业现场，按照工艺要求通过软管泵入炮孔中，乳胶基质和添加剂等在炮孔中混合，敏化成乳化炸药。井下爆破作业采用乳化炸药，应选用乳化炸药混装车。

采用普通工程车底盘的井下装药车（混装车）适用于井下大断面掘进和回采爆破作业；采用铰接式通用底盘的装药车，适用于中小断面回采进路的扇形孔装药爆破作业。

无自行底盘时，装药填充设备相当于装药器，也称为箱式装药机。由其他车辆将其运入运出爆破工作面，适用于倾斜或垂直井巷掘进以及小断面井巷掘进爆破作业。

装药车的选择还应考虑以下因素：根据一次爆破炸药用量选择装药罐容积和数量，装药罐容积应保证满足一次装药量的需要，对于爆破规模较大，一次用药量大的情况，可设置两个装药罐，一个装药，一个添药，交替工作，这种情况下，装药车经常与炸药运输车配套使用；送药装置方面，有手工送药和液压送管器送药。手工送药是指工人站在装药车吊篮上握住送药管往炮孔里送药，这种装药车设备简单，造价低，一般适用于掘进工作面和浅孔装药的场合。对于中深孔爆破场合（如分段高度 15~20m、炮孔深度 30 余米的分段崩落法），采用液压送管器，可保证送管和抽管速度可控、均匀，确保装药密实。

12.3.1.2 装药车结构及工作原理

装药车组成主要包括发动机和底盘，装药系统（工作机构）和操作控制系统三大部分，不同类型装药车基本类似，主要区别在于工作机构和操作控制系统。

A 铵油炸药装药车

工作平台与举升吊篮装置，一般可 360° 回转，且具有举升和伸缩功能，由举升臂和吊篮组成，是装药的作业场所。装药系统包括储药装置、送药装置和气路系统，装药罐、储药箱、搅拌装置、倒药机构等组成储药装置，送药装置主要是输药胶管，气路系统由空压机、储气包、气路以及电控按钮组成。

装药车工作时，由空压机产生的压缩空气经过储气包及空气过滤器和减压阀进入药罐内部。进入药罐的压气一部分吹向药罐顶部，另一部分由软管引向药罐下锥部出口。散装炸药在压气作用下沿着半导电塑料输药软管送入炮孔。粉状或粒状散装炸药在压气作用下在炮孔内被压实。装药密度、装药效率随着输药管直径和工作风压不同而变化。输药管直径不变时，压气压力越高，装药密度和装药效率也越高。

B 乳化炸药混装车

中小直径散装乳化炸药装药车的装药系统主要由乳胶基质储存及输送系统、敏化剂储存罐及其输送系统、添加剂储存及其输送系统、乳胶基质连续敏化与装填系统、液压及其控制系统、电气与自动控制系统等组成。

装药车在乳化炸药厂或乳胶基质地面制备站装载乳胶基质及其他添加剂，驶入作业现场。由车载动力驱动液压系统，液压马达带动乳胶输送泵和添加剂输送泵工作。乳胶输送泵将乳胶基质按照工艺要求通过高压软管自动泵入炮孔中。同时，现场配制装药工艺所需的润滑剂溶液，由计量泵按照比例同步泵入炮孔。乳胶基质和润滑剂在炮孔中混合，敏化成乳胶炸药。炮孔装药量以及乳胶基质和添加剂的配比由 PLC 控制。装药的连续敏化和炮孔装填过程分别如图 12.7 和图 12.8 所示。

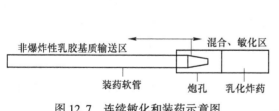

图 12.7 连续敏化和装药示意图

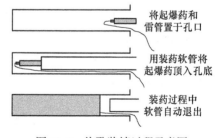

图 12.8 炮孔装填过程示意图

乳胶基质在常温下呈膏体状态，黏性很高，流动性差。通过采用高黏度乳胶基质低阻力管道输送技术，实现长距离输送。输送系统的工作压力一般在 0.6~1.0MPa，乳胶基质孔内敏化成药时间 3~5min。

在装药过程中，乳胶泵和润滑剂泵需要反复启停，以便移动装药软管将乳胶基质装入同一工作面的不同位置炮孔中。装药车的旋转工作臂油缸，使工作臂在井下工作面作业时可以自由伸缩、起落、旋转，以便将操作人员和装药软管移动到不同炮孔进行装药。

北京矿冶研究总院的 BCJ-4 乳化炸药混装车，整个装药过程及装药量由计算机控制。在混装作业现场，设定炮孔装药量后，车载 PLC 控制系统可自动完成每个炮孔的装填作业，并存储、显示每个炮孔的装药量及累计装药量。装药计量误差小于 1%，作业效率 15~100kg/min 可调。装药过程中，PLC 对装药车工作系统和参数进行在线监控，异常情况会自动停车，确保混装作业安全。

凿岩钻车和铲运装备的智能化，对装药填充设备的智能化提出了更高要求，特别是装药密度以及快速装药方面。因此，地下装药车的智能化发展，代表了地下装药技术的发展方向。

12.3.2　地下智能炸药混装车关键技术

地下智能装药混装车的自动化和智能化，主要是装药系统的自动化和智能化。对装药车来说，炮孔装药可以分成两个部分：一是装药前的对孔作业，应实现装药车机械臂对炮孔的自动识别，即自动化寻孔，以机械手臂对孔作业替代手工对孔作业。二是装药环节，应实现自动送退管作业。而退管速度、输药压力以及流量等参数影响装药质量，是成功完成炸药自动装填的必要条件。输药压力小、流速低会造成药管不出药。退管速度太快，装药密度达不到要求，退管速度太慢，会造成堵管现象发生，导致无法完成自动装填工作。退管速度应与输药压力、流量等参数达到最佳匹配，以保证自动装药填装效果。另外，对孔底的识别也非常关键，到达孔底后送管作业转换成退管作业。

自动寻孔、自动装填是实现智能装药的关键。因此，智能装药关键技术主要包括机械臂自寻孔对孔技术，自动送退管技术以及孔底识别和孔深测量技术。

12.3.2.1　机械臂自动寻孔技术

对孔作业按其智能化程度先后经历了人工对孔、机械臂遥控对孔以及机械臂自主寻孔三个阶段。多节式机械臂是装药车智能装药的技术基础，由多节嵌套可伸缩臂、回转机构等组成，可完成多自由度的复合动作，有五自由度、六自由度等不同类型。北京矿冶研究总院在国内较早实现机械臂遥控寻孔和自主寻孔技术。

（1）遥控寻孔技术。无线遥控系统由无线遥控器、信号处理器、PLC 控制单元（下位机）和上位机构成。通过在无线遥控器上进行操作，经过高频信号调制，将控制信号附加在高频载波上传送给信号处理器，由信号处理器进行信号解调，解析控制信号并生成对应的模拟量或数字量信号，传递给 PLC 控制单元完成控制功能，实现机械臂的对孔作业。

（2）自寻孔技术。即应用机器视觉炮孔定位系统和多自由度机械臂结合，实现自主寻孔，称为视觉寻孔技术。利用机器视觉伺服技术通过上位机和下位机控制器完成装药车工作臂的自动定位，上位机计算并输出工作臂在空间内的运动轨迹坐标，各伺服阀组按照下位控制器发出的相关指令实现工作臂的自动寻孔。视觉寻孔技术通过视觉算法识别炮孔，然后操纵机械臂对准炮孔进行自动装药。这种方法是通过内置在装药车上的摄像机、激光传感器等图像采集和处理装置，利用基于炮孔特征量的图像识别技术识别炮孔并精准定位，获取炮孔的空间方位。同时将定位信息传输到装药机械臂，通过上位机控制机械臂按照规划的空间路径进行移动，不同的伺服电机和动作开关遵循下位控制器发出的指令实现机械臂的自主寻孔。

12.3.2.2 输药管自动送退管及炮孔底部识别技术

智能机械送管装置能够按照给定数据或自动探知的炮孔深度实现自动插入输药软管、自动计算装药量、自动装药和自动退管。

A 自动送退管技术

送管装置经历了手动送退管和自动送退管两个阶段。人员站在升降平台或吊篮上工作，输药管由卷管机构（卷管器主要用于装药过程中输药软管送退时的收放和排列）经过机械臂后需要人工将输药管对准炮孔并送入孔底进行输药。手动送退管需要人工完成送管和拔管作业，不能确保装药的均匀性，输送量不能与送管速度相匹配，影响装药及爆破效果。自动送退管是在机械臂上安装自动送管装置，利用摩擦力实现输药管的前进和后退，可分为链轮式和摩擦轮式。多节式机械臂除了能伸缩、升降和摆动以外，前端送管装置还可以完成翻转、摆动和俯仰动作，实现全方位装药需求。送管装置对输药管的自动输送是靠摩擦力完成的，因此送管装置必须具有夹持和推送作用，才能够完成送管装置对输药管的输送作用。

送管装置由推送机构、压紧机构、检测轮机构以及传动系统组成。通过多自由度机械手臂将送管装置的出口导向管快速对准炮孔，控制系统发出信号启动液压马达带动传动系统，送管装置开始工作。在推送机构和压紧装置的摩擦力作用下，输药管进入出口导向管，实现输药管的运动。当输药管送到孔底时，传动系统停止，控制系统发出退管装药指令。装药时，输药管退管与高压喷药同步进行。满足装药量要求时停止装药，即完成一个炮孔的装药。在此过程中，送退管速度可以通过测速传感器进行精确计量，通过闭环精确控制实现无极调速。

B 孔底识别及孔深测量技术

当输药管到达炮孔底部时，送管装置的动力机构（液压马达）的输出扭矩会发生突变，从而导致系统工作压力的变化，利用压力传感器进行监测，系统压力超过设定值时，引起电控系统自动停机。此位置标记为孔底位置。旋转编码器连接在液压马达的传动轴上，可测量出输药管输出的长度，即为炮孔深度。

除了孔底识别和孔深测量之外，自动监测方案还包括输药管打滑的监测。速度传感器如果检测到输药管打滑现象，控制系统会自动报警并停机，以判断是否继续装药或更换输药管。

12.3.2.3 自主行驶及避障技术

同智能凿岩设备、智能铲运机一样，智能装药车的自主行驶及避障技术也是无轨作业设备智能化关键技术之一。但是，装药车需经常往返于地面乳胶基质基站与井下装药现场之间，相比较而言，其运输距离较长，自主行驶及避障技术又具有其特殊性。地下矿用智能装药车应能实现人工驾驶、远程（视距）遥控行驶和自主行驶，且各种驾驶模式应能自由切换。

另外，智能装药车还应该实现装药密度、爆速与岩性的智能匹配，即根据岩性变化等对炸药配方、装药密度等进行调整。

12.3.3 应用实例

12.3.3.1 国外装药车在国内的应用

广东凡口铅锌矿和云南大红山铜矿分别于 20 世纪 90 年代初期和末期引进过芬兰 Normet 公司的半机械化装药车，需要人工对孔和人工送退管，主要用于中小直径、垂直扇形孔装药。梅山铁矿曾先后引进过芬兰 Normet 公司和瑞典 Nobel 公司的装药车。前者出现返粉高、装药密度不符合要求、送管装置无法达到料堆附近炮孔等问题。后者是具有机械手对孔和送管的全机械化装药车，但仍未解决装药密度和返粉率高的问题。云南大红山铜矿于 21 世纪初引进瑞典 GIA 公司 GIAMEC 211 全机械化装药车，拥有遥控机械臂和机械手送管器。这种装药车外形上的显著特点是取消了人工作业平台，完全以遥控机械臂以及机械手送管器来实现对孔、送退管作业。

12.3.3.2 国内地下装药车的研制及应用

按照对孔作业的智能化程度，可分为以下几个阶段。

（1）人工对孔地下装药车。BCJ-4 型地下装药车由北京矿冶研究总院于 2006 年研制，采用人工对孔作业，上向孔装药无返药现象，爆破效果好，被国内矿山广泛采用。

（2）遥控对孔装药车。由湖南金能研制的 JR1.5 型乳化炸药装药车，使用送管机构替代装药平台，实现了机械自动送退管；遥控机械臂替代人工，实现遥控对孔。2014 年，北京矿冶研究总院研制的 BCJ-41 型地下乳化装药车在整车一体自动化上实现了突破。实现了遥控对孔，自动送退管，卷管与送退管自动匹配，数字化可视操作，实时状态监测，炸药配方比例自动调节等多项先进技术。BCJ-41 型装药车外形如图 12.9 所示。

（3）智能寻孔装药车。国内的"装药智能化"概念是由"十二五"期间"863 地下金属矿智能开采技术"课题延伸而来。在自主行驶方面，装药车借助于调度平台和电子地图指引，可以完成自主路线规划的无人化行走、车辆位置的精确定位；借助激光扫描，实现避障行走。在智能寻孔方面，采用了激光测距仪/单摄像头综合炮孔识别方案，多级精确炮孔定位。智能装药方面，在集成 BCJ-41 型原有功能的基础上，增加了与服务器的数据交互，可实现孔位、设计装药参数的下传，装药效果及状态的上传与存储等功能。地下智能炸药混装车外形如图 12.10 所示。

图 12.9 BCJ-41 型装药车

图 12.10 地下智能炸药混装车

12.4　井下智能铲运机

智能铲运机属于采矿机器人的一种。按照操纵模式和自动化程度，可以分成四个阶段。即人工驾驶的第一代铲运机，视距遥控的第二代铲运机，超视距遥控的第三代铲运机（亦称视频遥控、远程遥控）以及实现包括自主行驶在内的自主式自动控制智能铲运机。视距遥控和超视距遥控的第二、三代铲运机技术比较成熟，第四代智能铲运机也称为机器人式铲运机。

12.4.1　铲运机的智能化

12.4.1.1　视距遥控铲运机

视距遥控（LOS）铲运机是指操作人员位于作业区的危险范围外，用遥控设备控制视距范围内的铲运机作业。LOS（line-of-sight）遥控属于有限范围内的视距遥控方式，有效范围在 100m 以内。作业时操作人员在作业危险区之外直接观察和操控铲运机，铲运机在铲装矿石驶离危险区后，改由操作人员手动驾驶，驶往卸载点卸载后驶回原地，再转为遥控操作模式驶入危险区铲装，进行下一个作业循环。

视距遥控铲运机在解决采空区残留矿石回收以及危险作业环境的出矿安全等方面取得良好效果，特别是在无底柱分段崩落法、VCR 法以及房柱法矿柱回采等采场作业条件，可显著降低贫化损失、确保作业人员安全。国外的视距遥控铲运机最早于 1976 年在加拿大贾维斯克拉克公司开始研制，我国于 1984 年研制成功首台遥控铲运机，并应用于凡口铅锌矿 VCR 采矿法采场出矿。遥控铲运机一般是在内燃铲运机或电动铲运机上加装遥控装置改装而成。遥控装置主要包括无线电遥控装置以及遥控操纵的执行机构。无线电遥控装置主要包括发射机和接收机。接收机安装于铲运机机身，实现无线电信号的接收。

A　无线电遥控装置

发射机工作原理：发射机操纵面板上的按钮和手柄可发出遥控动作，包括动臂举升、下降，铲斗翻卸、收斗，铲运机前进、后退、左转、右转，工作制动、停车制动，电机启动、停止等。遥控动作由开关控制指令进行控制。发射机对实现铲运机遥控动作所对应的开关控制指令脉冲编码，并且调制到特定的频率上，用无线电发射，原理如图 12.11 所示。

遥控操作系统由装在发射机面板上的操作按钮、手柄以及时序分割电路组成。时序分割电路保证各路遥控指令不相互干扰和错位。指令编码器将操作按钮或手柄形成的指令进行编码，对得到的编码指令进行二次调制，再送到无线电通道进行一次调制，由超高频发射到空间，以便接收机接收。无线电通道由调制器、主振、倍频以及功放组成。

接收机工作原理：接收机将接收的高频信号进行解调，经过译码器，然后送到相应的驱动电路，通过继电器触点的闭合，使得电磁阀动作，最后完成对铲运机执行机构的遥控，如图 12.12 所示。

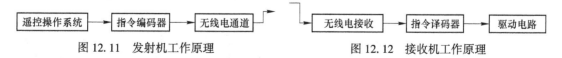

图 12.11　发射机工作原理　　　　　　　　图 12.12　接收机工作原理

无线电接收通道的作用是接收空间的微弱超高频信号，并进行一次解调。指令译码器对信号进行二次解调，译码后还原成具体指令，由驱动电路的驱动元件（继电器），完成遥控。

B 遥控操作的执行机构

执行机构主要包括工作机构遥控系统、转向遥控系统、方向遥控系统以及制动、启动和停车等遥控系统。以工作机构遥控系统为例，当接收机收到工作机构的遥控指令后（如动臂举升、下降，翻卸、收斗），相应的电磁阀动作，压力油推动工作机构相应油缸动作，完成装卸作业。

12.4.1.2 铲运机超视距遥控（ELOS）和全过程遥控

（1）超视距遥控。超视距遥控与视距遥控相比，由于其采用了更先进的控制手段，同时能为远程操纵人员提供图像和声音等信息反馈，扩大了对机器的操纵距离。操纵人员可遥控操纵视距范围外或处于拐弯处的铲运机，从铲装地点到卸矿点的手动操作也可由超视距遥控来完成。

（2）全过程遥控。超视距和装运卸全过程遥控是一种综合遥控系统，该系统可利用电子装置从地下作业区域附近或者从地表对铲运机实施全部装运卸所有环节的循环控制，无人驾驶、且不需要使用导向系统，也不需要矿山范围的通信干线，可降低投资和维护费用。相对于更高水平的遥控和铲运机自主作业，全过程遥控是一种中间的、过渡的智能化方式。

采用计算机系统、微处理器、微控制器以及带机载通信网络的分布式控制系统代替可编程控制器，能够更好地适用于超视距和铲运卸全过程的综合遥控。相比于视距遥控铲运机，超视距和全过程的遥控控制系统特点是增设了分布式控制节点和传感节点，如发动机、传动系统、制动器、液压系统、摄像机控制和传感装置节点。控制节点和传感节点可通过车辆控制局域网（VCAN）进行连接（替代了视距控制铲运机上的接线箱）。在超视距和全过程遥控系统中，需要在视力范围之外或更远的地方操纵设备，为扩大工作范围，用视频系统将图像传输给操纵控制板处的操作员。

12.4.1.3 铲运机的自动化和智能化

地下铲运机的自动控制经历了半自主方式自动控制和自主式自动控制。与露天矿山不同，地下矿山不能利用卫星通信、定位和导航，实现铲运机自主行驶是铲运机智能化的关键。

1990年维埃那蒙塔尼（Vielle Montagne）研制出具有导向功能的遥控铲运机，通过摄像机跟踪巷道顶板的白色线条进行导向。加拿大国际镍公司（Inco.）研制的"Telemining"远程采矿工艺，综合利用地下通信、导航定位、信息处理、监控和控制系统等新技术对采矿设备及生产系统进行操作。操纵人员在中央控制室可对多台铲运机进行远程控制，通过视频系统跟踪顶板灯来引导铲运机。1993年瑞典LKAB公司基鲁纳铁矿实施的半自主式自动装运系统（SALT），导航系统是利用机载激光扫描器测量巷道侧壁上反射条带的角度来实现。

自主式自动控制铲运机也称为机器人式铲运机，是以机器自主方式工作为特征的铲运机，是铲运机智能化的高级阶段。以山特维克汤姆洛克公司研制的自主式TORO1250型内燃铲运机为例，该铲运机上装备了两种导航系统。其一是惯性导航设备，通过测量行驶加速度并传送至驱动装置的计算机系统，连续监测铲运机行驶速度和里程。另一导航系统是利用安装在铲运机前后的激光扫描仪，连续监测巷道断面形状的变化，以此来获取和辨认工作区域每一局部的特征。激光扫描仪导航系统可以对惯性导航系统的数据进行修正，以获取需要的定位精度并校准测距误差。中央控制计算机可随时获取铲运机位置，以避免多台铲运机之间的碰撞。铲运机的驾驶和卸矿工作是在机载计算机的自动控制下自动完成，需要操纵人员遥控操作完成的循环工序是铲运机的铲装工作。

12.4.2 地下智能铲运机的关键技术

12.4.2.1 定位导航技术

A 定位技术

定位和导航是自主行驶技术密不可分的两个方面，定位是导航的基础。地下无人操纵铲运机定位是指确定铲运机在二维坐标系中的位置及其本身的姿态，或者指铲运机相对于地下巷道内某已知位置坐标的相对位置。

矿井设备定位分为辅助定位和精确定位。通过确定铲运机与位置已知的通信基站之间的相对距离，即可进行定位，称为无线通信定位，属于辅助定位。包括 Zigbee、WiFi、Bluetooth、UWB（ultra-wide band）、WLAN（wireless local area network）等技术。利用各类车载传感器进行定位，称为精确定位。精确定位传感器主要包括惯性传感器、视觉传感器、激光传感器、超声波传感器以及里程计（光电编码传感器）、角度传感器、磁场传感器等。

由于自身性能和环境干扰因素的影响，单一传感器只能获取环境或被测对象的部分信息，带有不确定性。多个传感器探测的信息尽管在时间、空间、可信度、表达方式上不尽相同，侧重点和用途也不完全一样，但均为同一环境下目标对象不同侧面特征的反映，存在相关性。相关联的信息经过融合后，不仅可以提高系统工作的稳定性，亦可改善空间分辨能力。多传感器信息融合技术可概括为：利用计算机技术对按时序获得的若干传感器（同类型或不同类型）的观测信息在一定准则下加以自动分析、综合处理，以完成所需的决策任务而进行的信息实时处理过程。观测信息与传感器类型有关，可以是数据、照片、视频图像等。

根据铲运机工作环境的复杂性，以及传感器的种类和数量的不同，定位算法分为航迹推算、感知定位和组合定位。航迹推算定位技术，是指已经确定某一初始时刻铲运机的位置，根据铲运机车载传感器（航向陀螺、加速度计、里程计等），计算出铲运机的位置坐标。例如，里程计是通过装在车轮上的光电码盘对车轮的转动进行记录，从而获得铲运机的行程以实现定位。感知定位是利用传感器获得环境中具有明显特征的目标和传感器之间的距离，以此来求解车辆的位置坐标和运动方向。感知定位的核心问题就是目标识别，以得到位置的精确值，如无线电定位技术、地图匹配定位技术、视觉定位技术、激光定位技术等。航迹推算的测量误差会随时间积累，而感知定位亦受传感器特性、识别精度和环境因素的影响。将航迹推算定位和感知定位方法相结合，称为组合定位。

B 铲运机自主导航机制及策略

自主控制铲运机按规划路径或合理路径行驶，称为铲运机自主导航。根据铲运机当前姿态、位置和运行速度，预测铲运机未来的位置，判断未来位置与规划路径或合理路径的偏离。通过偏差控制和目标跟踪、路径规划和人工示教等方式对铲运机的动作进行控制，从而实现铲运机的导航和运行控制。按照导航机制，自主导航技术可以分为相对式导航和绝对式导航。

相对式导航不需要知道预定的路径，仅通过主动感知周围环境的基础设施或者局部物体而实现导航。应用广泛的反应式导航属于相对式导航。早期反应式导航是通过追踪环境中类似轨道的导引设施，感应所处环境，做出响应实现导航。即铲运机在自主导航时通过车载传感器追踪导引设施以判定铲运机的位姿，并据此调整行驶速度和航向角，实现导航。导引设施包括感应电缆、顶板反光带、顶板绘线、磁钉等。这种导航技术遵循严格意义上的反应式导航机制，称为第一代自主导航技术。第一代自主导航技术适用于导航路线简单且固定以及导航速度要求不高的场景。井下环境复杂，导航路线更换频繁，导引设施的安装、维护和拆卸工作量很大，第一代自主导航技术应用并不理想。第一代导航技术完全依靠人工信标进行导航，设备设施投资大、对矿山变动性环境适应性差。

第二代导航技术利用信息融合实现定位判断。通过车载传感器采集定位信息，结合预先储存在导航计算机中的导航地图实现匹配定位。导航过程中使用自然信标和人工信标校正定位误差。根据导航地图精度的不同，第二代铲运机自主导航可分为绝对式导航和基于"沿壁法"的反应式导航。前者使用度量地图（metric map），后者使用拓扑地图。度量地图强调精确地表示地图中物体的位置关系。拓扑地图由节点和分支组成，只考虑节点间的连通性。拓扑地图更强调地图元素之间的关系，不能表达复杂结构的地图。

绝对式导航要求铲运机在全局地图信息的坐标系下，沿着导航地图预先指定的目标轨迹行走。因此，对预先生成的轨迹进行路径跟踪是绝对式导航的主要特点。铲运机绝对导航优势在于无需在行进过程中决策行走路线，但需要精确地构建地图和采集定位数据，运算量大。同时由于严格遵守预先指定的行走路线，缺乏有效避障机制，无法回避突然出现的障碍物。

基于"沿壁法"的反应式导航可以定义为：铲运机通过信息采集系统主动感知巷道环境（指车体侧面的巷道壁面以及前方的可行区域），判断自身位置，并通过与巷道侧壁保持一定的安全距离和角度来完成自主导航。巷道侧壁既是需避让的障碍物，也是导航参照物。导航中传感器探测周围可行走的区域，通过信标校正行走误差，决策最优行走路线。

基于"沿壁法"的铲运机反应式导航是通过感知周围可以行走的区域而非追踪预先设定的路径而实现导航，不依赖精确的全局地图信息。这种导航机制可以有效避障，但由于传感器的信息采集范围有限，限制了铲运机在弯道和拐角等处的行驶速度。

实时定位与地图构建（SLAM，simultaneous localization and mapping）技术是铲运机绝对式导航的典型范例之一。SLAM技术不依靠GPS和复杂的惯性导航系统，能够依靠设备自身配置的简单惯性测量装置，实现地下三维空间数据的采集。矿山地下空间光线较差，视觉SLAM使用效果不理想。激光SLAM不受光线影响，在地下矿山占主流。

C　路径规划及导航算法

绝对式导航需要预先进行全局路径规划，即根据先验环境模型，找出从起始点到目的点的符合一定性能指标的可行或最优路径。反应式导航能够实现局部路径规划，即基于传感器感知的周围环境信息，决策出相应的轨迹路线，作为导航控制的目标路线。

以规划的全局或局部轨迹路线为目标路线，通过定位将铲运机位置与目标路线做比对，控制铲运机转向，使其在目标路线上行走，是由导航算法实现的。铲运机行驶过程势必出现行驶路线与目标路线的偏差，需要导航算法通过转向机构控制行驶偏差。通过控制横向位移偏差 Δy 和角度偏差 $\Delta \beta$ 并使之为零，是导航算法的基本原理。角度偏差也称为航向角偏差，是指目标路径（期望轨迹）的航向角与铲运机航向角（铲运机切线速度的方向）的差值。$\Delta \beta$ 反映了铲运机运动方向与目标路径预定行驶方向之间的偏差。Δy 反映了铲运机行驶过程中与目标路线的横向偏离距离（亦称为轨迹偏差）。可见，对于沿壁式导航来说，$\Delta \beta = 0$ 就是车辆行驶方向与巷道侧壁平行。$\Delta y = 0$ 要求车辆跟巷道侧壁保持相同的距离，沿巷道中线行驶。绝对式导航以全局坐标系下预先确定的目标线路为参照，也可做类似理解。

铲运机行驶速度、转角以及转角变化率等轨迹控制参数是 Δy 和 $\Delta \beta$ 的函数。因此，铲运机运动控制系统就是根据 Δy、$\Delta \beta$ 的设定值对转角和速度进行控制而实现导航的。

D　自主导航系统

地下铲运机自主导航系统需要具有以下功能：感知导航环境（感应导航环境和理解导航环境）；在导航环境中定位；在导航环境中规划有效的行走路线并执行。具备以上功能的自主导航系统由传感器、信息处理以及信息反馈控制三个模块组成。传感器模块构成信息采集系统，用来采集铲运机及环境数据。信息处理模块构成导航决策系统，按照不同的导航机制判定铲运机位姿、规划铲运机动作以及发布导航命令，完成导航决策过程。控制反馈模块构成铲运机运动控制系统，用来调整铲运机运行速度、航向角，使其沿着规划的目标路线行走。

信息采集系统通过激光扫描仪、里程计、角位移传感器、陀螺仪等车载传感器采集的环境信息，得到铲运机的航向角、铰接角以及行驶距离等位姿信息。导航决策系统由反应式导航、绝对式导航等策略构成。运动控制系统负责控制执行机构动作，实现铲运机速度和角度控制。CAN 总线用于信息采集系统、导航决策系统以及运动控制系统之间的网络通信。信息采集传感器布置示例如图 12.13 所示。自主导航系统功能与体系结构如图12.14 所示。

传感器是实现井下车辆精确定位和导航的关键元件，主要起目标和障碍物探测的作用，是导航系统与环境建立联系的途径。因此，导航系统一般以传感器命名。

（1）道路磁钉导航系统。利用安装在路面上的磁道钉（磁信号源）产生磁诱导信号，通过车载传感器探测到的感应电压确定车辆在目标车道上的相对位置，车载计算机根据相对位置对车辆进行实时控制。磁钉导航系统由磁道钉、磁传感器、车载计算机、方向控制机构四个部分组成，是一个以路面磁道钉为诱导信号发生器，以车载磁传感器为信号接受装置，车载计算机为运算和处理单元，方向控制机构为执行机构，铲运机为控制对象的闭环反馈系统。

磁传感器亦称为磁导航传感器，属于自主导航设备。磁导航传感器主要用于自主导航设备的预设运行路线检测及定位，属于第一代反应式导航技术。磁导航的机制是基于预设磁轨迹的导航方式。磁导航传感器一般配合磁道钉、磁条或者电缆使用。磁道钉、磁条以及电缆的作用是为了预先铺设自主导航设备（铲运机）的行进路线。磁导航不受光照等影响，可靠性较高，成本低廉。磁钉导航系统原理如图 12.15 所示。

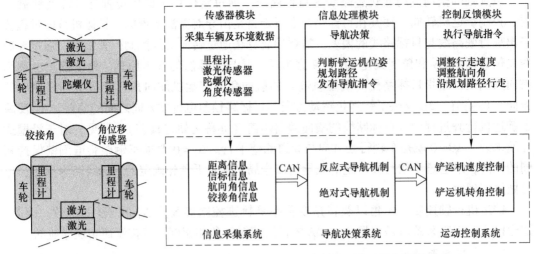

图 12.13　信息采集系统
传感器布置示例

图 12.14　自主导航系统功能与体系结构

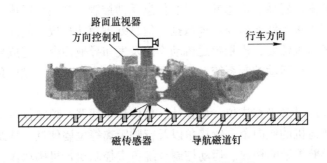

图 12.15　铲运机磁钉导航系统原理

（2）超声波测距导航系统。利用超声波传感器的特性，通过对多个探测数据进行采集和处理，可以建立铲运机的环境识别系统。超声波测距模块通过支架和舵机相连，当有驱动脉冲通知舵机工作时，超声波模块也随之转动相应的速度和角度，就可以测量出该方向上被测物与铲运机之间的距离。当测距模块在被测对象所在的角度范围内旋转一个周期时，就可以完成对空间障碍物的扫描。这种方法在扩大铲运机环境检测范围和力度的同时，减少了传感器数目，便于安装实施。超声波指向性强，能量消耗缓慢，传播的距离较远。利用超声波检测往往比较迅速、方便，计算简单，易于做到实时控制。在超声波测距中，通常因温度和时间检测的误差，使得测距的精度不高。

E　信标技术

按照信标识别的方法，信标可以分成基于视觉的信标、基于激光扫描的信标、基于无线脉冲识别的信标、基于无线通信的信标等类型。按照信标形成可分为人工信标、自然信标。第一代铲运机导航技术在巷道中安装的感应电缆、顶板反光带、磁钉等引导设施，均为人工信标。按信标用途可分成特征信标和标定信标。标定信标用于消除定位误差，是精确定位的标定点。应用于定位的信标称为特征信标。

基于"沿壁法"的铲运机反应式导航技术，经常使用自然信标或人工信标对关键位置进行判定。如在工作区段的起点和终点、采掘点、卸载点、转弯等处，设置不同的编码信标，利用车载激光雷达等进行扫描，通过信标识别技术确定铲运机位置，判定关键位置。

信标设计、布置及信标信息识别是信标用于辅助定位导航的关键。以铲运机在巷道交岔口实现转弯为例分析。信标设计目标是识别出岔路口和确定道路转角、转向，并发送信息给铲运机智能系统，控制铲运机在转弯处改变直行方式，并以道路转角、转向进行转弯。转弯需要两套信标，分别用于识别转弯和识别岔路口。每套包括两个信标，分别用于激发信号和解除信号。在铲运机前进与后退两个工况中，信标的作用相反。

12.4.2.2 自主铲装技术

自主铲装技术是利用计算机视觉技术、多传感器技术和人工智能技术，在铲装过程中实现环境动态感知和建模、铲斗轨迹规划和调整以及矿石装载量自动计算等功能。自主铲装技术难度较大，是智能化水平的关键。自主铲装是基于具备定位、路线规划和导航功能的铲运机自主行走系统，增加环境感知建模系统、铲斗规划系统和自动称重系统来实现的。环境感知与建模是实施自主铲装的第一步，即利用摄像头、激光雷达等硬件设施和定位模块、感知模块等软件平台建立工作环境三维模型来指导铲装作业，识别矿堆并建立三维模型是环境感知建模的关键步骤。矿堆识别三维建模技术包括基于图像传感器的矿堆识别和基于距离传感器的矿堆识别。前者基于视觉传感器，如单目相机、双目相机等。后者基于深度相机和激光传感器，提取物体表面的位置信息。应用于井下环境的矿堆识别，两者各有优劣。铲斗轨迹控制是根据矿堆三维模型，确定铲运机铲装起点和规划铲斗挖掘轨迹。铲斗轨迹控制算法包括基于力反馈的轨迹控制方法和基于学习的轨迹控制方法。基于力反馈是利用安装在铲运机机身、动臂以及液压缸上的传感器数据来控制和调整铲斗的铲装动作，完成轨迹控制。适用于确定环境和条件可控的简单工况，如物料颗粒均匀、无大块等情况。机器学习和人工智能与传统的控制技术结合，能自动执行复杂的任务和操作，因此，基于学习的铲斗轨迹控制相比传统的机器控制方法，能更好地完成复杂工况下铲斗轨迹规划任务。自动称重系统的功能是测量铲斗有效荷载，并调整铲斗中矿石状态防止运输过程中矿石掉落。自动称重系统应满足实时动态称重的要求。

其他技术包括铲运机与地表控制中心之间的通信技术、门禁系统等。矿井通信网络一般由无线网络和有线网络组成，在井下自动化作业区域采用无线网络全覆盖。控制中心位于地表或者其他远离自动化区域的地点，一般通过工业以太网连接。由于 WLAN 在传输速度和通信距离方面的优势，一般通过 WLAN 在地面计算机与车载计算机之间传输铲运机视频监测、地面计算机指令及铲运机位姿等数据。无线网络设置也应考虑铲运机辅助定位要求。自动化作业的基本安全理念是为铲运机提供一个完全与人工作业设备及相关人员隔离的工作区域。门禁控制系统防止铲运机离开作业区，禁止人工操控设备或人员进入。

12.4.3 应用实例

12.4.3.1 实例一

安徽马钢张庄矿业有限公司张庄矿使用远程遥控技术实现了铲运机的铲、装、卸以及自主导向行走功能。通过地表控制中心对地下铲运机进行远程遥控、状态检测和数据处理，实现了单台铲运机地表远程遥控装卸矿、自主导向行走、人工干预自动拐弯等功能。除了直线部分实现铲运机的自主行走外，其他如铲装、卸矿、转弯等均需要进行远程遥控，按照智能铲运机不同阶段的界定，该系统属于远程遥控铲运机，实现了铲、运、卸全过程遥控，若考虑直线巷道的自主行驶，自动化程度应属于半自主方式自动控制。

在铲运机上加装控制单元、前后网络摄像头和激光扫描仪、传感器、车载拾音器等仪器设备，车载控制单元将车辆状态信息、视频信息等通过无线通信网络传输至地面控制中心，将接收到的地面控制中心指令进行解码并执行以控制铲运机动作，车载控制单元实时扫描的巷道形状信息进行运算处理以便实现自主行驶及避障控制。对整个系统的操纵以及作业场所、设备状态的监测由地面控制中心完成，包含操作座椅和控制显示系统两部分。操作座椅模拟了铲运机驾驶室内铲运卸过程中的各项操作功能，可以遥控铲运机进行各种动作。车载网络摄像头、拾音器、传感器等通过通信网络传输来的视频、音频以及其他各类状态信息，可以辅助地面控制中心的司机判断现场状况。铲运机通信网络架构如图12.16所示。车载AP和轨旁AP均为无线AP（无线接入点，wireless access point）。

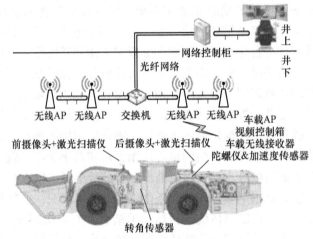

图 12.16 通信网络架构

铲运机行驶线路如图12.17所示。司机远程遥控铲运机在溜井处卸矿后交出车辆控制权→车辆沿直道1自动行驶→到达弯道1之前司机拨动手柄→车辆自动转弯后沿直道2自动行驶→到达弯道2之前司机拨动手柄→车辆自动转弯后沿直道3自动行驶至装矿点→司机接手车辆控制远程遥控装矿，装矿完成后交出车辆控制权车辆自动行驶，按前述路线相同行驶过程反向行驶至溜井处。

12.4.3.2 实例二

射频识别技术RFID（radio frequency identification）是在阅读器Reader与标签Tag之间进行非接触式的数据通信，达到识别目标的目的。完整的RFID系统由读写器（reader）、电子标签（tag）和数据管理系统三部分组成。当标签进入阅读器后，接收阅读器发出的射频信号，凭借感应电流所获得的能量发送出存储在芯片中的产品信息（passive tag，无源标签或被动标签），或者由标签主动发送某一频率的信号（ative tag，有源标签或主动标签），阅读器读取信息并解码后，送至中央信息系统进行有关数据处理。

利用安装在井下特定位置的 RFID 智能定位桩以及车载终端,不间断获取铲运机定位信息,同时记录车辆的行进路线及铲运机在装卸地的触发次数,从而统计铲运周期内的相关参数。实现了井下铲运机三维实时定位,并可对出矿数据进行实时统计分析。

（1）智能定位桩设置。智能定位桩数量根据出矿进路和溜井的数量进行配备,其具有唯一识别码,智能定位桩定时向外发送信号,当智能车载终端处于信号覆盖范围内则采集该信号,完成相关信息收集,如图 12.18 所示。

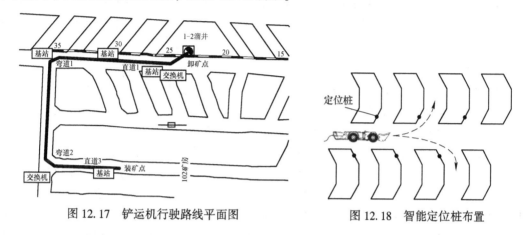

图 12.17　铲运机行驶路线平面图　　　　图 12.18　智能定位桩布置

（2）智能车载终端配备。车载终端主机采用高度模块化设计,主要功能模块包括数据处理模块、RFID 读卡模块、Wi-Fi 网络数据包收发模块、UI（User Interface,用户界面）显示模块等。软件内嵌了实时操作系统,各模块能够高效实时协同运行。

12.5　有轨电机车无人自动驾驶系统

12.5.1　电机车无人驾驶技术简介

井下电机车无人驾驶技术在国外采矿业发达国家应用较早,如瑞典基律纳铁矿（the Kiruna mine）,自 20 世纪 80 年代即开始采用电机车无人驾驶运输技术。国外电机车无人驾驶一般在全封闭无人行走的巷道内使用,这与国内矿山的电机车运输环境有较大区别。

无人驾驶电机车运输系统由智能无人驾驶变频调速电机车,巷道移动无线通信系统,电机车自动调度、保护、监视等系统组成。列车能够实现远程遥控装矿,自动运行和自动卸矿,适用于多列机车同时运输的需求。电机车具有单机和双机无人驾驶两种模式,能够实现无线通信方式下的双机联动牵引。在无人驾驶状态下,机车接收集中控制室的指令按照设定的程序运行。机车具有自我诊断功能,诊断信息反馈到集中控制室,启动必要的人工处理程序。

无人驾驶电机车运输技术是融合多学科多领域的综合性技术。采矿工程和机械工程等工程设计技术是电机车无人驾驶系统的应用条件。无人驾驶设备软硬件技术是实现电机车无人驾驶的核心,包括变频拖动技术、总线通信技术、无线通信技术、计算机技术、控制技术、信集闭技术和传感器技术。

12.5.2 关键技术方案

12.5.2.1 电机车无人驾驶技术方案

A 机车驱动技术方案

无人驾驶系统需要根据现场环境随时调整和精确控制电机车的运动状态。相比电阻调速和斩波调速，变频调速启动性好、调速稳定、制动可靠。变频调速电机车技术方案能够满足电机车运行状态的精确控制。装卸载作业时，单机牵引列车为惯性失控运行状态，双机牵引为牵引状态。选用双机牵引方式有利于对机车的控制。

B 机车控制技术方案

按照智能化程度，无人驾驶机车控制技术包括遥控、遥控+自主运行以及完全自主运行三个阶段。随着遥控操纵环节的减少和自主运行比重增大，智能控制程度越高。目前技术条件下一般采用远程遥控与智能控制相结合的控制方案。

机车智能控制包括：（1）自动运行。机车接收调度指令，按照设定程序自动运行，在弯道、道岔、装卸载、直道等处自动选择合理的运行速度，在设定位置自动升降集电弓、鸣笛、停车等待。位移测量传感器及定点位置检测装置实现电机车定位及速度感知要求。（2）机车自动保护功能。包括通信失联保护，位置保护，防碰撞保护，机车减速、制动和驻车失效保护，脱轨保护等功能。自动保护功能通过智能检测、诊断以及故障反馈控制系统实现。（3）控制模式。电机车具备遥控、自动、人工以及检修等模式。（4）多机联动控制。双机牵引必须保持同步操作。前后车无线通信应能实现双机同步前进、后退、调速、制动和驻车等功能。自动调整前后车牵引电机输出功率，改善编组牵引性能。（5）故障处理。机车电气故障时，采用智能处理方式及时退出故障机车，减少占道事故概率。（6）自动控制功能。根据运行要求，机车自主实现加速、减速、惯性停车、斜坡停车、紧急电气制动、紧急气刹制动、停车驻车控制、溜车驻车控制等控制功能。（7）变频器电压适应性。由于运输距离和集电弓升降等影响，架线电压波动很大，变频器应适应滑触线电压变化。

C 传感器方案

在无人驾驶电机车运输中，通过旋转编码器实时、准确地获取电机车的位移和速度非常关键。弯道、道岔以及线路质量等因素引起的振动，会影响旋转编码器的寿命和测量精度。通过多传感器协同工作能够实现机车的全方位传感数据监测。其他传感器类型包括超声波雷达、激光扫描仪、毫米波雷达、AI 红外摄像机和红外线传感器等。传感器方案应能够实时获取机车位置和速度，并应用前视障碍物监测软件智能识别障碍物，给出刹车信号。

12.5.2.2 通信技术方案

A 无线通信环境的特点

编组列车对无线通信巷道的活塞效应非常明显。根据相关试验，在有运矿编组存在的巷道，无线通信有效截面几乎减小到空巷道的 1/3，通信距离缩短为空巷道通信距离的 1/3~1/2。狭长的巷道对通信距离影响非常大，通常地表通信距离 1~2km 的设备，在直巷道通信距离为 200~300m，转弯巷道通信距离则更短。巷道内无线电波随着传播距离的增大逐步降低，无线电波在巷道内的反射效应增强，并体现出无规律性。尽管无线通信距离随着发射功率增大而增加，但在井下效果并不明显。功率增加 100 倍，通信距离仅增加 1/5。另外出于安全考虑，不允许随意增大发射功率。

B 无线通信方面的要求

（1）双机牵引的通信要求。大型矿山经常采用双机牵引方式，因此必须具备 2 条链路的无线通信。1 条链路是编组头车和尾车通信。另 1 路是机车与集中控制室之间的无线通信。

（2）无线通信对象数量。一般大型矿山同时运行 4 列编组即可满足运输生产需求，特大型矿山基本上不超过 8 列编组。因此，无人驾驶电机车运输使用的无线通信对象固定且数量较少。

（3）无线通信的数据容量。在满足控制要求的前提下，尽可能压缩通信数据容量。

（4）无线通信覆盖范围。无线通信必须覆盖整个运输区域，不能出现通信死角。

（5）无线通信速率及中断要求。通信速率必须满足集中遥控和电机车自动运行的要求。对于无线通信覆盖区域内可能出现的通信中断，应有智能方式进行补救，以确保机车运行数据的传输和集控室控制指令的及时下达、接收和执行。

C 无线通信方案

无线通信方案应综合考虑不同通信技术特点以及电机车无线通信需求。无线通信方案示例如图 12.19 所示。巷道内无线通信基站与机载无线通信设备、转辙机系统、区分开关系统（分段开关系统）、装矿系统等建立通信联系，通过光缆与主控制器进行通信，实现电机车实时数据传输以及电机车高精度定位。电机车 ATS（自动监控子系统）、ATO（自动运行子系统）、ATP（自动防护子系统）组成列车 ATC（自动控制系统，简称列控系统），ATP 是 ATC 系统的基础和核心。

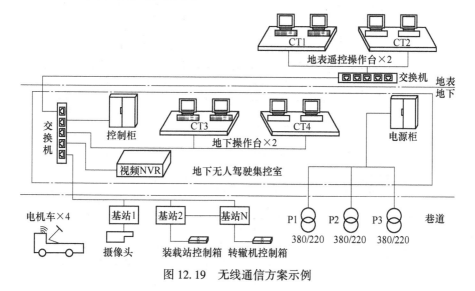

图 12.19 无线通信方案示例

12.5.2.3 其他技术

（1）智能化信集闭调度系统。"信、集、闭"系统即"信号、集中、闭塞"系统的全称。"信、集、闭"系统是指由控制中心对进路、信号及道岔等运输系统环节进行控制和监督，以便迅速、准确、及时地指挥调车。"信、集、闭"系统是实现井底车场，运输石门及主要运输巷道内行车指挥自动化的重要方式。智能化信集闭调度系统是无人驾驶电机车运输控制系统的重要组成部分，具备智能化的进路开放、信号采集和道岔转换等功能。

（2）机车装载控制技术。由于装矿计量设备、矿石性质和粒度以及溜井料位、含水量、含泥量等因素影响，矿石流量、放矿速度难以保持均衡稳定，实现自主装矿比较困难。通常采取装矿设备远程遥控、遥控电机车移动装矿位置（电机车对位）、满载状态视频监控等方法综合解决装矿控制问题。装载控制方式包括：集控室远程遥控方式，用于设备正常运行；就地控制方式，用于设备就地操作；检修控制方式，用于设备检修。控制方式的优先权：检修控制方式>就地控制方式>远程遥控方式。

（3）视频监控系统。应满足远程遥控装矿和电机车自主运行的可视化和实时性要求。图像采集传感器布置在电机车前后端、装载站、卸载站、转辙机、牵引变电所及门禁等处。

（4）转辙机、门禁等辅助控制系统。转辙机具备就地和远程两种控制方式。当转辙机故障或反馈信号错误时，电机车控制系统能够自动诊断并采取防护措施。井下视频监控及防撞检测系统难以完全实现防撞功能。应设置安全门并结合视频监控、人员定位系统等构建门禁系统。

12.5.3　无人驾驶电机车系统应用实例

首钢矿业公司杏山铁矿井下电机车无人驾驶系统包括机车单元、运行单元、装卸矿单元以及派配矿等单元，系统构成如图12.20所示。

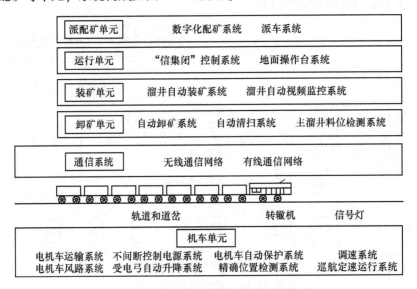

图12.20　井下电机车无人驾驶系统构成

12.5.3.1　系统组成

（1）派配矿单元由数字化配矿系统、派车系统组成，安装在地面中心机房服务器内。

　　(2) 机车单元包括电机车运输系统和电机车自动保护系统。

　　(3) 运行单元包括井下窄轨信集闭控制系统、操作系统、无线通信系统、网络通信系统以及不间断电源系统。信集闭控制系统主站和分站安装在井下运输水平，控制计算机安装于地面主控室。操作台系统安装于地面控制室。无线通信系统安装于井下运输水平，形成井下无线通信全覆盖。网络通信系统由地面中心机房的网络主交换机和井下运输水平的分交换机组成。

　　(4) 装矿单元主要包括溜井远程装矿系统、溜井装矿视频监控系统。

　　(5) 卸矿单元主要包括自动卸矿系统和卸矿自动清扫系统。

12.5.3.2　网络通信及数据交换

　　地面中心机房网络主交换机直接与配派矿系统服务器、地面操作台系统物理相连。井下信集闭系统、溜井远程装矿系统通过 100M 网络通信系统与地面中心机房网络主交换机物理相连。电机车自动保护系统与井下电机车运输系统进行通信，通过井下无线通信系统和 100M 网络连接到地面网络主交换机。

　　通过网络通信和数据交换，完成数据实时采集、判断、分析、控制、执行、显示和存储等功能。地面操作台的视频显示器可实现对井下装矿环节的实时监控。

12.5.3.3　电机车遥控及自动保护

　　电动车遥控通过手柄完成。电动车自动保护主要指对机车受电弓的升降控制以切断架线供电，达到刹车和停车的目的。(1) 控制手柄控制电机车运行方向、速度、闸控系统、电笛系统。为实现区间内额定速度匀速运行，设置有定速巡航功能。为适应不同区间或不同生产工序对电机车运行速度的控制要求，控制系统可选择设置不同的控制额定速度。(2) 电机车受电弓的自动升降功能以及手动操作模式。电机车供气系统用来控制刹车及受电弓升降，系统可自动检测供气压力，压力小于设定值时，电机车不能启动或运行中停止速度给定，自动刹车。电机车与主控室通信故障，可实现自动降落受电弓、自动紧急停车等功能。主控室远程遥控操作失灵情况下，具有地面远程切断滑线供电的功能，使电机车紧急停车。

12.5.3.4　远程遥控装矿

　　井下六处装矿溜井，每条溜井两台振动放矿机 (可选择双电机运行或单电机运行模式)，共 12 台振动放矿机、24 台电机，穿脉装矿。在各穿脉巷道设置自动化控制分站，就近连接和控制各溜井振动放矿机，实现自动化控制系统对振动放矿机的远程遥控。放矿机的各种信息接入 PLC 自动化控制系统，通过自动化光纤有线网络与主控室自动化控制系统进行双向通信。

　　编组按照指令运行到指定的装矿溜井处，地面主控室操作人员通过操作台对溜井放矿设备 (振动放矿机) 进行选择和确认，地面操作台的放矿遥控手柄与目标放矿机建立起控制关系 (确保该溜井的两台振动放矿机只能被一个操控台所选择和控制)，实现主控室操作台对目标放矿机的远程遥控放矿。

　　主控室远程装矿操作人员通过视频画面，操作控制手柄对振动放矿机的放矿和电机车的远程对位进行协调，完成远程遥控装矿。远程操作人员通过视频观测和控制矿车的满载程度，防止矿石溢出或欠装。

配置有放矿停止控制按钮，防止误动作。当放矿机系统出现故障，无法停止放矿时，或者主控室与井下自动化控制系统出现通信故障时，可通过操作台控制电源按钮切断主电源，停止放矿。

12.5.3.5　自动卸矿系统

完成远程装矿过程后，通过计算机系统向碎运调度系统请示重列车卸载指令。调度系统根据配矿作业计划，确定重列车卸载放行顺序。碎运调度系统通过信集闭控制系统的统一协调指挥功能，控制电机车运行线路和放行时间，向电机车发出从装载站驶向卸载站的指令。电机车遥控操作人员根据系统指令，远程遥控驾驶电机车进入卸载站。电机车进入卸载站，通过控制运行速度匀速经过卸载站的曲轨卸矿装置，完成自动卸矿流程。卸矿过程可同步实现自动清扫环节。

12.6　井下无人卡车运输

地下智能化自卸卡车是指利用先进的智能操控技术和状态监控方法，实现自卸卡车运输的遥控和无人驾驶。地下卡车智能化运输可以显著提高开采效率、降低安全风险。国外矿业发达国家在地下矿用汽车自动化和智能化研究方面起步较早，率先实现了地下矿用汽车的遥控及无人驾驶等智能控制。20 世纪 80 年代，国内开始引进遥控矿用汽车，并开展国产化研究工作。"十二五"期间"863"项目"地下金属矿智能开采技术"研制的"地下智能矿用汽车"，可在调度与控制系统的指挥下实现全无人作业、混合动力驱动以及智能行驶，为无轨运输设备智能作业提供了技术支撑。

铰接式车体可实现前后车架 45°折腰角，铰接车体转弯半径远小于同尺寸刚性车体，因此铰接式车辆更适用于井下巷道作业环境。井下铰接式车辆 ASV（articulated steering vehicle）包含自卸卡车、铲运机、炸药车以及其他井下无轨辅助车辆。铰接式自卸卡车 ADT（articulated dump truck）是指驾驶室与车体之间具有铰接点和摆动环的自卸卡车，车辆的转向通过液压系统完成。铰接式自卸卡车以两轴和三轴车型较为常见，全轮驱动居多。铰接式自卸卡车以其独特的车架结构、全轮驱动方式，显示出卓越的机动性、通过性及经济性，成为无轨运输系统优先选用的自卸卡车类型。

无人驾驶是指以计算机作为控制中心的智能驾驶系统，通过车载传感器及智能系统来感知车辆运行环境、规划车辆运行路径、自动控制车辆行驶。通过车载传感器感知车辆运行的环境信息，然后根据获得的信息对车辆的运行进行智能控制，实现无人驾驶模式。

与普通的无人驾驶相比，矿山无人卡车运输的道路信息相对简单，但是装卸矿作业复杂，不易实现智能化。另外，地下矿山相较于露天矿山而言，在车辆导航和定位技术方面也有很大区别。要实现地下矿用汽车的自动化和智能化，应重点解决智能装卸矿，巷道环境和设备姿态检测，设备状态参数检测，数据通信以及巷道内无人驾驶车辆行驶方向和速度的控制。

如图 12.21 所示，驾驶模式硬件部分主要指车辆的执行部件，软件系统包含战略层（strategy）、战术层（upper controller，上位机）以及执行层（lower controller，下位机）。战略层监管整个系统，决定车辆整体的行驶路径及操作动作；战术层根据接到的战略层指令，控制车辆行进中的路径跟踪和避障；执行层控制车辆的执行部件（executive）。铰接式车辆驾驶模式包括人工驾驶（manual）、遥控驾驶（remote control）、远程驾驶（long-range control）、副驾驶模式（aided-driving）以及自主驾驶模式（self-driving），五种驾驶模式自动化程度不同，可实现互换。远程驾驶模式借助通信系统与车辆进行信息互换，驾驶员可以在矿山以外对车辆进行控制，因此这种驾驶模式比遥控模式自动化程度高，特点是执行层接收司机处传递来的实际动态速度（speed）和转向（angle）信息，再传递给矿用汽车执行机构使之产生相应动作。副驾驶模式相比于远程模式，软件系统增加了战术层（upper controller）。工控机 IPC（industrial personal computer，工业控制计算机）是一种采用总线结构，对生产过程、工艺装备及机电设备进行检测与控制的工具总称，具有重要的计算机属性和特征，可直接发出操控命令，作为上位机使用。副驾驶模式的特点是驾驶员和工控机分别充当战略层和战术层角色。根据接收的驾驶员指令，车载工控机利用激光雷达数据获取车辆周围环境信息判断巷道环境，做出相应的控制策略以保证车辆正常行驶。自主驾驶模式中，战略层决定车辆总体工作流程，如直线行驶时的车速、转向过程中车速等信息，并向战术层下达指令，这种模式可实现地下铰接车辆的完全无人驾驶。

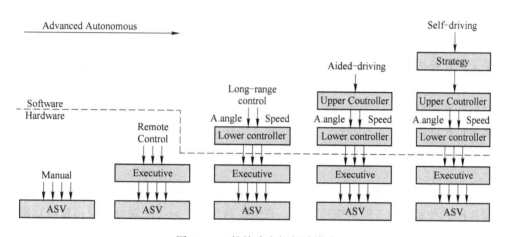

图 12.21　铰接式车辆驾驶模式

五种驾驶模式在井下卡车运输循环过程中有着不同的应用，根据运输环节需要可以实现互换接管。国际自动机工程师学会（Society of Automotive Engineers-International）发布的 SAE International J3016 标准定义了公路机动车驾驶自动化分级，即自动驾驶系统 ADS（automated driving system）分级标准。按照 SAE 的分级，驾驶自动化分为 L0-L5 共六个等级。Level 0：无自动化 no driving automation；Level 1：driver assistance，驾驶支援；Level 2：partial driving automation 部分自动化；Level 3：conditional driving automation，有条件自动化；Level 4：high driving automation，高度自动化；Level 5：full driving automation，完全自动化。国标《汽车驾驶自动化分级》（GB/T 40429—2021）也将驾驶自动化划分为 0 级（应急辅助）、1 级（部分驾驶辅助）、2 级（组合驾驶辅助）、3 级（有条件自动驾驶）、4 级（高度自动驾驶）、5 级（完全自动驾驶）共六个等级。两者划分依据基本相同，主要考虑三个主要参数，分别为设计运行条件 ODC（operational design condition）、动态驾驶任务 DDT（dynamic driving task）以及动态驾驶任务接管 DDT Fallback。

动态驾驶任务是指完成车辆驾驶所需的感知、决策和执行等行为，包括所有实时操作和决策功能，如车辆横向、纵向移动的控制，目标和事件探测与响应，驾驶决策，车辆照明及信号装置控制等。动态驾驶任务不包括策略性功能，如行程规划、目的地和路径的选择等导航功能。动态驾驶任务由驾驶员或驾驶自动化系统完成，或由两者共同完成。当发生驾驶自动化系统失效、车辆其他系统失效或即将不满足设计运行条件时，由用户执行动态驾驶任务或由用户/驾驶自动化系统使车辆达到最小风险状态的行为，称为动态驾驶任务接管。设计运行时确定的驾驶自动化功能可以正常工作的条件，称为设计运行条件，包括设计运行范围 ODD（operational design domain，是指设计时确定的驾驶自动化功能的车辆状态和外部环境，包括车速、道路、交通、天气、光照等）、驾驶员状态以及其他必要条件。

驾驶自动化等级划分的 5 个要素包括：驾驶自动化系统是否持续执行动态驾驶任务中的车辆横向或纵向运动控制；驾驶自动化系统是否同时持续执行动态驾驶任务中的车辆横向和纵向运动控制；驾驶自动化系统是否持续执行动态驾驶任务中的目标和事件探测与响应；驾驶自动化系统是否执行动态驾驶任务接管；驾驶自动化系统是否存在设计运行条件限制。

12.6.1 环境感知及自主装卸

无人驾驶矿用自卸车的首要关键技术是实现矿岩自主装卸。自卸卡车启动后，可自动驾驶进入装载工位，装载完成后自动起步，沿规划路线行驶。到达卸载后，自动转弯、调头，在感知系统指引下，准确停在合适的卸载工位。卸载举升过程自动适应现实工况需求，车厢可在任何举升角度停留，快速卸载且无残留。准确将矿车停在正确的装载位置及卸载位置是主要的技术难点。解决问题的关键就是要使无人驾驶矿车具有环境感知的功能。

无人驾驶环境感知技术主要包括：（1）雷达探测技术。雷达是一种主动式传感装置，基于雷达探测技术获取车辆周围的二维、三维距离信息，通过距离分析识别技术对距离信息进行感知。雷达探测可以直接获得物体三维距离信息，受光照影响小，探测精度高，但无法感知色彩信息。无人驾驶系统常用激光雷达、毫米波雷达及超声波雷达等技术。（2）机器视觉技术。机器视觉是用计算机来模拟人的视觉功能，获取车辆周围的二维、三维图像信息。机器视觉系统通过摄像头感知外部环境，通过图像分析识别技术对现场环境进行感知。机器视觉系统成本较低，信息量丰富，但易受光照等环境因素影响，三维信息测量精度较低。由于体积较小，可以在不同位置安放多台摄像机，使无人驾驶车辆从多个角度获得车辆周围环境信息，提高感知范围和精度。（3）车间通信技术。车间通信 V2V（vehicle to vehicle communication）是一种不受限于固定式基站的通信技术，可实现车辆之间直接交换无线信息，无需基站转发。V2X 通信技术（vehicle to X communication）能够实现车与车、车与基站、基站与基站之间的通信，从而获得实时路况、道路信息、行人信息等一系列交通信息，提高驾驶自动化程度及安全性，减少拥堵、提高交通效率。V2V、V2X 通信技术能够使车辆获得其他传感手段难以获取的宏观行驶环境信息，使车辆之间共享道路、其他车辆以及中心调度等其他交通信息。V2V、V2X 通信技术是智能交通运输系统的关键技术。无人驾驶自卸卡车环境感知传感器安装示意如图 12.22 所示。

12.6.2 自主循迹驾驶、自主导航技术

矿用无人驾驶卡车运输系统没有复杂的人流、车流、路标等路况信息需要处理，道路条件相对简单，难点在于矿山运输道路经常变化。建立矿山三维地理信息系统，有利于矿用无人驾驶车辆的路径规划。将道路规划输入无人驾驶系统后，无人驾驶自卸车即可沿着矿山道路实现自主循迹行驶。

自主导航亦称为自备式导航技术，有绝对式导航和相对式导航两种。

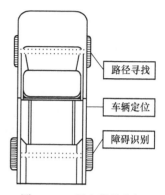

路径寻找

车辆定位

障碍识别

图 12.22 无人驾驶自卸
卡车环境感知传感器

12.6.3 路径规划和智能避障技术

12.6.3.1 路径规划

井下卡车用于执行井下较长距离的运输作业任务，面临巷道行驶环境多变，有分支岔路、路面起伏、障碍物复杂分布等情况。为高效、安全地完成矿岩运输任务，自卸卡车应具有自主从出发点行进到目的地的能力，即具备路径规划和主动避障功能。

路径规划是运动规划的主要研究内容之一。运动规划由路径规划和轨迹规划组成，连接起点位置和终点位置的序列点或曲线称之为路径，构成路径的策略称之为路径规划。从获取障碍物信息是静态或是动态的角度看，全局路径规划属于静态规划（离线规划），局部路径规划属于动态规划（在线规划）。全局路径规划需要掌握所有的环境信息，根据环境地图的所有信息进行路径规划。局部路径规划只需要由传感器实时采集环境信息，了解环境地图信息，然后确定出所在地图的位置及其局部的障碍物分布情况，从而可以选出从当前结点到某一子目标结点的最优路径，因此局部路径规划亦称避障规划。路径规划根据算法原理可分为传统算法、图形学方法、智能仿生学算法和其他算法。

井下自卸卡车在完成自主定位后，根据运输任务和矿井数字地图确定出发点和目的地。采用全局路径规划算法规划出一条最优的行驶路线。

局部路径规划是指自卸卡车在移动过程中为规避意外的突发事件（指没有预知条件下临时出现的设备、人员等障碍物）而规划的未来一段时间内的期望行驶路线。

全局规划是为了完成车辆的整体作业流程，局部规划是为了避开道路中的障碍物。对于地下智能自卸卡车而言，全局规划系统包括环境建模和路径规划两部分，通过环境建模实现电子地图开发，将实际的物理空间抽象成算法能够处理的抽象空间，实现相互间的映射。通过路径规划，完成路径搜索、路径平滑。因此，自卸卡车在行驶过程中需要实时进行避障路径规划，这样既能追踪全局路径，又能实时躲避障碍物，实现完全无人驾驶。

12.6.3.2 智能避障

车辆控制单元的智能避障功能能够准确判断障碍物的类型及大小，实时制定最佳避障路径或减速通过。智能检障、避障功能是实现无人驾驶的前提。

（1）障碍物检测。检障是环境感知的一部分，静止障碍物检测较为简单，运动障碍物检测较为复杂。障碍物的检测方法主要有两种，一种是基于激光雷达的和毫米波雷达的检测方法，另一种是基于立体视觉的检测方法。对于运动障碍物应进行运动轨迹的预测。

（2）障碍物躲避。在障碍物检测以及轨迹预测后，当存在障碍物轨迹与自卸卡车当前轨迹有重合可能的情况时，判断车辆与障碍物的碰撞关系，并规划车辆的运行路径。

12.6.4　智能控制技术

智能控制系统是整个无人驾驶系统的关键一环，将环境感知识别，路径规划及机器决策的结果付诸实施，最终通过车辆执行机构得以落实。智能控制系统的目标是使车辆的位置、姿态、速度、加速度等重要参数符合实时决策。控制系统按照行车动作分为纵向控制和横向控制，按照控制的车辆部件，包括加速控制、刹车控制、转向控制、灯光控制、喇叭控制、斗箱举升和下降控制。智能控制系统应确保执行机构控制的精确性及可靠性，整车执行机构具有高度的自主权。

地下矿用汽车与其他具有行驶功能的地下车辆一样，可以对其进行视距遥控、视频遥控、超视距远程遥控。半自主控制、自主控制是通过计算机系统实现智能控制的高级阶段，人员干预程度更少，控制距离更远。半自主控制需要人员遥控操作干预的时间很少，整个循环作业大部分是自动化作业，不需人员干预。自主控制能实现整个循环作业全过程自动化，只需监视整个过程，正常操作时不需要人员操作干预。半自主和自主控制系统是一个集成系统，由机载控制系统、无线通信系统、导航系统、远程控制室等构成。远程控制室操纵人员根据无线通信系统传输的现场设备音视频信号及数据，通过控制室操作台手柄或踏板，控制矿用汽车的装卸矿岩操作，完成装卸矿岩工作后，利用自主导航策略自动完成运输过程。自主控制系统则完全不需要人员操作干预，包括装卸作业。

12.6.5　路径追踪及速度控制技术

车辆运动控制是实现车辆路径追踪的核心，控制目标是根据车辆状态和规划完成的行驶路径生成控制指令，使车辆准确快速地追踪期望路径。井下卡车等铰接式车辆的运动控制包括行驶速度及转向的精确控制。行驶速度控制是在确保安全性的条件下，使车辆以较高的速度通过行驶区域，提高运输效率。转向控制是车辆实现路径追踪以及避障的基础。

12.7　无人值守生产系统

井下无人值守系统主要包括无人值守提升系统、排水系统、变配电系统、通风系统、压气系统、皮带运输系统以及充填等自动化子系统。矿井综合自动化系统是将各自动化子系统数据进行有效集成、有机整合及综合分析，对人员、设备等进行统一调度，实现各系统全自动化运行，从而实现整个生产系统无人值守的目的。矿井综合自动化系统改变了传统的生产方式，打破各系统信息"孤岛式"管理，实现了信息共享和统一布局、协同作业。

12.7.1　无人值守提升系统

12.7.1.1　无人值守箕斗提升

竖井箕斗提升无人值守作为一项成熟技术，已经得到广泛应用。通过实现智能联网控制，使提升机控制系统实现网络化、远程化和自动化，实现了提升机系统的自动启动、加速、减速和停车功能。采用传感器和数字式视频监控系统，对提升机运行进行全面诊断并预警，如图12.23所示。

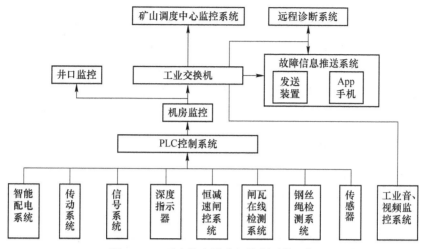

图 12.23　无人值守提升机控制系统示例

12.7.1.2　无人值守罐笼副井提升

相比主井箕斗提升系统，副井提升控制系统比较复杂，需要考虑的问题较多，如提升任务种类、井下设备、安装环境、生产管理以及安全规程对有关操作人员、信号工的要求等。副井无人值守系统的核心技术是智能罐笼、智能摇台和安全门的智能检测，罐帘门和阻车器的自动控制及检测。智能罐笼由自动感应照明系统、电梯式面板装置、人脸识别系统、语音对讲系统、高清视频系统、无线通信和无线充电系统、全自动罐帘门以及钢丝绳张力实时监测系统组成。罐笼井口及井下各中段车场的操车系统，可方便地执行推车、卸车、调运矿车以及限位等功能，操车系统主要设备包括推车机、阻车器、摇台、安全门、集中控制液压站、操车电控系统六大部分，各组成设备均采用电-液动力驱动，由集中控制液压站提供动力，通过操车电控系统实现集中控制，并能与副井提升信号系统实现电气联锁，提升自动化水平。

提升机房智能化无人值守系统、副井电梯式无人值守操车控制系统及主井无人值守装卸载控制系统与视频监控系统和提升系统综合集控中心组成了全矿山提升机信息化系统。

12.7.1.3　轨道斜井无人值守系统

相比竖井提升系统，斜井串车提升系统的作业环节较多，系统本身的机械化程度较低，实现无人值守比较困难。轨道斜井无人值守系统主要包括以下几个方面。

（1）斜井上部车场自动推车系统。设置行程传感器，控制推车机的极限行程，推车机的正反转、推车速度可随意调整，其电气控制采用 PLC 集中控制方式，通过与液压阻车器配合，实现自动推车功能。摘、挂钩作业自动化是难点，摘钩相比于挂钩，比较容易实现。斜井井口推车系统仅针对串车提升而言，亦可称为斜井井口操车系统，主要由推车机、阻车器、集中控制液压站、操车电控系统四部分组成。

（2）自动拾绳装置。用以防止绞车运行过程中钢丝绳从地托辊中滑落而摩擦地面。

（3）综合集控操作系统。将绞车房内提升机电控系统、推车机电控系统、自动拾绳装置的控制接入地面综合集控操作台，实现绞车、推车机、拾绳装置等的集中远程操作。综合操作系统配置显示屏，与绞车房的交换机进行数据传输，显示绞车运行状态和参数等数据。

（4）视频监控系统。为实时监视绞车运行状态，在综合集控操作台配置视频监视器，将斜巷防跑车视频、车场视频、绞车房视频等通过环网传输至视频监视器，实现上车场操作人员对斜巷防跑车、斜巷下车场、绞车房的实时监控。

（5）自动化制动型斜井轨道防跑车系统。具有故障和跑车声光报警、故障点告知、速度显示功能。

12.7.2　无人值守排水系统

12.7.2.1　系统组成和原理

借助 PLC 技术构建无人值守泵房控制系统，成为井下排水系统发展的必然趋势。自动化排水控制系统对水泵房吸水井水位、水泵运行状态、流量及扬程等参数进行监测，根据有关控制逻辑，合理控制水泵启动、停机。自动化排水控制系统可以实现对监测数据的存储、共享，实现井下水泵房的无人值守。

泵房无人值守系统主要构成包括控制柜（PLC 控制器）、传感装置和执行组件。传感装置用于采集排水系统运行时的扬程、流量以及机轴温度、液位等参数信息。执行组件主要指电机、电动球阀和闸阀等。PLC 对排水系统运行状态参数等进行测定和采集，通过数据分析生成相应的操控指令，并依据指令对电磁阀门、水泵等执行组件进行操控。

系统作业模式包括自动、手动、检修维护和远程操控四种模式。自动模式指 PLC 控制器通过分析采集数据，对设备的启停等进行操控。手动模式指作业人员在井下结合排水系统运行状况进行的人工操作。检修维护模式是指针对系统设备开展独立测试，从而对其运行状态的正常与否进行判定。远程操作模式是指地面调度室作业人员结合采集的排水系统运行参数下达指令，从而控制相关组件的运行。

水泵房自动化排水控制系统由管理层、传输层以及控制层组成，分别负责数据处理及控制指令发出、监控数据传输、实时监控及指令执行等工作。数据传输一般采用工业以太网。

在排水点（泵房吸水井）布置液位传感器，一般一个排水点布置两种不同类型的传感器，结果相互印证，提高测量的准确性。水泵出、入口分别设置正压、负压传感器，安装电动闸阀对水泵进行控制，安装电动球阀控制真空度。泵房内安装音频、视频监控装置。

12.7.2.2　无人值守排水系统的主要功能

（1）自动管理水泵组，实现自动启/停。（2）实时在线监测水泵工况参数，包括流量、扬程、电机功率、运行电压和电流、轴承温度、水泵运行状态及水仓水位等。（3）通过对运行电流/电压等参数的分析，判断水泵的运行状态，针对水泵不上水、缺相、电流/电压异常等状况，及时报警并停机。（4）通过对水泵的功率、效率、电耗、工况点等进行分析，调整开/停机时间，避开电力负荷高峰期，节约电费开支，确保经济运行。（5）通过对出口压力、轴承温度、管道流量等参数的分析，判断水泵是否出现故障并及时报警。（6）当主水泵出现故障时，能自动开启备用水泵；当一台水泵不能满足排水需求时，能根据涌水量自动确定开启水泵的台数。（7）根据吸水井水位，可结合分时计费和"躲峰用谷"原则，决定水泵的开停时间。同时，根据液位控制水泵，实现两台水泵相互轮流使用。（8）操作站监控软件动态显示水泵、阀门、水流的运行状态以及仪表的数据参数。（9）具有完善的参数设置、数据查询和报表处理系统，可随时根据客户运行要求，修改系统配置参数，查询水泵运行数据，打印水泵运行报表。（10）具有完善的操作权限管理系统、故障报警处理系统、现场及远程联锁控制系统，使系统运行更安全。

12.7.3　无人值守变配电系统

矿山变配电系统是实现井下电能传输、分配、监测、控制以及管理的核心系统，利用计算机技术、通信技术、智能控制技术等实现供配电自动化、智能化以及无人化值守是矿山电网系统发展的必然趋势，也是安全生产供电的必要保障。

矿井无人值守变配电系统，能够实现矿井供配电系统的远程监测和控制，具备远程分合闸功能，遥调、遥测、遥信、遥控、遥视功能，实现电力系统的远程自动化。

12.7.3.1　变电所综合自动化无人值守控制系统

变电所综合自动化无人值守控制系统的功能主要如下。

（1）远程监控功能。

1）实时测量与监视功能。测量供电系统每个回路的相电压、线电压、相电流、绝缘电阻、有功电量、无功电量、频率、功率因数等遥测数据。所有监测点均有动态图标显示，明确显示监测点的运行状态，每个数字量监测点有实时数据、实时曲线、运行记录、故障记录等数据显示。

2）遥信功能。实时监视开关分合位置、故障报警状态等信号量。

3）遥控功能。高低压开关的分合闸控制操作、保护信号复归操作、启动故障录波操作和挂接检修牌，提供高低压开关的就地和远控两种操作控制方式。在保护器及系统主机上均可进行电路的分、合闸操作，具有本地控制和远程遥控双重功能。

4）遥调功能。在保护器及系统主机上可就地或远程在线进行保护定值整定、分时时段整定、最大需量周期整定、结算点整定、通信设置整定等操作。

（2）防越级跳闸功能。防越级跳闸功能专门用于防止短路引起越级跳闸。保护器保护装置收到下级开关的闭锁控制信号时，上报"下级闭锁"，同时闭锁本级开关保护器的速断功能，以防止越级跳闸，造成大面积停电事故，同时启动下级保护速断后备功能。当闭锁控制信号消失后，保护装置将上报"下级闭锁返回"，同时开放本级开关保护器的速断保护功能，撤销下级保护速断后备功能。

（3）故障诊断。当井下电网发生故障时，系统根据各分闸系统采集的开关跳闸变位信息、保护动作信息、录波数据等故障信息进行综合判断，确定故障位置，给出故障区域。根据故障诊断和故障录波结果，生成电网故障分析报告，包括故障时间、故障范围、故障性质、相关装置动作情况等。

（4）电能计量功能。电能计量及计费系统软件具备报表、查询及打印等功能。根据系统的规模大小，可以单机运行，也可以采用网络运行模式。

12.7.3.2 井下变电所智能机器人巡检平台

由于井下变电所作业的特殊性，为确保系统安全平稳运行，应考虑机器人巡检与电网自动化监控系统相结合的方式进行无人化管理，才能真正实现无人化值守。巡检机器人具有巡航定位、视频监控、仪表监测、机械臂控制和操作、自动充电以及信息传输等功能。通过巡航定位，在构建环境三维地图的基础上，确定机器人自身位置，完成巡检路径规划，实现自主定位导航。通过控制机械臂对变电柜等进行复位等操作。视频监控一般包含高清摄像机和红外摄像机，前者主要完成监控画面的获取，后者不受可见光影响，除红外成像以外，还可进行故障诊断；通过网络将监控画面实时传输至视频监控系统后台，实现远程画面监视；升降云台按照设定的动作工作或按照后台指令指向特定方向，实现对监控画面的远程控制。

12.7.4 智能带式输送机系统

智能带式输送机系统具有深度智能感知、智慧决策和自动执行功能，能代替人员固定值守，实现带式输送机系统的自主智能运行管控。智能带式输送机系统包括智能化带式输送机和智能化管控系统。智能管控系统对采集到的设备运行参数等相关信息进行分析、判断和决策，并发出相关指令，由带式输送机相应机构具体执行。

管控系统可实时监测带式输送机的运行参数，并传输到地面调度室PC终端和现场值班人员手持终端。设置在带式输送机巷道顶部或帮侧的沿线巡检智能机器人，也可不间断地将现场实时画面传输给调度室固定终端和现场手持终端，维修、管理人员在现场值班室值班待命。智能带式输送机系统功能叙述如下。

（1）智能启停。根据指令，智能带式输送机系统可实现从井下装载点到地表卸载点之间的智能顺序启动。同样，当接到正常停车指令后，也可实现从装载点到卸载点的顺序停车。当出现某条带式输送机故障停车时，智能管控系统能立刻发出指令从该带式输送机至装载点的所有带式输送机同时停车，而该带式输送机之后至卸载点的所有带式输送机待运行至空载时再停车。智能启停车功能可以最大限度地减少无货载带式输送机的空转，达到节能的目的。

（2）智能调速。自动检测货载量并与设计运量比较，给出调速指令，智能驱动单元执行指令并实现调速功能。根据货载量大小实时自动调速，智能调速功能可以达到节能的目的。

（3）智能机器人巡检。在带式输送机巷道顶部或侧面设轨道智能巡检机器人，对沿线进行不间断巡检。巡检机器人自带照明设备、高速高清摄像头，依托高速无线网络平台，把实时画面传回调度室PC终端或现场值班室人员的手持终端，并在必要时能够发出报警、停车等指令。传回的故障信息可供管理和值班人员迅速判断、决策故障情况和故障处理措施，方便现场值班人员迅速组织人力、物力进行现场事故处理。该功能不仅能够代替沿线巡检工，减轻劳动强度，还可及时发现故障，缩短故障处理时间和故障停机时间，保证设备开机率。

（4）智能故障处理。针对带式输送机打滑、跑偏、断带等典型故障状态，在第一时间给调度室PC终端和现场人员手持终端报警的同时，能迅速启动故障自处理程序，协同各部件、辅件动作，自动处理故障。如当智能管控系统监测到传动滚筒打滑时，在向调度室固定终端和现场移动终端报警的同时发出指令，张紧系统接到指令后迅速动作增大张紧力，使带面和传动滚筒的正压力增大，从而增加了摩擦力，消除传动滚筒的打滑故障。

（5）带式输送机全寿命周期智能管理。对滚筒、托辊、驱动单元等关键零部件的主要参数进行实时在线监测，根据零部件的维修、保养周期，及时给出维修、保养建议。

（6）智能张紧系统。智能张紧系统能够识别输送带货载量，通过检测到的载荷信号自动计算输送带所需的牵引力，与拉力传感器检测到的实际拉力相比较，快速控制张紧装置前进或后退，动态调整输送带的张紧状态，提供正常运行所需的张力，防止皮带打滑。

（7）智能输送带。输送带制造时内部埋设传感器，可以实现断带、钢丝绳磨损以及胶面厚度等监测。带式输送机智能管控系统通过设在带式输送机机身的传感器实时在线监测，并以数据图表的形式把监测结果推送至调度室 PC 终端或手持终端。

（8）智能托辊。具有轴承温度监测、托辊表面磨损监测、轴身疲劳应力监测、旋转阻力监测、径向跳动监测、轴向跳动监测、载荷监测以及故障自我诊断、早期故障预警等功能，并通知管理人员进行故障处理。调偏托辊具备输送带跑偏感知和自动纠偏功能。

12.7.5 尾矿充填智能化控制系统

矿山充填工艺系统包括充填骨料供给、胶凝材料供给、充填水供给以及混合输送系统。另外，视频监控技术、自控技术以及管道输送检测和预警系统在矿山充填中应用也越来越广泛。在充填工艺中维持充填浓度、充填流量以及灰砂比等工艺参数稳定性，对充填质量和充填成本非常关键。因此，矿山充填智能控制系统主要功能是对充填工艺流程的控制和工艺参数的控制调节。工艺流程控制主要包括作业流程自动启/停，设备及阀门的远程控制及运行状态实时监测，工艺参数控制调节主要是对充填浓度、充填流量和灰砂比等工艺参数的实时监测与自动调节。

建立尾矿充填智能化控制系统，应能自动实现进仓分配、放空及冲洗、水泥仓下料量的配比控制、砂仓放料监测、料位、液位监测、联锁调节、充填尾砂浓度控制、充填尾砂量与水泥的比例控制、充填矿浆干矿量计量及浓度控制、搅拌桶液位控制、液下泵池液位检测、污水泵控制、水量计量、料仓松动防堵和充填管道清洗控制系统、尾矿输送泵房尾砂输送缓冲池、尾砂搅拌槽、水封水池液位检测和报警、尾矿输送泵房尾矿输送管道恒压输送。

井下无人值守系统还包括无人值守压风系统和无人值守通风系统等，前者可实现对空压机排气压力、温度、管道风量、电机电压、电流及相关阀门进行监测、控制和切换等操作。后者可对主通风机和局部通风机进行集中控制、调速、启动、反风等操作功能。

复习思考题

12-1 查阅资料，总结国内外矿山智能装备生产商、主要产品及其应用。

12-2 查阅资料，对国内外智能矿山发展状况进行总结。

12-3 查阅资料，对智能凿岩台车的发展状况进行总结归纳。

12-4 查阅资料，综述智能潜孔钻机的现状。

12-5 查阅相关资料，介绍一种国外智能化装药车，重点介绍对孔、送退管作业环节。

12-6 查阅资料，总结自寻孔技术的研究现状。

12-7 查阅相关资料，总结归纳铲运机智能化现状。

12-8 铲运机智能化的关键技术是什么？结合文献查阅进行归纳和总结。

12-9 查阅资料，总结归纳无人驾驶电机车系统在地下矿山的应用现状。

12-10 说明无人驾驶电机车运输系统如何实现装载、卸载系统的自动化作业。

12-11 综述矿井无人值守提升系统、排水系统、变配电系统、通风系统、压气系统、皮带运输系统等的结构和功能。

参 考 文 献

[1] 周志鸿，等. 地下凿岩设备 [M]. 北京：冶金工业出版社，2004.

[2] 孙延宗，孙继业. 岩巷工程施工（掘进工程）[M]. 北京：冶金工业出版社，2011.

[3] 中国机械工业联合会. GB/T 6247—2013 凿岩机械与便携式动力工具术语 [S]. 北京：中国标准出版社，2014.

[4] 全国凿岩机械气动工具标委会. JB/T 1590—2010 凿岩机械与气动工具产品型号编制方法 [S]. 北京：机械工业出版社，2010.

[5] 李锋，刘志毅. 现代采掘机械 [M]. 3 版. 北京：煤炭工业出版社，2016.

[6] 李晓豁，沙永东. 采掘机械 [M]. 北京：冶金工业出版社，2011.

[7] 王斌，周广步，周伟. 潜孔钻机在矿山施工钻孔成井技术中心的应用 [J]. 现代冶金，2016，44（6）：57~58.

[8] 中国机械工业联合会. GBT 7679.1-2005 矿山机械术语第一部分：采掘设备 [S]. 北京：中国标准出版社，2006.

[9] 萧其林. 露天矿用牙轮钻机 [M]. 北京：冶金工业出版社，2017.

[10] 陈玉凡，朱祥. 钻孔机械设计 [M]. 北京：机械工业出版社，1987.

[11] 宁恩渐. 采掘机械 [M]. 2 版. 北京：冶金工业出版社，1999.

[12] 李晓豁. 露天采矿机械 [M]. 北京：冶金工业出版社，2010.

[13] 王运敏. 现代采矿手册 [M]. 北京：冶金工业出版社，2011.

[14] 古德生，李夕兵，等. 现代金属矿床开采科学技术 [M]. 北京：冶金工业出版社，2006.

[15] 李夕兵. 凿岩爆破工程 [M]. 长沙：中南大学出版社，2011.

[16] 陈玉凡. 矿山机械（钻孔机械部分）[M]. 北京：冶金工业出版社，1981.

[17] 张栋林. 地下铲运机 [M]. 北京：冶金工业出版社，2002.

[18] 魏大恩. 矿山机械 [M]. 北京：冶金工业出版社，2017.

[19] 徐帅，邱景平. 金属矿床地下开采采矿方法设计指导书 [M]. 北京：冶金工业出版社，2016.

[20] 汤铭奇. 露天采掘装载机械 [M]. 北京：冶金工业出版社，1993.

[21] 中国机械工业联合会. JB/T 5500—2015 地下铲运机 [S]. 北京：机械工业出版社，2016.

[22] 中国机械工业联合会. JB/T 5501—2017 地下铲运机试验方法 [S]. 北京：机械工业出版社，2016.

[23] 中华人民共和国应急管理部. GB 16423—2020 金属非金属矿山安全规程 [S]. 北京：中国标准出版社，2020.

[24] 中国有色金属工业协会. GB 50771—2012 有色金属采矿设计规范 [S]. 北京：中国计划出版社，2012.

[25] 中国机械工业联合会. GB 25518—2010 地下铲运机安全要求 [S]. 北京：中国标准出版社，2011.

[26] 中国机械工业联合会. GB/T 25653—2010 铲斗装岩机 [S]. 北京：中国标准出版社，2011.

[27] 中国机械工业联合会. GB/T 25706—2010 矿山机械产品型号编制方法 [S]. 北京：中国标准出版社，2011.

[28] 中国机械工业联合会. GBT 7679.2—2005 矿山机械术语第二部分：装载机械设备 [S]. 北京：中国标准出版社，2006.

[29] 中国机械工业联合会. JB/T 5503—2017 立爪挖掘装载机 [S]. 北京：机械工业出版社，2018.

[30] 中国机械工业联合会. GB 25524—2010 地下矿用轨轮装载机械安全要求 [S]. 北京：中国标准出版社，2011.

[31] 中国机械工业联合会. GB 25525—2010 地下矿用履带装载机械安全要求 [S]. 北京：中国标准出版社，2011.

［32］中国机械工业联合会．GB 25523—2010 矿用机械正铲式挖掘机安全要求［S］．北京：中国标准出版社，2011.

［33］中国钢铁工业协会．GB 8918—2006 重要用途钢丝绳［S］．北京：中国标准出版社，2006.

［34］中国钢铁工业协会．GB/T 8706—2017 钢丝绳术语、标记和分类［S］．北京：中国标准出版社，2017.

［35］中国机械工业联合会．GB/T 20961—2018 单绳缠绕式矿井提升机［S］．北京：中国标准出版社，2018.

［36］中国机械工业联合会．GB/T 10599—2010 多绳摩擦式提升机［S］．北京：中国标准出版社，2011.

［37］韩红利，崔丽琴．矿山机械设备概论［M］．徐州：中国矿业大学出版社，2014.

［38］赵光辉，刘同欣，杜波．深竖井大吨位提升机高比压高摩擦因数衬垫的研制［J］．矿山机械，2021，49（4）：33~36.

［39］黎佩琨．矿山运输及提升［M］．北京：冶金工业出版社，1984.

［40］毛君．煤矿固定机械及运输设备［M］．北京：煤炭工业出版社，2012.

［41］中国机械工业联合会．GBT 7679.3—2005 矿山机械术语第三部分：提升设备［S］．北京：中国标准出版社，2006.

［42］于励民．煤矿机电管理实用指南［M］．北京：煤炭工业出版社，2014.

［43］谢锡纯，李晓豁．矿山机械与设备［M］．徐州：中国矿业大学出版社，2012.

［44］李玉瑾．多绳摩擦提升系统动力学研究与工程设计［M］．北京：煤炭工业出版社，2008.

［45］王朝晖．矿井提升系统新技术及装备［M］．北京：煤炭工业出版社，1999.

［46］李仪钰．矿山机械（提升运输机械部分）［M］．北京：冶金工业出版社，1980.

［47］吴昌友．于辉．矿山固定机械及运输设备［M］．北京：北京交通大学出版社 2014.

［48］曹连民．矿山机械［M］．徐州：中国矿业大学出版社，2018.

［49］袁亮，等．煤矿总工程师技术手册中［M］．北京：煤炭工业出版社，2010.

［50］孟凡英．流体力学与流体机械［M］．北京：煤炭工业出版社，2019.

［51］格日乐，卜桂玲．矿山流体机械［M］．北京：北京理工大学出版社，2019.

［52］格日乐，卜桂玲．矿山机械与设备［M］．北京：北京理工大学出版社，2020.

［53］王云敏．中国采矿设备手册［M］．北京：科学出版社，2007.

［54］于励民，仵自连．矿山固定设备选型使用手册［M］．北京：煤炭工业出版社，2007.

［55］中国机械工业联合会．GB 50029—2014 压缩空气站设计规范［S］．北京：中国计划出版社，2014.

［56］王进强．矿山运输与提升［M］．北京：冶金工业出版社，2015。

［57］杨立云，吴仁伦，余德运．矿建辅助系统［M］．北京：冶金工业出版社，2016.

［58］中国机械工业联合会．GBT 7679.4—2005 矿山机械术语第四部分：矿用运输设备［S］．北京：中国标准出版社，2006.

［59］张东升，师建国．矿井运输设备系统特性及关键技术研究［M］．北京：煤炭工业出版社，2019.

［60］魏景生，吴淼．中国现代煤矿辅助运输［M］．北京：煤炭工业出版社，2016.

［61］甘德清，孙光华，李占金．地下矿山开采设计技术［M］．北京：冶金工业出版社，2012.

［62］《采矿手册》编辑委员会．采矿手册（第五卷）［M］．北京：冶金工业出版社，1991.

［63］于学谦．矿山运输机械［M］．徐州：中国矿业大学出版社，1998.

［64］高梦熊，赵金元，万信群．地下矿用汽车［M］．北京：冶金工业出版社，2016

［65］中国机械工业联合会．JB/T 8436—2015 地下矿用轮胎式运矿车．北京：机械工业出版社，2015.

［66］中国机械工业联合会．GB 21500—2008 地下矿用轮胎式运矿车安全要求．北京：中国标准出版社，2008.

［67］南昌矿山机械研究所．地下矿用无轨自行设备［M］．北京：机械工业出版社，1987.

[68] 汪照流. 无轨设备采矿其斜坡道的设计原则 [J]，矿业研究与开发，2001（4）：19~20.

[69] 马天阳. 地下矿山斜坡道的设计与应用 [J]. 矿业研究与开发，1998（10）：50~52.

[70] 宗海洋. 国外地下矿山无轨斜坡道的开拓 [J]. 有色金属（采矿部分），1976（2）：61~65.

[71] 沈占彬. 煤矿电工学 [M]. 2 版. 北京：煤炭工业出版社，2017.

[72] 王秋平. 机械化运输与仓储工程 [M]. 西安：陕西科学技术出版社，2017.

[73] 于忠升，宋伟刚. 矿山运输提升 [M]. 沈阳：东北大学出版社，1992.

[74] 周百川. 露天矿运输 [M]. 北京：冶金工业出版社，1994.

[75] 侯志学. 矿山运输机械 [M]. 北京：冶金工业出版社，1996

[76] 中华人民共和国自然资源部. DZ/T 0376—2021 智能矿山建设规范 [S]. 北京：中国标准出版社，2021.

[77] 中华人民共和国工业和信息化部，国家发展改革委，自然资源部.《有色金属行业智能矿山建设指南（试行）》（有色金属行业智能工厂（矿山）建设指南（试行）附件 1）[EB/OL].（2020-04-28）[2022-04-01]. www.gov.cn/zhengce/zhengce ku/2020-05/08/cont ent_5509729. htm.

[78] 中国有色金属工业协会. GB/T 51339—2018 非煤矿山采矿术语 [S]. 北京：中国计划出版社，2018.

[79] 孙钦鹏. 智能铲运机自主行驶的控制研究 [D]. 济南：济南大学，2021.

[80] Carter, Russell A. Equipment selection is key for productivity in underground loading and haulage [J]. Engineering & Mining Journal, 2014, 215 (6): 46~48, 50, 52.

[81] 陈发兴. 浅谈地下金属矿山采掘机械化及智能化 [J]. 有色金属设计，2020，47（4）：1~3，6.

[82] 全国信息技术标准化技术委员会. GB/T 34679—2017 智慧矿山信息系统通用技术规范 [S]. 北京：中国标准出版社，2017.

[83] 吴昊骏，纪洪广，等. 我国地下矿山凿岩装备应用现状与凿岩智能化发展方向 [J]. 金属矿山，2021，535（1）：185~201，212.

[84] 赵金富. 矿山凿岩设备的未来发展 [J]. 设备管理与维修. 2020（11）：118~119.

[85] 周浩，邢科礼，钱鸣. 典型液压凿岩台车防卡钎系统分析及探究 [J]. 矿山机械，2013，41（03）：17~21.

[86] 陆京，谢加权，代成. 凿岩钻机自动换钎控制系统 [J]. 金属材料与冶金工程，2012，40（S1）：40~43.

[87] 唐文玲，盛宇. 地下潜孔钻机智能控制系统的研究与实现 [J]. 绿色科技，2017（18）：174~178.

[88] 张翼. 矿山智能设备执行机构位移精确控制技术的应用与研究 [J]. 采矿技术，2020，20（5）：146~148.

[89] 葛世荣. 智能化采煤装备的关键技术 [J]. 煤炭科学技术，2014，42（9）：7~11.

[90] 石博强，饶绮麟. 地下辅助车辆 [M]. 北京：冶金工业出版社，2006.

[91] 中国重型机械工业协会. 中国重型机械选型手册（矿山机械）[M]. 北京：冶金工业出版社，2015.

[92] 王明钊，臧怀壮，龚兵，李鑫，迟洪鹏. 地下装药车智能化发展概况 [J]. 采矿技术，2016，16（1）：70~72.

[93] 迟洪鹏，龚兵，臧怀壮，等. 地下智能炸药混装车的研究与应用 [J]. 矿业研究与开发，2017，37（6）：98~102.

[94] 张翔. 乳化炸药输送管的自动输送装置及系统分析 [D]. 马鞍山：安徽工业大学，2017.

[95] 黄小伟. 地下中深孔装药台车的自动化装药系统研究 [D]. 长沙：长沙矿山研究院，2012.

[96] 张也. 智能炸药填装机器人炮孔识别与可行区域规划相关技术研究 [D]. 鞍山：辽宁科技大学，2020.

[97] 李鑫，查正清，等．地下矿智能乳化炸药混装车的研制 [J]．有色金属（矿山部分），2015，67 (z1)：47~51．

[98] 孙伟博，王燕，等．基于立体视觉的炸药混装车自动装药系统 [J]．科技创新导报，2018，15 (14)：102~103．

[99] 张志毅．中国爆破新技术 [M]．北京：冶金工业出版社，2016．

[100] 臧怀壮，等．地下矿山炸药装药车现状与智能化发展 [J]．矿冶，2012，21 (4)：14~16．

[101] 葛世荣，等．卓越采矿工程师教程 [M]．北京：煤炭工业出版社，2017．

[102] 姜丹，王李管．地下铲运机自主铲装技术现状及发展趋势．黄金科学技术，2021，29 (1)：35~42．

[103] 李运华，范茹军，等．智能化挖掘机的研究现状与发展趋势 [J]．机械工程学报，2020，56 (13)：165~178．

[104] 陈盟，王李管，贾明涛，等．地下铲运机自主导航研究现状及发展趋势 [J]．中国安全科学学报，2013，23 (3)：130~134．

[105] 高梦熊．浅谈地下装载机、地下汽车自动化技术的发展（一）[J]．现代矿业，2009，25 (12)：1~6．

[106] 高梦熊．浅谈地下装载机、地下汽车自动化技术的发展（二）[J]．现代矿业，2010，26 (1)：5~11．

[107] 高梦熊．浅谈地下装载机、地下汽车自动化技术的发展（三）[J]．现代矿业，2010，26 (2)：5~10．

[108] 李仲学，李翠平，刘双跃．金属矿床地下自动开采的前沿技术及其发展途径 [J]．中国工程科学，2007 (11)：16~20．

[109] 刘建东，王邦策，孙永茂，等．地下矿山铲运机智能远程遥控技术的应用 [J]．现代矿业，2020，618 (10)：134~141．

[110] 赵冰峰，冯兴隆，彭平安，等．铲运机实时定位与计量技术在普朗铜矿的应用 [J]．采矿技术，2020，20 (6)：61~62，69．

[111] 郭鑫，战凯，顾洪枢，等．无人操纵铲运机导航研究 [J]，有色金属，2009，61 (4)：143~147．

[112] 梁少波，李小兵，李慧．地下无轨铲运机导航技术研究 [J]．工程机械，2009，40 (5)：23~26，6．

[113] 李慧，李小兵，张锦峰，等．地下遥控铲运机环境识别系统的研究 [J]．金属矿山，2009 (4)：114~117．

[114] 张毅力，汪令辉，黄寿元．地下矿无人驾驶电机车运输关键技术方案研究 [J]．金属矿山，2013，443 (5)：117~120．

[115] 沈德贵．90 年代国外金属地下矿采矿技术 [J]．国外金属矿山，1991 (10)：28~37．

[116] 周彬．金属非金属矿山建设项目安全管理实用手册 [M]．北京：煤炭工业出版社，2017．

[117] 陈慧泉，黄坚．地下矿山双机牵引无人驾驶电机车运输系统的应用实践 [J]．矿山机械，2020，48 (10)：24~27．

[118] 张斌．镜铁山 2520m 电机车无人应用与研究 [J]．矿业工程，2018，16 (4)：57~59．

[119] 李志国．我国无人驾驶矿用自卸车发展现状和未来展望 [J]．铜业工程，2019，156 (2)：1~5，11．

[120] 窦凤谦．地下矿用铰接车路径跟踪与智能避障控制研究 [D]．北京：北京科技大学，2017．

[121] 赵翾．无人驾驶地下矿用汽车路径跟踪与速度决策研究 [D]．北京：北京科技大学，2015．

[122] 袁晓明，郝明锐．煤矿辅助运输机器人关键技术研究 [J]．工矿自动化，2020，46 (8)：8~14．

[123] 骆彬. 井下蓄电池无轨胶轮车无人驾驶系统设计研究 [D]. 徐州：中国矿业大学，2019.

[124] 张广林，胡小梅，柴剑飞，等. 路径规划算法及其应用综述 [J]. 现代机械，2011（05）：85~90.

[125] 徐秀娜，赖汝. 移动机器人路径规划技术的现状与发展 [J]. 计算机仿真，2006（10）：1~4，52.

[126] 赵瑞峰. 矿井提升机新技术的应用研究及展望 [J]. 矿山机械，2021，49（4）：1~6.

[127] 宋志亮. 浅谈煤矿综合自动化系统的建设与应用 [J]. 山东煤炭科技，2020（6），195~197.

[128] 孟云飞. 井下泵房无人值守系统设计分析 [J]. 能源与节能，2018，157（10）：188~190.

[129] 李岳明. 井下排水自动控制系统应用 [J]. 机电信息，2020（17）：61~62.

[130] 樊晋杰. 井下水泵房自动化排水系统优化 [J]. 山东煤炭科技，2020（3）：140~141，147.

[131] 王保磊，等. 基于井下变电所的无人值守系统方案分析 [J]. 技术与市场，2021，28（1）：55~57.

[132] 郭建军. 矿井变电所机器人巡检平台的研究与应用 [J]. 煤矿机电，2020，41（5）：1~6.

[133] 陈晓娟. 煤矿井下变电所无人值守方案研究 [J]. 自动化应用，2020（11）：112~113，116.

[134] 刘洵文. 煤矿井下智能带式输送机发展方向研究 [J]. 煤矿机械，2017，38（2）：16~18.

[135] 陈鑫政，杨小聪，郭利杰等. 矿山充填智能控制系统设计及工程应用 [J]. 有色金属工程，2022，12（2）：114~120.

[136] 毕林，王黎明，段长铭. 矿井环境高精定位技术研究现状与发展 [J]. 黄金科学技术，2021，29（1）：3~13.